教育部高等学校电子信息类专业教学指导委员会规划教材
高等学校电子信息类专业系列教材·新形态教材

通信原理

理论、分析及应用 新形态版

吴薇 李玮 刘辛 编著

清华大学出版社
北京

内容简介

本书是电子信息类专业教材，全面介绍了通信系统的基本概念、基本原理和基本分析方法。全书共分8章，内容包括通信的基本概念、通信系统和通信网的构成、信息及其度量、信道与噪声、模拟调制系统、数字基带传输系统、数字频带传输系统、模拟信号的数字传输、信道编码和同步原理等。本书强调通信系统的理论基础与技术思想，将理论知识与工程实践相结合，并有机融入课程思政元素，吸收新的技术成果应用。各章重要知识点均配套了教学视频，并在每章末尾通过思维导图梳理本章知识脉络，且附有适量思考题和习题，帮助学生强化知识点，提高分析和解决问题的能力。

本书可作为高等院校通信工程、电子信息工程、电子信息科学与技术、光电信息科学与工程等电子信息类相关专业的本科生和研究生教材或教学参考书，也可供相关领域的科研和工程技术人员参考。

图书在版编目（CIP）数据

通信原理：理论、分析及应用：新形态版 / 吴薇，李玮，刘辛编著. -- 北京：清华大学出版社，2024. 9.

（高等学校电子信息类专业系列教材）. -- ISBN 978-7-302-67166-4

Ⅰ. TN911

中国国家版本馆 CIP 数据核字第 2024GJ4172 号

责任编辑：刘　星
封面设计：刘　键
责任校对：刘惠林
责任印制：刘　菲

出版发行：清华大学出版社

网　　址：https://www.tup.com.cn，https://www.wqxuetang.com
地　　址：北京清华大学学研大厦 A 座　　**邮　　编**：100084
社 总 机：010-83470000　　**邮　　购**：010-62786544
投稿与读者服务：010-62776969，c-service@tup.tsinghua.edu.cn
质量反馈：010-62772015，zhiliang@tup.tsinghua.edu.cn
课件下载：https://www.tup.com.cn，010-83470236

印 装 者：三河市铭诚印务有限公司
经　　销：全国新华书店
开　　本：185mm×260mm　　**印　　张**：16　　**字　　数**：392 千字
版　　次：2024 年 9 月第 1 版　　**印　　次**：2024 年 9 月第 1 次印刷
印　　数：1～1500
定　　价：59.00 元

产品编号：099154-01

序 FOREWORD

2022年,我国规模以上计算机、通信和其他电子设备制造业实现营业收入15.4万亿元,占工业营业收入比重达11.2%。电子信息产业在工业经济中的支撑作用凸显,更加促进了信息化和工业化的高层次深度融合。随着移动互联网、云计算、物联网、大数据和石墨烯等新兴产业的爆发式增长,电子信息产业的发展呈现了新的特点,电子信息产业的人才培养面临着新的挑战。

(1) 随着控制、通信、人机交互和网络互联等新兴电子信息技术的不断发展,传统工业设备融合了大量最新的电子信息技术,它们一起构成了庞大而复杂的系统,派生出大量新兴的电子信息技术应用需求。这些"系统级"的应用需求,迫切要求具有系统级设计能力的电子信息技术人才。

(2) 电子信息系统设备的功能越来越复杂,系统的集成度越来越高。因此,要求未来的设计者应该具备更扎实的理论基础知识和更宽广的专业视野。未来电子信息系统的设计越来越要求软件和硬件的协同规划、协同设计和协同调试。

(3) 新兴电子信息技术的发展依赖于半导体产业的不断推动,半导体厂商为设计者提供了越来越丰富的生态资源,系统集成厂商的全方位配合又加速了这种生态资源的进一步完善。半导体厂商和系统集成厂商所建立的这种生态系统,为未来的设计者提供了更加便捷却又必须依赖的设计资源。

教育部2012年颁布的《高等学校本科专业目录》,将电子信息类专业进行了整合,为各高校建立系统化的人才培养体系,培养具有扎实理论基础和宽广专业技能的、兼顾"基础"和"系统"的高层次电子信息人才给出了指引。

传统的电子信息学科专业课程体系呈现"自底向上"的特点,这种课程体系偏重对底层元器件的分析与设计,较少涉及系统级的集成与设计。近年来,国内很多高校对电子信息类专业课程体系进行了大力度的改革,这些改革顺应时代潮流,从系统集成的角度,更加科学合理地构建了课程体系。

为了进一步提高普通高校电子信息类专业教育与教学质量,贯彻落实《国家中长期教育改革和发展规划纲要(2010—2020年)》和《教育部关于全面提高高等教育质量的若干意见》(教高〔2012〕4号)的精神,教育部高等学校电子信息类专业教学指导委员会开展了"高等学校电子信息类专业课程体系"的立项研究工作,并于2014年5月启动了《高等学校电子信息类专业系列教材》(教育部高等学校电子信息类专业教学指导委员会规划教材)的建设工作。其目的是推进高等教育内涵式发展,提高教学水平,满足高等学校对电子信息类专业人才培养、教学改革与课程改革的需要。

本系列教材定位于高等学校电子信息类专业的专业课程,适用于电子信息类的电子信息工程、电子科学与技术、通信工程、微电子科学与工程、光电信息科学与工程、信息工程及其相近专业。经过编审委员会与众多高校多次沟通，初步拟定分批次(2014—2017年)建设约100门课程教材。本系列教材力求在保证基础的前提下，突出技术的先进性和科学的前沿性，体现创新教学和工程实践教学；重视系统集成思想在教学中的体现，鼓励推陈出新，采用“自顶向下”的方法编写教材；注重反映优秀的教学改革成果，推广优秀的教学经验与理念。

为了保证本系列教材的科学性、系统性及编写质量，本系列教材设立顾问委员会及编审委员会。顾问委员会由教指委高级顾问、特约高级顾问和国家级教学名师担任，编审委员会由教育部高等学校电子信息类专业教学指导委员会委员和一线教学名师组成。同时，清华大学出版社为本系列教材配置优秀的编辑团队，力求高水准出版。本系列教材的建设，不仅有众多高校教师参与，也有大量知名的电子信息类企业支持。在此，谨向参与本系列教材策划、组织、编写与出版的广大教师、企业代表及出版人员致以诚挚的感谢，并殷切希望本系列教材在我国高等学校电子信息类专业人才培养与课程体系建设中发挥切实的作用。

吕志伟 教授

前言

PREFACE

一、为什么要写本书

随着信息技术的飞速发展，人类社会已开启万物互联的智慧时代。在信息大爆炸的今天，通信无处不在。日新月异的通信技术不仅令我们的生活更加精彩纷呈，更是在医疗、教育、军事等国民经济和国防工业的各领域发挥着不可替代的重要作用。物联网、人工智能和大数据时代的到来对通信技术提出了更高的要求。只有掌握了通信的基本原理和工程应用，我们才能理解、使用和研发最新的通信技术，才能在现代信息社会立于不败之地。

“通信原理”课程是电子信息类专业的重要专业核心课程，在课程体系中起着承前启后的作用，扮演着“桥梁”的角色，是一门理论性和实践性都很强的课程。当前该课程教学普遍存在以下问题：①课程知识点和公式多，导致学生有畏难情绪，影响概念理解和后续内容的深度学习；②信息行业更新速度快，理论学时有限，即使教学内容不断更新也无法囊括最新前沿进展和所有先进技术；③理论教学与工程实践脱节，不能很好地培养学生创新实践的高阶能力；④没有将思政教育较好地融入课程教学，无法形成知识、能力与素质的融合与提升。

本书深入挖掘通信原理与技术中的思想政治教育元素，并结合通信相关的工程实践案例，将思想政治教育融入“通信原理”课程的理论学习，引导学生在学习“通信原理理论”课程的同时树立科学观念，培养科学精神，提升职业素养，提高通信工程实践能力，以价值引领达成学生知识掌握、能力提高和素质养成的有机融合。

二、内容特色

与同类书籍相比，本书有如下特色。

(1) 原理透彻，注重应用。

本书将通信原理的理论与工程实践紧密结合，使学生应用所学的理论知识分析并解决具体的通信工程应用问题。本书完整介绍了通信原理的理论体系，建立了通信系统的整体概念，全面系统地介绍了通信系统的基本组成结构、各部分工作原理、技术指标分析和实际工程实践应用等，适当简化烦琐的公式推导，强调应用基础理论分析和解决通信系统的实际问题。各章节内容的安排力求科学系统、条理清晰、层次连贯，知识的表达力求理论分析简明、物理概念清晰，并与具体应用相结合，注重启发思维。

(2) 传承经典，突出前沿。

本书汲取国内外经典教材和课程教学改革案例的精华，在沿袭了经典通信原理体系架构的基础上，探讨了现代通信的最新发展动态，对5G移动通信、量子通信、北斗卫星导航系统、物联网技术、软件无线电技术等现代通信系统和前沿通信技术进行了讨论，便于读者了解现代通信领域的研究热点和近期研究动向。

(3) 价值引领,立德树人。

深化课程思政建设,落实立德树人的根本任务。深入挖掘课程思政元素,将理想信念、社会主义核心价值观、辩证唯物主义、科学精神等与教学内容有机结合,培养学生严谨的科学态度和勇于创新的科学精神,厚植家国情怀,激发学生民族自豪感和使命担当,实现价值塑造、知识传授与能力培养的融会贯通。

(4) 配套资源,超值服务。

本书提供以下相关配套资源。

- 教学课件、教学大纲、习题答案、电子教案、思政元素等资源:请扫描目录上方的二维码下载或者到清华大学出版社官方网站本书页面下载。
- 微课视频(645 分钟,49 集):请扫描书中相应位置的二维码在线学习。

注意:请先扫描封底刮刮卡中的文泉云盘防盗码进行绑定后再获取配套资源。

三、结构安排

本书以通信系统为主线,介绍了通信系统的基本原理、相关技术、系统性能和分析方法。全书共 8 章。第 1 章主要介绍通信的基本概念,通信系统的组成和模型,通信系统的分类方式,信息及其度量方法,通信系统的性能指标,并概述了通信的发展动态和通信前沿技术。第 2 章主要介绍信道的定义,信道的数学模型,信道特性对信号传输的影响,信道中的加性噪声特性,信道容量。第 3 章主要介绍调制的基本概念,4 种模拟振幅调制和 2 种角度调制的基本原理和抗噪性能分析方法,频分多路复用系统。第 4 章主要介绍数字基带传输系统的组成,数字基带信号波形和功率谱结构,基带传输的常用码型,奈奎斯特第一准则,无码间干扰传输的条件及应用,奈奎斯特第二准则与部分响应系统,数字基带传输系统抗噪性能分析方法,眼图和时域均衡。第 5 章主要介绍数字调制的基本概念,二进制数字调制的基本原理和抗噪性能分析,多进制数字调制和现代数字调制技术。第 6 章主要介绍模拟信号数字化的方法,信号的抽样,均匀量化和非均匀量化,脉冲编码调制和增量调制的原理与比较,时分复用和多路电话系统。第 7 章主要介绍数字通信中的差错控制编码,纠错编码的基本原理,线性分组码和循环码的原理与编码方法,并概述了 5G 中的信道编码方法。第 8 章简要介绍通信中的同步原理,讨论了载波同步、位同步、帧同步的基本原理和实现方法。

四、致谢

本书为武汉理工大学“十四五”本科规划教材,在编写过程中得到了作者所属单位(武汉理工大学和武汉易思达科技有限公司)、光电信息科学与工程国家一流专业建设点和电子信息科学与技术湖北省一流专业建设点的支持,同时也得到了清华大学出版社的大力支持,在此表示感谢。

本书最后列出了编著过程中参考的文献,在此对这些文献的作者表示衷心的感谢。

限于编者的水平和经验,加之时间比较仓促,书中疏漏或者错误之处在所难免,敬请读者批评指正。

编　者

2024 年 5 月于武汉

微课视频清单

序号	视频名称	时长/min	书中位置
1	通信的概念	12	1.1节节首
2	通信系统的组成	18	1.2节节首
3	通信系统的分类及通信方式	17	1.3节节首
4	信息及其度量	11	1.4节节首
5	通信系统性能指标	17	1.5节节首
6	信道的定义与分类	16	2.1节节首
7	信道的数学模型	9	2.2节节首
8	信道特性及对信号传输的影响	15	2.3节节首
9	信道容量	19	2.5节节首
10	调制的基本概念	9	3.1节节首
11	AM原理	11	3.2.1节节首
12	DSB调制原理	9	3.2.2节节首
13	SSB调制原理	7	3.2.3节节首
14	VSB调制原理	12	3.2.4节节首
15	线性调制系统的抗噪性能	10	3.3.1节节首
16	AM抗噪性能	20	3.3.2节节首
17	DSB、SSB系统抗噪性能	12	3.3.3节节首
18	非线性系统原理	11	3.4节节首
19	调频系统的抗噪性能	20	3.5节节首
20	数字基带传输系统	12	4.1节节首
21	基带信号功率谱-1	16	4.2节节首
22	基带传输常用码型-1	14	4.3节节首
23	基带传输常用码型-2	11	4.3节“3. PST码”处
24	基带脉冲传输与码间干扰	9	4.4节节首
25	无码间干扰传输条件-1	12	4.5.1节节首
26	奈奎斯特第一准则-1	12	4.5.2节节首
27	奈奎斯特第一准则-2	13	4.5.2“例4-3”处
28	升余弦滚降特性滤波器	11	4.5.3节节首
29	2ASK调制原理	18	5.1.1节节首
30	2FSK调制原理-1	12	5.1.2节节首
31	2FSK调制原理-2	19	5.1.2节“3. 调制方法”处
32	2PSK/2DPSK调制原理-1	10	5.1.3节节首
33	2PSK/2DPSK调制原理-2	17	5.1.3节“2)2DPSK——相对移相信号”处
34	2PSK/2DPSK调制原理-3	9	5.1.3节“3. 调制方法”处
35	2ASK系统抗噪性能	23	5.2.1节节首
36	2FSK系统抗噪性能	11	5.2.2节节首
37	2PSK/2DPSK系统抗噪性能	14	5.2.3节节首
38	抽样定理	17	6.1节节首

续表

序　号	视 频 名 称	时长/min	书 中 位 置
39	模拟脉冲调制	7	6.2 节节首
40	模拟信号的量化-均匀量化	12	6.3.2 节节首
41	模拟信号的量化-非均匀量化	11	6.3.3 节节首
42	脉冲编码调制	19	6.4 节节首
43	信道编码	10	7.1 节节首
44	纠错编码基本原理	20	7.2 节节首
45	常用简单纠错编码	11	7.3 节节首
46	汉明码基本原理	14	7.4.1 节节首
47	同步原理-载波同步	12	8.2 节节首
48	同步原理-码元同步	8	8.3 节节首
49	同步原理-帧同步	6	8.4 节节首

目录

CONTENTS

配套资源

第1章 绪 论

【本章导学】

本章主要介绍通信的基本概念和基础理论，包括通信的定义，通信系统与通信网，通信系统的组成结构，通信系统的分类与工作方式，信息量的计算，通信系统的性能指标，通信系统的发展历程和发展动态等，为后续的通信原理与技术学习打下基础。

本章学习目的与要求

- 了解通信的基本概念
- 掌握通信系统的模型和各模块功能
- 掌握通信网的基本要素
- 熟悉信息量和信源熵的计算方法
- 掌握通信系统的主要性能指标及评价方法

本章学习重点

- 信息量和信源熵的计算方法
- 通信系统的有效性和可靠性及具体指标

思政融入

- 文化素养
- 团队协作
- 科研精神
- 责任与使命
- 思维能力
- 大国崛起
- 理想信念
- 科学素养
- 民族自信
- 家国情怀

1.1 通信的基本概念

视频讲解

通信是推动人类社会进步和经济发展的巨大动力。从远古时期到当代社会，通信在人类生活和社会活动中都无处不在。随着互联网、软件无线电、人工智能等技术的进步和发展，通信技术作为信息传输的主要手段，与大数据、云计算等相互融合，不断改变着人们的生活方式，并对社会、文化、科技、经济和军事等领域产生着重大的影响。

1.1.1 通信的定义

说起通信，大家最容易想到的是打电话、发送电子邮件或短信等信息传输方式。事实上，从最早的原始人之间通过不同大小和频率的声音喊叫或肢体语言进行交流，到通过烽火台、旗语、击鼓传达军事命令与消息及飞鸽或快马传书等初具雏形的通信体系的产生，再到电通信的发展和应用，以上这些只要完成了信息的转换和传输，我们都称之为通信。唐代诗人杜甫的诗作《春望》中，"烽火连三月，家书抵万金"体现了烽火和家书这两种古代的通信方式。

在所有的通信方式中，利用电作为媒介进行信息传递是最有效的。例如，古代的烽火台、旗语都有距离的限制，快马传书则需要耗费很长时间。在所有的通信方式中，电通信能使消息几乎在任意的通信距离上实现既迅速有效，又准确可靠的传递，所以电通信发展最为迅速，应用最为广泛。

所谓电信，是利用有线电、无线电、光和其他电磁系统，对消息、情报、指令、文字、图像、声音或任何性质的消息进行传输。现代生活中的大多数通信方式属于电通信，从广义上来说，广播、电视、雷达、遥控遥测、计算机等都属于电通信的范畴。

1.1.2 通信系统与通信网

通信系统(communication system)是以电信号作为信息转换和传输的系统。它只能为两个用户之间提供单方向的信息传递，即通信系统是点对点的单向传输。但在现代社会，不可能只与某个人联系，很多人和很多终端需要通信互联，这就需要我们将多个通信系统互联成为通信网(communication network)。通信网可以实现多点中的任意两点间的双向传输。常用通信网包括有线电视网、计算机网、移动通信网、广播电视网等。网络结构一般有环状、星状、总线型、复合型、网状等。下面以电话网为例，说明通信网的工作原理，如图 1-1 所示。

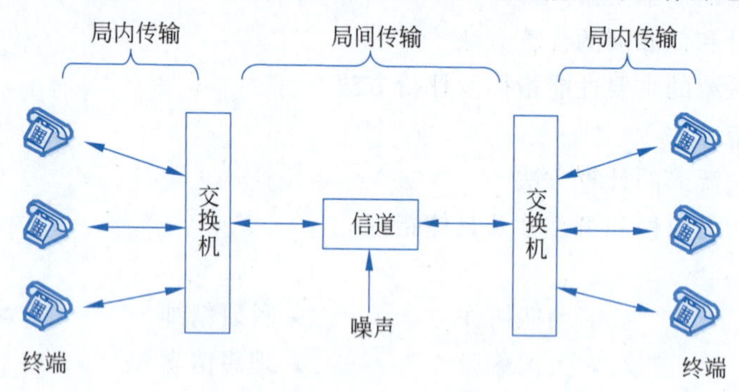

图 1-1 电话网工作原理

若用户呼叫的目的用户不是本交换局内的用户，则交换机在解析地址后，通过寻址，选择合适的路由，经过公共信道，连接到目的用户所在的交换局，再由目的用户所在交换机寻址至目的用户，建立连接。由于这种通信方式需要占用公共电话通信信道，所以称其为局间传输，需要向运营商缴纳费用。

若某用户呼叫的目的用户是本交换局内的用户，则交换机在解析地址后直接寻址至目的用户，此时无须占用公共电话信道，因此，也不需要向运营商缴纳费用。这种传输方式称为局间传输。例如某些单位内部的内线电话就是采用局间传输方式。

由图 1-1 可知，典型通信网一般包括终端设备(terminal equipment)、交换设备(switching equipment)和传输链路(transfer link)三大硬件要素。终端设备是我们通信的终端，如我们平常使用的手机、电话、PC 等；交换设备主要用于信号转发，常用交换设备包括路由器、交换机等；传输链路主要指传输媒介，如电线电缆、光纤光缆和电磁波等有线和无线传输链路。

1.1.3 通信的发展历程

按照人类通信交流方式与技术的不同,通信的发展分为五个阶段。第一阶段以语言作为主要通信手段。早在远古时期,人们就开始通过各种形式的语言交换信息,如说话、肢体语言、烽火、钟鼓、旗语、壁画等。第二阶段从文字和邮政通信开始,人们开始以便签、书信、文书等方式传递信息,飞鸽传书、驿马邮递等都是这个阶段的通信方式。第三阶段以发明印刷术为标志,人们将思想和观点以印刷成册的方式广为传播,通信从点对点的通信发展成为早期的点对多点通信。第四阶段是从电报、电话和广播的发明开始的,随着电磁波被发现,人类通信领域产生了巨大变革,信息传递可以不再受到时间和空间的限制,电通信开启了人类通信的新时代。第五阶段也是我们现在所处的阶段,通信和计算机有机结合,通信向着数字化、智能化、高速化、宽带化、综合化、移动化的方向发展,全面进入信息时代,人们已经可以足不出户知天下,对通信的需求和依赖也变得前所未有的强烈。像手机这样的现代通信工具,作为每个人与社会联系的纽带,变成了寸步难离的必需品。不仅是个人,整个社会的运转,都建立在对通信技术的依赖之上。

【思政 1-1】 通信的发展规律符合唯物主义的事物发展规律,科技的进步促进社会的进步,社会的需求又推动着科技的进步。通信技术的先进程度,成为衡量一个国家综合实力的重要标志之一。集中力量办大事是我国政治制度的优势体现之一,为发展通信领域的关键和核心技术提供了坚实的支撑。我们也应该在中国共产党的领导下,尊重事物发展规律,循序渐进,不断寻求突破和取得进步,为把我国建设成为科技强国而努力。

1.2 通信系统的组成

视频讲解

1.2.1 通信系统的一般模型

通信的目的是传输消息。通信系统是将原始消息转变为电信号,经由发送设备、信道和接收设备处理后传输到一个或多个目的地。通信系统一般模型如图 1-2 所示。

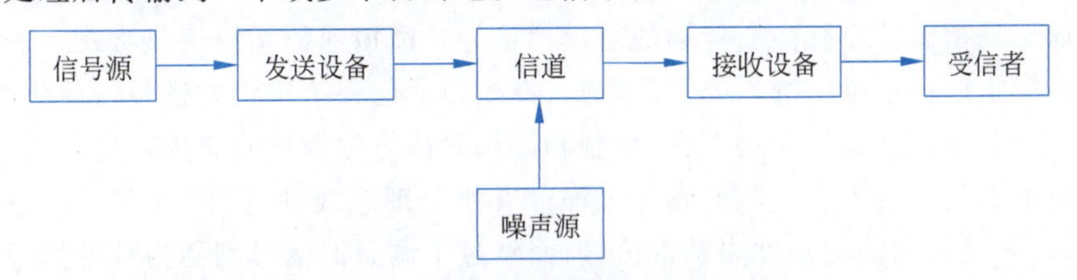

图 1-2 通信系统一般模型

发送端的信号源是信号的产生来源,它将各种形式的消息转换为可以在通信系统中传输的电信号。根据信源(信号源)输出信号的性质不同,信号源可分为模拟信源和离散信源。模拟信源(如电话机、电视摄像机)输出幅度连续的信号;离散信源(如电传机、计算机)输出离散的符号序列或文字。模拟信源可以通过信源编码(如抽样、量化)变换为离散信源。随着计算机和数字通信技术的发展,离散信源的种类和数量越来越多,得到了广泛应用。

发送设备的作用是将信源产生的电信号转换为适合于在信道中传输的形式。它所要完成的功能很多,如调制、放大、滤波、发射等。在数字通信系统中还要包括编码和加密。这里要着重指出的是调制在通信系统中发挥着重要作用。由信源发出的信号通常称为基带信号,它的特点是其频谱从零频附近开始延伸到某个通常小于几兆赫的有限值。基带信号可以直接在信道中传输的系统是最简单的通信系统,但应用场合有限,并且对信道的利用率不高。大多数通信系统都需要通过调制将基带信号变换为更适合在信道中传输的形式,即频带传输。无线通信系统是用空间辐射方式来传送信号的,由天线理论可知,只有当辐射天线的尺寸大于波长的 1/10 时,信号才能被天线有效发射出去。因此调制过程可将信号频谱搬移到任何需要的频率范围,使其易于以电磁波的形式辐射出去。即使在有线传输时也需通过调制使信号的频率和信道有效传输频带相适应。通过调制还可以实现信道的多路复用和提高系统的抗干扰能力。

信道是传输的媒介,概括起来有两种:有线信道和无线信道。一般来说,有线信道多是有形的、我们看得见的,如电线、电缆、光纤、光缆等,而无线信道多半是我们看不见的,是利用电磁波传输的。

通信系统还要受到系统内外各种噪声干扰的影响,图 1-2 中的噪声源即为来自发送设备、接收设备和传输媒介等的干扰和噪声。接收设备完成发送设备的反变换,即进行解调、译码、解密等,将接收到的信号转换成信息信号。受信者把信息信号还原成相应的信息,这里的受信者不一定是人,也可以是其他终端设备。

图 1-2 所示的是单向通信系统。但是在大多数场合下,信源兼为受信者,通信双方都要有发送和接收设备。一般通信系统均由发送端、接收端、信道和噪声源四部分组成。通信原理的讨论是围绕通信系统的模型而展开的,根据具体的通信形式有具体的系统模型与之对应。

【思政 1-2】 通信是系统的各组成部分通力配合完成的一次信息传递,离开任何一个设备都将无法完成通信过程。这就像团队里的成员组合在一起构成一个整体,一个团队只要互相取长补短,每个人都发挥相应的作用,就可以完成一个人不可能完成的任务。我们在遇到复杂的工程问题时,也需要建立工程化的思维方式,集零为整,综合权衡,最终就可以找到工程问题的最优解。

1.2.2 模拟通信系统模型

模拟通信是指通信系统内所传输的是模拟信号。模拟通信系统模型如图 1-3 所示。为强调调制在模拟通信系统中的重要作用,通常在模拟通信系统中将发送设备简化为调制器,接收设备简化为解调器。从原理上讲,调制和解调对信号的变换起着决定性作用,它们是保证通信质量的关键。放大、滤波、变频等过程可看作是理想线性的,可将它们合并到信道中去。通常,将未经调制的信号称为基带信号,而经过了调制的信号则称为频带信号或已调信号。一条携带有信息的信号,频谱通常具有带通形式,因此又称其为带通信号。

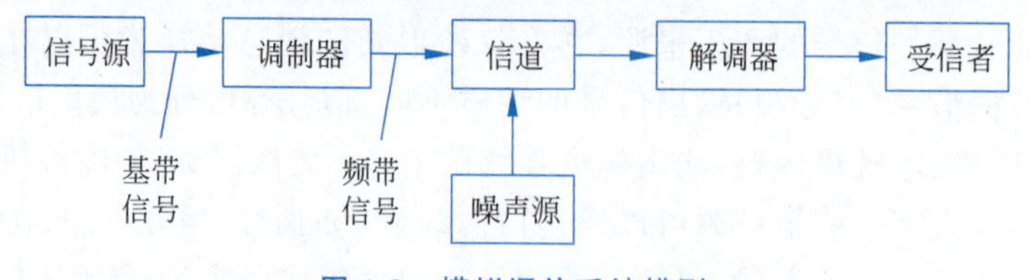

图 1-3 模拟通信系统模型

模拟通信系统信道传输的是模拟信号,其占有频带一般都比较窄,因此其频带利用率较高。缺点是抗干扰能力差,不易保密,设备不易大规模集成,不能适应飞速发展的计算机通信要求。

1.2.3 数字通信系统模型

数字通信系统传输的是数字信号，其系统模型如图1-4所示。其特点是在调制之前先要进行两次编码，即信源编码和信道编码。相应地，接收端在解调之后要进行信道译码和信源译码。

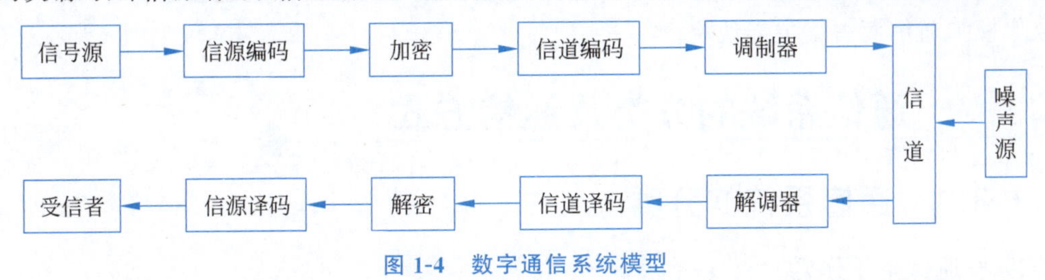

图1-4 数字通信系统模型

信源编码的主要任务是提高数字信号传输的有效性。具体地说，就是用适当的方法降低数字信号的码元速率以压缩频带。另外，如果信号源是数据处理设备，还要进行并串变换以便进行数据传输；如果待传的信息是模拟信号，则信源编码要完成模数（A/D）转换，以使输出的信息码适合在数字通信系统中传输。

加密是将信源信息按一定规律扰乱，只有知道扰乱规律接收端才能正确解密接收。

信道编码的任务是提高数字信号传输的可靠性。其基本做法是在分组的信息码组合按一定的规则附加一些码，以使接收端根据相应的规则进行检错和纠错，故信道编码也称纠错编码。接收端信道译码是与其相反的过程。

需要注意的是同步（synchronization）在通信中是不可缺少的部分。同步就是建立系统收、发两端相对一致的时间关系，只有这样，接收端才能确定每一位码元的起止时刻，并确定接收码组与发送码组的正确对应关系，否则接收端无法恢复发送的信息信号。但因为同步的形式有很多种，所以在图1-4的模型中没有表示出来。

目前，数字通信已经成为现代通信技术的主流。与模拟通信相比，数字通信具有以下优点。

（1）抗干扰能力强。数字通信系统中传输的离散取值的数字波形为二进制时，信号取值只可能有两个，在接收端只要正确判决发送的是两个状态中的哪一个即可。远距离传输时，如微波中继通信，各中继站可以利用数字通信特有的抽样判决再生方式，再生数字信号且噪声不积累。

（2）传输差错可控。数字信号传输中所受的干扰可通过差错控制编码技术控制并消除，这样可以降低误码率，提高传输质量。

（3）支持复杂的信号处理技术，如话音编码、加密、均衡等，便于采用现代数字信号处理技术对数字信息进行处理、变换和存储。

（4）数字信息易于作高保密性的加密处理，保密性好。

（5）易于集成，可以使通信设备体积小、重量轻、功耗小、成本低。

（6）可以综合传递各种消息，使通信系统功能增强。

数字通信相对于模拟通信具有以上诸多优点，但这些优点是用占据更宽的系统频带（Band）换得的，在系统频带紧张的场合这将成为其缺点。以电话为例，一路模拟电话通常只占用4kHz带宽，但一路语音质量接近的数字电话可能需要20～60kHz的带宽。而且由于数字通信系统对同步的要求较高，因此设备相对比较复杂。但是随着微电子技术、计算机技术的广泛应用及超大规模集成电路的出现,数字系统的复杂程度大大降低,同时高效的数据压缩技术及光纤等宽带传输媒介的使用正逐步使带宽问题得到解决。

【思政 1-3】 因此,我们需要运用辩证思维方法去分析模拟通信和数字通信的优缺点,抓住事物的主要矛盾,选择优势更明显的数字通信。数字通信的应用也会越来越广泛,并逐步取代模拟通信而占据主导地位。

视频讲解

1.3 通信系统的分类及通信方式

1.3.1 通信系统的分类

1) 按通信业务分类

根据通信业务不同,或者说根据传输消息的物理特征不同,通信系统可以分为电报通信系统、电话通信系统、数据通信系统、图像通信系统等,各系统传送的消息类型各不相同。由于电话通信网应用最为广泛,因此其他一些通信业务也可以通过电话通信网传输。目前也已实现了综合业务数字通信网,可以将各种通信业务综合在一个网内传输。

2) 按调制方式分类

根据是否采用了调制,通信系统可分为基带传输系统和频带传输系统。基带传输是将未经调制的信号经过基带处理直接在信道中传输,如音频市内电话、以太网中传输的信号等。频带传输是首先将信号通过调制变换成适合信道传输的形式,然后再传送,目的是便于信息的传送并提高通信系统的传输性能。常用的调制方式及其一般用途如表 1-1 所示。

表 1-1 常用的调制方式及其一般用途

调制方式			一般用途
连续载波调制	模拟调制	普通双边带调幅 AM	中波广播、短波广播
		抑制载波的双边带调幅 DSB	立体声广播
		单边带调幅 SSB	载波通信、无线电台、数据传输
		残留边带调幅 VSB	电视广播、数据传输、传真
		频率调制 FM	微波中继、卫星通信、广播
		相位调制 PM	中间调制方式
	数字调制	幅移键控 ASK	数据传输
		频移键控 FSK	数据传输
		相移键控 PSK/DPSK/QPSK	数据传输、数字微波、空间通信
		其他数字调制 QAM/MSK/GMSK 等	数字微波、空间通信、移动通信
脉冲调制	脉冲模拟调制	脉冲振幅调制 PAM	中间调制方式、遥测
		脉宽调制 PDM/PWM	中间调制方式
		脉位调制 PPM	遥测、光纤传输
	脉冲数字调制	脉冲编码调制 PCM	语音编码、卫星通信、空间通信
		增量调制 ΔM	军用、民用数字电话
		差分脉冲编码调制 DPCM	电视电话、图像编码
		其他语音编码方式 ADPCM	中低速率语音编码

3) 按信号特征分类

根据在广义信道中传输的是模拟信号还是数字信号,通信系统可分为模拟通信系统和数字通信系统。

4）按传输媒介分类

根据传输媒质不同，通信系统可分为有线通信系统和无线通信系统。有线通信是用导线（如架空明线、同轴电缆、光纤、光缆等）作为传输媒介完成通信的，如固定电话、有线电视、海底电缆通信等。无线通信则是依靠电磁波在空间传播达到传递消息的目的，如短波电离层通信、微波中继通信、卫星通信等。

5）按工作频段分类

按照通信设备的工作频率或波长的不同，通信系统可分为长波通信系统、中波通信系统、短波通信系统、远红外线通信系统等。表1-2列出了频段划分及典型应用。

表1-2 频段划分及典型应用

频率范围	名称	典型应用
3～30kHz	甚低频 VLF	远距离导航、水下通信、声呐
30～300kHz	低频 LF	导航、无线信标、水下通信
300kHz～3MHz	中频 MF	调幅广播、陆地移动通信、海事通信、定位搜索
3～30MHz	高频 HF	远程广播、短波广播、军事通信、业余无线电、民用无线电
30～300MHz	甚高频 VHF	电视、调频广播、陆地交通、空中交通管制、车辆通信、导航、飞机通信
300MHz～3GHz	特高频 UHF	电视、微波中继、卫星与空间通信、雷达、移动通信、卫星导航
3～30GHz	超高频 SHF	卫星通信、空间通信、雷达、移动通信
30～300GHz	极高频 EHF	雷达、卫星通信、移动通信
10^5～10^7GHz	红外光、可见光、紫外光	光纤通信、无线光通信

6）按信号复用方式分类

为了提高通信的频带利用率，通常采用多路通信方式，使多路用户信号在一个信道中同时传输而不会发生相互干扰。常用信号复用方式分为频分复用、时分复用和码分复用。频分复用（Frequency Division Multiplex，FDM）是采用频谱搬移的方法使不同的信号占据不同的频率范围；时分复用（Time Division Multiplex，TDM）是采用抽样或脉冲调制方式使不同的信号占据不同的时间区间；码分复用（Code Division Multiplex，CDM）是采用一组包含正交码字的码组携带多路信息。此外，还有波分复用和空分复用等。

1.3.2 通信方式

通信方式是指通信双方之间的工作方式或信号传输方式。

1）单工、半双工和全双工通信

对于点对点通信，按消息传送的方向和时间关系，可以分为单工（simplex）通信、半双工（half-duplex）通信和全双工（duplex）通信。

（1）单工通信是指消息只能单方向传输，通信双方中一个只能发送，另一个只能接收。广播、遥控、遥测、无线寻呼等采用的就是单工通信方式。

（2）半双工通信是指通信双方均能收发消息但不能同时收发，收发过程通常采用同一条信道。无线对讲机就是半双工通信方式。

（3）全双工通信是指通信双方能同时收发信号。全双工通信一般需要双向信道，手机的话音通信就是典型的全双工通信方式，通信双方可以同时说和听；计算机之间的高速数据通信也是这种方式。

2）串序传输与并序传输

在数字通信中，按照数字信号码元传输的时序，可分为串序传输和并序传输。

(1) 串序(serial)传输是将数字信号按时间顺序一个接一个地传输。其优点是只占用一条通路，成本较低，可靠性较好；缺点是传输速度慢，只适合远距离传输。

(2) 并序(parallel)传输是将数字信号码元序列分割成多路同时传输。其优点是传输速度快，需要的时间短；缺点是多条通路成本较高，一般适合近距离传输，如计算机和打印机之间的数据传输。

视频讲解

1.4 信息及其度量

最早"信息"一词的书面记录出自唐代诗人李中的诗作《暮春怀故人》，其中"梦断美人沈信息，目穿长路倚楼台"，这里的信息指的是消息、音信。在现代通信中，信息是消息中包含的有意义的内容。不同形式的消息，可以包含相同的信息，如天气预报，不管是采用语音方式还是文字方式，其所包含的信息内容都是相同的。就如货物需要用货物的重量或数量来衡量一样，信息也需要有一定的衡量方式。传输信息的多少用信息量(information content)来衡量。

由信息论可知，消息出现的概率越小，所包含的信息量越大。例如，"某地发生了7.5级地震"这条消息比"某位同学中午将到食堂吃饭"这条消息所包含的信息量多。因为前者发生的可能性比较小，会让人意想不到，而后者却是经常可能发生的事，不足为奇。对接收者来说，消息所描述的事件越不可能发生，越难以置信，信息量就越大。反之，越是必然发生的事情，信息量就越小。依照信息论的这个概念，假设信息量为 I，消息出现的概率为 $P(x)$，则可将信息量定义为消息出现概率的函数，即

$$I=I[P(x)] \tag{1-1}$$

消息概率 $P(x)$ 越小，则信息量 I 越大。消息为必然发生的事件时，概率 $P(x)=1$，信息量为0。

若干个相互独立事件构成的消息，消息所含信息量等于各独立事件信息量之和，即

$$I[P(x_1)P(x_2)\cdots]=I[P(x_1)]+I[P(x_2)]+\cdots \tag{1-2}$$

由以上分析可知，要满足上面的要求，I 和 $P(x)$ 的关系式可定义为

$$I=\log_a\frac{1}{P(x)}=-\log_a P(x)=\begin{cases}\text{取 } a=2, & I:\text{bit} \quad \text{比特}\\ \text{取 } a=\mathrm{e}, & I:\text{net} \quad \text{奈特}\\ \text{取 } a=10, & I:\text{十进制} \quad \text{哈特莱}\end{cases} \tag{1-3}$$

通常，我们最常用的是取 $a=2$，信息量单位为比特。

下面，详细讨论不同情况下信息量的计算。首先考虑等概出现的离散消息的度量。

设离散信源以相等概率发送二进制符号"0"和"1"，则 $P(x_1)=P(x_2)=1/2$，每个二进制符号所携带的信息量为

$$I(0)=I(1)=\log_2\frac{1}{P(x_1)}=\log_2\frac{1}{1/2}=1\ \text{bit} \tag{1-4}$$

可见，传送两个等概的二进制波形之一的信息量为1bit。在实际应用中，通常把一个二

进制码元称为 1bit。同样的道理，当等概传输四进制符号时，由于 $P(x)=1/4$，则信息量为 $I=\log_2\frac{1}{P(x)}=\log_2\frac{1}{1/4}=2\text{bit}$，也可以看作一个四进制符号可用 2 位二进制符号表示，因此携带的信息量为 2 个二进制符号的信息量，即 2bit。同理，等概出现的八进制符号，每个波形携带的信息量为 3bit，可用 3 位二进制符号表示，一个八进制符号所携带的信息量也就为 3 个二进制符号的信息量。

因此，对于等概出现的 M 进制离散信源，$P(x)=1/M$，每个 M 进制波形的出现统计独立，即信源无记忆，则传送 M 进制波形之一的信息量为

$$I=\log_2\frac{1}{P(x)}=\log_2\frac{1}{1/M}=\log_2 M \tag{1-5}$$

若 M 是 2 的整数次幂，$M=2^K$，则

$$I=\log_2 2^K=K \tag{1-6}$$

式(1-6)表明，M 进制的每一波形所包含的信息量，恰好是二进制每一波形包含信息量的 K 倍。或者也可以说，M 进制的一个符号需要用 K 个二进制符号表示，则其一个波形的信息量为 K 个二进制符号所携带的信息量。

接下来讨论非等概率情况。假设消息由 n 个相互独立的符号组成，称为符号集，其中每个符号 x_i 按照一定的概率 $P(x_i)$ 独立出现，x_i 对应 $P(x_i)$，即

$$\begin{bmatrix} x_1 & x_2 & \cdots & x_n \\ P(x_1) & P(x_2) & \cdots & P(x_n) \end{bmatrix} \quad 且 \quad \sum_{i=1}^{n} P(x_i)=1 \tag{1-7}$$

因此每个符号包含的信息量为

$$\begin{aligned} x_1 &: -\log_2 P(x_1) \\ x_2 &: -\log_2 P(x_2) \\ \vdots &\quad \vdots \\ x_n &: -\log_2 P(x_n) \end{aligned} \tag{1-8}$$

每个符号包含的信息量均不相等，所以用统计平均的方法来描述一个符号所含的信息量，定义信息源的熵 $H(x)$ 反映信息量的统计平均值，即平均信息量为

$$\begin{aligned} H(x) &= P(x_1)[-\log_2 P(x_1)]+P(x_2)[-\log_2 P(x_2)]+\cdots+P(x_n)[-\log_2 P(x_n)] \\ &= -\sum_{i=1}^{n} P(x_i)\log_2 P(x_i) \end{aligned} \tag{1-9}$$

不同离散信息源可能有不同的熵值，我们期望熵值越大越好，当 N 进制每个符号等概 $(P(x)=1/N)$ 时，信息源的熵值最大，$H(x)=\log_2 N$。

【例 1-1】 一个信息由 4 个符号组成，它们出现的概率分别为 3/8，1/4，1/4，1/8，且每个符号的出现统计独立。试求某个消息 201020130213001203210100321010023102002010312032100120210 的信息量。

【解】 消息中“0”出现 23 次，“1”出现 14 次，“2”出现 13 次，“3”出现 7 次，共有 57 个符号，则消息的总信息量为

$$I=I_0+I_1+I_2+I_3=23\cdot\log_2\frac{1}{3/8}+14\cdot\log_2\frac{1}{1/4}+13\cdot\log_2\frac{1}{1/4}+7\cdot\log_2\frac{1}{1/8}=108\ \text{bit}$$

每个符号的算术平均信息量为

$$\bar{I}=I/\text{符号数}=108/57=1.89\ \text{bit/符号}$$

若采用信源熵的方法来计算，则根据式(1-9)，有

$$H(x)=-\sum_{i=1}^{4}P(x_i)\log_2 P(x_i)=-\frac{3}{8}\log_2\frac{3}{8}-\frac{1}{4}\log_2\frac{1}{4}-\frac{1}{4}\log_2\frac{1}{4}-\frac{1}{8}\log_2\frac{1}{8}$$

$$=1.906\ \text{bit/符号}$$

则该消息的总信息量为

$$I=57\times1.906=108.64\ \text{bit}$$

可以看出，两种方法最后计算出来的信息量结果并不相同，这个误差是由于算术平均引入的，一般符号数越多，误差越小。但是很明显，当消息序列较长时，信源熵的计算方法较简单，因为此种方法不需要去计数每个符号出现的次数。

连续消息的信息量可以用概率密度来描述，即

$$H(x)=-\int_{-\infty}^{+\infty}f(x)\log_a f(x)\mathrm{d}x \tag{1-10}$$

式中，$f(x)$为连续消息出现的概率密度。

视频讲解

1.5 通信系统的性能指标

在设计和评价通信系统时，需要使用一套完整的指标体系来衡量通信系统各方面的性能，我们把衡量通信系统优劣的指标体系称为性能指标，它们是从系统角度上被提出或规定的。

通信系统的性能指标涉及有效性、可靠性、适应性、标准性、经济性及维护使用等。但从研究信息传输的角度来说，通信的有效性和可靠性是最重要的指标。有效性的具体体现是消息传输的速度，即如何在有限的时间和通道内传输尽可能多的信息量；而可靠性则是体现质量问题，即如何保证传输的安全可靠、准确无失真。显然，通信系统的有效性和可靠性通常是存在矛盾的，无法两者同时达到最优。因此在设计和评价通信系统时需要运用辩证思维方法分析通信系统的有效性和可靠性，根据系统设计的需求取得相对的平衡和统一。例如，可在满足一定的可靠性要求的前提下，尽量提高消息传输速度，以获取较好的有效性；又或者在维持一定的有效性的前提下，尽可能提高可靠性。下面分别详细讨论模拟通信系统和数字通信系统的性能指标。

1.5.1 模拟通信系统的性能指标

模拟通信系统的有效性通常可以用有效频带宽度或单位时间传送的信息量来衡量。同一消息采用的调制方式不同，信号占据的频带宽度也不同。有效频带宽度越小，则在一个信道中可复用的话路数就越多，频带利用率就越高，有效性也越好。单位时间内传送的信息量直接反映通信的速度，因此该参数越大，则有效性越好。

模拟通信系统的可靠性主要用均方误差或信噪比(Signal Noise Ratio，SNR)来衡量。均方误差是衡量发送的模拟信号与接收端接收到的模拟信号之间的误差程度的质量指标，均方误差越小，说明接收信号相对于发送信号的还原度越高，则可靠性越好。模拟通信中均方误差的大小最终完全取决于接收端输出信号的信号平均功率和噪声平均功率的比值，即

输出信噪比。在相同条件下，输出信噪比越高，则系统可靠性越好。

1.5.2 数字通信系统的性能指标

二进制数字信号一般包括“0”和“1”两种状态，N 进制数字信号包括 0，1，2，…，$N-1$ 共 N 种状态，四进制的每个状态可以用 2 位二进制状态描述，N 进制的每个状态可用 $\log_2 n$ 种二进制状态描述(若 $\log_2 n$ 的结果为小数，则取大于此值的第一个整数)。在二进制中，用相同的时间间隔表示一位二进制数字，这个时间间隔称为码元长度。在码元长度内的信号称为二进制码元，二进制的每个码元时间上等长。同样的道理，N 进制的每个码元时间上也等长。

1. 数字通信系统的有效性指标

数字通信系统的有效性指标通常用传输速率和频带利用率来描述。

1) 码元传输速率 R_B

码元传输速率又称码元速率或传码率(code rate)，是指每秒钟传送码元的数目。单位为码元/秒或符号/秒或波特(Baud)，常用符号 B 表示。需要注意的是，码元速率仅表示单位时间内传输的码元个数，而与进制数无关。例如，某通信系统 3s 内传输 1200 个码元，则该系统的码元速率为 400B。若码元宽度为 T_B，则单位时间内传输的码元个数与每个码元持续的时间长度(即码元宽度)成反比关系，即

$$R_B = 1/T_B \tag{1-11}$$

通常在给出系统码元速率时，用 R_{B_N} 表明对应码元进制的码元速率。假设同一个消息，用 N 进制信号($N=2^k$)传输时，码元速率为 R_{B_N}，若将其转换为二进制信号，则码元速率 R_{B_2} 为

$$R_{B_2} = R_{B_N} \cdot \log_2 N \tag{1-12}$$

例如，一个消息用四进制传输时，单位时间内传输了符号序列 2 1 0 3 1 2 0，1s 传输了 7 个四进制码元，则码元速率为 $R_{B_4}=7$ 符号/秒，若将其改为二进制进行传输，单位时间内仍然传输了上述信息，但是对应的二进制序列为 10 01 00 11 01 10 00，此时单位时间内传输的二进制码元个数为 14，则码元传输速率为 $R_{B_2}=14$ 符号/秒。可以看出，$R_{B_2}=R_{B_4}\cdot\log_2 4=2R_{B_4}$，与式(1-12)所表达的关系一致。

2) 信息传输速率 R_b

信息传输速率又称信息速率或传信率(information rate)，是指每秒钟传送的信息量。单位为比特/秒或 b/s 或 bps。例如，某信源在 1s 内传送了 800 个符号，每个符号的平均信息量为 1bit，则该信源的信息传输速率 $R_b=800$b/s。因为不同进制的信号每个符号携带的平均信息量不同，因此信息传输速率与进制数是有关的。二进制每个符号对应信息量为 1bit，则对二进制来说，码元传输速率与信息传输速率在数值上相等，$R_b=R_B$，而 N 进制每个符号的平均信息量为 $\log_2 N$，因此对 N 进制来说

$$R_{b_N} = R_{B_N} \cdot \log_2 N \tag{1-13}$$

【例 1-2】 假设一个消息传送的码元速率为 1200B，采用二进制传输时，其信息速率为多少？采用八进制传输时，其信息速率为多少？

【解】 二进制情况下：$R_{B_2}=1200$B，说明每秒传送 1200 个二进制码元。每个码元具

有 1bit 信息,因此

$$R_{b_2}=1200\text{b/s}$$

采用八进制传输时,$R_{B_8}=1200\text{B}$,表明每秒传送 1200 个八进制码元,每个码元等概出现时,一个八进制码元所携带的信息量为 $I=\log_2\frac{1}{P_0}=\log_2 N=3\text{bit}$,则信息速率为

$$R_{b_8}=1200\times 3=3600\text{b/s}$$

若多进制传输符号每个码元非等概率出现,则每个码元所携带的平均信息量为信源熵 $H(x)$,则此时,信息速率可表示为

$$R_{b_N}=R_{B_N}\cdot H(x) \tag{1-14}$$

等概时,$H(x)=\log_2 N$,式(1-14)与式(1-13)一致。因此式(1-14)可以作为计算多进制情况下信息传输速率的通式。

3) 频带利用率 η

比较不同通信系统的有效性时,还应考虑所占用的频宽。因为两个传输速率相等的通信系统,其传输效率不一定相同,因此真正最全面衡量数字通信系统有效性的指标是频带利用率,它定义为单位带宽(每赫兹)内的传输速率,即

$$\eta=\frac{R_B}{B}\quad \text{B/Hz} \tag{1-15}$$

或

$$\eta_b=\frac{R_b}{B}\quad \text{b/(s}\cdot\text{Hz)} \tag{1-16}$$

2. 数字通信系统的可靠性指标

数字通信系统的可靠性通常用信号在传输过程中出错的概率来表述,即用差错率(error rate)来衡量。差错率越大,数字系统的可靠性越差;差错率越小,系统可靠性越好。差错率指标又可进一步具体化为误码率和误信率两种。

误码率 P_e 是码元在传输系统中被传错的概率,即接收的错误码元数在传输总码元数中所占的比例

$$P_e=\frac{\text{错误码元数}}{\text{传输总码元数}}$$

误信率 P_b 是码元的信息量在传输系统中错误的概率,即接收信号中错误信息量在传送信息总量中所占的比例

$$P_b=\frac{\text{错误比特数}}{\text{传输总比特数}}$$

一般在二进制系统中,$P_e=P_b$,在多进制($M>2$)系统中,$P_e\geqslant P_b$。

【例 1-3】 一个四进制的信息 3 0 2 1 0 2 1,经信道传输后发生误码,接收到的序列为 2 1 2 3 0 1 2,试求其误码率和误信率。

【解】 信息以四进制传输,可直接观察得到:传输总码元数为 7,接收到的信息码元发生错码的个数为 5,则误码率 $P_e=5/7$。

考虑信息速率,需将题中信息用比特表示如下:

发送 11 00 10 01 00 10 01

接收 10 01 10 11 00 01 10

观察可得,总比特数为 14,错误的比特数为 7,则误信率为

$$P_b = \frac{7}{14} = \frac{1}{2}$$

可以看出,当一个码元发生错误时,表示该码元的 2 个二进制比特有可能只错其中一个,所以误码率大于误信率;当一个码元中的 2 个比特都错时,如由 3 错成 0 或由 1 错成 2,此时错误的码元数和错误的比特数是一样的,误码率和误信率相等。验证了多进制系统中:$P_e \geq P_b$。

1.6 通信的发展动态

1.6.1 移动通信

移动通信的发展至今已经经历了五代商用,如图 1-5 所示。

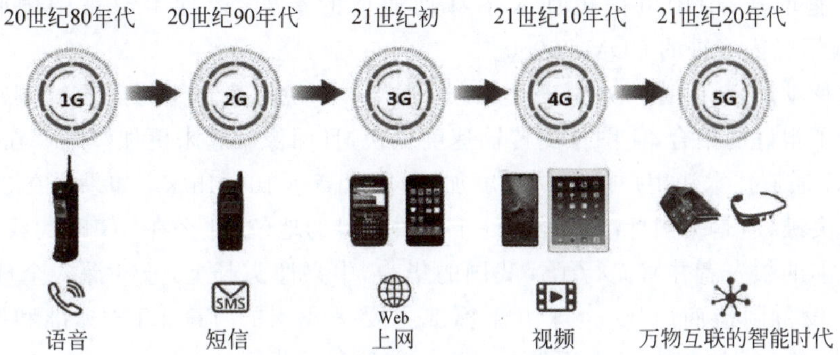

图 1-5 移动通信的发展

第一代移动通信,简称 1G,是指最初模拟的仅限语音通话的蜂窝移动通信。国际主流标准是美国的 AMPS、欧洲的 TACS 和北欧的 NMT,主要的多址方式是频分多址(FDMA)技术,主要手机厂商是摩托罗拉。在第一代移动通信的研发和应用中,我国没有自主研发技术标准,没有相关的专利,没有相关的技术,处于“一片空白”的情况,完全无法参与全球竞争,采用的是欧洲标准 TACS。第一代移动通信有很多不足之处,如容量有限、制式太多、互不兼容、保密性差、通话质量不高、不能提供数据业务、不能提供自动漫游等。

第二代移动通信,简称 2G,是以数字语音传输技术为核心的数字移动通信技术,用户体验速率为 10kb/s,峰值速率为 100kb/s。主流标准是欧洲的 GSM、美国的 IS-95CDMA 和日本的 PDC,其中 GSM 和 PDC 采用时分多址技术,IS-95 CDMA 采用码分多址技术。虽然美国高通公司 IS-95CDMA 的码分多址技术有强大的技术优势,但由于推出市场时间比 GSM 晚,因此最终还是 GSM 占据了第二代移动通信的全球最大市场份额。我国在第二代移动通信中仍然没有自主研发的标准,使用的主要标准是 GSM 和 CDMA。虽然 2G 时代,全球移动通信的标准、专利和核心技术仍然由欧美企业所掌握,但是我国有了自己的移动网络,有了自己的通信设备制造商和手机制造商,整体而言,我国处于跟随状态。除了国外的摩托罗拉、诺基亚、三星等手机品牌外,当时我国还有一些知名手机品牌,如波导手机、首信手机、夏新手机等。

第三代移动通信,简称 3G,是在第二代移动通信技术基础上进一步演进的以宽带

CDMA 技术为主,并能同时提供语音和数据业务的移动通信系统。其有能力彻底解决第一代和第二代移动通信系统主要的弊端,是一个先进的移动通信系统。第三代移动通信系统的目标是提供包括语音、数据、视频等丰富内容的移动多媒体业务。国际电联认定的 3G 国际主流标准包括由 GSM 向第三代移动通信演进的 WCDMA、由 IS-95 CDMA 向第三代演进的 CDMA2000 和我国大唐研发的 TD-SCDMA。我国在第三代移动通信的研发中终于有了重大的突破,提出了具有自主知识产权的技术标准,并被国际电联认定为三大主流标准,这也是我国第一次在移动通信领域有了话语权,有了自己主导的全球标准。但不得不承认的是,我们的 TD-SCDMA 标准在当时和另外两种主流标准相比还是有一定的差距,以至于从 2000 年主流标准确定到 2008 年牌照发放期间,很多专家都认为 TD-SCDMA 不具备独立运营的能力,只能作为 WCDMA 的补充。但是最终 3G 的 TD 牌照还是发给了中国移动独立运营,中国联通并购了中国网通,运营了原有的 GSM 和由 GSM 向第三代演进的 WCDMA,中国电信在第三代标准出来前只运营了固定电话,但是随着移动通信的发展和移动用户的迅速增长,中国电信也加入了移动通信的运营,运营了原来中国联通的窄带 CDMA 及其第三代演进的 CDMA2000。

第四代移动通信,简称 4G,相较于 3G 通信技术来说优势在于将 WLAN 技术和 3G 通信技术进行了很好的结合,使图像的传输速度更快,且图像看起来更加清晰。在智能通信设备中应用 4G 通信技术让用户的上网速度加快,可以高达 100Mb/s。如果说在 3G 时代我国尽管取得了突破,但是中国标准在全球处于相对弱势的地位,那么在 4G 时代我国终于在通信领域与之前的领先者并肩而行了。我国的华为、中兴迎头赶上,业务深入全球,成为全球顶尖的通信设备制造商。4G 全球主流标准主要是我国的 TD-LTE 标准和欧洲主导的 FDD-LTE 标准。我国三大运营商两大主流标准都有运营。

【思政 1-4】 第五代移动通信技术,简称 5G,是具有高速率、低时延和广连接特点的新一代宽带移动通信技术,5G 通信设施是实现人机物互联的网络基础设施。5G 作为一种新型移动通信网络,不仅要解决人与人之间的通信,为用户提供增强现实、虚拟现实、超高清(3D)视频等更加身临其境的极致业务体验,更要解决人与物、物与物之间的通信问题,满足移动医疗、车联网、智能家居、工业控制、环境监测等物联网应用需求。最终,5G 将渗透经济社会的各行业、各领域,成为支撑经济社会数字化、网络化、智能化转型的关键新型基础设施。在 5G 时代,我国开始引领全球,无论是对全球 5G 标准的贡献度还是技术优势度,我国企业特别是华为集团,都是最大的贡献者。与此同时,美国开始疯狂打压我国,如制裁中兴、断供华为,却仍然无法撼动我国在世界 5G 的领先地位。我国移动通信从 1G 空白,2G 跟随,到 3G 突破,4G 同步,直至今天的 5G 引领的发展史,是一部波澜壮阔、风起云涌的奋斗史,是无数中国通信人智慧、汗水、魄力和前瞻思想综合作用下的胜利史,体现了中国精神和中国自信。

5G 通信技术在疫情防控中发挥了重要作用,为疫情防控工作提供了强大的支撑,主要应用包括 5G 网络直播云监工、5G 远程医疗、5G 云端抗疫机器人、5G＋VR 远程观察、5G 热力成像体温检测系统、5G＋云视讯系统等。中国速度、民族凝聚力和执行力,在疫情期间也依靠着我国发达的通信网络震惊世界。其中最典型、最直观的就是 10 天建成了“火雷二神”医院,并通过 5G 进行了“云监工”。而 5G 网络不仅直播了火神山、雷神山医院的建设,更是帮助实现了远程会诊与医疗指挥。此外,新冠疫情期间,为了确保师生的生命安全,停课不停教、停课不停学是抗击疫情的应急之举，而强有力的通信网络是保证教师和学生进行线上教学学习的关键。此后通信系统也为全国的复工复产之路提供了坚实有力的保障。

除此以外，5G智慧港口、5G无人驾驶公交车、5G无人驾驶清扫车、车联网、智能电网等也都是5G的重要应用场景。我国还把5G创新技术应用于2022年北京冬奥会的场馆管理、赛事体验、媒体转播、日常训练等场景中，比如媒体区照片、视频、VR即拍即传，奥运专用道无人驾驶，京张、京延沿线5G高速覆盖等。2022年北京冬奥会中还把5G技术应用于车联网、物联网、虚拟/增强现实(VR/AR)等方面。车联网的应用具备低时延、高带宽、高可靠性等特点，如无人驾驶摆渡车；物联网设备方面，在运动员身上装上传感器、高清摄像头和5G通信模块，可以将数据通过5G网络进行实时传输，观众可以以运动员第一视角观赛；VR/AR应用方面，各国运动员们不出奥运村就能体验蛟龙号、神舟飞船等我国国之重器的魅力，还能通过VR设备与我国古代的秦兵马俑来一场穿越古今的相遇。在迷你的VR自助游乐屋、VR街机项目中，运动员们戴上VR眼镜，就可以自助进行VR教育、VR观影、VR游戏、VR旅游、VR直播、VR电竞、虚拟社交等多种体验。观众也可以坐上模拟有舵雪橇通过VR/AR头盔像奥运选手一样在虚拟赛道上尽情驰骋，享受模拟冰雪运动带来的乐趣。谷爱凌首钢滑雪大跳台夺金，羽生结弦挑战4A，荷兰名将舒尔廷打破短道速滑女子1000米世界纪录……随着精彩赛事不断上演，北京冬奥会收视率创下历届新高。奥林匹克转播服务公司首席执行官伊阿尼斯·埃克萨科斯一语道出了收视率背后的玄机："这得益于中国在5G技术使用方面世界领先。"

【思政1-5】 随着5G技术应用的不断普及，6G也开始进入大家的视野，成为全球科技企业争夺的新高地。我国华为早就开始了6G网络的研发，北京邮电大学在6G网络技术领域里，已经成功实现了网络与地轨卫星的相关融合实验，并通过了国际实验测试。据业内数据显示，全球6G相关专利中，中企申请项占据了相关专利总数的30%以上，虽然在6G方面，国内企业还没有绝对优势，但延续5G的优势，6G上我国依然处于领跑态势。

1.6.2 量子通信

量子通信是利用量子叠加态和纠缠效应进行信息传递的新型通信方式，是近20年发展起来的新型交叉学科，是量子论和信息论相融合的新研究领域。量子力学中的不确定性、测量坍缩和不可克隆三大原理为量子通信提供了无法被窃听和计算破解的绝对安全性保证，主要分为量子隐形传态和量子密钥分发两种。量子隐形传态基于量子纠缠对分发与贝尔态联合测量，实现量子态的信息传输，其中量子态信息的测量和确定仍需要现有通信技术的辅助。量子隐形传态中的纠缠对制备、分发和测量等关键技术有待突破，处于理论研究和实验探索阶段，距离实用化尚有较大距离。量子密钥分发，也称量子密码，借助量子叠加态的传输测量实现通信双方安全的量子密钥共享，再通过一次一密的对称加密体制，即通信双方均使用与明文等长的密码进行逐比特加解密操作，实现无条件的、绝对安全的保密通信。以量子密钥分发为基础的量子保密通信成为未来保障网络信息安全的一种非常有潜力的技术手段，是量子通信领域理论和应用研究的热点。

为了让量子通信从理论走到现实，国内外科学家做了大量的研究工作。自1993年美国IBM的研究人员提出量子通信理论以来，美国国家科学基金会和国防高级研究计划局都对此项目进行了深入的研究,欧盟在 1999 年集中国际力量致力于量子通信的研究,研究项目多达 12 个,日本邮政省把量子通信作为 21 世纪的战略项目。我国的量子通信发展经历了四大阶段。

1995 年到 2000 年是学习研究阶段,1995 年首次实现了量子密钥分发实验,2000 年完成了单模光纤 1.1km 的量子密钥分发实验。

2001 年到 2005 年我国经历了量子通信技术的快速发展阶段,先后实现了 50km 和 125km 的量子密钥分发实验。

2006 年到 2010 年进入了初步尝试阶段,分别实现了 100km 的量子密钥分发实验和 16km 的自由空间量子态隐形传输。先后在芜湖和合肥建成芜湖量子政务网和世界首个光量子电话网络。

2010 年至今进入了大规模应用阶段。

2010 年,在合肥建成首个城域量子通信实验示范网,具有 46 个节点的量子通信网覆盖合肥市主城区,使用光纤约 1700km,通过 6 个接入交换和集控站,连接 40 组"量子电话"用户和 16 组"量子视频"用户。其主要用户为对信息安全要求较高的政府机关、金融机构、医疗机构、军工企业及科研院所等。

2011 年,研发出兼容经典激光通信的"星地量子通信系统",实现了星地之间同时进行量子通信和经典激光通信。

2012 年,在北京建成金融信息量子通信验证网,该验证网实现了高保密性视频语音通信、实时文字交互和高速数据文件传输等应用。

2016 年,建立世界首条量子信息保密干线——京沪干线。总长超过 2000km,从北京出发,经过济南、合肥,到达上海,利用这一广域光纤量子通信网络,京沪两地的金融、政务等机构能进行保密通信,实现了城际量子通信。

2016 年 8 月,由中国科学家自主研制的世界首颗量子科学实验卫星"墨子号"在酒泉卫星发射中心成功发射,为建立全球的光量子通信网络奠定了坚实的基础。

【思政 1-6】 2017 年,"墨子号"提前完成原定三大科学实验任务:星地双向量子纠缠分发、星地高速量子密钥分发、地星量子隐形传态;世界首条量子保密通信干线——"京沪干线"正式开通。"墨子号"与正式开通的量子保密通信"京沪干线"成功对接,实现了洲际量子保密通信,这标志着我国在全球已构建出首个天地一体化广域量子通信网络雏形,为未来实现覆盖全球的量子保密通信网络迈出了坚实的一步。

2019 年,国际电信联盟设立"面向网络的量子信息技术焦点组",这是国际标准化组织中第一个量子信息技术焦点组,由国科量子、国盾量子、中国信通院、三大运营商、华为、中兴、中国信科等中国团队发起设立;中国科学技术大学团队及其合作者研制出连续变量量子密钥分发芯片,大大缩小了量子通信硬件的体积,为量子通信技术的普及提供了新思路;中国科学技术大学团队和奥地利研究人员合作,在国际上首次成功实现高维度量子体系的隐形传态。这是科学家第一次在理论和实验上把量子隐形传态扩展到任意维度,为复杂量子系统的完整态传输以及发展高效量子网络奠定了坚实的科学基础。

2020 年,中国科学技术大学团队联合国盾量子、中国科学院上海微系统所,共同搭建了一种新型的量子密钥分发系统,开辟了一个新的途径来实现低成本、可扩展、安全的量子通信网络;中国科学技术大学团队利用"墨子号"量子科学实验卫星在国际上首次实现千公里级基于纠缠的量子密钥分发；中国科学技术大学团队构建了 76 个光子的量子计算原型机“九章”，是我国量子计算研究的首个里程碑。

2021 年，中国科学技术大学宣布，中国科研团队成功实现了跨越 4600km 的星地量子密钥分发，此举标志着我国已成功构建出天地一体化广域量子通信网络，为未来实现覆盖全球的量子保密通信网络奠定了科学与技术基础，该成就在 *Nature* 杂志刊发，审稿人评价称这是量子保密通信“巨大的工程性成就”；中国科学技术大学团队联合济南量子技术研究院基于“济青干线”现场光缆，利用国盾量子硬件平台及上海微系统所的超导探测系统，突破现场远距离高性能单光子干涉技术，分别采用两种技术方案实现 500km 量级双场量子密钥分发，创下目前现场无中继光纤量子密钥分发传输最远距离纪录；西部（重庆）科学城璧山片区、中新（重庆）科技城一批重大项目集中投产。其中，由重庆国科量子通信网络有限公司建设的国家广域量子保密通信“成渝干线”于 2021 年 10 月全线贯通，重庆通向武汉的量子通信“汉渝干线”也在建设中。

2022 年，北京量子信息科学研究院、清华大学龙桂鲁教授团队和陆建华教授团队共同设计出了一种相位量子态与时间戳量子态混合编码的量子直接通信系统，成功实现 100km 的量子直接通信。这是目前世界上最长的量子直接通信距离；同年，中国科学技术大学潘建伟院士科研团队与中国科学院大学杭州高等研究院院长王建宇院士团队，通过“天宫二号”和 4 个卫星地面站上的紧凑型量子密钥分发（QKD）终端，实现了空-地量子保密通信网络的实验演示，相关论文刊登在国际学术期刊《光学》上。

量子通信技术发展成熟后，将广泛地应用于军事保密通信及政府机关、军工企业、金融、科研院所和其他需要高保密通信的场合。

1.6.3 物联网

物联网（Internet of Things，IoT）是指通过信息传感器、射频识别技术、全球定位系统、红外感应器、激光扫描器等各种装置与技术，实时采集任何需要监控、连接、互动的物体或过程，采集其声、光、热、电、力学、化学、生物、位置等各种需要的信息，通过各类可能的网络接入，实现物与物、物与人的泛在连接，实现对物品和过程的智能化感知、识别和管理。

通俗地讲，物联网就是“万物相连的互联网”，是在互联网基础上延伸和扩展的网络，是将各种信息传感设备与网络结合起来而形成的一个巨大网络，实现任何时间、任何地点，人、机、物的互联互通。物与物、人与物之间的信息交互是物联网的核心，物联网的基本特征可概括为整体感知、可靠传输和智能处理。整体感知是指可以利用射频识别、二维码、智能传感器等感知设备感知获取物体的各类信息；可靠传输是通过融合互联网和无线网络，将物体的信息实时、准确地传送，以便实现信息交流、分享；智能处理是可以使用各种智能技术，对感知和传送到的数据、信息进行分析处理，实现监测与控制的智能化。

物联网的关键技术包括射频识别技术、传感网、M2M（Machine-to-Machine/Man）系统框架、云计算等，物联网广泛应用于工业、农业、环境、交通、物流、安保等基础领域，有效推动了这些领域的智能化发展。在家居、医疗健康、教育、金融与服务业、旅游业等与生活息息相关的领域也都有物联网的身影，且从服务范围、服务方式到服务的质量都有了极大的改进，大大提高了人们的生活质量。在国防军事领域方面，虽然物联网应用还处于研究探索阶段，但其带来的影响也不容小觑，大到卫星、导弹、飞机、潜艇等装备系统，小到单兵作战装备，物联网技术的嵌入都有效提升了军事智能化、信息化、精准化,极大提升了军事战斗力,是未来军事变革的关键。

【思政 1-7】 通信产业与高铁产业、核电产业是中国高科技制造业走向全世界的三张响当当的名片,与此同时,中国通信产业也面临着愈加严重的国际政治考验。而"通信原理"作为通信产业的核心专业课程,肩负着为中国通信产业持续输出合格人才的重任。

【本章小结】

1. 通信的基本概念

- 通信:完成信息的转换和传输。
- 通信系统:点对点的单向传输。
- 通信网:多用户通信系统互联。
- 通信网的要素:终端设备、传输链路、交换设备。

2. 通信系统的组成

- 通信系统总模型:发送端(信号源、发送设备),接收端(接收设备、受信者),信道,噪声源。
- 模拟通信系统模型:发送端(信号源、调制器),接收端(解调器、受信者),信道,噪声源。
- 数字通信系统模型:发送端(信号源、信源编码、信道编码、调制器),接收端(解调器、信道译码、信源译码、受信者),信道,噪声源。

3. 通信系统的分类

- 按消息的物理特征分类:电报、电话、数据、图像通信系统。
- 按调制方式分类:连续载波调制(模拟调制——AM、DSB、SSB、VSB、FM、PM;数字调制——ASK、FSK、PSK、DPSK)、脉冲调制(脉冲模拟调制——PAM、PDM、PPM,脉冲数字调制——PCM、ΔM)。
- 按信号特征分类:模拟通信系统和数字通信系统。
- 按传输媒介分类:有线通信系统和无线通信系统。
- 按信号复用方式分类:频分复用(FDM)系统、时分复用(TDM)系统、码分复用(CDM)系统。

4. 通信方式

- 按消息传送的方向和时间关系:单工、双工、半双工。
- 按数字信号码元传输的时序:串序传输、并序传输。

5. 信息的度量

- 等概离散信息量的计算:二进制符号平均信息量为 1bit,多进制为 k 比特(如果进制数等于 2 的 k 次方)。
- 非等概率离散信息量的计算:信源熵统计平均计算(消息概率与其对应信息量乘积的加和)。
- 连续消息信息量:利用概率密度函数来描述。

6. 通信系统性能指标

➢ 主要性能指标：有效性和可靠性。

➢ 模拟通信系统性能指标：有效性——信息量(有效频带宽度)，可靠性——均方误差(信噪比)。

➢ 数字通信系统性能指标：有效性——传输速率(码元传输速率、信息传输速率、频带利用率)，可靠性——差错率(误码率、误信率)。

本章主要知识点思维导图如图 1-6 所示。

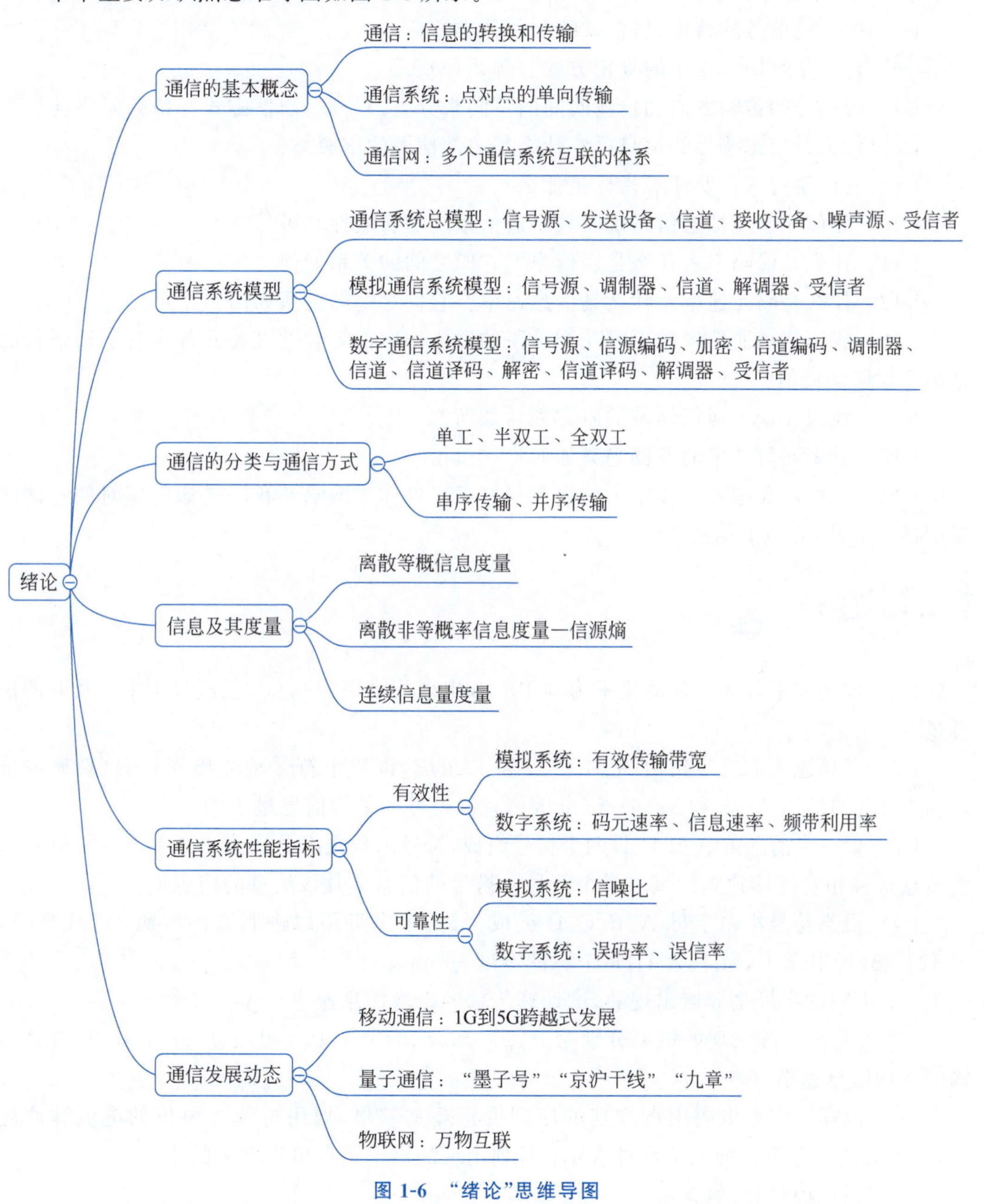

图 1-6 "绪论"思维导图

思考题

1-1 什么是通信？常见的通信方式有哪些？

1-2 数字通信有哪些特点？

1-3 按消息的物理特征，通信系统如何分类？

1-4 按调制方式，通信系统如何分类？

1-5 按传输信号的特征，通信系统如何分类？

1-6 什么是复用？常用的复用方式有哪几种？

1-7 按信号的传输方向和传输时间的不同来分类，有哪些通信方式？各有何特点？

1-8 什么是信源符号的信息量？什么是离散信源的信源熵？

1-9 通信系统的主要性能指标是什么？

1-10 如何评价模拟通信系统及数字通信系统的有效性和可靠性？

1-11 什么是误码率？什么是误信率？它们之间的关系如何？

1-12 什么是码元速率？什么是信息速率？它们之间的关系如何？

1-13 我国移动通信经过了哪几个阶段的发展？取得突破性进展并首次有了话语权的是第几代移动通信？

1-14 我国在量子通信领域的研究现状如何？

1-15 未来通信技术的发展趋势如何？

1-16 美国对我国中兴和华为的制裁与打压事件你了解吗？我国是如何应对的？请简要叙述该事件，并谈下你的看法。

习题

1-1 设英文字母 a 出现的概率为 0.105，b 出现的概率为 0.002。试分别求 a 及 b 的信息量。

1-2 某信息源的符号集由 A、B、C、D 和 E 组成，设每个符号独立出现，其出现概率分别为 1/4、1/8、1/8、3/16 和 5/16。试求该信息源符号的平均信息量。

1-3 设一个消息由 A、B、C、D 四个符号组成，符号出现概率分别为 1/2、1/4、1/8 和 1/8，各消息符号相互统计独立。试求每个符号所携带的信息量及该消息的信源熵。

1-4 设某符号集由字母 A、B、C、D 组成，每一个字母用二进制脉冲编码，00 代替 A，01 代替 B，10 代替 C，11 代替 D，每个脉冲宽度为 5ms。

(1) 不同的字母是等概出现的，试计算传输的平均信息速率；

(2) 若每个字母出现的概率分别为 $P_A=1/5$，$P_B=1/4$，$P_C=1/4$，$P_D=3/10$，试计算传输的平均信息速率。

1-5 国际莫尔斯电码用点和划的序列发送英文字母，划用持续 3 单位的电流脉冲表示，点用持续 1 个单位的电流脉冲表示；且划出现的概率是点出现概率的 1/3。

(1) 计算点和划的信息量；

(2) 计算点和划的平均信息量。

1-6 若某信源产生八进制数字信号，在 3min 内传送了 3600 个码元，试求每个码元所携带的信息量和信息速率。

1-7 假设二进制信号在数字通信系统中传输，码元传输速率为 3600B，试求其信息传输速率。若系统改为以八进制符号传输，码元速率不变，则此时系统信息速率为多少？

1-8 假设一信息源的输出由 128 个不同符号组成，其中 16 个符号出现的概率为 1/32，其余 112 个符号出现的概率为 1/224。信息源每秒发出 1000 个符号，且每个符号彼此独立。试计算该信息源的平均信息速率。

1-9 对于二电平数字信号，每秒传输 600 个码元，则传码率为多少？若该数字信号 0 和 1 独立等概出现，则传信率为多少？

1-10 如果二进制独立等概信号，码元宽度为 0.5ms，求码元传输速率和符号独立等概时的信息传输速率。

1-11 已知某系统的码元速率为 2400KB，接收端在 1h 内共收到 968 个错误码元，试求系统的误码率。

1-12 某数字通信系统信息速率为 1200kb/s，在 3min 内共接收到 96Mb 正确信息。

(1) 系统误信率为多少？

(2) 若系统传送的是四进制信号，误信率是否会发生改变？为什么？

第2章 信道与噪声

【本章导学】

信道是通信系统的重要组成部分。信号在信道中传输时不可避免会受到衰落、噪声和干扰。建立合理准确的信道模型,了解信道的传输特性及对信号传输的影响,可为通信系统的设计和仿真提供科学依据。本章主要介绍各类信道的数学模型、信道的传输特性、信道中的加性噪声及信道容量。

本章学习目标与要求

- 了解信道的定义
- 掌握信道的数学模型
- 掌握恒参信道和随参信道的传输特性
- 了解信道加性噪声的统计特性
- 掌握计算信道容量的方法

本章学习重点

- 信道的数学模型
- 恒参信道和随参信道的传输特性
- 信道容量的计算

思政融入

- 科学态度
- 工匠精神
- 家国情怀
- 责任与使命
- 科学精神
- 理想信念
- 民族自信

视频讲解

2.1 信道的定义与分类

信道(channel),顾名思义是指信号的传输通道。通信系统的发送端和接收端通过信道进行连接,完成信号的传输。信道是信号传输的网络。信息窃取、信息泄密和信息攻击主要发生在传输中。

【思政 2-1】 习近平总书记指出“没有网络安全就没有国家安全”“网络安全和信息化是事关国家安全和国家发展、事关广大人民群众工作生活的重大战略问题,要从国际国内大势出发,总体布局,统筹各方,创新发展,努力把我国建设成为网络强国”。因此研究信道的传输特性,使信道能安全可靠地传输信息具有重要的意义。

通常,信道可以分为狭义信道和广义信道两种。所谓狭义信道,仅指信号传输的媒介,如电线、电缆、光纤、光缆和电磁波等；而在通信系统的研究中，通常还可以根据我们研究的重点和感兴趣的问题将信道按广义方式进行定义，除了传输媒介外，其他有关的功能模块和器件，如编码器、功率放大器、调制器、混频器等都可以纳入信道的范围。在讨论通信系统的一般原理时，通常研究的是广义信道。但是，由于广义信道包含狭义信道，狭义信道的性能将直接影响广义信道的性能，因此狭义信道的特性仍是研究信道特性的重点。

按照传输媒介的不同，信道可以分为无线信道(wireless channel)和有线信道(wired channel)两大类。其中，无线信道是利用电磁波(electromagnetic wave)在空间中的传播(propagation)来实现信号的传输；有线信道则是利用各种可传导电或光的实体媒介来传输信号。

2.1.1 无线信道

在无线信道中信号的传输是利用电磁波在空间的传播来实现的。所谓电磁波，简单地说就是电和磁的波动，是向前传播的交变电磁场，或者说电磁波是在空间传播的交变电磁场。电磁波和自然界存在的水波、声波一样，都是一种波动过程，所不同的是人可以看到水波，可以听到声波，但电磁波看不到也听不到。理论上讲，任何频率的电磁波都可以用来传输信号，但是为了有效地发射或接收电磁波，通常要求天线的尺寸不小于电磁波波长的1/10，因此电磁波频率过低时，电磁波波长会很大，形成有效电磁辐射所需的天线尺寸也可能很大，不利于实现。所以通常用于通信的电磁波频率都比较高。

除了在自由空间的传播外，在无线电收发信息之间的电磁波传播总是受到地面和大气层的影响。电磁波传播过程中可能存在反射、衍射和散射，这些物理现象对无线信道特性有重要影响。根据通信距离、频率和位置的不同，电磁波的传播主要分为地波(ground wave)、天波(sky wave)、视线(line of sight)和散射波(scatter wave)传播4种。

(1) 地波传播。

频率较低(约2MHz以下)的电磁波具有绕射能力，可以沿弯曲的地表传播。因此对于中频和低频无线电波而言，地波传播是一种重要的传播方式。地波传播是指无线电波沿地球表面传播，又称绕射传播或地表面传播，如图2-1所示。地波传播主要受地面土壤的电参数和地形地物的影响，波长越短，电波越容易被地面吸收，因此只有超长波、长波及中波能以地波方式传播。地波传播不受气候条件影响，传播稳定可靠，在甚低频(VLF)和低频(LF)频段，地波传播可以传播超过数百千米或数千千米，克服视距传播的限制。

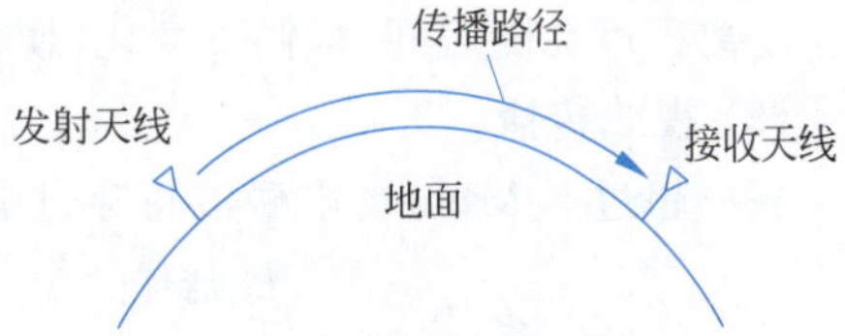

图2-1　地波传播

(2) 天波传播。

天波传播也称电离层反射传播，是指无线电波经空中电离层的反射后返回到地面的传播方式，如图2-2所示。所谓电离层是指大气中离地面40～800km高度范围内，包括大量自由电子和离子的气体层，它是大气层在受到太阳紫外线(ultraviolet light)和宇宙射线(cosmic ray)的照射后发生电离而形成的。白天的强烈阳光使大气电离产生D、E、F_1、F_2等多个电离层，夜晚D层和F_1层消失，只剩下E层和F_2层。电离层能反射电波，对电波也有吸收作用，但电离层对长波和中波吸收较多，而对短波吸收较少。因此短波通信更适合以天波方式传播，电磁波经过电离层的一次或多次反射最高可传播1000km以上。

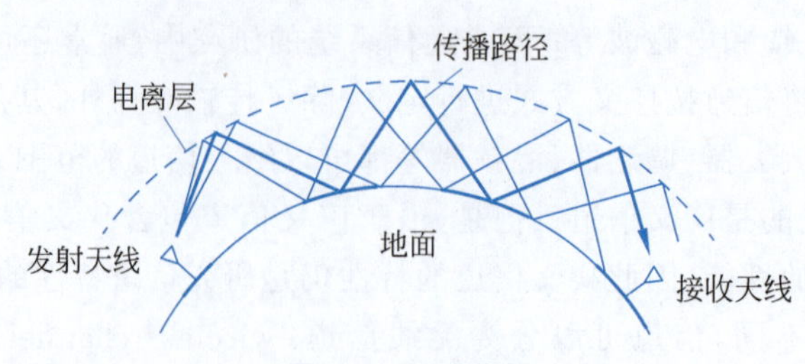

图 2-2 天波传播

短波电离层反射信道采用的就是天波传播方式,在短波电离层反射信道中,波长为10～100m,频率为3～30MHz的无线电波利用离地面60～600km的电离层反射信号。信号的传播路径如图2-3所示。当入射角$\varphi_0=0$(即垂直入射)时,信号能经由电离层反射回的最高频率为$f_0=\sqrt{80.8Ne_{max}}$,其中Ne_{max}为电离层的最大电离密度。更高的频率信号将穿透电离层,无法再返回地面,也就无法完成信息传输了。以φ_0入射的最高可用频率为$MUF=f_0\sec\varphi_0$,在夜间,随着电离密度的降低,工作频率需随之降低。在短波电离层反射信道中会出现多径传播的现象。多径传播是随参信道的固有特性,所谓多径传播,就是信号经由多条路径到达接收端,使得接收端的合成信号的幅值和相位随时间快速变化。多径传播在电离层反射信道中发生的原因是:①电波经电离层一次反射或多次反射;②几个反射层高度不同;③电离层不均匀引起的漫射(diffusion);④磁场影响,使电磁波分裂成寻常波及非寻常波。

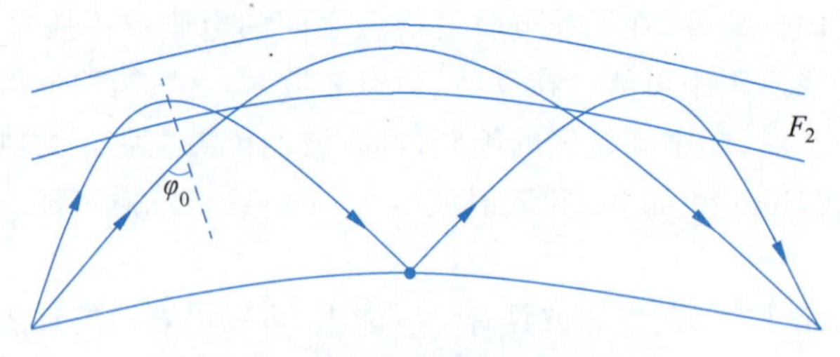

图 2-3 电离层反射信道通信路径

短波电离层反射信道的优点是功率小,传输距离远,地形随意,频宽合适,保密性好,但由于电离密度会随时间、气候等变化,使得它可靠性差,工作频率变,多径失真,干扰大。

(3) 视线传播。

频率超过30MHz的电磁波将穿过电离层,无法反射回地面,因此不能靠电离层反射来传播,并且它沿地面绕射的能力也很小,所以它们只能类似光波那样进行视线传播。视线传播也称空间波传播,是指发射点和接收点在视距范围内能够相互"看得见",此时的电磁波以直线传播,如图2-4所示。

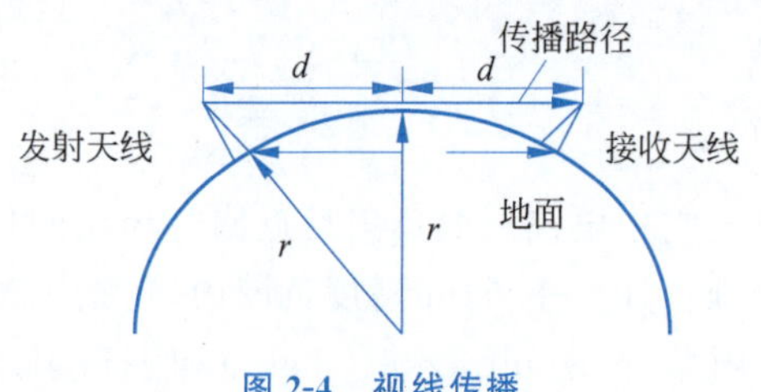

图 2-4 视线传播

由于视线传播时会受到高山和大的建筑物的阻隔,故传播距离和天线架构高度有关,天线架设得越高,视线传播距离就越远。因此为了加大传输距离,就要把发射天线架高,做成大铁塔。但由于受地球曲面影响,一般传输距离只有50km左右。为了加大传输距离,通常采用接力通信的方式,即每隔一定的距离设立一个接力站,如同接力赛跑那样,逐级转发,延长传输距离。因此视线传播也称为无线电中继(radio delay)通信。中继站不仅对信号进行转发,还可进行放大和降噪等处理。

无线电视距中继信道主要工作于超短波(ultrashort wave)和微波(microwave),传输容量大发射功率小,通信稳定可靠,主要用于多路电话及电视,如图 2-5 所示。

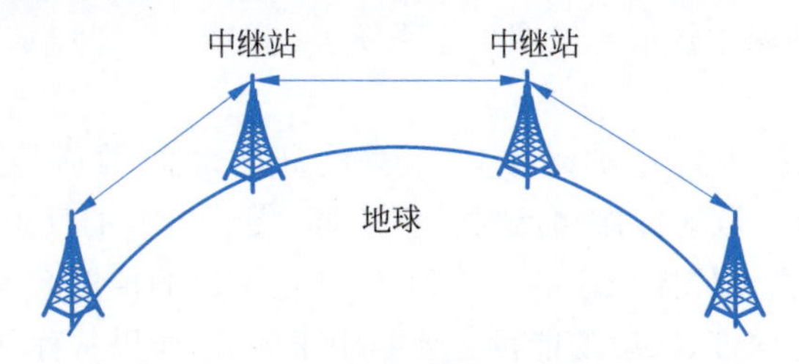

图 2-5 无线电视距中继信道

为了进一步加大传输距离,还可以利用人造卫星作为转发站(或中继站)来提升传输距离。通常将利用人造卫星转发信息的通信方式,称为卫星通信(satellite communication),如图 2-6 所示。因为卫星可看作放置于太空中的中继站,因此卫星通信也被视为一种特殊的无线电视线中继通信。

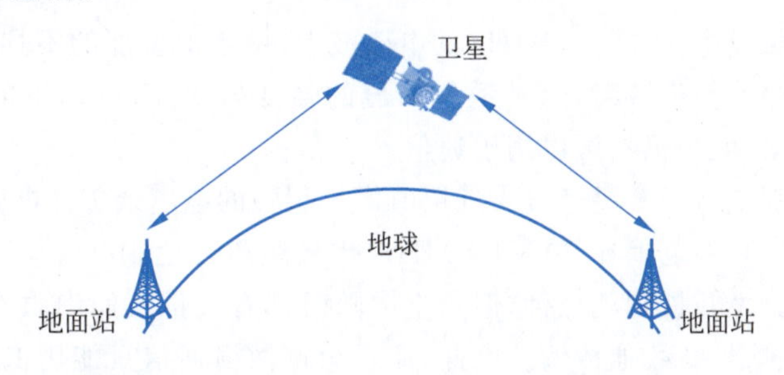

图 2-6 卫星通信

2018 年 12 月 8 日嫦娥四号发射升空,它是中国探月工程二期发射的月球探测器,也是人类第一个着陆月球背面的探测器;实现了人类首次月球背面软着陆和巡视勘察,意义重大,影响深远 。由于深空任务周期长、通信时延大、信号微弱等,使深空测控通信实现起来更为困难,无论对星上设备还是对地面设备等都带来了新挑战。对于落在月球背面、没有任何通信信号的嫦娥四号来说,通信显得难上加难。它无法如同嫦娥三号那样直接和地球上的“亲人们”取得联系,“飞鸽传书”的任务就落到“鹊桥”中继卫星的肩上。通过早先发射并成功架设在地月拉格朗日 L2 点的中继卫星,实施与地面的通信信号“接力”,嫦娥四号才得以与地球保持联络。

【思政 2-2】 嫦娥四号任务的立项实施是党中央对发展航天事业、建设航天强国做出的重大决策,是落实习近平总书记“推动空间科学、空间技术、空间应用全面发展”指示精神的具体行动,是备受世界瞩目的中国航天重大工程。嫦娥四号在人类历史上首次实现了航天器在月球背面软着陆和巡视勘察,首次实现了地球与月球背面的测控通信,在月球背面留下了中国探月的第一行足迹,揭开了古老月背的神秘面纱,开启了人类探索宇宙奥秘的新篇章。

量子保密通信技术作为一种前沿技术,将构建信息安全的关键屏障,因而受到各国政府的重视,我国在量子保密通信的研究和应用方面处于国际领先地位。我国在 2016 年发射的全球首颗量子卫星“墨子号”,在国际上首次实现千公里级无中继量子保密通信,我国也成为世界上首个实现太空和地面之间量子通信的国家；2022 年 5 月，“墨子号”完成了地面两个相距 1200km 的基站的数据传输任务，向构建全球化量子信息处理和量子通信网络迈出了重要一步，也有效保障了国家安全。预计到 2030 年前后，我国将力争率先建成全球化的广域量子保密通信网络。在此基础上，将构建信息充分安全的“量子互联网”，形成完整的量子通信产业链和下一代国家主权信息安全生态系统。

(4) 散射波传播。

对于无法建立微波中继站的地区，如大海、岛屿之间的通信，电磁波可利用散射(scatter)方式进行传播。散射传播和反射传播不同，无线电波的反射特性类似光波的镜面反射特性，而散射则是由于传播介质的不均匀性，使电磁波的传播产生向许多方向折射的现象。散射具有很强的方向性，散射的能量主要集中于前方，所以常称其为前向散射。由于散射信号的能量分散于许多方向，因此接收点散射信号强度比反射性信号的强度要小得多。也正因为散射信号强度较弱，因此进行散射通信时要求使用大功率发射机及灵敏度和方向性很强的天线。

散射波传播包括电离层散射、流星余迹(meteor trail)散射和对流层散射(tropospheric scattering)三种。

电离层散射现象发生在 30～60MHz 的电磁波上，由于电离层的不均匀性，使其对于在这一频段入射的电磁波产生散射，这种散射信号的强度与 30MHz 以下的电离层反射信号的强度相比要小得多，但是仍然可以用于通信。

流星余迹散射则是由于流星经过大气层时产生很强的电离余迹使电磁波发生散射的现象。流星余迹散射的频率范围在 30～100MHz，传播距离可达 1000km 以上。一条流星余迹的存留时间在十分之几秒到几分钟，但是空中随时都有大量人们肉眼看不见的流星余迹存在，能够随时保证信号断续地传输。因此，流星余迹散射通信只能用低速存储、高速突发的断续方式传输数据。

对流层散射则是由对流层中的大气不均匀性而产生的。从地面至高十余千米之间的大气层称为对流层。对流层中的大气存在强烈的上下对流现象，使大气中形成不均匀的湍流电磁波。对流层中的这种大气不均匀性可以产生散射现象，使电磁波散射到接收点，对流层散射的通信路径如图 2-7 所示。

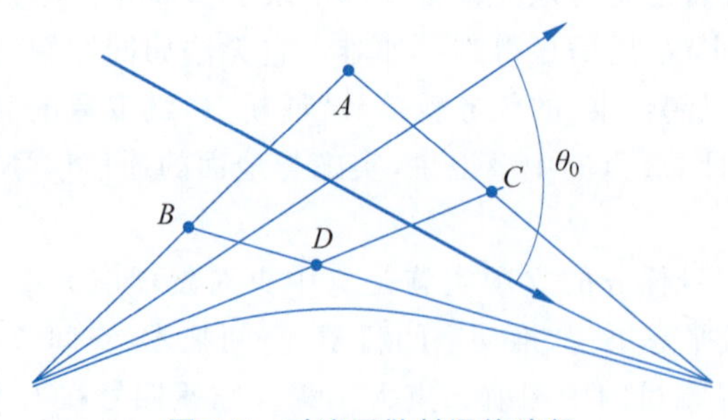

图 2-7　对流层散射通信路径

典型的对流层散射信道利用离地面 10～12km 以下的大气对流层中大气湍流运动产生不均匀性，引起电波的散射，可提供 12～240 个频分复用话路，传播距离 100～500km，可靠性 99.9%。

信号经对流层散射信道传输可能导致气象引起的每季、月、日信号强度变化的慢衰落和多径传播引起的快衰落。信号经对流层散射信道传输，受多径传播的影响会发生时间轴上的展宽，也称为多径时散，如图 2-8 所示。这种失真类似于该信号通过滤波器后的失真，因此该信道也可以看成一个带限滤波器(filter)。若信道的最大多径时延差为 τ_m，则信号经过信道传输允许的频带不得超过信道相关带宽，即 $B_{信号} \leqslant B_c \cong \frac{1}{\tau_m}$。

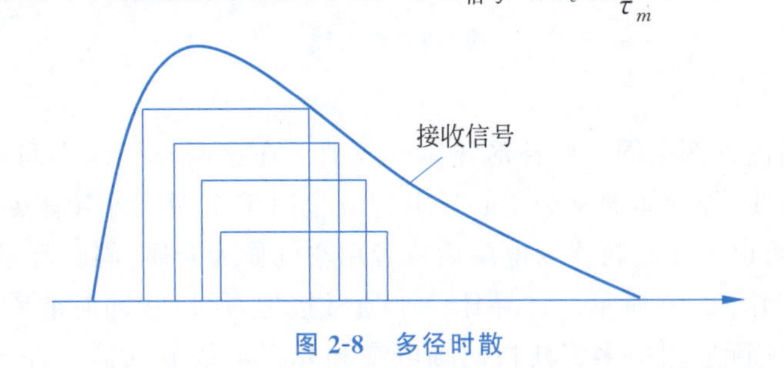

图 2-8　多径时散

中国工程院院士、电波传播专家张明高教授一直致力于电波传播模式研究及其工程应用。张明高院士认为:“研究应坚持科学精神，敢于提出自己的想法，同时通过大量的试验数据修正理论，才能形成自己的创新成果。”

在国防对流层散射通信系统工程中，他进行了大量的系统体制研究，提出了全球适用型对流层散射传输损耗统计预测方法。其中一种能综合反映有关对流层散射的各种代表性传播机理的广义散射截面理论，被定为国际通用方法。在卫星通信电波预测方面，张院士对若干关键性技术进行了研究，三项新模式也已纳入 ITU-R 建议。第一项是海事卫星移动通信系统海面反射衰落预测新方法。第二、第三项新模式分别为电离层闪烁衰落深度长期分布模式和大气衰减简易预测模式。张院士还对陆地移动业务场强和视距微波衰落预测等进行了研究。对 Okumura/Hata 模式的改进使适用距离从 20km 扩展到 100km，纳入 ITU-R529 建议。有关大气衰减的简易预测改进方法被纳入 ITU-R P. 676-3 建议，取代了英国方法。

【思政 2-3】 张明高院士从多方面推动了高新技术的发展，为国际电信技术的发展做出了突出贡献，为我国赢得了国际声誉，也为我国通信事业的发展做出了突出贡献。

2.1.2　有线信道

在有线信道传输方式中，电磁波沿着有线介质传播。常见的有线信道包括明线(open wire)、对称电缆(symmetrical cable)、同轴电缆(coaxial cable)和光纤光缆(optical fiber and cable)等。

(1) 明线。

明线是指平行架设在电线杆上的架空线路。1878 年，贝尔电话公司开始采用明线构成的电话换路线连接用户和电话端局，用于传输语音信号。明线本身是导电裸线或带绝缘层的导线。虽然它的损耗很低，但是易受天气和环境的影响，对外界噪声干扰较敏感，所以目前已经逐渐被电缆或光缆所代替。

(2) 对称电缆。

对称电缆是把若干对被称为芯线的双导线放在一根由几层金属屏蔽层和绝缘层组成的保护套内制成的。为了减小各对导线之间的干扰，每一对有绝缘保护的导线都做成扭绞形式，称为双绞线，如图 2-9 所示。对称电缆传输损耗比明线大，但传输特性比较稳定，在有线电话网中广泛用于用户接入(access)电路。

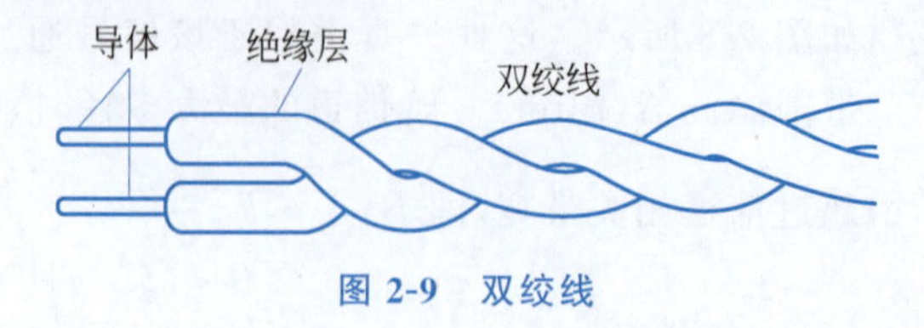

图 2-9 双绞线

(3) 同轴电缆。

同轴电缆是由内外两根同心圆柱形导体构成的。在这两根导体之间用绝缘体隔离开。内导体多为实心导线,外导体通常为空心导电管或金属编织网。外导体外面有一层绝缘保护层,内外导体间可以填充塑料作为电解质或者用空气作为介质,同时有塑料支架用于连接和固定内外导体,如图 2-10 所示。外导体由于通常接地,所以它同时能够很好地起到屏蔽(screen)作用。在实际应用中多将几根同轴电缆和几根电线放入同一保护套内,以增强传输能力。同轴电缆的专利权由英国人奥利弗于 1880 年取得。目前,有线电视(Cable Television,CATV)中广泛采用同轴电缆为用户提供电视信号。同轴电缆也是通信设备内部中频和射频部分经常使用的传输介质,用于连接无线通信收发设备和天线之间的馈线。

图 2-10 同轴电缆结构

(4) 光纤光缆。

【思政 2-4】 光纤,即光导纤维,是一种传输光信号的有线信道。光纤是由华裔科学家高锟发明的,他被称为“光纤之父”,也是诺贝尔物理学奖得主。高锟的成功,与他孜孜不倦、刻苦钻研的科学精神分不开。他“固执”的科学精神,也鼓舞着无数科研人砥砺前行。

1970 年美国康宁公司制造出世界上第一根实用化的光纤,光纤具有衰减小、传输速度快等特点。光纤中光信号的传输是基于全反射原理。最早出现的光纤中包含两种不同折射率的导光介质纤维,内层导光纤维称作纤芯(fiber core),纤芯外包有另一种折射率的介质,称为包层(cladding)。纤芯折射率大于包层折射率,因此当入射光从纤芯以大于或等于临界角的角度投射到纤芯和包层临界面时就会发生全反射,光信号被完全反射回纤芯。按此规律发生多次反射,光波可以实现远距离传输。

仅有纤芯和包层的光纤是裸光纤。裸光纤非常脆弱,并不实用,为提高光纤的抗拉力及弯曲强度,还需在包层外加一层涂覆层,进一步确保光纤不受由外界的机械作用诱发微变的剪切应力的影响。实用的光纤一般在涂覆层外还需进行二次涂覆。

根据光纤横截面上的折射率分布的不同,光纤可分为阶跃型光纤(step-index fiber)和渐变型光纤(graded-index fiber)。阶跃型光纤的折射率为常数,折射率在纤芯和包层的界面上发生突变。渐变型光纤纤芯的折射率随着半径的增加,按接近抛物线形的规律变小,至界面处纤芯折射率等于包层的折射率。

根据光纤中传输模式数量的不同,可分为单模光纤(Single-Mode Optical Fiber,SMF)和多模光纤(Multi-Mode Optical Fiber,MMF)。单模光纤中只有一种传播模式,而多模光纤中的光信号具有多种传播模式。这里的模式指电磁场的分布和光线传播的路径。多模光纤允许多个光波在光纤内产生,因此通常具有较大的纤芯直径和数值孔径,通常采用发光二极管(Light-Emitted Diode,LED)作为光源,这种光源不是单色的,包含多种频率成分。由于多模光纤直径较粗,光波的传播路径不同,传播时延也不同,由此可能产生光波脉冲扩展,限制传输带宽。另外,LED 光源光谱纯度低,不同波长的光信号在光纤中传播速度不同,随着距离增加,可能发生色散,导致信号失真,限制光纤传输的距离。多模光纤主要用于短距离、小容量的局域网。单模光纤仅允许一个光波传播,且纤芯直径小,通常以激光器作为光源。激光源的光谱纯度高,且光波在光纤中只有一种传播模式,因此,单模光纤的无失真传输带宽较宽,色散较小,传输容量也比多模光纤大,是当前应用和研究的重点。

为了使光纤能在工程中实用化,可承受工程中的拉伸、测压和各种外力作用,就必须保证其具有一定的机械强度。因此光纤被制成不同结构、不同形状和不同种类以适应光纤通信的需要。光缆根据用途和环境条件的不同,可以分很多种,但大体是由缆芯、加强构件和保护层组成的。在公用通信网中常用的光缆结构如表 2-1 和图 2-11 所示。

表 2-1 公用通信网中常用的光缆结构

种 类	结 构	光纤芯线数	特 性
长途光缆	层绞式 单位式 骨架式	<10 10～200 <10	低损耗、宽频带,可用单盘盘长的光缆来铺设,骨架式有利于防护侧压力
海底光缆	层绞式 单位式	4～100	低损耗、耐水压、耐张力
用户光缆	单位式 带状式	<200 >200	高密度、多芯和低到中损耗
局内光缆	软线式 带状式 单位式	2～20	重量轻、线径细、可绕性好

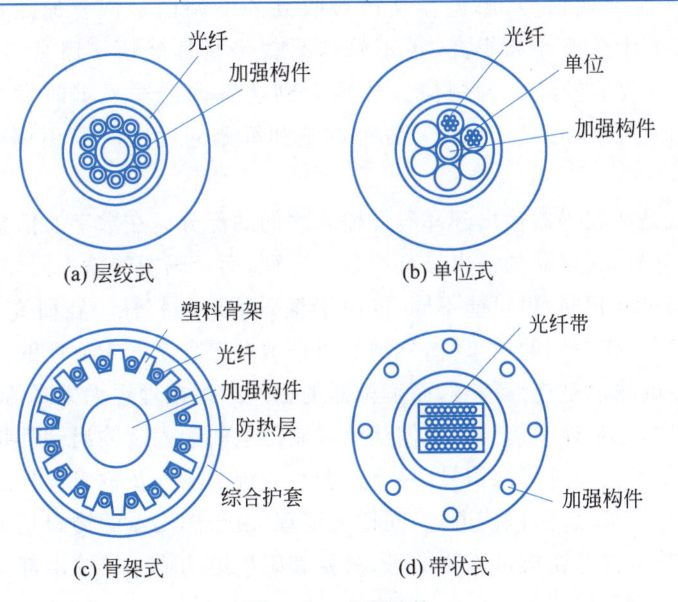

图 2-11 光缆结构

光纤通信传输距离远、传输速度快、损耗低，不受电磁干扰，信道的信息泄露小，保密性好。2021年，中国科学技术大学潘建伟院士团队与合作者利用中国科学院上海微系统所尤立星小组研制的超导探测器，基于"济青干线"现场光缆，突破现场远距离高性能单光子干涉技术，采用两种技术方案分别实现428km和511km的双场量子密钥分发，这项研究成果成功创造了现场光纤无中继量子密钥分发最远距离新的世界纪录，超过500km的光纤成码率打破了传统无中继量子密钥分发所限定的成码率极限，在实际环境中证明了双场量子密钥分发的可行性，并为实现长距离光纤量子网络铺平了道路。

视频讲解

2.2 信道的数学模型

信道对于信号传输具有重要的影响，是设计和优化通信系统的重要考虑因素。因此，建立一个能反映信道传输特性的数学模型，用建模的方法对信道输入和输出之间的关系进行描述非常必要。为了分析信道特性，我们通常具体问题具体分析，广义信道可分为调制信道(modulation channel)和编码信道(coding channel)，如图2-12所示。

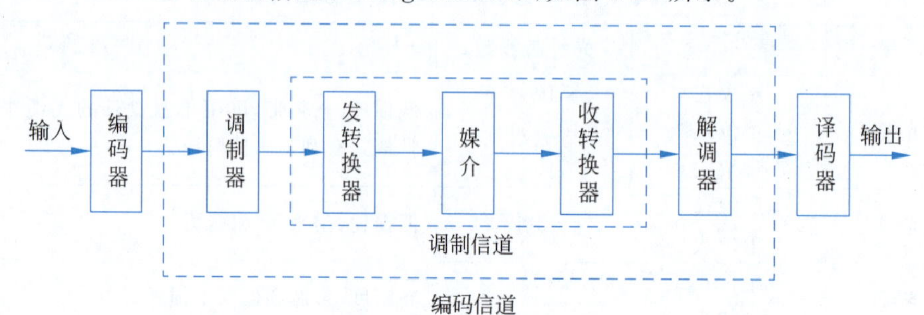

图 2-12 广义信道定义

所谓调制信道，是从调制器的输出到解调器输入之间的部分。我们从调制解调的角度来看，调制器产生已调信号，解调器从已接收到的已调信号恢复原始调制信号。不管这个过程中包括了什么部件和媒介，也不管信号曾经具体经历了哪些变换，我们只关心由调制器输出的已调信号经由调制信道传输后到达解调器输入端时发生了什么样的变化，而不考虑详细的物理过程。在研究各种调制和解调的性能时采用调制信道的定义是非常方便的。

编码信道，就是从编码器输出到译码器输入之间的部分。在数字通信系统中，我们仅从编译码的角度来分析，编码器的输出是某一数字序列，而译码器的输入同样也是某一数字序列，两组数字序列可能相同，也可能不同，取决于编码信道的特性。在研究利用差错控制编码对数字信号进行差错控制的效果时，采用编码信道的概念是非常方便的。

通常，调制器的输出是连续信号，而解调器的输入如果在理想无失真传输的情况下应该和调制器输出相同，也是连续信号。我们认为调制信道的输入及输出端都是连续信号，则不管在其中有没有曾经变成过离散信号，只要这个小系统的输入及输出都是连续信号，我们就认为调制信道是连续信道(模拟信道)。同样的道理，由于编码器的输出是离散信号，不管编码信号在信道中是否曾经变成过连续信号，只要编码信道的输入及输出都是离散信号，我们就认为编码信道是离散信道。

2.2.1 调制信道模型

通过对大量调制信道进行观察和统计,我们发现调制信道具有以下共性:

(1) 有一对(或多对)输入、输出端。

(2) 绝大多数信道是线性的,满足叠加原理。

(3) 信号通过信道传输,存在延迟、损耗、衰减。

(4) 即使没有信号输入时,仍有功率输出(噪声)。

根据上述共性,我们可用一个二对端(或多对端)的时变(time-varying)线性网络来表示调制信道,这个网络即为调制信道的模型,如图 2-13 所示。

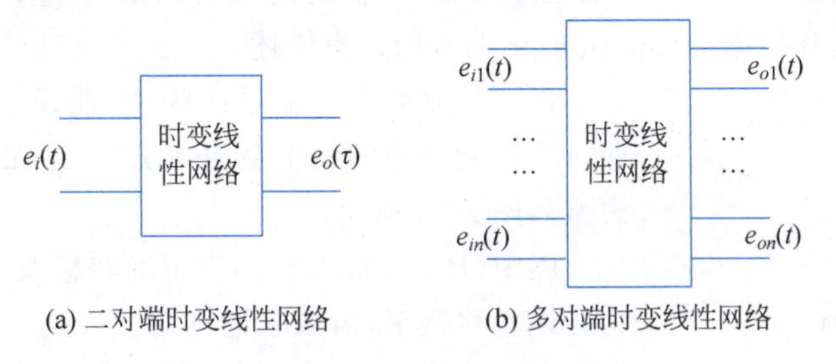

(a) 二对端时变线性网络 (b) 多对端时变线性网络

图 2-13 调制信道的模型

对于二对端模型,网络的输入与输出之间的关系可表示为

$$e_o(t)=f[e_i(t)]+n(t) \tag{2-1}$$

式中,$e_i(t)$为输入的已调信号;$e_o(t)$为信道的输出信号;$n(t)$为加性噪声(加性干扰);$f[e_i(t)]$为已调信号经过信道所发生的线性变换,由网络特性确定。

为了便于分析,将网络的函数变换关系 $f[e_i(t)]$定义为 $k(t)e_i(t)$,则有

$$e_o(t)=k(t)e_i(t)+n(t) \tag{2-2}$$

这里 $k(t)$取决于网络特性,对输入信号 $e_i(t)$来说,是以乘法形式造成的干扰,所以通常将它称为乘性干扰,而噪声 $n(t)$是以加法的形式对输出信号造成的干扰,称为加性干扰。调制信道对信号传输的影响就由乘性干扰(multiplicative interference)和加性干扰(additive interference)来确定。

乘性干扰 $k(t)$通常是一个复杂的函数,可能包括各种线性和非线性的畸变等,反映信道特性。由于信道的延迟特性和损耗特性都随时间随机变化,所以 $k(t)$通常只能用随机过程来描述。大量的统计观察表明,有些信道的 $k(t)$基本不随时间变化,信道对信号的影响不变或变化极为缓慢;而另一些信道,它们的 $k(t)$是随机快速变化的,对信号传输的影响也随时间快速变化。因此,我们根据乘性干扰是否随时间快速变化,将调制信道分为两大类:一类称为恒参信道,即它们的乘性干扰可看成不随时间变化或基本不变化,另一类称为随参信道,它们的乘性干扰是随时间快速变化的。

通常,架空明线、电缆、光缆、无线电视距传播等构成的信道都属于恒参信道,而电离层反射信道、对流层散射信道等都属于随参信道。

2.2.2 编码信道模型

编码信道与调制信道的模型不同。调制信道对信号的影响是通过乘性干扰和加性干扰使已调信号发生波形失真,而编码信道由于输入及输出都是离散的数字序列,所以对信号的影响是一种数字序列到另一种数字序列的变化。

由于编码信道包含调制信道,因此会受到调制信道的影响。对数字信道来说,信道对所传输的数字信号的影响最终表现在解调器输出的数字序列的变化上,即经过信道的数字信号是否与编码器输出的数字序列一致。如果不一致,则说明译码器输出的数字序列以某种概率发生了差错,引发了误码。如果调制信道的特性差、加性干扰严重,则出现错误的概率也会更大。编码信道对信号的影响是序列变换,信道的失真以误码率体现。因此编码信道模型可用数字的转移概率(transition probability)来描述。

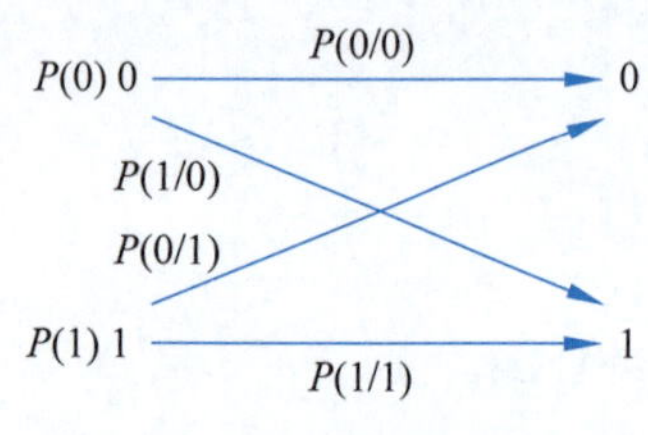

图 2-14 编码信道数学模型

以二进制数字传输系统为例,假设信道是无记忆信道,即每个码元错误的发生是相互统计独立的,其编码信道数字模型如图 2-14 所示。

图中,$P(0/0)$、$P(1/1)$为正确转移概率,$P(1/0)$、$P(0/1)$为错误转移概率,由概率论可知

$$P(0/0)=1-P(1/0)$$

$$P(1/1)=1-P(0/1)$$

转移概率完全由编码信道的特性决定。确定的编码信道有确定的转移概率,转移概率一般需要对实际编码信道做大量的统计分析才能得到。

需要指出的是,如果信道中码元发生错误的事件是非独立事件,即信道为有记忆信道,这时的编码信道模型就要比图 2-14 复杂得多,这种情况在这里不做进一步讨论。

视频讲解

2.3 信道特性及对信号传输的影响

调制信道的性能会影响编码信道的性能。按调制信道模型,信道可分为恒参信道和随参信道两类。这一节我们讨论恒参信道特性和随参信道特性对信号传输的影响。

2.3.1 恒参信道特性及对信号传输的影响

恒参信道是参数不随时间变化而变化或变化很慢的信道。一般有线信道和部分无线信道都可看作恒参信道。由于恒参信道可以看作参量恒定,因此可等效为一个线性时不变网络。只要得到网络的传输特性,就可以利用信号通过线性系统的分析方法得到信号通过恒参信道时受到的影响。

恒参信道的主要传输特性通常可用幅频函数(amplitude-frequency function)和相频函数(phase-frequency function)来描述。当信道理想无失真时,其网络传输特性为

$$H(\omega)=|H(\omega)|\mathrm{e}^{-\mathrm{j}\varphi(\omega)} \tag{2-3}$$

应该满足以下条件。

网络的幅频特性 $H(\omega)$应该是一个不随频率变化的常数,如图 2-15(a)所示。

网络的相频特性 $\varphi(\omega)$ 应与频率呈线性关系，如图 2-15(b)所示。

网络的相频特性还经常用群迟延(group delay)频率特性来衡量。群迟延频率特性为相频特性对频率的导数，即

$$\tau(\omega)=\frac{\mathrm{d}\varphi(\omega)}{\mathrm{d}\omega} \tag{2-4}$$

理想无失真条件下，根据群迟延频率特性和相频特性的关系，群迟延频率特性应为一条水平直线，如图 2-15(c)所示。

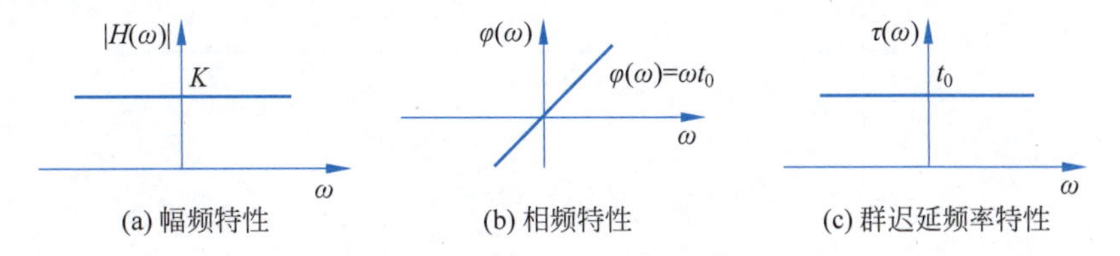

图 2-15　理想恒参信道的传输特性

一般情况下，恒参信道并不是理想网络，信号通过信道传输可能产生幅度-频率畸变和相位-频率畸变(群迟延畸变)。下面以有线电话的音频信道为例，分析信号通过恒参信道可能发生的失真。

1. 幅度-频率畸变

理想无失真恒参信道的幅频特性应为一常数，即不同频率信号经过信道传输的增益或衰减都是相同的。可实际的音频电话信道中往往可能存在各种滤波器、混合线圈、串联电容器和分路电感等，使得电话信道的幅度-频率特性总是不理想的，如图 2-16 所示。幅度-频率畸变是指已调信号中各频率分量通过信道时产生了不同的衰减(或增益)，从而造成输出信号的失真，它是由传输特性的不均匀衰耗(decline)引起，也叫作频率失真。此时若传输数字信号，还会引起相邻数字信号波形之间在时间上的相互重叠，造成码间干扰。为了减小幅度-频率畸变，在设计电话信道传输特性时，一般都要求把幅度-频率畸变控制在一个允许的范围内。这就要求改善电话信道中的滤波性能，或者通过线性补偿网络使衰耗特性曲线变得平坦，这种线性补偿的措施称为频域均衡。在载波电话信道上传输数字信号时，通常需要采用均衡措施。

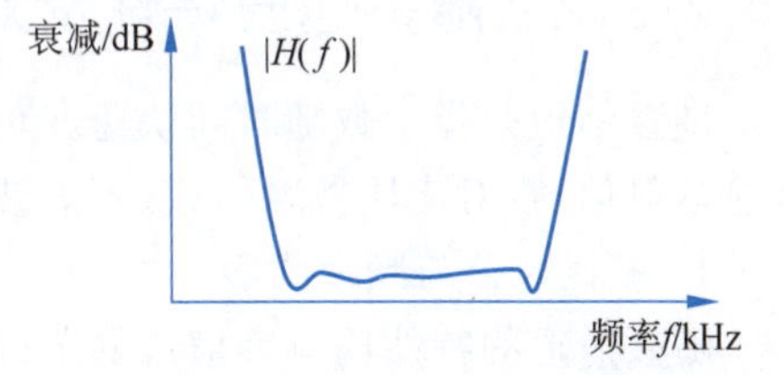

图 2-16　典型电话信道的幅频特性

2. 相位-频率畸变(群迟延-频率畸变)

相位-频率畸变是指信道的相频特性偏离线性关系所引起的畸变。电话信道的相位-频率畸变主要来源于信道中各种滤波器及可能的加感线圈，这种畸变在信道频带的边缘会更严重。相位-频率畸变主要影响数字信号，在传输速率较高时，会引起严重的码间串扰，但对模拟语音通信的影响不明显，这是因为人耳对相位-频率畸变不太敏感。

群迟延畸变由不同频率信号到达接收端时间不同引起，图 2-17 是一个典型的电话信道的群迟延频率特性，从图中可以看出，当复合频率信号通过该信道时，信号频谱中的不同频率分量有不同的群迟延，即它们到达输出端的相对时间不同，从而导致合成信号发生畸变。假设发送信号由基波和 3 次谐波共同构成，经由信道传输时，基波延迟 π，3 次谐波延迟 2π，

到达接收端后合成一个信号，可以看出此时的合成波形与原信号明显不同，即发生了畸变，这是群迟延频率特性不理想(偏离水平直线)造成的。为了减少相位-频率畸变(群迟延-频率畸变)，可采取相位均衡(或称时域均衡)技术进行补偿，使群迟延频率特性接近理想的直线。

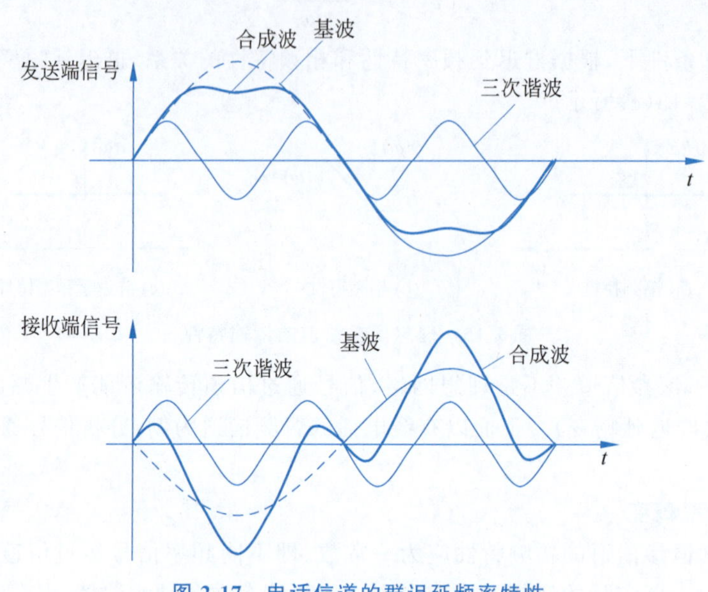

图 2-17 电话信道的群迟延频率特性

2.3.2 随参信道特性及对信号传输的影响

随参信道是指参数随时间快速变化的信道，主要包括短波电离层反射信道、超短波流星余迹散射信道、对流层散射信道、超短波视距绕射信道等。

1. 多径衰落与频率弥散

随参信道的特性比恒参信道复杂得多，对信号的影响也更严重，主要是复杂的传输媒介所造成的影响。一般来说，随参信道的传输媒介具有以下 3 个特点：

(1) 对信号的衰耗随时间而变化；

(2) 传输的时延随时间而变化；

(3) 存在多径传播。

设发射信号为幅度恒定、频率单一的 $A\cos\omega_0 t$，则经 n 条路径传播后的接收信号 $R(t)$ 可用式(2-5)表述：

$$\begin{aligned}R(t) &= \sum_{i=1}^{n}\mu_i(t)\cos\omega_0[t-\tau_i(t)] = \sum_{i=1}^{n}\mu_i(t)\cos[\omega_0 t+\varphi_i(t)] \\ &= \sum_{i=1}^{n}\mu_i(t)\cos\omega_0 t\cdot\cos\varphi_i(t) - \sum_{i=1}^{n}\mu_i(t)\sin\omega_0 t\cdot\sin\varphi_i(t)] \\ &= X_c(t)\cos\omega_0 t - X_s(t)\sin\omega_0 t = V(t)\cos[\omega_0 t+\varphi(t)]\end{aligned} \tag{2-5}$$

由传输媒介的第一个特点，衰耗随时间变化，可用 $\mu_i(t)$ 表示 i 路不同信号的增益变化。由第二个特点，时延随时间变化，可用 $\tau_i(t)$ 表示 i 条不同路径的时延。由第三个特点，多径传播，信号沿多条路径到达接收端，接收端信号应该是多条路径到达信号的合成信号，

因此 $R(t)$ 写成多条路径信号加和的形式。式(2-5)中，$\mu_i(t)$ 为第 i 条路径接收信号的振幅，$\tau_i(t)$ 为第 i 条路径的传输时延，则

$$R(t)=V(t)\cos[\omega_0 t+\varphi(t)]$$

式中，$V(t)=\sqrt{X_c^2(t)+X_s^2(t)}$，为合成波 $R(t)$ 的包络；$\varphi(t)=\arctan\dfrac{X_s(t)}{X_c(t)}$ 为合成波 $R(t)$ 的相位；$X_c(t)=\sum\limits_{i=1}^{n}\mu_i(t)\cos\varphi_i(t)$；$X_s(t)=\sum\limits_{i=1}^{n}\mu_i(t)\sin\varphi_i(t)$。

由于 $\mu_i(t)$、$\tau_i(t)$ 都是缓慢变化的，因此，$X_s(t)$、$X_c(t)$、包络 $V(t)$ 和相位 $\varphi(t)$ 也是缓慢变化的，于是，$R(t)$ 可视为一个包络和相位缓慢变化的窄带过程。

从波形上看，多径传播使 $A\cos\omega_0 t$ 变成包络和相位受到调制的窄带信号，如图 2-18(a) 所示，原始信号随包络的变化而变化；从频谱上看，多径传播引起了频率弥散。发送信号频谱原本应为一个单冲击谱，现在展宽成为具有一定频谱宽度的窄带频谱，如图 2-18(b) 所示。

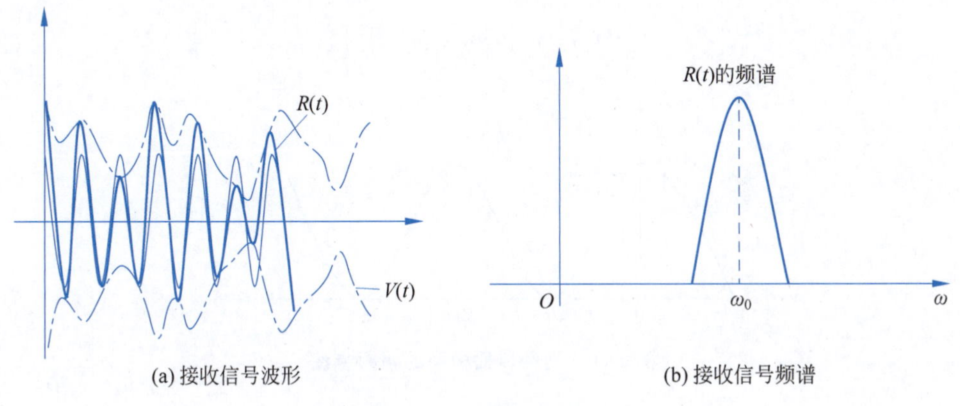

图 2-18　多径传播的接收信号

2. 频率选择性衰落与相关带宽

多径传播不仅会造成衰落(fading)和频率弥散(frequency dispersion)，还可能发生频率选择性衰落。所谓频率选择性衰落，是指信号频谱中某些分量的一种衰落现象，是多径传播的又一重要特征。下面以两径传播为例来说明频率选择性衰落。

假设多径传播的路径只有两条，并且到达接收点的两路信号强度相同。若令发射信号为 $f(t)$，则到达接收点的两条路径信号可分别表示为 $V_0 f(t-t_0)$ 和 $V_0 f(t-t_0-\tau)$，这里 t_0 是固定时延，τ 是两条路径信号的相对时延差，V_0 为某一确定值，则此两径传播模型可由图 2-19 表示。

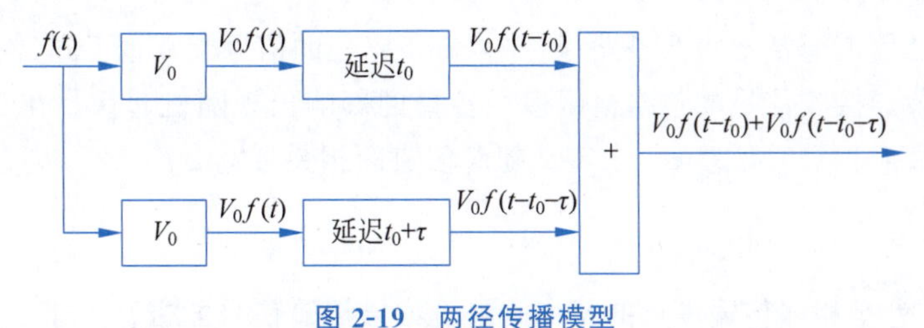

图 2-19　两径传播模型

设 $f(t)$ 的频谱密度函数为 $F(\omega)$,即 $f(t) \Leftrightarrow F(\omega)$,则有

$$V_0 f(t-t_0) \Leftrightarrow V_0 F(\omega) \mathrm{e}^{-\mathrm{j}\omega t_0}$$

$$V_0 f(t-t_0-\tau) \Leftrightarrow V_0 F(\omega) \mathrm{e}^{-\mathrm{j}\omega (t_0+\tau)}$$

$$V_0 f(t-t_0)+V_0 f(t-t_0-\tau) \Leftrightarrow V_0 F(\omega) \mathrm{e}^{-\mathrm{j}\omega t_0}(1+\mathrm{e}^{-\mathrm{j}\omega \tau})$$

模型的传输特性为

$$H(\omega)=\frac{V_0 F(\omega) \mathrm{e}^{-\mathrm{j}\omega t_0}(1+\mathrm{e}^{-\mathrm{j}\omega \tau})}{F(\omega)}=V_0 \mathrm{e}^{-\mathrm{j}\omega t_0}(1+\mathrm{e}^{-\mathrm{j}\omega \tau}) \tag{2-6}$$

由于 $H(\omega)=V_0 \mathrm{e}^{-\mathrm{j}\omega t_0}(1+\mathrm{e}^{-\mathrm{j}\omega \tau})$ 可看成两个网络级联,前一级是模特性为 V_0、固定时延为 τ 的网络,后一级是特性为 $(1+\mathrm{e}^{-\mathrm{j}\omega \tau})$ 的网络。后一级网络的模特性(幅频特性)为

$$|1+\mathrm{e}^{-\mathrm{j}\omega\tau}|=|1+\cos\omega\tau-\mathrm{j}\sin\omega\tau|=\left|2\cos^2\frac{\omega\tau}{2}-\mathrm{j}2\sin\frac{\omega\tau}{2}\cos\frac{\omega\tau}{2}\right|=2\left|\cos\frac{\omega\tau}{2}\right|$$

则该两径传播模型的幅频特性为式(2-7),如图 2-20 所示。

$$|H(\omega)|=2V_0\left|\cos\frac{\omega\tau}{2}\right| \tag{2-7}$$

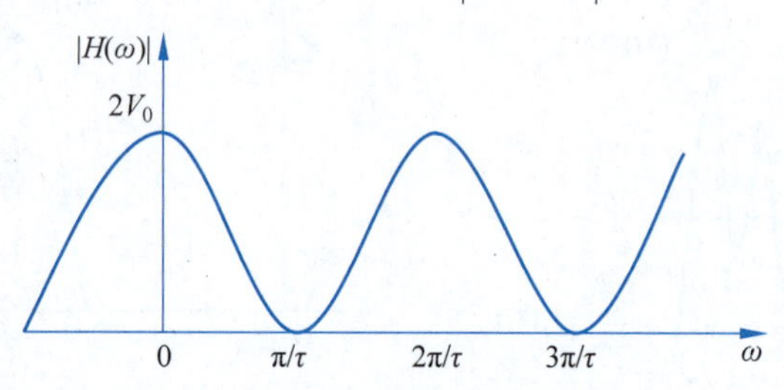

图 2-20 两径传播模型的幅频特性

由图 2-20 及式(2-7)可见,两径传播的模特性取决于 $\left|\cos\frac{\omega\tau}{2}\right|$,且对于不同的频率,传播的增益或衰减不同。$|H(\omega)|$ 在 $\omega=\frac{(2n+1)\pi}{\tau}(n=0,1,2,\cdots)$ 处为零点,而在 $\omega=\frac{2n\pi}{\tau}(n=0,1,2,\cdots)$ 处为极点。由此特性可以分析出在某个随参信道中,哪些频率的信号有利于传输,哪些频率的信号不利于传输,从而尽可能避免传输特性为零点的频率信号。

由于相对时延差 τ 一般是随时间变化的,故传输特性的零点和极点的位置也是随时间变化的,所接收到的信号强度也会随时间变化,即传输信道对信号的不同频率成分有不同的随机响应,这使得信号中不同频率分量衰落不一致,从而引起信号波形失真,这种现象就称为频率选择性衰落。

实际的多径信道通常不止两条路径,并且每条路径的信号衰减也不同,输出特性会比两径传播模型复杂。接收信号的包络会因多径传播的影响出现随机起伏。在工程上,通常用各传输路径的最大相对时延差 τ_m 来定义随参信道的相关带宽 Δf:

$$\Delta f=\frac{1}{\tau_m} \tag{2-8}$$

Δf 也可认为是相邻传输零点的频率间隔。如果传输信号的带宽大于 Δf,则该信号将产生明显的频率选择性衰落。因此,为了不引起明显的频率选择性衰落,通常要求传输信号

的频带小于随参信道的相关带宽 Δf。当然，信号带宽也不能太小，如果信号带宽远小于信道带宽，则容易发生瑞利衰落，因此一般工程上应该选择的信号带宽为

$$\Delta f_s = \left(\frac{1}{3} \sim \frac{1}{5}\right) \Delta f \tag{2-9}$$

3. 随参信道特性的改善——分集接收

随参信道的衰落会严重降低通信系统的性能。对于慢衰落，通常主要采取加大发射功率和在接收机内采用自动增益控制等技术和方法。对于多径传播引起的快衰落，通常可采用各种抗衰落调制解调技术、抗衰落接收技术及扩频技术等，最有效的抗多径衰落的方法是分集接收(diversity reception)技术。

快衰落信道中接收的信号是到达接收机的各路径分量的合成，分集接收则是在接收端同时分别获得(分散得到)几个不同路径的信号(相互独立)，然后将这些信号适当合并，构成总的接收信号。只要被分集的几个信号之间是相互统计独立的，那么经适当合并后其总信号的衰落现象将大大改善。

为了获取相互独立或基本独立的接收信号，一般可采用不同路径、不同频率、不同角度、不同极化等接收手段，其对应的分集方式如下。

(1) 空间分集：在接收端架设几副天线，各天线间有足够的间距(一般在 100 个信号波长以上)，以保证各天线上获得的信号基本互相独立。

(2) 频率分集：用多个不同载频传送同一消息，如果各载频相隔比较远，如频差为多径时延的倒数，则各载频信号基本互不相关。

(3) 角度分集：利用天线波束指向不同，使信号不相关。例如，在微波面天线上设置若干个照射器，产生相关性很小的几个波束。

(4) 极化分集：分别接收水平极化波和垂直极化波，一般来说这两种极化波的相关性极小。

需要指出的是，分集方法在实际使用的时候可以组合，例如采用二重空间分集和二重频率分集组成四重分集系统。获取分散信号后，将各分散信号进行合并的方式还有很多种，最常用的三种方式如下。

(1) 最佳选择式：从几个分散信号中选择信噪比最好的一个作为接收信号。由于几路信号同时衰落很严重的概率很小，因此可以选拔出一路衰落相对不太严重的信号。

(2) 等增益相加式：将几个分散信号以相同的支路增益进行直接相加，相加后的信号作为接收信号，这样的方式可以弱化信号中的衰落。

(3) 最大比值相加式：控制各支路增益，使它们分别与本支路的信噪比成正比，然后再相加作为接收信号，这种方式可以增强较强信号，进一步弱化较弱信号，从而改善衰落。

三种方式的比较，如图 2-21 所示，从图中可以看出，在相同的分集重数 k 情况下，对信噪比的改善程度最优的是最大比值相加式，其次是等增益相加式，最佳选择式相对而言性能最差。而对于其中某一种方式而言，分集重数越多，对信噪比的改善越好。当然，分集重数越多，设备也会越复杂，因此要综合考虑。

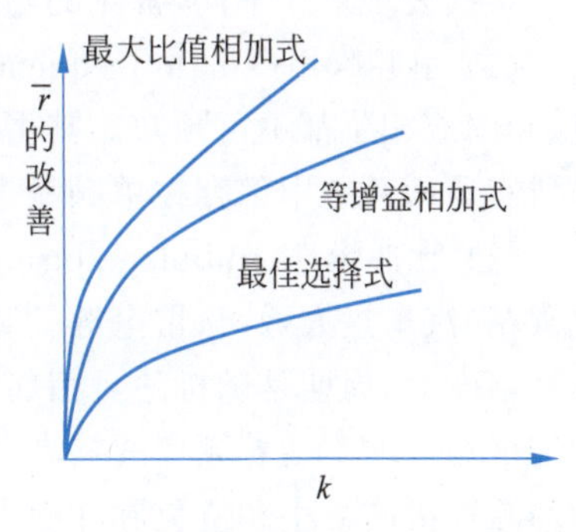

图 2-21　分集接收合并方法比较

2.4 信道的加性噪声

2.4.1 信道噪声的分类

如同前面所说,调制信道对于信号传输的影响除了乘性干扰外,还有噪声所引起的加性干扰。在通信系统中,噪声叠加于信号之上,对于信号的传输造成干扰,降低了通信的可靠性,并限制着信息的传输速率。我们在设计合理的通信系统时,需要充分了解噪声的来源及特性,以降低噪声对通信信号的影响,从而设计和制造抗噪性能好的通信系统。

噪声的来源为人类活动、自然界和设备内部,根据噪声的来源对噪声进行分类,可分为人为噪声、自然噪声、内部噪声。

(1) 人为噪声:人为噪声(man-made noise)来源于人类活动造成的噪声,包括无线电噪声和工业噪声。其中无线电噪声主要指各种用途的外台无线电发射机导致的噪声,这类噪声频率范围很宽,干扰强度有时很大,但其干扰频率是固定的,可以预先避开。工业噪声来源于各种电气设备,如电力线、点火系统、电车、电源开关、电力铁道等。这类干扰源分布很广,且普遍存在。但其干扰频谱集中于较低的频率范围,因此选择高于此频段工作的信道即可防止干扰。

(2) 自然噪声:自然噪声(natural noise)是指自然界存在的各种电磁波辐射,例如,闪电、大气中的电暴、太阳黑子及其他各种宇宙噪声(cosmic noise)。自然噪声干扰的大小与相关自然现象的发生规律有关,例如,夏季比冬季严重,赤道比两极严重,在太阳黑子发生变动的年份自然噪声干扰更加剧烈等。这类干扰所占用的频谱范围很宽,并且不像无线电干扰那样频率固定,因此很难防止它所产生的干扰。

(3) 内部噪声:内部噪声(internal noise)来源于信道本身所包含的各种电子器件、转换器以及天线或传输线等,例如电阻类导体中自由电子的热运动(常称为热噪声)、真空管中电子的起伏发射和半导体中载流子的起伏变化(常称为散弹噪声)及电源噪声等。这类噪声的特点是杂乱无章,波形变化不规则,在数学上可用随机过程描述,一般可看作随机噪声。

通信中某些类型的噪声是确知的,虽然消除它们也不容易,但至少在原理上可消除或可基本消除,而随机噪声无法准确预测其波形,其对通信的影响非常大,我们重点讨论这类随机噪声。

根据表现形式不同,常见的随机噪声可分为单频噪声、脉冲噪声和起伏噪声 3 类。

(1) 单频噪声(single frequency noise)是一种连续波干扰,可视作已调正弦波,但其幅度、频率或相位都不可预知。其主要特点是占据的频带极窄,但在频率轴上的位置可测。并非所有通信系统中都存在单频噪声,且可以通过合理设计系统来避免单频噪声的干扰。

(2) 脉冲噪声(impulse noise)是在时间上无规则的突发脉冲波形,包括工业干扰中的电火花、汽车点火噪声、雷电等。脉冲噪声的特点是以突发脉冲形式出现,干扰持续时间短,脉冲幅度大,周期是随机的且相邻突发脉冲之间有较长的安静时间。由于脉冲很窄,所以其频谱很宽。但是随着频率的提高,频谱强度逐渐减弱。可以通过选择合适的工作频率、远离脉冲源等措施减小和避免脉冲噪声的干扰。

(3) 起伏噪声(fluctuation noise)是一种连续波随机噪声,如热噪声、散弹噪声和宇宙噪声等。对其特性的表征可以采用随机过程的分析方法。起伏噪声的特点是具有很宽的频带,且无论在时域内还是频域内它都始终存在,是影响通信系统性能的主要因素之一。在以后各章分析通信系统抗噪声性能时,都是以起伏噪声为重点。下面着重介绍起伏噪声的特性。

2.4.2 加性高斯白噪声

我们主要讨论热噪声、散弹噪声和宇宙噪声这3种具有代表性的起伏噪声的产生原因,并分析其统计特性。

热噪声是在电阻类导体中,自由电子的布朗运动引起的噪声。导体中的每一个自由电子由于其热能而运动,电子运动的途径是随机和曲折的,呈现布朗运动,所有电子运动的总结果形成通过导体的电流。电流方向随机,均值为零。但是,电子的随机运动还会产生一个交流电流成分,这个成分称为热噪声,它服从高斯分布。

散弹噪声是真空电子管和半导体器件中电子发射的不均匀引起的。散弹噪声的物理性质可用平行板二极管的热阴极电子发射来说明。在给定温度下,二极管热阴极每秒发射的电子平均数目是常数,但电子发射的实际数目随时间是变化的且不能预测。也就是说,如果我们将时间轴分为许多等间隔的小区间,则每一小区间内电子发射数目不是常量,而是随机变量。因此,发射电子所形成的电流并不是固定不变的,而是在一个平均值上起伏变化。这些起伏变化的电流(即散弹噪声)是高斯随机过程。

宇宙噪声是指天体辐射波对接收机形成的噪声。它在整个空间的分布是不均匀的,其强度与季节、频率等因素有关。宇宙噪声也服从高斯分布,并且在一般的工作频率范围内具有平坦的功率谱密度。

热噪声、散弹噪声和宇宙噪声这些起伏噪声都可以认为是一种高斯噪声,且功率谱密度在很宽的频带范围内都是常数,又因为它们在通信中属于加性干扰的范畴,故起伏噪声通常被认为是加性高斯白噪声(Additive White Gaussian Noise,AWGN)。通常我们在通信系统里面考虑的噪声就是加性高斯白噪声。加性,表示噪声是以加性干扰的形式出现的;高斯,指噪声服从高斯分布;白噪声,是指在相当宽的频带范围内噪声功率谱密度近似为常数(平坦)。

加性高斯白噪声的双边功率谱密度为

$$P_n(f)=\frac{n_0}{2}(\mathrm{W/Hz}) \tag{2-10}$$

AWGN信道,即加性高斯白噪声信道,是我们在模拟和仿真通信系统时最常用的一种信道。为了减少信道加性噪声的影响,在通信系统的接收机输入端通常会用一个带通滤波器滤除有效信号频带以外的噪声。在带通通信系统中,该滤波器通常是窄带的,这就使得信道中混入的加性高斯白噪声经过窄带滤波器后变成了频带受限(band-limited)的窄带高斯噪声。该噪声的等效带宽(equivalent bandwidth)为

$$B_n=\frac{\int_{-\infty}^{\infty}P_n(f)\mathrm{d}f}{2P_n(f_0)}=\frac{\int_{-\infty}^{\infty}P_n(\omega)\mathrm{d}f}{2P_n(\omega_0)}$$

对带宽为 B_n 的窄带高斯噪声,可以认为它的功率谱密度在带宽 B_n 内是平坦的。

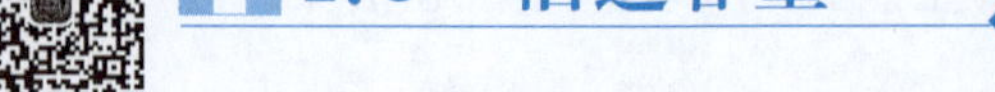

视频讲解

2.5 信道容量

信息在信道中传输,通常用信道容量(channel capacity)反映信道对于信息传输的承载能力,是单位时间内信道中能传输的最大信息量,即信道传输信息速率的极大值。从信息论的观点来看,信道可以分为离散信道和连续信道两类。所谓离散信道,就是信道的输入及输出信号都是取值离散的时间函数,而连续信道指信道的输入及输出信号取值是连续的。前者就是广义信道中的编码信道,信道模型用转移概率来描述;后者是调制信道,信道模型用时变线性网络来描述。下面就分别讨论两种信道的信道容量。

2.5.1 离散信道的信道容量

在实际信道传输中,信道总会有干扰存在,信息经过信道传输后,接收端收到的信息量由于信道传输特性的影响会有损失。这时信道的输入和输出关系是随机对应的关系,但具有一定的统计关联,且这种随机对应的统计关系可用信道的条件(转移)概率来描述。因此,可用信道的条件概率来合理描述信道干扰和信道的统计特性。

在有噪信道中,发送符号为 x_i 而收到符号为 y_j 时所获得的信息量等于未发送符号前对 x_i 的不确定程度减去收到符号 y_j 后对 x_i 的不确定程度,即

$$[\text{发送 } x_i \text{ 收到 } y_j \text{ 所获得的信息量}] = -\log_2 P(x_i) + \log_2 P(x_i/y_j)$$

式中,$P(x_i)$为未发送符号 x_i 前出现的概率;$P(x_i/y_j)$为收到 y_j 而发送为 x_i 的条件概率。

取统计平均可得

$$\begin{aligned}\text{平均信息量/符号} &= -\sum_{i=1}^{n} P(x_i)\log_2 P(x_i) - \left[-\sum_{j=1}^{n} P(y_j)\sum_{i=1}^{n} P(x_i/y_j)\log_2 P(x_i/y_j)\right] \\ &= H(x) - H(x/y)\end{aligned} \tag{2-11}$$

式中,$H(x)$为发送的每个符号的平均信息量;$H(x/y)$为发送符号在有噪信道中传输时平均丢失的信息量,或当输出符号已知时输入符号的平均信息量。

为表征信道传输信息的能力,引入信息传输速率来表示信道在单位时间内所传输的平均信息量,用 R 表示,则

$$R = H_t(x) - H_t(x/y) \tag{2-12}$$

式中,$H_t(x)$为信息源的信息速率;$H_t(x/y)$为单位时间内发送 x 而收到 y 的条件平均信息量。

设单位时间传送的符号数为 r,则

$$H_t(x) = rH(x), \quad H_t(x/y) = rH(x/y)$$

代入式(2-12)有

$$R = r[H(x) - H(x/y)] \tag{2-13}$$

式(2-13)表示有噪信道中信息传输速率等于单位时间内信源发送的信息量和因信道不确定性而丢失的信息量之差。无噪声时,信道不存在不确定性,$H(x/y)=0$,这时 $R=rH(x)$;噪声很大时,$H(x/y)\to H(x)$,则 $R\to 0$。

有扰离散信道的最高信息传输速率称为信道容量,定义为

$$C=\max_{\{p(x)\}} R=\max_{\{p(x)\}}[H_t(x)-H_t(x/y)] \tag{2-14}$$

【例 2-1】 设信息源由符号 0 和 1 组成，信息传输速率是每秒 1000 符号，且两符号出现概率相等。在传输中弱干扰引起的差错是：平均每 100 个符号中有一个不正确，信道模型如图 2-22 所示。求信道传输信息的速率。

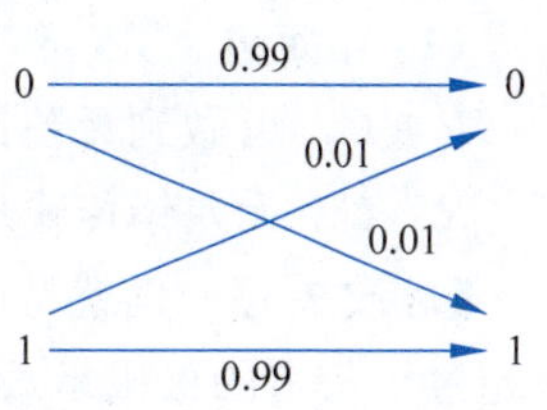

图 2-22 信道模型

【解】 由题意 100 个符号有一个不正确可知，转移概率，发 0 时得到 0 的概率是 0.99，发 0 时得到 1 的概率是 0.01，同理发 1 时得到 1 的概率是 0.99，发 1 时得到 0 的概率是 0.01，将转移概率标注在图 2-22 上。

信息源的平均信息量为

$$H(x)=-\left(\frac{1}{2}\log_2\frac{1}{2}+\frac{1}{2}\log_2\frac{1}{2}\right)=1\ \text{b/符号}$$

也可以直接利用等概情况下二进制符号信源熵为 1b/符号的结论。则信息源发送信息的速率为

$$H_t(x)=rH(x)=1000\ \text{b/s}$$

接收端的条件平均信息量为

$$H(x/y)=-(0.99\log_2 0.99+0.01\log_2 0.01)=0.081\ \text{b/符号}$$

这里考虑条件平均信息量，必须用转移概率来计算。这个平均信息量，其实就是要考虑几种不同情况下的平均信息量。以 0 为例，发送为 0 时接收端只有 2 种可能，为 0 或是为 1，为 0 的概率是 0.99，为 1 的概率是 0.01，两种情况取统计平均。取统计平均的方法和前面说过的一样，消息概率乘以消息所对应的信息量，再相加，于是得到条件平均信息量。

由于信道不可靠性在单位时间内丢失的信息量为

$$H_t(x/y)=rH(x/y)=81\ \text{b/s}$$

信道传输信息的速率为

$$R=H_t(x)-H_t(x/y)=919\ \text{b/s}$$

即信道容量为 919 b/s。

2.5.2 连续信道的信道容量

连续信道的极限传输能力受到噪声和带宽的限制。对于带宽和平均功率有限的加性高斯白噪声信道，其信道容量可用香农公式定义：

$$C=B\log_2(1+S/N)\ (\text{b/s}) \tag{2-15}$$

式中，C 为信道容量；S 为信号平均功率；N 为噪声平均功率；B 为信道带宽。

在加性高斯白噪声信道中，进入接收机的噪声功率与信道带宽有关，若假设加性高斯白噪声的单边功率谱密度为 n_0(W/Hz)，则进入接收机带宽内的噪声功率为

$$N=n_0B$$

这时香农信道容量可写为

$$C=B\log_2\left(1+\frac{S}{n_0B}\right) \tag{2-16}$$

由此可见，连续信道的传输容量受到 3 个因素的限制，即接收信号功率、信道带宽和噪声功率谱密度。这 3 个参量称为香农信道容量三要素。根据香农信道容量可以得到以下重

要结论。

(1) 给定 B、S/N,信道的极限传输能力(信道容量)C 即可确定。

$R \leqslant C$　可做到无差错传输;

$R > C$　无差错传输理论上不可能。

【思政 2-5】 也就是说,在信道中传输的信号速率应小于信道容量。如果信号传输速率超过了信道的极限承载能力,则会发生差错。在工程上,我们也应该遵守相应的职业法规和安全条例,确保安全通信,不发生差错和事故。

(2) 信道容量 C 一定时,带宽 B 和信噪比 S/N 之间可互换。

从式(2-15)来看,在保证信道容量不变的情况下,增大带宽,就得减小信噪比,增大信噪比就得减小带宽。从通信角度来看,在信道容量一定的前提下,我们可以牺牲带宽来换取较高的信噪比或是牺牲信噪比来换取较大的带宽。例如,若我们希望在一个信道中能传输多路用户信号,实际上是希望信道带宽变大以便容纳更多用户,这时可以适当降低各路用户的信噪比,就可以使新用户加进来。同样,若希望提高通信质量,可以适当减小带宽,容纳较少用户,这样信噪比可以有所提高。

还可以用高速公路的例子来说明。高速公路一旦建好,容量就已经确定。如果要在一个宽度固定的公路上尽可能地多行驶几辆车,那么出事故的概率就会增大;反之,如果我们需要确保安全,则可以在少量的通道内供车辆行驶,相当于牺牲带宽来换取较好的质量。

(3) 增大信道带宽 B 并不能无限制地增大信道容量。

证明:使带宽 B 趋于无穷,求信道容量的极限。

$$\lim_{B\to\infty} C = \lim_{B\to\infty} B\log_2\left(1+\frac{S}{n_0 B}\right) \tag{2-17}$$

由于$\lim\limits_{x\to 0}\frac{1}{x}\log_2(1+x)=\log_2 \mathrm{e}$,则式(2-17)可改写为

$$\lim_{B\to\infty} C = \frac{S}{n_0}\lim_{B\to\infty}\frac{n_0 B}{S}\log_2\left(1+\frac{S}{n_0 B}\right)=\frac{S}{n_0}\log_2 \mathrm{e}\approx 1.44\frac{S}{n_0}$$

可以看出,增大 S 或是减小 n_0 都可以使得信道容量增大为无穷,而增大 B,只能使信道容量增大到有限值。

(4) 信道容量 C 是信道传输的极限速率时,由于 $C=\frac{I}{T}$,则 $C=\frac{I}{T}=B\log_2(1+S/N)$,变换可得 $I=BT\log_2(1+S/N)$。

由此可见,给定 I 和 S/N 的情况下,带宽和时间也可以互换。同样用高速公路的例子来说明。I 和 S/N 一定(可看作是要从此路段行驶的车辆数一定,且保证安全的情况下),如果道路较宽(带宽较大),所有车辆行驶完这条路段所需的时间就会少一些,但若道路较窄(带宽较小),则耗时自然也就多了。

需要说明的是,从事工程设计的技术人员可以采取各种措施,使无差错传输的信息速率尽可能接近于信道容量,但不能大于或等于信道容量。通常也称信道容量为信息传输速率的极限值,将实现了极限传输速率且无差错(或差错趋于 0)的通信系统,称为理想通信系统。

【思政 2-6】 信息论之父香农,以兴趣为激励,用“1”和“0”奠定了现代计算机的发展方

向，并开创了信息论，实现了通信的突破。信息学界设置了一个最高奖，即香农奖。香农奖是通信领域的最高奖，也被称为“信息领域的诺贝尔奖”。我们也应该学习他以兴趣为驱动，集中精力干大事，先看大局，后看细节，在科学中坚持不懈地努力，理解学习不仅仅是理解知识的实质，也要理解探索知识的精神所在，在未来的科学研究中树立严谨求实的科学态度，培养探索创新的科学精神。

2.6 北斗卫星导航系统

【思政 2-7】 北斗卫星导航系统（BeiDou Navigation Satellite System，BDS）是我国自行研制的全球卫星导航系统，可提供导航、定位、授时和目前独有的短报文服务。北斗卫星导航系统（BDS）是继美国 GPS、俄罗斯 GLONASS 之后的第三个成熟的卫星导航系统。北斗卫星导航系统（BDS）和美国 GPS、俄罗斯 GLONASS、欧盟 GALILEO，是联合国卫星导航委员会已认定的供应商。

2.6.1 北斗卫星导航系统建设的必要性

GPS 卫星通信系统是 20 世纪 70 年代美国军方研制的一款全天候、全球性的卫星导航系统，以定位准确而闻名，在通信和目标搜索方面一度领先全球。世界各国的卫星导航，当时都严重依赖美国的技术。1993 年 7 月 23 日，我国“银河号”货轮正航行在茫茫大海中。当时美国政府竟然采取卑劣的手段，强行切断了这艘货船的 GPS 卫星通信信号，迫使“银河号”停止航行。美国声称握有确凿证据，指责“银河号”货轮中装载了可以制造化学武器的硫二甘醇和亚硫酰氯，准备运往伊朗的阿巴斯港。要求我国立即采取措施制止该行为，否则就按国内法对我国进行制裁，同时向“银河号”所在公海派出多艘军舰。

“银河号”被切断了通信信号，就好像突然失去了眼睛一样，只能无奈地停泊在茫茫大海上，由于失去了准确的定位，“银河号”寸步难行。美国有一万种方式可以拦下“银河号”，但偏偏“豪横”地选择了最羞辱人的一种方式。没有 GPS 信号，中国只能知道“银河号”在印度洋上，但具体在哪，只有美国知道。凭着 GPS，美国让“银河号”在公海彻底失去了方向，无法靠岸，无法和祖国联系，还一度没有淡水和食物的补给。

要知道，公海不是任何国家的领土。那时的公海，如同美国人自己家的客厅，主人关掉了灯，就把“银河号”丢弃在黑暗之中。两次登船搜查，其间放话，要是“银河号”敢开到伊朗去，美国将考虑击沉“银河号”。“银河号”在公海待了整整 33 天，由于没有导航系统，没有去处，也没有归途。“银河号”只能苦熬，我们也只能苦等。之后，没有找到任何证物的美国，终于让“银河号”回了国。但中国人群情激愤想要的道歉，根本不存在。美国只是表示“哦，我们情报错了”。这样的屈辱，从未有一刻消失。事后，我们痛定思痛，为了防止在军事战争、国家安全、国家重要经济发展方面被蒙蔽眼睛，我们的卫星导航技术必须突破。

2.6.2 北斗卫星导航系统的发展历程

我国高度重视北斗卫星导航系统的建设和发展，20 世纪 80 年代就开始探索适合国情的卫星导航系统发展道路，形成了“三步走”发展战略：2000 年年底，建成北斗一号系统，向我国提供服务；2012 年年底，建成北斗二号系统，向亚太地区提供服务；2020 年，建成北斗三号系统,向全球提供服务。

1994 年,启动北斗一号系统工程建设；2000 年,发射 2 颗地球静止轨道卫星,建成系统并投入使用,采用有源定位体制,为我国用户提供定位、授时、广域差分和短报文通信服务；2003 年发射第 3 颗地球静止轨道卫星,进一步增强系统性能。北斗一号系统建成,我国成为继美国、俄罗斯之后,第三个拥有自主卫星导航系统的国家。

2004 年,启动北斗二号系统工程建设；2012 年年底,完成 14 颗卫星(5 颗地球静止轨道卫星、5 颗倾斜地球同步轨道卫星和 4 颗中圆地球轨道卫星)发射组网。北斗二号系统在兼容北斗一号系统技术体制的基础上,增加了无源定位体制,为亚太地区用户提供定位、测速、授时和短报文通信服务。

2009 年,启动北斗三号系统建设；2018 年年底,完成 19 颗卫星发射组网,完成基本系统建设,向全球用户提供基本导航服务；2019 年 12 月底,北斗全球系统核心星座部署完成。

2020 年 6 月 23 日 9 时 43 分,我国在西昌卫星发射中心用长征三号乙运载火箭,成功发射北斗系统第五十五颗导航卫星,也是北斗三号系统最后一颗全球组网卫星,至此北斗三号全球卫星导航系统星座部署比原计划提前半年全面完成。

2020 年 7 月 31 日上午 10 时 30 分,北斗三号全球卫星导航系统建成暨开通仪式在人民大会堂举行,中共中央总书记、国家主席、中央军委主席习近平宣布北斗三号全球卫星导航系统正式开通。北斗三号系统继承北斗有源服务和无源服务两种技术体制,能够为全球用户提供基本导航(定位、测速、授时)、全球短报文通信、国际搜救服务,我国及周边地区用户还可享有区域短报文通信、星基增强、精密单点定位等服务。

2020 年 12 月 15 日,北斗导航装备与时空信息技术铁路行业工程研究中心成立。

2021 年 3 月 4 日,记者从中国卫星导航系统管理办公室获悉,北斗三号全球卫星导航系统自开通以来,系统运行稳定,持续为全球用户提供优质服务,开启了全球化、产业化新征程。

2021 年 5 月 26 日,在南昌举行的第十二届中国卫星导航年会上,北斗卫星导航系统主管部门透露,我国卫星导航产业年均增长达 20%以上。截至 2020 年,我国卫星导航产业总体产值已突破 4000 亿元。预估到 2025 年,我国北斗产业总产值将达到 1 万亿元。

2022 年,全面国产化的长江干线北斗卫星地基增强系统工程已建成并投入使用,北斗智能船载终端陆续投放航运市场,长江干线 1.5 万余艘船舶用上了北斗卫星导航系统。

2022 年 1 月,西安卫星测控中心圆满完成了 52 颗在轨运行的北斗卫星导航的健康状态评估工作。“体检”结果显示,所有北斗卫星导航的关键技术指标均满足正常提供各类服务的要求。

预计到 2035 年,我国将建设完善更加泛在、更加融合、更加智能的综合时空体系,进一步提升时空信息服务能力,为人类走得更深更远做出中国贡献。

【本章小结】

1. 信道的定义与分类

- 信道：信号的传输通道。
- 信道可分为：广义信道和狭义信道。
- 根据研究对象不同可分为：调制信道和编码信道。

2. 信道的数学模型

- 调制信道模型：二对端或多对端的时变线性网络(可分为恒参信道和随参信道两类)。
- 编码信道模型：用转移概率描述。

3. 恒参信道的传输特性

- 幅度-频率畸变：由幅频函数的不理想(幅频函数的模值不为常数)引起。
- 相位-频率畸变：由相频特性的非线性引起。
- 群迟延-频率畸变：是相频特性对频率求导,由不同频率信号到达接收端的时间不同引起。

4. 随参信道的传输特性

- 频率选择性衰落。
- 多径衰落。

5. 信道的加性高斯白噪声

- 加性：以加性干扰形式出现。
- 高斯：服从高斯分布。
- 白噪声：在相当宽的频带范围内功率谱密度基本平坦。

6. 信道容量

- 定义：信道传输信息速率的最大值。
- 离散信道的信道容量：利用条件平均信息量计算。
- 连续信道的信道容量：利用香农信道容量计算公式计算。

本章思维导图如图 2-23 所示。

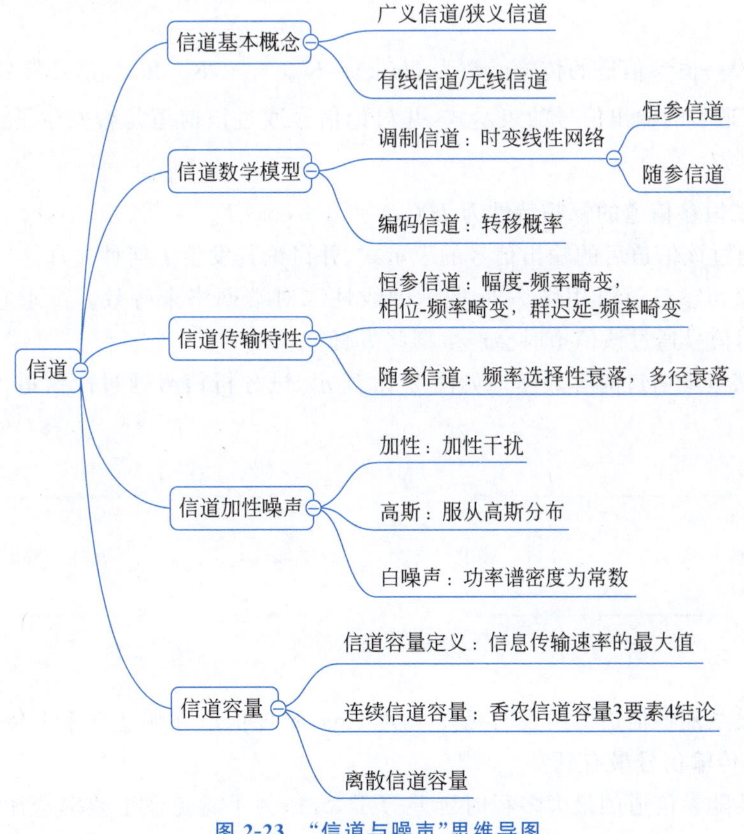

图 2-23 “信道与噪声”思维导图

思考题

2-1 什么是狭义信道？什么是广义信道？

2-2 什么是调制信道？什么是编码信道？

2-3 调制信道和编码信道分别用什么数学模型来描述？

2-4 什么是加性干扰？什么是乘性干扰？

2-5 什么是恒参信道？什么是随参信道？目前常见的信道中，哪些属于恒参信道？哪些属于随参信道？

2-6 信号在恒参信道中传输时可能产生哪些失真？这些失真是由什么原因引起的？

2-7 什么是群迟延频率特性？它与相频特性有何关系？

2-8 随参信道有什么共性特点？信号在随参信道中传输可能产生哪些失真？

2-9 信道中的加性高斯白噪声具有什么特点？

2-10 信道容量是如何定义的？

2-11 香农信道容量公式有何意义？信道容量与“三要素”的关系如何？

2-12 北斗卫星导航系统和鸿雁星座系统的发展动态和应用现状如何？它们与 GPS 系统相比有何优势？

习题

2-1 假设一恒参信道的传输函数为 $H(\omega)=K_0\mathrm{e}^{-\mathrm{j}\omega t_d}$，$K_0$ 和 t_d 都是常数，试确定信号 $s(t)$ 通过该信道后的输出信号的表示式，并讨论信号通过该信道是否发生了失真？若有失真，是何种失真？

2-2 设某恒参信道的幅频特性为 $H(\omega)=[1+\cos\omega T_0]\mathrm{e}^{-\mathrm{j}\omega t_d}$，其中，$t_d$ 为常数。试确定信号 $s(t)$ 通过该信道后的输出信号的表示式，并讨论其发生了何种失真。

2-3 设某恒参信道可用图 2-24 所示的线性二对端网络来等效。试求它的传输函数 $H(\omega)$，并说明信号通过该信道时会产生哪些失真？

2-4 设某恒参信道的等效模型如图 2-25 所示，试分析信号通过此信道传输会产生哪些失真？

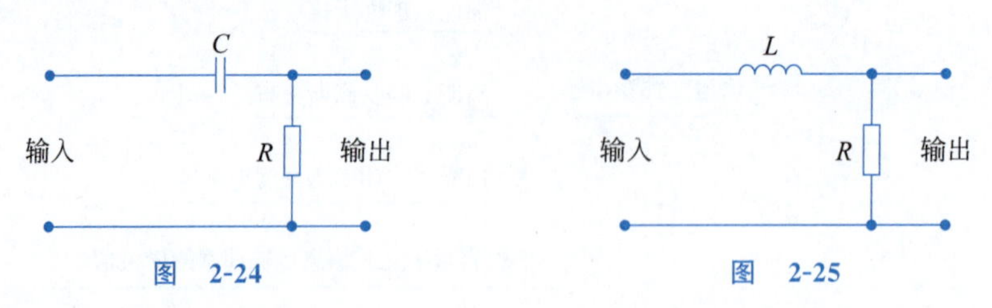

图 2-24　　　　图 2-25

2-5 假设某随参信道的两径时延差 τ 为 1ms，则该信道在哪些频率上传输衰耗最大？选用哪些频率传输信号最有利？

2-6 设某随参信道的最大多径时延差等于 3ms，为了避免发生频率选择性衰落，试估计在该信道上传输的数字信号的码元脉冲宽度。

2-7 某信源由 A、B、C、D 这 4 个符号组成，设各符号独立出现，其出现的概率分别为 1/4、1/4、3/16、5/16，经过信道传输后，每个符号正确接收的概率为 1021/1024，错为其他符号的条件概率均为 1/1024，试求该信道的信道容量 C。

2-8 如果题 2-7 中的 4 个符号分别采用二进制码组 00、01、10、11 表示，每个二进制码元用宽度为 0.5ms 的脉冲传输，试求该信道的信道容量。

2-9 设高斯信道的带宽为 6kHz，信号与噪声的功率比为 127，试求利用该信道的理想通信系统的最大信息传输速率和差错率。

2-10 设一幅黑白数字照片有 200 万个像素，每个像素有 32 个亮度等级。若用 2kHz 带宽的信道传输它，且信噪比等于 20dB，试问需要传输多长时间？

2-11 计算机终端通过电话信道传输计算机数据，电话信道带宽为 3.4kHz，信道输出信噪比为 20dB，该终端输出 128 个符号，各符号相互统计独立，等概出现。

(1) 求香农信道容量；

(2) 求无误码传输的最高符号速率。

2-12 某一待传输的图片中，每帧含有 4.8×10^6 个像元，为了很好地重现每一像元取 32 个可辨别等概出现的亮度电平。试计算 3min 传送一帧图片所需的信道带宽（设信道中信噪比为 $S/N=20\text{dB}$）。

2-13 请使用 MATLAB SIMULINK 搭建一个简单的通信系统，使用加性高斯白噪声信道，改变 AWGN Channel 模块中的各种参数，分析其对通信系统性能的影响。

第3章 模拟调制系统

【本章导学】

通信系统的发送端通常需要经过调制将原始基带信号变换成适合信道传输的信号形式。调制不仅可以完成频谱搬移，对于提高通信系统的有效性和可靠性也有重要的作用。通常调制根据调制信号的形式可分为模拟调制和数字调制。本章主要学习以正弦波作为载波的正弦载波模拟调制系统。本章主要讨论调制的定义与分类、模拟幅度调制及模拟角度调制的基本原理和抗噪性能分析方法、频分复用的概念与工作原理、典型模拟调制系统应用等。

本章学习目的与要求

- 熟悉模拟调制系统的组成
- 掌握幅度调制的 4 种调制方法的原理
- 掌握调幅系统抗噪性能的分析方法及结论
- 了解角度调制的基本概念和重要参数
- 掌握调频系统抗噪性能的分析方法及结论
- 了解频分复用系统及复合调制方法和多路调制方法

本章学习重点

- 模拟调制系统的组成框图
- 幅度调制的信号波形、频谱、调制方法和解调方法
- 抗噪性能的分析方法
- 频分复用的概念

思政融入

- 科学思辨
- 科学素养
- 工匠精神
- 责任与使命
- 科学精神
- 哲学思想
- 理想信念

视频讲解

3.1 调制的定义与分类

3.1.1 调制的基本概念

语音、文字、音乐和图像等经信源转换所产生的电信号，其频率通常很低。这类信号的特点是频谱中的低频成分非常丰富，有时还包含直流成分，如语音信号的频率为 300～

3400Hz，我们通常把这类信号称为基带信号。模拟基带信号无法直接通过电磁波等无线信道进行传输，可以直接通过架空明线、电缆/光缆等有线信道传输，但一对线路上只能传输一路信号，其信道利用率非常低，经济性较差。因此通信中通常需要对基带信号进行调制使得信号适合信道传输。

所谓调制(modulation)，是用调制信号去控制载波信号的某个参数，使载波参数随调制信号的变化而变化。调制是将基带信号转换成适合在信道中传输的形式的过程。这里，调制信号是原始电信号，如语音信号等，通常是低频信号；载波是指未受调制的周期性信号，它可以是正弦波，也可以是非正弦波(如周期性脉冲序列)，通常为高频信号；完成载波调制后所得到的信号称为已调信号，它可看成是基带信号和载波信号的合成，也是高频信号。解调(demodulation)则是调制的逆过程，其作用是将已调信号中的基带信号恢复出来。

3.1.2 调制的目的

调制的主要目的如下。

(1) 对原始调制信号进行频谱搬移，使之适合信道传输的要求。

现实生活中很多通信方式，尤其是利用电磁波传输的无线通信方式，如我们用手机打电话、发短信或是收看卫星电视等，都是将信号以无线电波的形式发射出去的。在无线传输中，为了获得较高的辐射效率，天线的尺寸必须与发射信号的波长相比拟，通常和发射频率成反比关系。而基带信号包含的较低频率分量的波长较长，如果直接发射所需要的天线尺寸会过大而难以实现。例如，频率在300～3400Hz的语音信号和频率在0～6Hz的图像信号，若需要以电磁波的方式传输，需要数十千米的长天线才能有效发射，显然，这样的天线是难以实现的。但是如果通过调制，把基带信号的频谱搬移到较高的频率上，使之匹配信道特性，则发射信号的波长变短，就可以减小天线尺寸，提高天线辐射能力，可减少噪声和干扰的影响，提高传输系统的可靠性。

(2) 便于进行信道的多路复用，提高系统的传输有效性。

在现代通信中，无论是无线通信还是有线通信，都广泛采用多路复用技术来提高频带利用率。多路复用中的频分复用技术通过调制可以将多个信号分别搬移到不同的频率位置处，使它们的频谱互不重叠，从而实现在一个信道内同时传输多路信号。因此调制对于实现多路复用，提高系统有效性有重要的作用。

(3) 扩展信号带宽，提高系统可靠性。

通过采用不同的调制方式，可以扩展信号带宽，提高抗干扰能力，实现带宽与信噪比的互换及有效性与可靠性的互换，以改善系统性能。

除此以外，在利用模拟电话线路传输数据信号、进行频段指配等场合也都需要调制。调制对通信系统的有效性和可靠性有着很大的影响，因此，调制在通信系统中起着至关重要的作用。

3.1.3 调制的分类

(1) 根据调制信号分类。

根据调制信号的不同，可将调制分为模拟调制和数字调制两类。如果调制信号为连续变化的模拟量，此时的调制称为模拟调制；而当调制信号为离散的数字量时称为数字调制。

(2) 根据载波分类。

携带信息的高频载波既可以是正弦波,也可以是脉冲序列。以正弦信号作为载波的调制称为连续载波调制;以脉冲序列作为载波的调制称为脉冲载波调制,脉冲载波调制中,载波信号是时间间隔均匀的矩形脉冲。

(3) 根据载波的受控参量不同分类。

正弦载波的主要参数为振幅、频率和相位。对于正弦载波调制来说,根据载波受控于调制信号,随着调制信号变化而变化的载波参量不同,可分为振幅调制(Amplitude Modulation, AM)、频率调制(Frequency Modulation,FM)和相位调制(Phase Modulation,PM)。

脉冲载波的主要参数为振幅、脉冲宽度、脉冲位置。对脉冲载波调制来说,根据载波受控于调制信号,随着调制信号变化而变化的载波参量不同,可分为脉冲振幅调制(Pulse Amplitude Modulation,PAM)、脉冲宽度调制(Pulse Duration Modulation,PDM)和脉冲位置调制(Pulse Position Modulation,PPM)。

(4) 根据调制前后信号的频谱结构关系分类。

根据已调信号和原始调制信号的频谱结构关系,可把调制分为线性调制和非线性调制。线性调制是已调信号 $s_m(t)$ 的频谱和调制信号 $m(t)$ 的频谱之间呈线性关系,如普通调幅、双边带(Double Side-Band, DSB)调幅、单边带(Single Side-Band, SSB)调幅和残留边带(Vestigial Side Band, VSB)调幅等。非线性调制是已调信号 $s_m(t)$ 的频谱和调制信号 $m(t)$ 的频谱之间没有线性关系,即已调信号的频谱中含有与调制信号频谱无线性对应关系的频谱成分,如频率调制、相位调制等。

【思政 3-1】 值得注意的是,我们在"通信原理"课程中所学到的各种调制方法,从本质上说主要是根据载波受控的参量来进行区分和定义其名称的,在学习和理解各种调制方法的同时,也希望同学们能透过现象看本质,在学习和科学研究中学会运用马克思主义哲学思想分析和解决问题。

3.2 振幅调制的原理

振幅调制是由调制信号控制载波的振幅,使载波的振幅随调制信号的变化而线性变化。

假设载波为 $s(t)=A\cos(\omega_c t+\varphi_0)$,其中 A 为载波振幅,ω_c 是载波角频率,φ_0 是初始相位。设调制信号为 $m(t)$,则已调信号为

$$s_m(t)=Am(t)\cdot\cos(\omega_c t+\varphi_0)$$

可以看出,正弦载波的振幅受控于调制信号,随着调制信号的变化而变化。

为方便起见,假定载波的初始相位 $\varphi_0=0$,则幅度已调信号可表示为

$$s_m(t)=Am(t)\cdot\cos\omega_c t \tag{3-1}$$

设调制信号 $m(t)$ 的频谱为 $M(\omega)$,则不难得到已调信号 $s_m(t)$ 的频谱为

$$S_m(\omega)=\frac{A}{2}[M(\omega-\omega_c)+M(\omega+\omega_c)] \tag{3-2}$$

由式(3-2)可见,在波形上,幅度已调信号的振幅随调制(基带)信号的变化而变化;在频谱结构上,它的频谱是调制(基带)信号频谱在频域内的简单搬移。由于这种搬移是线性的,因此幅度调制通常又称为线性调制。但应该注意到,这里的"线性"并不意味着

已调信号与调制信号之间满足线性变换关系。事实上,任何调制过程都是一种非线性的变换过程。

线性调制器的一般模型如图 3-1 所示。这是线性调制信号的一般产生方法,直流分量和交流分量相加组成调制信号,调制信号与载波信号相乘,再经过冲激响应为 $h(t)$的带通滤波器。

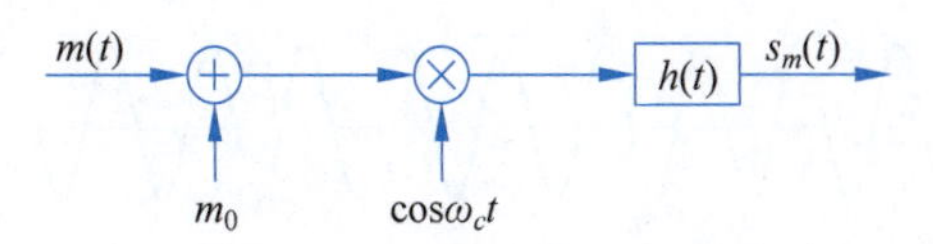

图 3-1 线性调制器的一般模型

在该模型中,适当选择是否加直流分量及带通滤波器的冲激响应 $h(t)$,便可以得到各种线性调制信号。例如,普通调幅、双边带调幅、单边带调幅及残留边带调幅等。

3.2.1 普通调幅

普通调幅是普通双边带调幅的简称,这种调制方式广泛应用于中短波调幅广播。无线电广播的出现经历了近半个世纪的探索。1906 年 12 月 24 日,美国电子和无线电技术专家费森登首次在世界上进行了无线电广播。

1876 年费森登 10 岁时,与叔父一起去参加了贝尔电话公司的欧洲长途电话开通典礼。随后就问了叔叔一系列问题。包括为什么没有电线传输,人们就能听到雷声。甚至那时他就想到了是否不用电线就能传送人的声音。虽然费森登在 1896 年就想通过连续发射电波信号传送声音,就像往水中投下石子的波纹那样。但当时没有交流电的发电机可以发送连续的电波声音信号。1900 年,费森登架起两根 15m 高的天线,之间相隔 1.6km,在没有连线的情况下,成功地通过电波传送了人的声音,这被认为是历史上的首次无线电广播。费森登在第一次发射试验后,针对当时发射声音信号噪声大的问题先后探索和实践了十几种方法,直到 1904 年 12 月,他才成功地以无线的方式传送了清晰的语音。费森登和他的助手们随后又着手试验无线电越洋广播。1905 年,他们在美国的马里兰州和苏格兰的马奇瑞罕内什建起两个 122m 高的天线塔,并在 1906 年 1 月进行了首次越洋试验。1906 年 12 月 24 日,费森登自马萨诸塞州海岸成功地进行了语言和音乐的无线电广播试验。

【思政 3-2】 从整个发明广播的过程,我们可以看到费森登是一个充满想象力和探索精神的人,他也被称作“现代广播之父”。同学们在科学研究中也应该充分发挥丰富的想象力,并且具有不懈探索和突破创新的科学精神,勇攀科技高峰,为推动科技发展贡献自己的力量。

1. 信号表达式与信号波形

假设线性调制器中直流分量 m_0 和交流分量 $m(t)$共同形成调制信号,如图 3-2(a)所示,其中,交流分量信号 $m(t)$的波形为单音正弦波信号。

$$m(t)=A\cos\Omega t,\quad A<m_0$$

载波信号为 $\cos\omega_c t$,如图 3-2(b)所示,则普通调幅已调信号表达式为:

$$S_m(t)=S_{AM}(t)=[m_0+m(t)]\cos\omega_c t \tag{3-3}$$

普通调幅已调信号波形如图 3-2(c)所示。

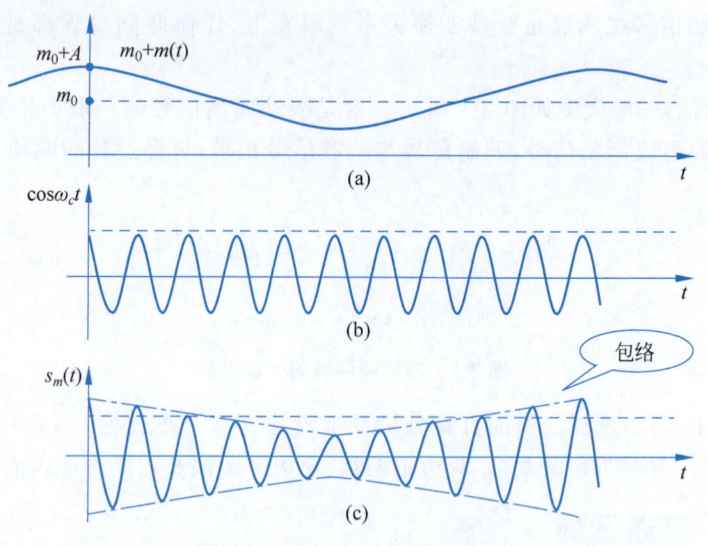

图 3-2 普通调幅已调信号波形

由波形可见,载波振幅受控于调制信号波形所形成的包络,随着调制信号的变化而变化。我们通常要求调制信号中交流分量的幅值要小于直流分量,此时普通调幅波信号的包络与调制信号 $m(t)$ 的形状完全一样,因此,用包络检波的方法就可以很容易地恢复出原始调制信号。如果没有满足上述条件,就会出现"过调幅"现象,如图 3-3 所示,这时用包络检波将会发生失真。

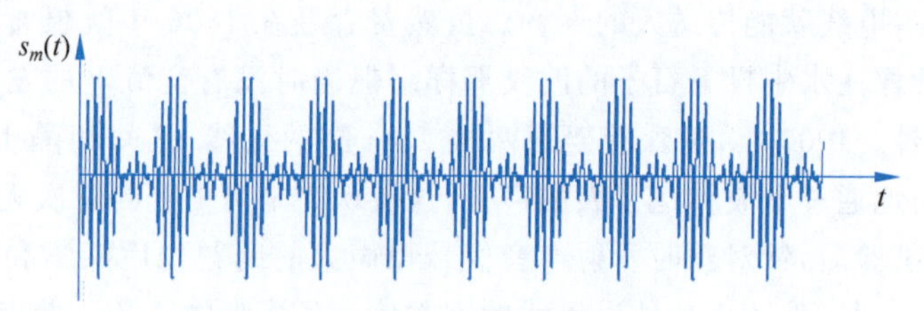

图 3-3 普通调幅"过调幅"波形

2. 频谱结构

假设调制信号中的交流分量 $m(t)$ 对应的频谱为 $M(\omega)$,则已调 AM 信号频谱为

$$\begin{aligned}S_{\mathrm{AM}}(\omega)&=\frac{1}{2\pi}F[m_0+m(t)]\otimes F[\cos\omega_c t]\\&=m_0\pi[\delta(\omega+\omega_c)+\delta(\omega-\omega_c)]+\frac{1}{2}[M(\omega+\omega_c)+M(\omega-\omega_c)]\end{aligned} \tag{3-4}$$

普通调幅信号频谱如图 3-4 所示。

调制信号频谱由交流信号形成的连续谱和直流分量形成的离散谱两部分组成。连续谱截止频率为 ω_H,反映调制信号带宽为 $\omega_H(\omega_H=2\pi f_H)$。由前面给出的频谱式(3-4)可知,载波频谱为在 ω_c 和 $-\omega_c$ 两个载波频率处的冲激谱。调制过程在时域是调制信号和载波信号相乘,在频域即为这两个信号的卷积。

由图 3-4 的频谱图可以看出,普通调幅信号的频谱由载频分量、上边带、下边带三部分组成。上边带的频谱结构与原调制信号的频谱结构相同,下边带是上边带的镜像。因此,普通调幅信号是含有载波分量的双边带信号,它的带宽是基带信号带宽 f_H 的 2 倍,即

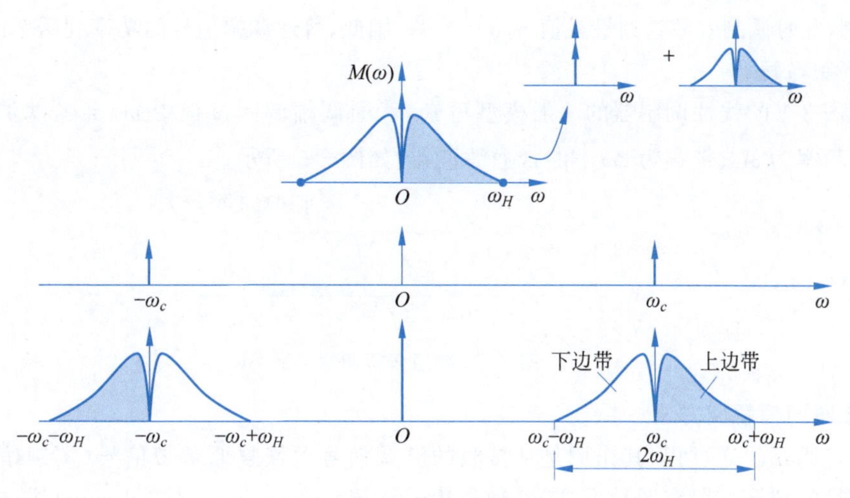

图 3-4 普通调幅信号频谱

$$B_{\mathrm{AM}}=2f_H \tag{3-5}$$

普通调幅信号的平均功率可视作 $S_{\mathrm{AM}}(t)$的均方值，则其平均功率可表示为

$$\begin{aligned}P_{\mathrm{AM}}&=\overline{S_{\mathrm{AM}}^2(t)}=\overline{[m_0+m(t)]^2\cos^2\omega_c t}\\&=\overline{m_0^2\cos^2\omega_c t}+\overline{m(t)\cos^2\omega_c t}+\overline{2m_0 m(t)\cos^2\omega_c t}\end{aligned} \tag{3-6}$$

通常可认为交流调制信号的平均值为 0，即 $\overline{m(t)}=0$，则式(3-6)可写为

$$P_{\mathrm{AM}}=\overline{m_0^2\cos^2\omega_c t}+\overline{m(t)\cos^2\omega_c t}$$

又因为

$$\cos^2\omega_c t=\frac{1}{2}(1+\cos 2\omega_c t)$$

$$\overline{\cos 2\omega_c t}=0$$

因此

$$P_{\mathrm{AM}}=\frac{m_0^2}{2}+\frac{\overline{m(t)}}{2}=P_c+P_s \tag{3-7}$$

式中，P_c 为载波功率；P_s 为边带功率。

由此可见，普通调幅信号的总功率包括载波功率和边带功率两部分，只有边带功率与调制信号有关，也就是说，载波分量并不携带信息。有用功率(用于传输有用信息的边带功率)占信号总功率的比例称为调制效率，即

$$\eta_{\mathrm{AM}}=\frac{P_s}{P_{\mathrm{AM}}}=\frac{\overline{m^2(t)}}{m_0^2+\overline{m^2(t)}} \tag{3-8}$$

当调制信号的交流分量为单音余弦信号，即 $m(t)=A_m\cos\omega_m t$ 时，$\overline{m(t)}=A_m^2/2$。由式(3-8)可得

$$\eta_{\mathrm{AM}}=\frac{\overline{m(t)}}{m_0^2+\overline{m^2(t)}}=\frac{A_m^2}{2m_0^2+A_m^2} \tag{3-9}$$

当交流分量的振幅等于直流分量，即 $|m(t)|_{\max}=A_m=m_0$ 时，普通调幅称为“满调幅”或

100%调制,此时调制效率达到最大值 $\eta_{AM}=1/3$。因此,普通调幅信号的功率利用率比较低。

3. 调制与解调

根据图 3-1 的线性调制器的一般模型可知,普通调幅调制过程中 $m_0 \neq 0$,滤波器 $h(t)$ 选择中心频率为 ω_c、带宽为 $2\omega_H$ 的带通滤波器,如图 3-5 所示。

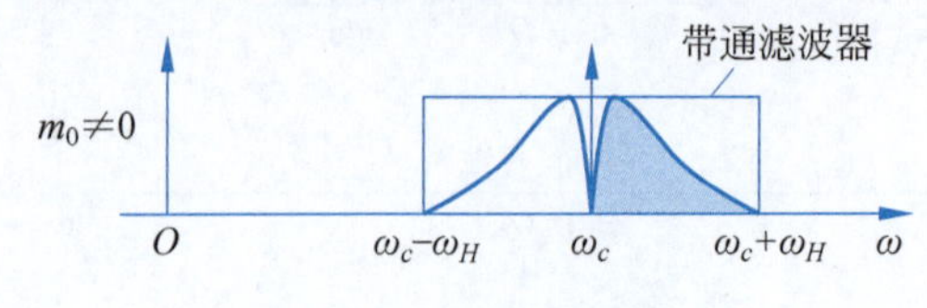

图 3-5 普通调幅调制

4. 普通调幅解调方法

解调是调制的逆过程,其作用是从接收的已调信号中恢复原基带信号(调制信号)。普通调幅信号的解调一般有两种方法,一种是相干解调(coherent demodulation)法,由于需要载波同步提取和发送端完全相同的载波进行解调,因此也称作同步检波(synchronous detection)法;另一种是非相干解调(incoherent demodulation)法,主要采用包络检波器进行解调,故也称为包络检波(envelope detection)法。由于包络检波法电路很简单,且不需要本地提供同步载波,因此普通调幅信号的解调大多采用包络检波法。

1) 相干解调法

解调与调制的实质一样,均是频谱搬移。调制是把基带信号的频谱搬移到载频位置,解调则是把在载频位置的已调信号的频谱搬移到原始基带位置,因此同样可以用与载波相乘来实现,用相干解调法接收普通调幅信号的原理如图 3-6 所示。

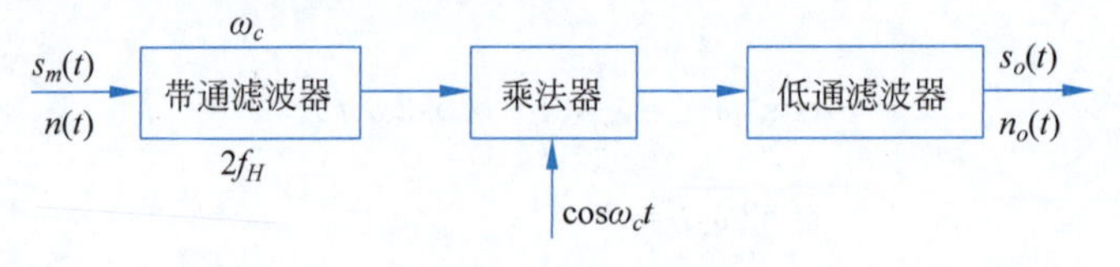

图 3-6 相干解调法

由信道到达接收端的普通调幅已调信号和在信道中混入的噪声信号共同进入接收机,首先经过带通滤波器,滤除有效信号频带以外的噪声信号。普通调幅信号 $s_{AM}(t)$通过带通滤波器后与本地载波 $\cos\omega_c t$ 相乘,再经过低通滤波器隔直流后就完成了 $s_{AM}(t)$信号的解调。相干解调时,为了无失真地恢复原基带信号,接收端必须提供一个与接收的已调载波严格同步(同频同相)的本地载波(称为相干载波),相干载波可通过对接收到的普通调幅信号进行同步载波提取而获得。

图 3-6 中,$s_{AM}(t)$与载波相乘后的输出为

$$z(t)=s_{AM}(t)\cdot\cos\omega_c t=[m_0+m(t)]\cos\omega_c t\cdot\cos\omega_c t=\frac{1}{2}[m_0+m(t)]\cdot(1+\cos2\omega_c t)$$

经过低通滤波器后的输出信号为

$$s_o(t)=\frac{m_0}{2}+\frac{m(t)}{2} \tag{3-10}$$

这里,常数 $m_0/2$ 为直流分量,用一个隔直流电路就能够无失真地恢复出原始的调制信号。

相干解调法虽然接收灵敏度高，但实现较为复杂，因为它要求在接收端产生一个与发送端同频同相的载波。

2）非相干解调法（包络检波）

普通调幅信号在满足 $|m(t)|_{\max} \leqslant m_0$ 的条件下，其包络与调制信号 $m(t)$ 的形状完全一样，因此普通调幅信号可以采用简单的包络检波法来恢复信号。包络检波法解调框图如图 3-7 所示。普通调幅信号经过带通滤波器滤除有效信号频带以外的噪声后，进入线性包络检波器。最简单的包络检波器由二极管和阻容电路构成，线性包络检波器直接提取普通调幅信号的包络，即把一个高频信号直接变成了低频调制信号，低通滤波器可以对包络检波器的输出起到平滑作用。

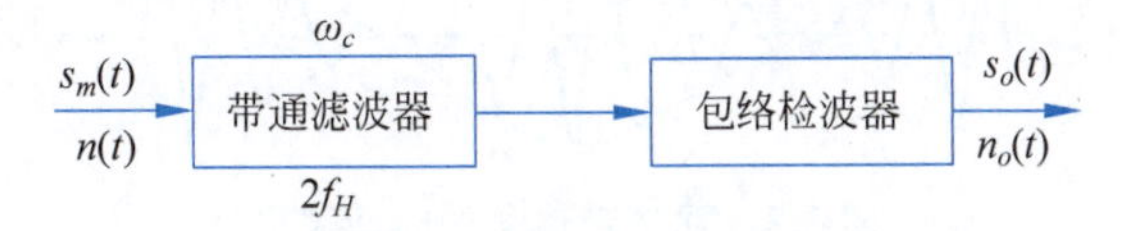

图 3-7　包络检波法

包络检波器是直接从已调波的幅度中提取原始的调制信号，其实现简单、成本低，且不需要同步，但系统抗噪声性能较差、接收灵敏度较低。

【思政 3-3】 两种解调方法各有优劣，系统性能也各有优劣。相干解调需提取位同步信号，实现相对复杂，但性能较好，非相干解调实现简单，但需满足一定条件。我们在分析事物时要综合考虑它们的特点，辩证分析其优劣，以此获取相对较优的方案。

3.2.2 抑制载波双边带调幅

视频讲解

1. 信号的波形和频谱

在普通调幅信号中，虽然载波分量并不携带信息，但其仍占据了大部分功率。如果抑制载波分量的发送，就可以提高功率效率。这就是抑制载波的双边带调幅，简称双边带调幅。双边带调幅信号的时间波形表达式为

$$s_{\mathrm{DSB}}(t) = m(t)\cos\omega_c(t) \tag{3-11}$$

相应地，已调信号的频谱表达式为

$$S_{\mathrm{DSB}}(\omega) = \frac{1}{2}M(\omega - \omega_c) + \frac{1}{2}M(\omega + \omega_c)$$

假设调制信号为单音正弦信号，即 $m(t) = A\cos\Omega t$，双边带信号的时间波形和频谱如图 3-8 和图 3-9 所示。由时间波形可以看出，双边带信号在 $m(t)$ 改变符号时载波出现反相。已调信号的幅度包络与原始调制信号不完全相同，说明它的包络不完全载有 $m(t)$ 的信息，因而不能采用简单的包络检波法来恢复调制信号。

双边带信号的平均功率为已调信号的均方值，即

$$P_{\mathrm{DSB}} = \overline{s_{\mathrm{DSB}}^2(t)} = \overline{m^2(t)\cos^2\omega_c t} = \overline{m^2(t)}/2 \tag{3-12}$$

与 AM 信号相比较，DSB 调幅不存在载波分量，边带功率即为信号的全部功率，所以 DSB 调制效率为 100%，$\eta_{\mathrm{DSB}} = 1$，即全部功率都用于信息传输。

抑制载波的双边带信号虽然节省了载波功率，但已调信号的频带宽度仍是调制信号带宽的 2 倍。由频谱图可知，双边带的上、下两个边带是完全对称的，它们都携带了调制信号

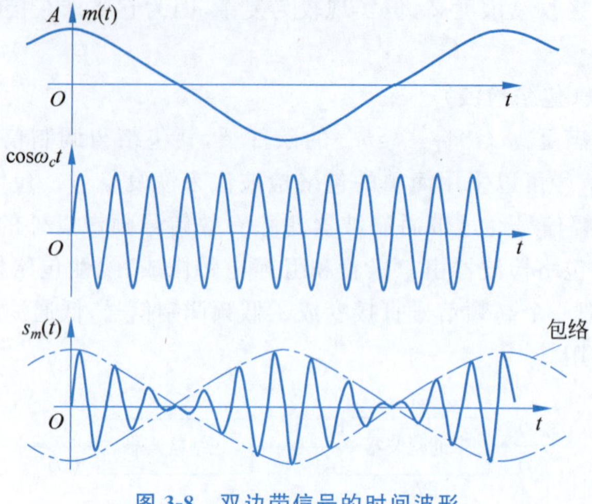

图 3-8 双边带信号的时间波形

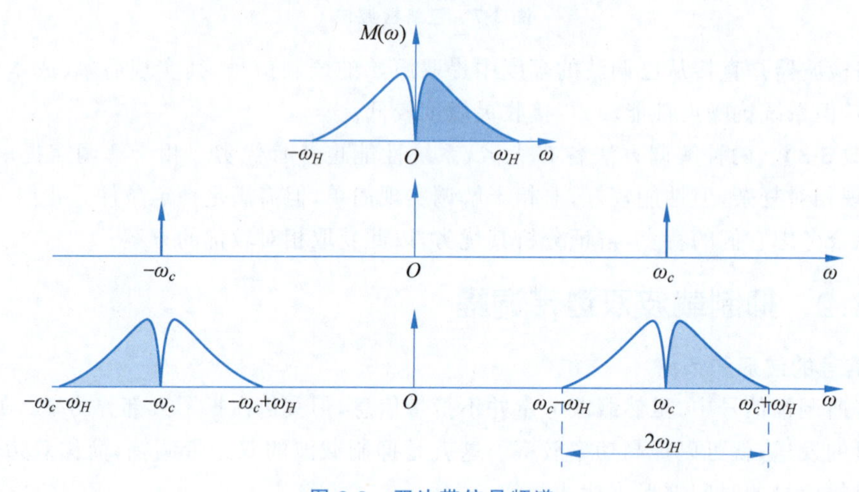

图 3-9 双边带信号频谱

的全部信息,所以完全可用一个边带来传输。这样,除了节省载波功率外,还可以节省一半的传输频带,这就是单边带调制能解决的问题。

2. 调制与解调

抑制载波双边带调幅的调制过程仍可采用图 3-1 的调制模型,取直流分量 $m_0=0$ 即可,调制模型可简化为如图 3-10 所示的模型。

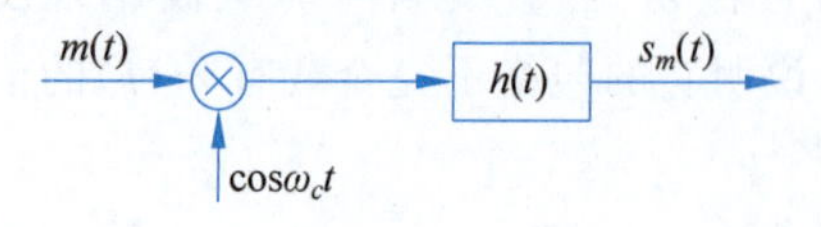

图 3-10 抑制载波双边带调幅调制模型

产生双边带信号的过程实际上是频率搬移的过程,用频率为 ω_c 的载波信号与调制信号 $m(t)$ 相乘,即可产生双边带信号。

由双边带信号的频谱图可知,如果将已调信号的频谱搬回到原点位置,就可得到原始的调制信号频谱,即恢复出原始信号。DSB 调幅解调通常采用相干解调法实现,解调模型与 AM 解调模型相同。已调信号乘上与调制载波完全相同的载波,其表达式为

$$s_p(t)=s_{\mathrm{DSB}}(t)\cdot\cos\omega_c t=m(t)\cdot\cos^2\omega_c t=\frac{1}{2}m(t)+\frac{1}{2}m(t)\cos^2\omega_c t$$

经低通滤波器(LPF)滤除高频分量,得到

$$s_o(t)=\frac{1}{2}m(t) \tag{3-13}$$

由于 DSB 调幅信号的包络与调制信号变化规律不一致,因此 DSB 调幅只能采用相干解调法,无法使用包络检波法恢复调制信号。

3.2.3 单边带调幅

振幅调制系统中,信号传输带宽是基带信号带宽的两倍,且边带功率只占总功率的一小部分,功率效率低。抑制载波双边带调幅系统中,载波被抑制,功率效率可达到 100%,但传输带宽仍为基带信号的两倍,有效性较差。DSB 调幅信号上边带和下边带携带的信息相同,因此就信息传输的目的而言,只要传送其中的一个边带就足够了。这种只传送一个边带的通信方式称为单边带通信。相应地,只产生一个边带的调制方式称为单边带调幅。

单边带调幅就是在传输信号的过程中,只传输上边带或下边带,从而达到节省发射功率和系统频带的目的。SSB 调幅与 AM 和 DSB 调幅相比可以节约一半的传输频带宽度,有效性有所提升。

单边带信号的产生方法通常有滤波法和相移法。

1) 用滤波法形成单边带信号

产生单边带信号最直观的方法是让双边带信号通过一个单边带滤波器,保留所需要的一个边带,滤除不要的边带,这种方法称为滤波法,它是最简单的也是最常用的方法。根据图 3-1 的调制模型,取直流分量 $m_0=0$,将信号进入信道前经过的波器设计为如图 3-11 所示的传输特性。采用图 3-11(a)所示的理想高通滤波器时,产生上单边带调幅信号(Upper Single Sideband Modulation,USSB),采用图 3-11(b)所示的理想低通滤波器时,产生下单边带调幅信号(Lower Single Sideband Modulation,LSSB)。单边带信号频谱如图 3-12 所示,从图中可以看出单边带信号带宽等于基带信号带宽。

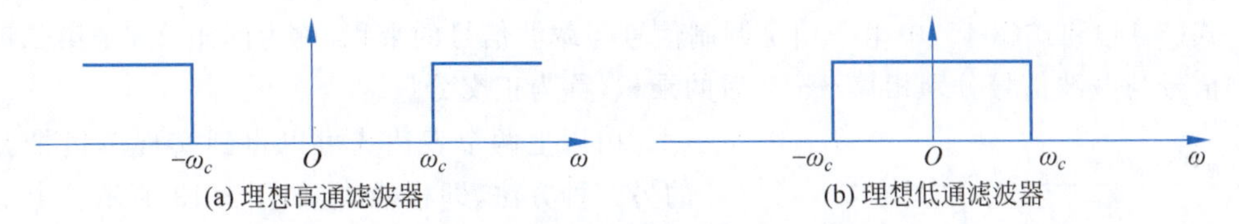

图 3-11 形成单边带信号的滤波特性

用滤波法形成单边带信号的技术难点是,单边带滤波器从理论上来说应该有理想的低通或高通特性,但是理想的滤波特性是不可能实现的。一般调制信号都具有丰富的低频成分,经调制后得到的 DSB 调幅信号的上、下边带之间的间隔很窄,要求单边带滤波器在 f_c 附近具有陡峭的截止特性,这就使滤波器的设计和制作很困难,为此,在工程中往往采用多级频率搬移和多级滤波的方法,简称多级滤波法,其目的是人为扩大上、下边带的间隔,达到扩大单边带滤波器过渡带的效果,以使滤波法得以工程实现。

2) 用相移法形成单边带信号

滤波法是从频域的角度来考虑的,如果从时域的角度来分析则是下面要讨论的相移法。相移法可以从单边带信号的时域表达式得到。为了分析方便,以单频调制的情况为例介绍相移法的原理。

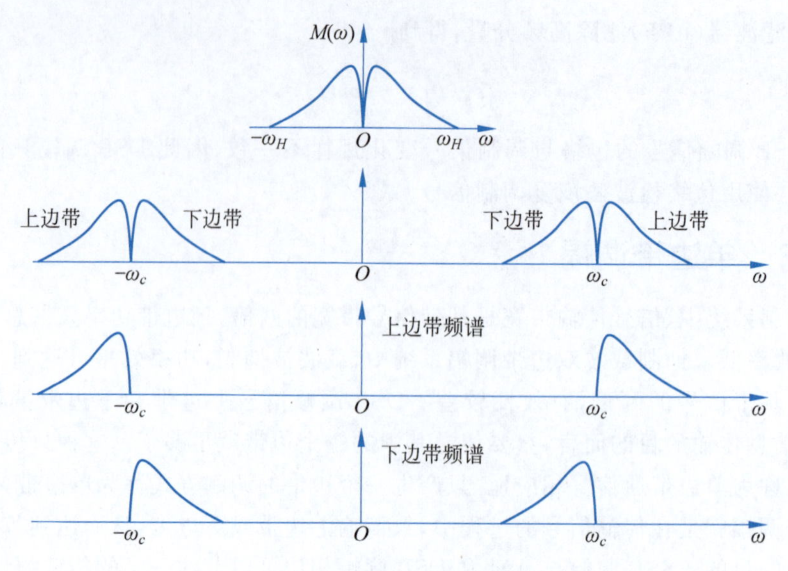

图 3-12　单边带信号频谱

设单频调制信号为 $f(t)=A_m\cos\omega_m t$，载波为 $c(t)=\cos\omega_c t$，则双边带信号的时域表达式为

$$s_{\mathrm{DSB}}(t)=A_m\cos\omega_m t\cos\omega_c t=\frac{1}{2}A_m\cos(\omega_c+\omega_m)t+\frac{1}{2}A_m\cos(\omega_c-\omega_m)t$$

保留上边带的单边带调制信号为

$$s_{\mathrm{USB}}(t)=\frac{1}{2}A_m\cos(\omega_c+\omega_m)t=\frac{1}{2}A_m\cos\omega_c t\cos\omega_m t-\frac{1}{2}A_m\sin\omega_c t\sin\omega_m t \quad (3\text{-}14)$$

保留下边带的单边带调制信号为

$$s_{\mathrm{LSB}}(t)=\frac{1}{2}A_m\cos(\omega_c-\omega_m)t=\frac{1}{2}A_m\cos\omega_m t\cos\omega_c t+\frac{1}{2}A_m\sin\omega_m t\sin\omega_c t \quad (3\text{-}15)$$

式(3-14)和式(3-15)中第一项是调制信号与载波信号的乘积，称为同相分量；第二项是调制信号与载波信号分别相移 $-\pi/2$ 后的乘积，称为正交分量。

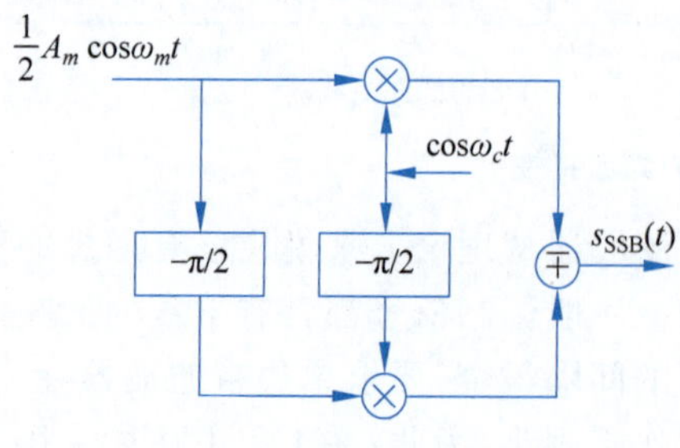

图 3-13　相移法产生单边带信号

由以上两个表达式可以得到实现单边带调制的另一种方法，即相移法，如图 3-13 所示。上支路产生同相分量，下支路产生正交分量。两路信号相减时得到上单边带信号，相加时则得到下单边带信号。

将上、下两个边带合并起来，可以写成：

$$s_{\mathrm{SSB}}(t)=\frac{1}{2}A_m\cos\omega_m t\cos\omega_c t\mp\frac{1}{2}A_m\sin\omega_m t\sin\omega_c t \quad (3\text{-}16)$$

式中，“$-$”为上边带信号；“$+$”为下边带信号。

式(3-16)中的 $A_m\sin\omega_m t$ 可以看成是 $A_m\cos\omega_m t$ 相移 $\pi/2$，其幅度大小保持不变。我们把这一过程称为希尔伯特变换，记为“$\wedge$”，则

$$A_m\widehat{\cos}\omega_m t=A_m\sin\omega_m t$$

则 SSB 信号的时域表示式可写为

$$s_{\mathrm{SSB}}(t)=\frac{1}{2}m(t)\cos\omega_c t \mp \frac{1}{2}\hat{m}(t)\sin\omega_c t \tag{3-17}$$

式中，$\hat{m}(t)$是 $m(t)$的希尔伯特变换。若 $M(\omega)$为 $m(t)$的傅里叶变换，则 $\hat{m}(t)$的傅里叶变换 $\hat{M}(\omega)=0$ 为

$$\hat{M}(\omega)=M(\omega)\cdot[-\mathrm{j}\,\mathrm{sgn}\omega] \tag{3-18}$$

式中的符号函数为

$$\mathrm{sgn}\omega=\begin{cases}1, & \omega>0\\ -1, & \omega<0\end{cases}$$

设

$$H_h(\omega)=\hat{M}(\omega)/M(\omega)=-\mathrm{j}\,\mathrm{sgn}\omega$$

我们把 $H_h(\omega)$称为希尔伯特滤波器的传递函数，它实质上是一个宽带相移网络，表示 $m(t)$幅度不变，所有的频率分量均相移 $\pi/2$，即可得到 $\hat{m}(t)$。希尔伯特变换也可用式(3-19)实现。

$$\hat{X}(t)=H[x(t)]=\frac{1}{\pi}\int_{-\infty}^{+\infty}\frac{x(\tau)}{t-\tau}\mathrm{d}\tau=x(t)\otimes\frac{1}{\pi t} \tag{3-19}$$

从理论上讲，用相移法可以无失真地产生单边带信号，但是具体实现时，要求载波的$-\pi/2$相移要非常稳定和准确，并且要求对调制信号 $f(t)$的所有频率分量都必须相移$-\pi/2$，即实现宽带相移网络，这一点即使近似达到也是很困难的，特别是对靠近零频附近的频率分量。

如果调制信号为确定的周期性信号，由于它可以分解成许多频率分量之和，因此只要求相移是一个宽带相移网络，对每个频率分量都能相移$-\pi/2$。这时，将输入调制信号由单频信号变为 $f(t)/2$，则图 3-13 所示的相移法同样适用。

SSB 调制方式在传输信号时，不但可节省载波发射功率，而且它所占用的频带宽度仅为 $B_{\mathrm{SSB}}=f_H$，因此目前已成为短波通信中一种很重要的调制方式。

SSB 调幅是 DSB 调幅信号经过滤波器得到的，和 DSB 调幅一样，不能采用简单的包络检波法解调，需采用相干解调，如图 3-14 所示。

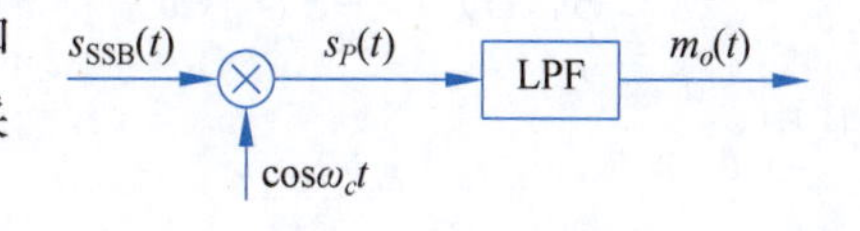

图 3-14　SSB 信号的相干解调

将 SSB 调幅信号与载波同步所提取到的相干载波相乘可得

$$\begin{aligned}s_P(t)&=s_{\mathrm{SSB}}(t)\cos\omega_c t=\frac{1}{2}[m(t)\cos\omega_c t\mp\hat{m}(t)\sin\omega_c t]\cos\omega_c t\\&=\frac{1}{2}m(t)\cos^2\omega_c t\mp\frac{1}{2}\hat{m}(t)\cos\omega_c t\sin\omega_c t\\&=\frac{1}{4}m(t)+\frac{1}{4}m(t)\cos2\omega_c t\mp\frac{1}{4}\hat{m}(t)\sin2\omega_c t\end{aligned}$$

经低通滤波滤除高频分量后，可得解调输出为

$$m_o(t)=\frac{1}{4}m(t) \tag{3-20}$$

解调输出与原始调制信号呈线性关系，可无失真还原出原始调制信号。单边带调幅的优点是节省了载波发射功率，调制效率高，频带宽度只有双边带的一半，频带利用率提高了

一倍。其缺点是由于产生单边带信号所采用的是理想低通或理想高通滤波器,所以陡峭滤波特性的单边带滤波器实现难度大。

3.2.4 残留边带调幅

双边带调幅占用的频带宽度较宽,而单边带信号所需使用的理想低通或高通滤波器又物理不可实现。且单边带信号与双边带信号相比,虽然频带节省了一半,但设备实现复杂了很多。对于低频成分少的语音信号,可采用多级单边带调制方法,但对于含直流分量和丰富低频分量的电视信号,则不宜采用单边带调幅。为解决这些问题,可采用介于DSB调幅和SSB调幅之间的一种调制方式——残留边带(VSB)调幅,它既可克服DSB调幅占用频带宽的缺点,又不要求像SSB调幅那样需要陡峭的滤波器,也不像SSB调幅那样完全抑制DSB调幅的一个边带,而是逐渐切割,使其残留一小部分,因此称为残留边带调制。

用滤波器法实现残留边带调制的原理框图与图3-10相同,此时滤波器特性$H(\omega)$可按残留边带调制的要求进行设计,不再要求非常陡峭的截止特性。我们确定残留边带滤波器的特性,需保证DSB调幅信号经由残留边带滤波器到达接收端后能完整无失真还原原始基带信号。残留边带的频谱为

$$S_{\mathrm{VSB}}(\omega)=S_{\mathrm{DSB}}(\omega)\cdot H(\omega)=\frac{1}{2}[M(\omega+\omega_c)+M(\omega-\omega_c)]\cdot H(\omega) \tag{3-21}$$

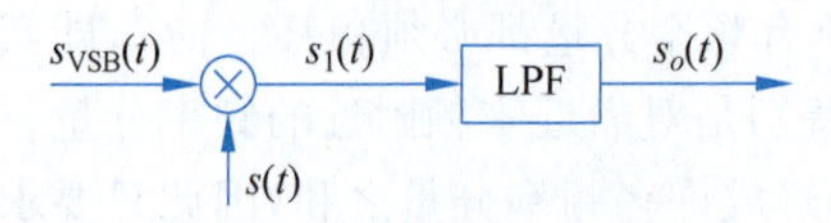

图3-15 VSB调幅相干解调

接收端收到的信号是$S_{\mathrm{VSB}}(\omega)\cdot H(\omega)$,VSB调幅的包络不符合基带信号的变化规律,因此采用相干解调方法,如图3-15所示。

由于载波信号频谱为

$$S(\omega)=\pi[\delta(\omega+\omega_c)+\delta(\omega-\omega_c)]$$

则

$$S_1(\omega)=\frac{1}{2\pi}S_{\mathrm{VSB}}(\omega)\otimes S(\omega)=\frac{1}{2}[S_{\mathrm{VSB}}(\omega+\omega_c)+S_{\mathrm{VSB}}(\omega-\omega_c)]$$

其中,

$$S_{\mathrm{VSB}}(\omega+\omega_c)=\frac{1}{2}[M(\omega+2\omega_c)+M(\omega)]\cdot H(\omega+\omega_c)$$

$$S_{\mathrm{VSB}}(\omega-\omega_c)=\frac{1}{2}[M(\omega)+M(\omega-2\omega_c)]\cdot H(\omega-\omega_c)$$

由此可得

$$S_1(\omega)=\frac{1}{4}[M(\omega+2\omega_c)+M(\omega)]\cdot H(\omega+\omega_c)+\frac{1}{4}[M(\omega)+M(\omega-2\omega_c)]\cdot H(\omega-\omega_c)$$

经过低通滤波器后,输出信号的频谱为

$$S_o(\omega)=\frac{1}{4}M(\omega)[H(\omega+\omega_c)+H(\omega-\omega_c)] \tag{3-22}$$

为了使输出端所得信号能还原成为发送端的调制信号,应使式(3-22)的输出信号频谱等于原始输入信号频谱,即

$$S_o(\omega)=\frac{1}{4}M(\omega)[H(\omega+\omega_c)+H(\omega-\omega_c)]=M(\omega) \tag{3-23}$$

为了保证相干解调的输出无失真还原基带信号,必须满足:

$$H(\omega+\omega_c)+H(\omega-\omega_c)=\text{常数}, \quad |\omega|\leqslant\omega_H \tag{3-24}$$

式中,ω_H 为调制信号的截止角频率。

也就是说,VSB调幅信号是DSB调幅信号通过一个带通滤波器形成的,而此带通滤波器需满足式(3-24)的条件。该条件的含义是:残留边带滤波器的特性 $H(\omega)$ 在 $\pm\omega$ 处需具有互补对称(奇对称)的截止特性,接收端才能从残留边带信号中无失真地还原原始基带信号。这种具有互补对称截止特性的滤波器并不唯一,可能形式有两种:图3-16(a)所示的低通滤波器形式和图3-16(b)所示的带通(或高通)滤波器形式。我们在设计时希望它尽量陡峭,这样系统有效性相对更好。残留边带调幅信号的带宽近似于SSB调幅信号带宽,但比SSB调幅带宽略大。

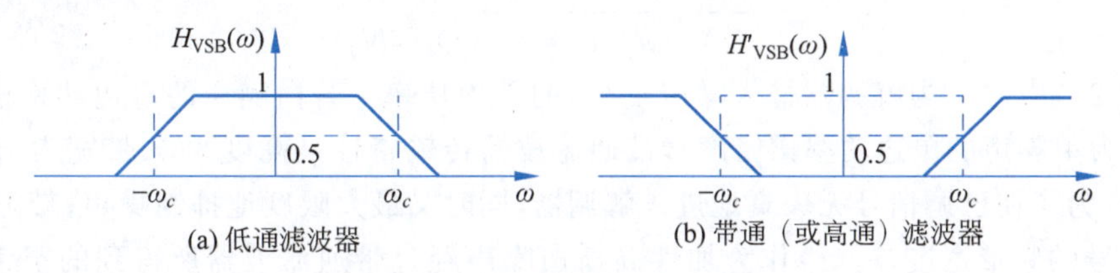

图 3-16 残留边带滤波器特性

VSB调幅调制主要解决DSB调幅信号频带过宽,而SSB调幅信号难以实现的问题,由于VSB调幅的基本性能接近于SSB调幅,且VSB调幅调制中的边带滤波器更容易实现,所以VSB调幅调制在广播电视、通信等系统中得到了广泛应用。

3.3 线性调制系统的抗噪性能

通信系统中,噪声干扰不可避免,因此通信系统会受到噪声的影响,抗噪性能分析实际上就是对模拟通信系统的可靠性进行分析。加性高斯白噪声是在通信信道中普遍存在的,因此本节将讨论在加性高斯白噪声信道环境下各种线性调制系统的抗噪性能。

3.3.1 抗噪性能分析模型

由于加性高斯白噪声大多在信道中混入,故接收机收到的信号是有效信号和噪声信号之和。加性高斯白噪声只对已调信号的接收产生影响,因此通信系统的抗噪性能针对接收机来讨论,而此时讨论的噪声,均为加性高斯白噪声,其概率密度函数服从高斯分布,且噪声功率谱密度在相当宽的频带范围内近似平坦。线性调制系统抗噪性能分析模型如图3-17所示。

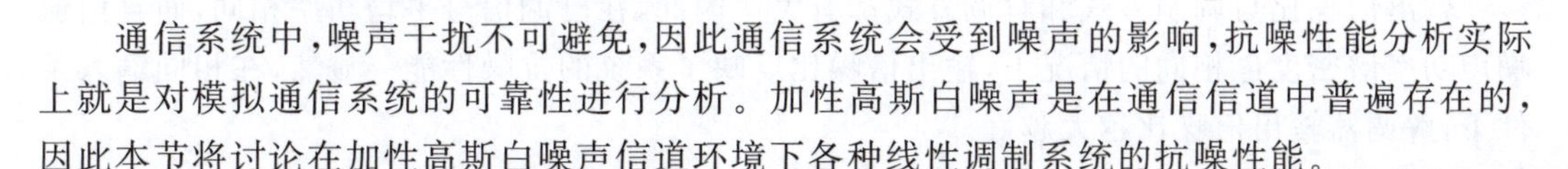

图 3-17 线性调制系统抗噪性能分析模型

已调信号和在信道中混入的加性高斯白噪声一起到达接收机,首先经过一个带通滤波器,带通滤波器的作用是滤除有效信号频带以外的噪声信号,带通滤波器的中心频率和带宽应与所接收到的已调信号保持一致。带通滤波器输出已调信号 $s_m(t)$ 和频带受限的窄带高

斯白噪声 $n_i(t)$,这里已调信号也可看作解调器输入信号 $s_i(t)$,经解调器解调后,得到输出信号 $s_o(t)$和噪声输出 $n_o(t)$。

不同的调制系统有不同形式的信号,但解调器输入端的噪声 $n_i(t)$的形式是相同的。当带通滤波器带宽远小于其中心频率 ω_0 时,$n_i(t)$即为平稳高斯窄带噪声,它的表达式为

$$n_i(t)=n_c(t)\cos\omega_0 t-n_s(t)\sin\omega_0 t \tag{3-25}$$

或者

$$n_i(t)=V(t)\cos[\omega_0 t+\theta(t)] \tag{3-26}$$

式中,$V(t)=\sqrt{n_c^2(t)+n_s^2(t)}$; $\theta(t)=\arctan\dfrac{n_s(t)}{n_c(t)}$。

噪声 $n_i(t)$及其同相分量 $n_c(t)$和正交分量 $n_s(t)$的均值都为 0,且具有相同的方差,即

$$\overline{n_i^2(t)}=\overline{n_c^2(t)}=\overline{n_s^2(t)}=N_i \tag{3-27}$$

式(3-27)中,N_i 为解调器输入噪声 $n_i(t)$的平均功率。若白噪声的双边功率谱密度为 $n_0/2$(n_0 为单噪声的单边功率谱密度),带通滤波器传输特性是高度为 1、带宽为 B 的理想矩形函数,为了使已调信号无失真地进入解调器,同时又最大限度地抑制噪声,带宽 B 应等于已调信号的频带宽度,$n_i(t)$作为加性高斯白噪声经过带通滤波器所得到的窄带高斯噪声,带宽也应等于带通滤波器带宽。因此解调器输入噪声功率为

$$N_i=n_0 B \tag{3-28}$$

评价模拟通信系统可靠性的主要性能指标为解调器输出信噪比(Signal Noise Ratio, SNR)。输出信噪比的定义为

$$\frac{S_o}{N_o}=\frac{\text{解调器输出有用信号的平均功率}}{\text{解调器输出噪声的平均功率}}=\frac{\overline{s_o^2(t)}}{\overline{n_o^2(t)}} \tag{3-29}$$

输出信噪比与调制方式和解调方式都有关。因此,在已调信号平均功率相同,而且信道噪声功率谱密度也相同的情况下,输出信噪比反映了系统的抗噪性能。显然,在相同输入条件下,解调器输出信噪比越大越好。

为了便于衡量同类调制系统使用不同解调器时的性能,还可用解调器输出信噪比和解调器输入信噪比的比值 G 来衡量系统可靠性:

$$G=\frac{S_0/N_0}{S_i/N_i} \tag{3-30}$$

式中,G 为调制制度增益; S_i/N_i 为输入信噪比,定义为

$$\frac{S_i}{N_i}=\frac{\text{解调器输入已调信号的平均功率}}{\text{解调器输入噪声的平均功率}}=\frac{\overline{s_m^2(t)}}{\overline{n_i^2(t)}} \tag{3-31}$$

显然,调制制度增益越大,表明解调器的抗噪性能越好。下面我们对于几种模拟调幅系统分别推导系统解调器输入/输出端的信号平均功率和噪声平均功率,从而得到解调器输入/输出端的信噪比参数,通过求解调制制度增益,对各种系统的抗噪性能进行分析。

视频讲解

3.3.2 AM系统抗噪性能分析

AM 信号可采用包络检波和相干解调两种解调方法。下面分别分析两种解调方式下的抗噪性能。

1. 包络检波法抗噪性能

AM包络检波法的抗噪性能分析模型如图3-18所示。

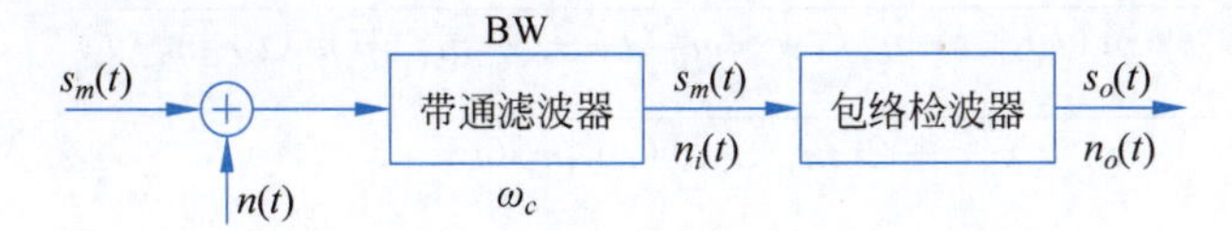

图3-18 AM包络检波法抗噪声性能分析模型

已调信号在信道中混入噪声后到达接收机，经过带通滤波器输出的信号应为AM已调信号和窄带高斯噪声。解调器的输入有用信号为AM已调信号：

$$s_m(t)=[m_0+m(t)]\cos\omega_c t$$

这里仍假设$m(t)$的均值为0，且$m_0\geqslant|m(t)|_{\max}$。输入噪声为

$$n_i(t)=n_c(t)\cos\omega_c t-n_s(t)\sin\omega_c t$$

解调器输入信号的功率S_i和噪声功率N_i分别为

$$\begin{aligned}S_i&=\frac{1}{2}\overline{[m_0+m(t)]^2\cdot(1+\cos2\omega_c t)}\\&=\frac{1}{2}\overline{[m_0+m(t)]^2}=\frac{1}{2}\overline{[m_0^2+m^2(t)+2m_0m(t)]}\quad m_0\geqslant|m(t)|\ (2m_0m(t)\text{可忽略})\\&\approx\frac{1}{2}[m_0^2+\overline{m^2(t)}]\end{aligned}\tag{3-32}$$

$$N_i=\overline{n_i^2(t)}=n_0B\tag{3-33}$$

因此，解调器输入信噪比为

$$\gamma_i=\frac{S_i}{N_i}=\frac{m_0^2+\overline{m^2(t)}}{2n_0B}\tag{3-34}$$

输出信号与包络检波器输入信号的包络$E(t)$有关，而解调器输入是信号加噪声的混合波形，即

$$\begin{aligned}s_m(t)+n_i(t)&=[m_0+m(t)]\cos\omega_c t+[n_c(t)\cos\omega_c t-n_s(t)\sin\omega_c t]\\&=[m_0+m(t)+n_c(t)]\cos\omega_c t-n_s(t)\sin\omega_c t\\&=\sqrt{[m_0+m(t)+n_c(t)]^2+n_s^2(t)}\cos[\omega_c t+\varphi(t)]\\&=E(t)\cos[\omega_c t+\varphi(t)]\end{aligned}$$

其中，合成包络

$$E(t)=\sqrt{[m_0+m(t)+n_c(t)]^2+n_s^2(t)}\tag{3-35}$$

合成相位

$$\varphi(t)=\arctan\frac{n_s(t)}{m_0+m(t)+n_c(t)}$$

混合波形经过包络检波器后输出的即为信号的合成包络$E(t)$。由于$E(t)$和信号与噪声呈非线性关系，故信号和噪声无法完全分开，这导致信噪比计算存在困难，下面分两种情况进行讨论。

1）大信噪比情况

所谓大信噪比是指输入有用信号远大于噪声信号，即 $m_0+m(t)\gg n_i(t)$，此时

$$
\begin{aligned}
E(t)&=\sqrt{[m_0+m(t)]^2+n_c^2(t)+n_s^2(t)+2[m_0+m(t)]n_c(t)}\\
&\approx\sqrt{[m_0+m(t)]^2+2[m_0+m(t)]n_c(t)}\\
&\approx[m_0+m(t)]\left[1+\frac{2n_c(t)}{m_0+m(t)}\right]^{\frac{1}{2}}\quad\left(当\ x\ll 1\ 时,(1+x)^{\frac{1}{2}}\approx 1+\frac{x}{2}\right)\\
&\approx[m_0+m(t)]\left[1+\frac{n_c(t)}{m_0+m(t)}\right]=m_0+m(t)+n_c(t)
\end{aligned}
\tag{3-36}
$$

这时，当直流分量 m_0 被电容器隔断后，所得的有用信号与噪声信号独立地分成两项功率，可分别计算它们的功率。

信号功率为

$$S_o=\overline{m^2(t)} \tag{3-37}$$

噪声功率为

$$N_o=\overline{n_o^2(t)}=\overline{n_c^2(t)}=n_0B \tag{3-38}$$

则 AM 非相干解调器的输出信噪比为

$$\gamma_o=\frac{S_o}{N_o}=\frac{\overline{m^2(t)}}{n_0B} \tag{3-39}$$

调制制度增益为

$$G=\frac{S_o/N_o}{S_i/N_i}=\frac{S_o}{S_i}=\frac{2\overline{m^2(t)}}{A^2+\overline{m^2(t)}} \tag{3-40}$$

通常我们认为调制制度增益越大，系统可靠性越好。显然对于 AM 非相干解调来说，直流分量 m_0 的减小可使 AM 制度增益增大。但若采用包络检波法对 AM 进行解调，要求直流分量 m_0 应该大于或等于交流分量的幅值，即 $m_0\geqslant|m(t)|$。当直流分量等于交流分量的幅值，即 100%调制时，$\overline{m^2(t)}=\frac{1}{2}m_0^2$，此时 AM 的最大调制制度增益为

$$G_{\text{AMmax}}=\frac{2\overline{m^2(t)}}{m_0^2+\overline{m^2(t)}}=\frac{2}{3} \tag{3-41}$$

可以看出，G_{AM} 总是小于 1，说明包络检波器对输入信噪比不仅没有改善，反而“恶化”了。

2）小信噪比情况

小信噪比是指有用信号远小于噪声信号，即 $m_0+m(t)\ll n_i(t)$，此时

$$
\begin{aligned}
E(t)&=\sqrt{[m_0+m(t)]^2+n_c^2(t)+n_s^2(t)+2[m_0+m(t)]n_c(t)}\\
&\approx\sqrt{n_c^2(t)+n_s^2(t)}\left[1+\frac{2[m_0+m(t)]n_c(t)}{n_c^2(t)+n_s^2(t)}\right]^{\frac{1}{2}}=R(t)\left[1+\frac{2[m_0+m(t)]n_c(t)}{R(t)R(t)}\right]^{\frac{1}{2}}\\
&=R(t)\left[1+\frac{2[m_0+m(t)]}{R(t)}\cos\theta(t)\right]^{\frac{1}{2}}\approx R(t)\left[1+\frac{m_0+m(t)}{R(t)}\cos\theta(t)\right]\\
&=R(t)+[m_0+m(t)]\cos\theta(t)
\end{aligned}
\tag{3-42}
$$

式中,$R(t)=\sqrt{n_c^2(t)+n_s^2(t)}$;$\cos\theta(t)=\dfrac{n_c(t)}{R(t)}$;$\theta(t)=\arctan\dfrac{n_s(t)}{n_c(t)}$。

输出噪声为 $R(t)$,输出信号为 $m(t)\cos\theta(t)$,显然输出信号中没有单独的信号项 $m(t)$,$m(t)$被 $\cos\theta(t)$扰乱成为一个随机噪声,使得输出信噪比急剧恶化。这种当解调器输入端信噪比低于某个门限时,解调器输出端信噪比急剧恶化的现象称为"门限效应",导致这种现象出现的输入信噪比称为"门限(threshold)"。这种门限效应是由包络检波器的非线性解调作用引起的。

2. 相干解调法抗噪性能分析

AM 相干解调法抗噪性能分析模型如图 3-19 所示。

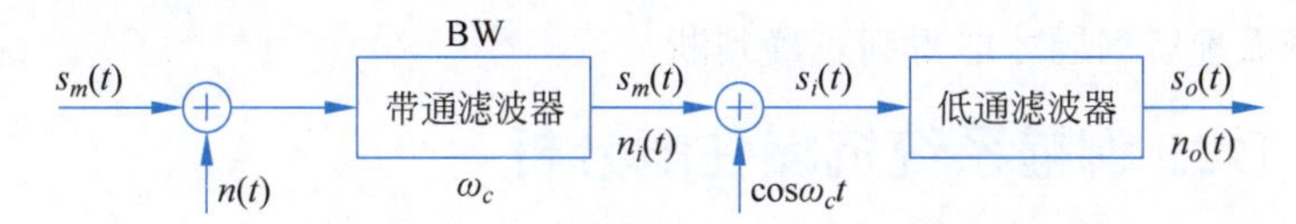

图 3-19 AM 相干解调法抗噪性能分析模型

由于 AM 相干解调和非相干解调时的解调器输入端输入信噪比相同,故可直接采用式(3-34)的结果,即

$$\gamma_i=\frac{S_i}{N_i}=\frac{m_0^2+\overline{m^2(t)}}{2n_0B}$$

解调器输出端,假设信号功率为 S_o,有

$$s_m(t)=[m_0+m(t)]\cos\omega_c t$$

$$s_1(t)=[m_0+m(t)]\cos^2\omega_c t=\frac{1}{2}[m_0+m(t)]+\frac{1}{2}[m_0+m(t)]\cos2\omega_c t$$

经过低通滤波器后,$2\omega_c$ 载波分量被滤除,得到输出信号为

$$s_o(t)=\frac{1}{2}[m_0+m(t)] \tag{3-43}$$

可以得到输出信号功率为

$$S_o=\overline{s_o^2(t)}=\frac{1}{4}\overline{m^2(t)} \tag{3-44}$$

噪声信号的部分为

$$n_1(t)=[n_c(t)\cos\omega_c t-n_s(t)\sin\omega_c t]\cos\omega_c t=\frac{1}{2}n_c(t)+\frac{1}{2}n_c(t)\cos2\omega_c t-\frac{1}{2}n_s(t)\sin2\omega_c t$$

经过低通滤波器后,$2\omega_c$ 载波分量被滤除,可得到输出噪声信号为

$$n_o(t)=\frac{1}{2}n_c(t) \tag{3-45}$$

因此噪声功率为

$$N_o=\overline{n_o^2(t)}=\frac{1}{4}\overline{n_c^2(t)}=\frac{1}{4}n_0B \tag{3-46}$$

所以此时输出信噪比为

$$\gamma_o=\frac{S_o}{N_o}=\frac{\overline{m^2(t)}}{n_0B} \tag{3-47}$$

因此,AM 相干解调情况下的调制制度增益为

$$G=\frac{S_o/N_o}{S_i/N_i}=\frac{S_o}{S_i}=\frac{2\overline{m^2(t)}}{A^2+\overline{m^2(t)}} \tag{3-48}$$

可以看出,AM 相干解调情况下的抗噪性能与大信噪比前提下的包络检波法的性能几乎相同。但需要注意的是,相干解调不会出现小信噪比情况下的门限效应,且调制制度增益不会受限于信号与噪声相对幅度的假设条件。虽然两种情况下调制制度增益的表达式相同,但并不能说明两种解调方式的抗噪性能完全相同,还需考虑非相干解调的小信噪比情况。

【思政 3-4】 因此,分析问题要有全局观,眼见未必为实,需要透过现象看本质,具体问题具体分析,全面理解问题才能得到正确判断。

视频讲解

3.3.3 DSB 调幅系统抗噪性能分析

DSB 调幅系统通常采用相干解调,同样可采用图 3-19 的模型分析抗噪性能。

相干解调器输入端接收到的信号是 DSB 调幅已调信号和加性高斯白噪声经带通滤波器后的输出信号。考虑接收机的带通滤波器功能,解调器输入端的信号 $s_m(t)$ 应为已调 DSB 调幅信号,即

$$s_m(t)=m(t)\cos\omega_c t$$

$$S_i=\overline{s_m^2(t)}=\overline{[m(t)\cos\omega_c t]^2}=\frac{1}{2}\overline{m^2(t)} \tag{3-49}$$

而输出的噪声信号为频带受限的窄带高斯噪声,分析方法与 AM 相干解调相同,可得

$$N_i=n_0B$$

这里,带宽 $B=2f_H$,为已调 DSB 信号带宽。

由此可得 DSB 调幅相干解调器输入信噪比为

$$\gamma_i=\frac{S_i}{N_i}=\frac{\overline{m^2(t)}}{2n_0B} \tag{3-50}$$

DSB 调幅已调信号经相干解调器,首先与载波同步所提取到的相干载波信号相乘,即

$$s_1(t)=s_m(t)\cos\omega_c t=\frac{1}{2}m(t)+\frac{1}{2}m(t)\cos2\omega_c t$$

经低通滤波器滤除 $2\omega_c$ 的高频载波后,得到输出信号为

$$s_o(t)=\frac{1}{2}m(t) \tag{3-51}$$

因此,解调器输出端的有用信号功率为

$$S_o=\overline{s_o^2(t)}=\frac{1}{4}\overline{m^2(t)} \tag{3-52}$$

解调 DSB 调幅时,接收机中的带通滤波器的中心频率 ω_0 与调制载频 ω_c 相同,和 AM 相干解调的分析类似,解调器输入端的噪声 $n_i(t)$ 可表示为

$$n_i(t)=n_c(t)\cos\omega_c t-n_s(t)\sin\omega_c t$$

与相干载波相乘,得

$$n_i(t)\cos\omega_c t=[n_c(t)\cos\omega_c t-n_s(t)\sin\omega_c t]\cos\omega_c t=\frac{1}{2}n_c(t)+\frac{1}{2}[n_c(t)\cos2\omega_c t-n_s(t)\sin2\omega_c t]$$

经低通滤波器滤除高频分量后得到的噪声输出信号为

$$n_o(t)=\frac{1}{2}n_c(t) \tag{3-53}$$

故输出噪声功率为

$$N_o=\overline{n_o^2(t)}=\frac{1}{4}\overline{n_c^2(t)} \tag{3-54}$$

因此

$$N_o=\overline{n_o^2(t)}=\frac{1}{4}\overline{n_c^2(t)}=\frac{1}{4}\overline{n_i^2(t)}=\frac{1}{4}n_0B=\frac{1}{4}N_i \tag{3-55}$$

这里,BPF 的带宽与 DSB 调幅信号带宽一致,$B=2f_H$。

因此,解调器输出端信噪比为

$$\gamma_o=\frac{S_o}{N_o}=\frac{\overline{m^2(t)}}{n_0B} \tag{3-56}$$

则 DSB 调幅系统的调制制度增益为

$$G=\frac{S_o/N_o}{S_i/N_i}=2 \tag{3-57}$$

这说明输出信号的性能提高了一倍,原因是同步解调方式抑制了输入噪声中的正交分量。

3.3.4 SSB 调幅系统抗噪性能分析

单边带信号与双边带信号一样,通常也是采用相干解调,故也可采用图 3-19 的模型分析抗噪性能。但需注意,SSB 调幅系统在解调器之前的带通滤波器的带宽和中心频率与 AM 及 DSB 调幅系统不同。SSB 调幅系统的带通滤波器由于需要滤除 SSB 调幅信号带宽以外的噪声信号,所以其带宽与 SSB 调幅信号带宽一致,是 DSB 调幅系统带通滤波器带宽的一半。

解调器输入端的有用信号为 SSB 调幅信号,即

$$s_m(t)=\frac{1}{2}m(t)\cos\omega_c t+\frac{1}{2}\hat{m}(t)\sin\omega_c t$$

因此解调器输入信号功率为

$$S_i=\overline{s_m^2(t)}=\frac{1}{4}\overline{[m(t)\cos\omega_c t+\hat{m}(t)\sin\omega_c t]^2}=\frac{1}{4}\overline{m^2(t)} \tag{3-58}$$

解调器输入噪声功率与 DSB 调幅系统的相同,即

$$N_i=n_0B$$

但需要注意,这里的带宽不同,$B=f_H$。因此可以得到 SSB 调幅系统解调器输入端信噪比为

$$\gamma_i=\frac{S_i}{N_i}=\frac{\overline{m^2(t)}}{4n_0B} \tag{3-59}$$

继续分析解调器输出端信噪比,将解调器输入端的 SSB 调幅信号与载波同步模块提取到的相干载波相乘,得

$$s_1(t)=s_m(t)\cos\omega_c t=\frac{1}{4}m(t)+\frac{1}{4}m(t)\cos 2\omega_c t+\frac{1}{4}\hat{m}(t)\sin 2\omega_c t$$

经低通滤波器滤除 $2\omega_c$ 的高频分量后,得到的输出信号为

$$s_o(t)=\frac{1}{4}m(t) \tag{3-60}$$

因此解调器输出端信号平均功率为

$$S_o=\overline{s_o^2(t)}=\frac{1}{16}\overline{m^2(t)} \tag{3-61}$$

噪声信号经过解调器的分析过程与 DSB 调幅系统相似，可以得到

$$n_o(t)=\frac{1}{2}n_c(t)$$

因此解调器输出噪声功率为

$$N_o=\overline{n_o^2(t)}=\frac{1}{4}\overline{n_c^2(t)}=\frac{1}{4}n_0B \tag{3-62}$$

由此可得解调器输出端的信噪比为

$$\gamma_o=\frac{S_o}{N_o}=\frac{\overline{m^2(t)}}{4n_0B} \tag{3-63}$$

调制制度增益为

$$G=\frac{S_o/N_o}{S_i/N_i}=1 \tag{3-64}$$

这里 SSB 调幅系统的调制制度增益为 1，表明经过解调过程，信噪比没有改善，这是因为 SSB 调幅系统在相干解调过程中，信号和噪声的正交分量同时被抑制，因此信噪比无法得到改善。

但需要注意的是，虽然 DSB 调幅系统的调制制度增益为 2，SSB 调幅系统的调制制度增益为 1，但并不能表明 DSB 调幅系统的抗噪性能优于 SSB 调幅。因为在相干解调系统的抗噪性能分析中，两个系统的输入信号功率、噪声功率和带宽都不相同。假设在给定的输入信号功率 S_i，输入噪声功率谱密度 n_0 和基带信号带宽 f_H 皆相同的条件下，对这两种系统的输出信噪比进行比较，可得

$$\frac{S_{o\text{SSB}}}{N_{o\text{SSB}}}=\frac{S_{i\text{SSB}}}{N_{i\text{SSB}}}=\frac{S_{i\text{DSB}}}{\frac{1}{2}N_{i\text{DSB}}}=2\frac{S_{i\text{DSB}}}{N_{i\text{DSB}}}=\frac{S_{o\text{DSB}}}{N_{o\text{DSB}}}$$

由此可以看出，在相同输入条件下，DSB 调幅和 SSB 调幅系统的输出信噪比是相等的。虽然 $G_{\text{DSB}}=2G_{\text{SSB}}$，但双边带信号所需的传输带宽是单边带的两倍，因此两者的抗噪声性能是相同的。虽然我们通常用调制制度增益参数做抗噪性能的比较，但此时需运用辩证思想，具体问题具体分析，考虑科学问题的深层差异。

VSB 调幅系统的抗噪性能分析方法与 SSB 调幅相似。但是，由于产生 VSB 调幅信号所采用的残留边带滤波器不唯一，其频率特性可能不统一，所以很难确定 VSB 调幅抗噪性能的一般计算公式。在残留边带滤波器滚降范围不太大的情况下，可将 VSB 调幅信号近似为 SSB 调幅信号处理，这种情况下，VSB 调幅系统的抗噪性能与 SSB 调幅系统基本相同。

视频讲解

3.4 非线性调制的原理

前面所学习的线性调制，是用调制信号控制载波的振幅，使得载波振幅随调制信号的变化而变化，已调信号的频谱是调制信号频谱的线性搬移。而本节所要学习的非线性调制，则

是使正弦载波的频率或相位随着调制信号的变化而变化，但振幅保持不变的调制方式，有频率调制(FM)和相位调制(PM)两种方式，分别简称为调频和调相。由于频率或相位的变化都可以看成是载波角度的变化，故调频和调相又统称为角度调制。

角度调制与线性调制不同，已调信号频谱不再是原调制信号频谱的线性搬移，而是频谱的非线性变换，会产生与频谱搬移不同的新的频率成分，故又称为非线性调制。

3.4.1 角度调制的基本原理

角度调制信号的一般表达式为

$$S_m(t)=A\cos[\omega_c t+\varphi(t)] \tag{3-65}$$

式中，A 为载波的恒定振幅；$[\omega_c t+\varphi(t)]$为信号的瞬时相位，而 $\varphi(t)$为相对于载波相位 $\omega_c t$ 的瞬时相位偏移；$\mathrm{d}[\omega_c t+\varphi(t)]/\mathrm{d}t$ 为信号的瞬时频率，而 $\mathrm{d}\varphi(t)/\mathrm{d}t$ 为相对于载频 ω_c 的瞬时频率偏移(瞬时频偏)。

所谓相位调制，是指瞬时相位偏移受控于调制信号 $m(t)$，随着调制信号的变化而变化，即

$$\varphi(t)=K_p m(t)$$

式中，K_p 为相移常数，也称为调相灵敏度，是单位调制信号幅度所引起的 PM 信号的相位偏移量。则调相信号可表示为

$$s_{\mathrm{PM}}(t)=A\cos[\omega_c t+K_p m(t)] \tag{3-66}$$

而频率调制，是指载波的瞬时频率偏移随调制信号 $m(t)$的变化而变化，即

$$\frac{\mathrm{d}\varphi(t)}{\mathrm{d}t}=K_f m(t)$$

式中，K_f 为频偏常数，也称为调频灵敏度。这时相位偏移为

$$\varphi(t)=K_f\int_{-\infty}^{t} m(\tau)\mathrm{d}\tau$$

代入式(3-65)，可得调频信号为

$$s_{\mathrm{FM}}(t)=A\cos\left[\omega_c t+K_f\int_{-\infty}^{t} m(\tau)\mathrm{d}\tau\right] \tag{3-67}$$

对比调频信号和调相信号表达式可以看出，它们的主要区别在于 PM 的相位偏移随调制信号作线性变化，FM 的相位偏移随调制信号的积分作线性变化，这表明 FM 和 PM 之间存在微积分的内在联系。由于瞬时角频率和瞬时相角之间存在确定的关系，所以调相信号和调频信号可以互相转换。如果将调制信号微分后再作调频，则得到的是调相信号，这种方式称为间接调相；如果将调制信号先积分，然后再进行调相，则可得到调频信号，这种方式称为间接调频。图 3-20 给出了调频与调相的关系。

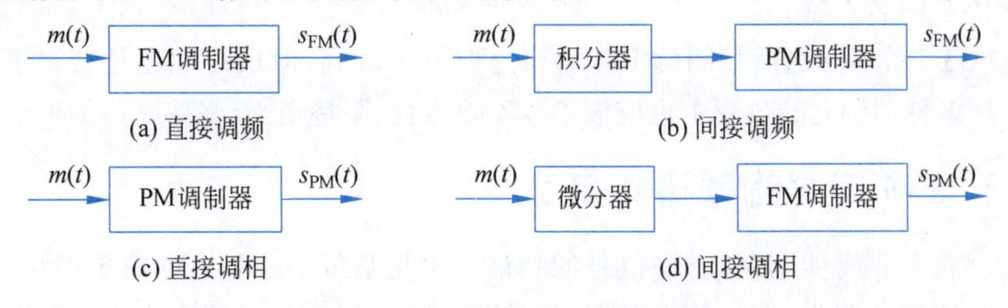

图 3-20 调频和调相的关系

由于实际相位调节器的调节范围不可能超过$(-\pi,\pi)$,因此直接调相和间接调频仅适用于相位偏移和频率偏移不大的窄带调制情况,而直接调频和间接调相常用于宽带调制情况。

当调制信号为单频余弦信号时,即

$$m(t)=A_m\cos\omega_m t$$

用该单频信号对载波进行相位调制,则可得调相信号为

$$s_{\mathrm{PM}}(t)=A\cos[\omega_c t+K_p A_m\cos\omega_m t]=A\cos[\omega_c t+m_p\cos\omega_m t] \tag{3-68}$$

这里,$m_p=K_pA_m$,称为调相指数。

如果进行频率调制,则调频信号表达式为

$$s_{\mathrm{FM}}(t)=A\cos\left(\omega_c t+K_f A_m\int_{-\infty}^{t}\cos\omega_m\tau\,\mathrm{d}\tau\right)=A\cos(\omega_c t+m_f\cos\omega_m t) \tag{3-69}$$

这里,m_f 称为调频指数,其表达式为

$$m_f=\frac{K_fA_m}{\omega_m}=\frac{\Delta\omega_{\max}}{\omega_m}=\frac{\Delta f_{\max}}{f_m} \tag{3-70}$$

这是影响调频系统性能的一个重要参数,其数值为调频信号最大的相位偏移。这里$\Delta\omega_{\max}=K_fA_m$ 是最大角频率偏移,$\Delta f_{\max}=m_f f_m$ 为最大频率偏移,f_m 为调制频率。由于调频和调相无本质区别,且可相互转换,因此接下来我们重点讨论调频信号。

FM系统是由美国电机工程师阿姆斯特朗所研发的。阿姆斯特朗在"一战"期间发明了超外差式接收器。超外差式接收器可以用于接收任何无线电波,使用非常简便,由此广播收音机大大普及。在获得超外差式接收器的专利后,美国无线电公司总裁 David Sarnoff(萨诺夫)邀请阿姆斯特朗到他的公司进行研究,帮助改良调幅无线电(AM),以消除信号干扰和畸变。然而在对调幅无线电进行改良的过程中,阿姆斯特朗意外地研发出了一种更好的调制方法,能够彻底解决AM的信号干扰问题,这就是后来的调频技术(FM)。经过多年实验,阿姆斯特朗终于证明FM信号能够很好地减少电磁干扰,同时传递的声音更加清晰和保真。阿姆斯特朗于1934年获得了这项技术的专利,然而,美国广播通信业之父萨诺夫为了不使FM威胁到他的商业帝国,利用他的影响力,雪藏了这项技术,并说服联邦通信委员会禁止商业调频广播的运作,限制FM技术的实验研究。后来,美国无线电公司却开始开发自己的FM技术,并且无视阿姆斯特朗的专利,直接销售调频收音机,还宣称FM技术是由该公司研发的,并且申请了专利。阿姆斯特朗起诉了美国无线电公司,指控该公司盗窃和侵犯了他的五项基本FM专利,阿姆斯特朗最终赢得了2场胜利,其他18项也达成了协议。这些诉讼得到的钱进入了阿姆斯特朗纪念研究基金会,开始这一基金会支持小型的FM公司,现在这一基金会的目的是激励和奖励无线电研究人员。1955年,国际电信联盟将阿姆斯特朗的名字加入了伟人名录。1983年,美国发行了阿姆斯特朗的纪念邮票。2000年,他进入了消费电子协会的名人堂。

【思政3-5】 虽然阿姆斯特朗的FM科研之路并不顺利,但最终他还是获得了成功。同学们在未来从事科学研究的过程中也应该培养不畏强权、坚持正义、坚持真理的科学精神。

3.4.2 FM信号的频谱和带宽

角度调制属于非线性调制,已调信号的频谱不再是基带信号频谱的简单搬移,频谱分析较为复杂。为使问题简化,下面首先研究单音调制,然后再把分析结论推广到多音调制。

1. FM 信号的频谱

利用三角函数公式和贝塞尔函数将单音 FM 信号的表达式进行级数展开，其展开式为

$$s_{\mathrm{fm}}(t)=A\sum_{n=-\infty}^{\infty}J_n(m_f)\cos(\omega_c+n\omega_m)t$$

式中，$J_n(m_f)$为第一类 n 阶贝塞尔函数，它是调频指数 m_f 的函数，其数值可以通过贝塞尔函数表查找。

进行傅里叶变换，即得 FM 信号的频域表达式为

$$S_{\mathrm{fm}}(\omega)=\pi A\sum_{-\infty}^{\infty}J_n(m_f)[\delta(\omega-\omega_c-n\omega_m)+\delta(\omega+\omega_c+n\omega_m)] \tag{3-71}$$

由级数展开的时域和频域表达式可以看出，调频信号的频谱由载波分量 ω_c 和无数边频 $\omega_c\pm n\omega_m$ 组成。当 $n=0$ 时，是载波分量 ω_c，其幅度为 $AJ_0(m_f)$；当 $n\neq0$ 时，就是对称分布在载频两侧的边频分量 $\omega_c\pm n\omega_m$，其幅度为 $AJ_n(m_f)$，相邻边频之间的间隔为 ω_m；且当 n 为奇数时，上、下边频极性相反，当 n 为偶数时，极性相同。由此可见，FM 信号的频谱不再是调制信号频谱的线性搬移，而是一种非线性过程。图 3-21 给出了 m_f 为 0.2 和 5.0 时单音调频波的幅度频谱图。

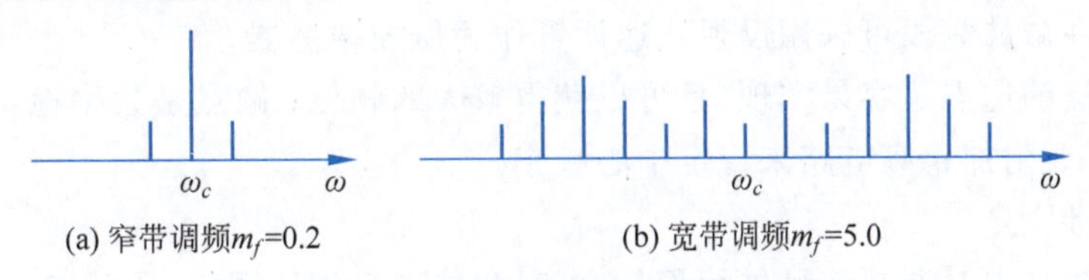

(a) 窄带调频m_f=0.2　　(b) 宽带调频m_f=5.0

图 3-21 单音调频波的幅度频谱图

2. FM 信号的带宽

调频信号的频谱包含无穷多对频率分量，因此理论上调频信号的频带为无限宽。实际上边频幅度 $J_n(m_f)$随着 n 的增大而逐渐减小，因此只要取适当的 n 值使边频分量小到可以忽略的程度，调频信号就可以近似认为具有有限频谱。工程上规定，可以忽略幅度小于未调载波幅度 10%的边频分量。按此规定，当 $m_f\gg1$ 时，取边频数 $n=m_f+1$ 即可，这样被保留的上、下边频数共有 $2n=2(m_f+1)$个，相邻边频之间的频率间隔为 f_m，所以调频波的有效带宽为

$$B_{\mathrm{FM}}=(2m_f+1)f_m=2(\Delta f+f_m) \tag{3-72}$$

式中，f_m 为调制信号的最高截止频率，即调制信号的带宽；Δf 为调频信号的最大频偏，$\Delta f=m_f\cdot f_m$，此式是用于计算调频信号带宽的卡森(Carson)公式。

当 $m_f\ll1$ 时，调频为窄带调频(NBFM)，卡森公式可近似为

$$B_{\mathrm{FM}}\approx2f_m \tag{3-73}$$

即为窄带调频的带宽。这时带宽由第一对边频分量决定，带宽只随调制频率 f_m 变化，而与最大频偏 Δf 无关。

当 $m_f\gg1$ 时，调频为宽带调频，卡森公式可近似为

$$B_{\mathrm{FM}}\approx2\Delta f \tag{3-74}$$

即为宽带调频(WBFM)的带宽。这时，带宽由最大频偏 Δf 决定，而与调制频率 f_m 无关。

以上讨论的是单音调频的频谱和带宽。由于调频是非线性过程，当调制信号不是单一频率时，其频谱分析会更加复杂。通常对于多音或任意带限信号调制时的调频信号的带宽

仍可用卡森公式进行估算。这时,式中的 f_m 为调制信号的最高频率。

例如,调频广播中规定的最大频偏 $\Delta f=80\text{kHz}$,最高调制频率 $f_m=20\text{kHz}$,故调频指数 $m_f=4$,由卡森公式可计算出此 FM 信号的频带宽度为 200kHz。

3.4.3 调频信号的产生与解调

1. 调频信号的产生

调频是用调制信号控制载波的频率变化,主要有直接调频和间接调频两种方法。

1)直接调频法

直接调频就是用调制信号直接去控制载波振荡器的频率,使得输出信号的瞬时频率随着调制信号的变化而变化,如图 3-22 所示。

调制信号 → 压控振荡器 → FM信号

图 3-22 直接调频法产生 FM 信号

每个压控振荡器自身就是一个 FM 调制器,因为它的振荡频率正比于输入控制电压,即

$$\omega_i(t)=\omega_0+K_f m(t)$$

如果用调制信号作为压控振荡器的输入控制信号,就能产生调频信号。载波频率不同,压控振荡器的电抗元件也不同。较低频率时可以采用变容二极管、电抗管或集成电路作为压控振荡器。在微波频段可采用反射式速调管作为压控振荡器。

直接调频法的优点是容易实现,且可以获得较大的频偏;缺点是频率稳定性不高,会发生漂移,往往需要附加稳频电路来稳定中心频率。

2)间接调频法

间接调频法是先对调制信号进行积分,再对载波进行相位调制,从而产生窄带调频信号(Narrow Band Frequency Modulation,NBFM)。之后利用倍频器把 NBFM 变换成宽带调频信号(WideBand Frequency Modulation,WBFM),其原理框图如图 3-23 所示。间接调频法也称为倍频法或阿姆斯特朗法(Armstrong)法。

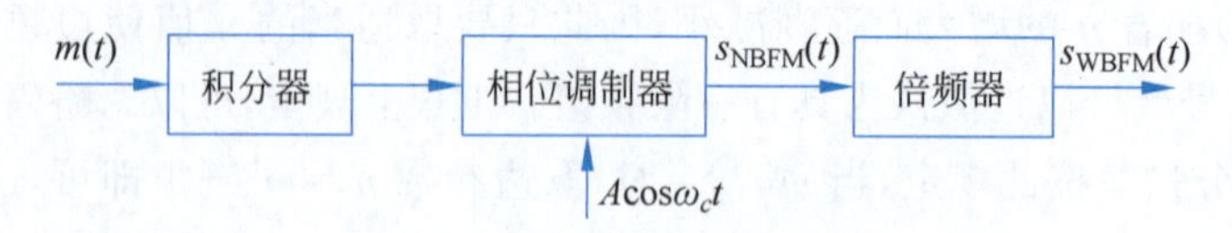

图 3-23 间接调频法原理框图

图 3-23 中,倍频器的作用是提高调频指数 m_f,从而获得宽带调频。倍频器可以用非线性器件来实现,然后用带通滤波器滤除非必要的分量即可。倍频法虽然可以提高调频指数,但也提高了载波频率,可能会导致载频过高而不符合工程要求。为了解决此问题,在使用倍频器的同时往往会使用混频器,用于控制载波频率。混频器的作用与幅度调制器相同,都将输入信号的频谱移动到给定频率位置,但不改变频谱结构。

间接调频法的优点是频率稳定度好,缺点是需要多次倍频和混频,因此电路较复杂。

2. 调频信号的解调

调频信号的解调方式有相干解调和非相干解调两种。相干解调仅适用于 NBFM 信号,而非相干解调对 NBFM 信号和 WBFM 信号均适用。

1)非相干解调

调频信号的非相干解调通常是利用频率检波器产生一个与输入调频信号的频率呈线性关系的输出电压,即可实现对调频信号的解调(此处,输出电压与输入信号的频率呈线性关系，这就是可解调的原因）。频率检波器也称为鉴频器。鉴频器有斜率鉴频器、比例鉴频器、锁相环鉴频器等多种类型，图 3-24 给出了一种用鉴频器进行非相干解调的原理框图。图中，带通限幅器的作用一方面是限幅，消除信道中噪声及其他方面引起的调频波的幅度起伏，另一方面是带通，让调频信号顺利通过，同时滤除带外噪声及高次谐波分量。微分器和包络检波器构成了具有近似理想鉴频特性的鉴频器。微分器的作用是把幅度恒定的调频波 $s_{FM}(t)$ 变成幅度和频率都随调制信号 $m(t)$ 变化的调幅调频波 $s_d(t)$，即

$$s_d(t) = -A[\omega_c + K_f m(t)]\sin\left[\omega_c t + K_f\int m(\tau)\mathrm{d}\tau\right]$$

包络检波器则将其幅度变化检出，滤去直流，再经低通滤波后即得解调输出为

$$m_0(t) = K_d K_f m(t)$$

这里 K_d 称为鉴频器灵敏度。

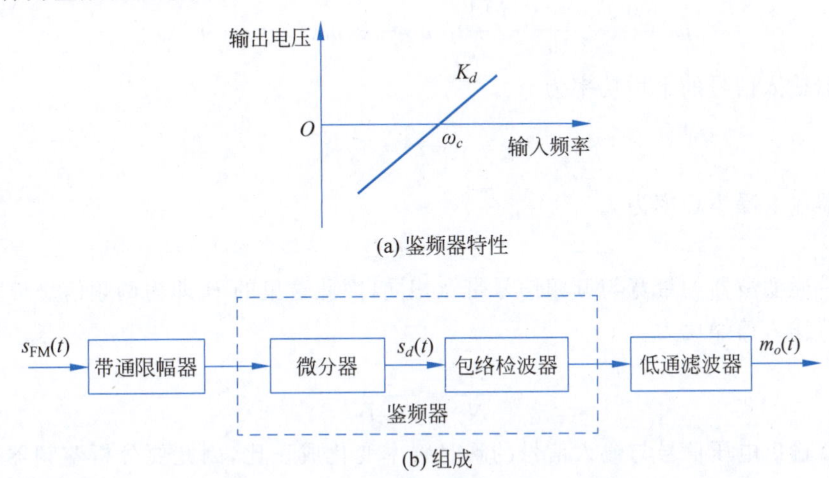

图 3-24 鉴频器特性与非相干解调原理框图

2）相干解调

由于窄带调频信号可分解成同相分量与正交分量之和，因而可以采用线性调制中的相干解调法来进行解调，其原理框图如图 3-25 所示。带通滤波器的作用是滤除调频信号以外的信道所引入的噪声。这种解调方法与线性调制中的相干解调一样，需要提取和发送端完全相同（同频同相）的相干载波才能正确解调信号。

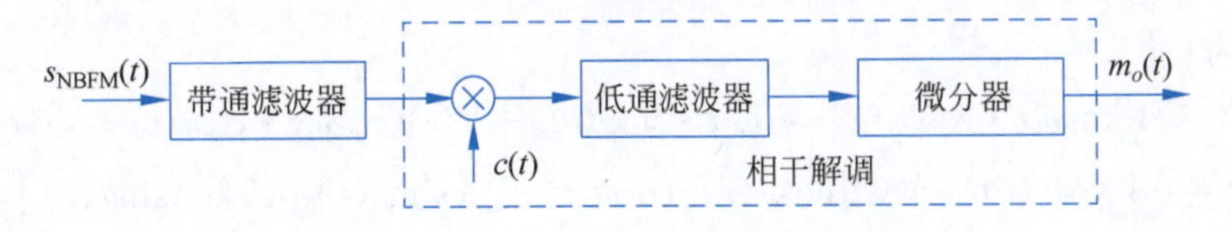

图 3-25 窄带调频信号的相干解调

3.5 非线性调制系统的抗噪性能

因为非相干解调系统无须同步信号，且对窄带调频和宽带调频均适用，所以 FM 系统主要采用非相干解调系统。本节采用图 3-26 所示的模型来讨论 FM 系统非相干解调的抗噪性能。

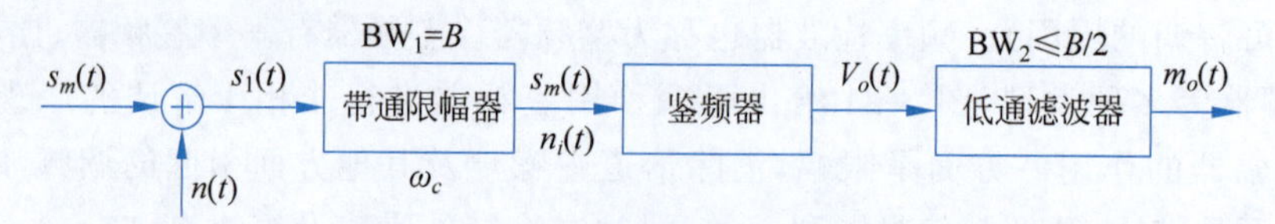

图 3-26 FM 抗噪性能分析模型

解调器输入端的调频信号为

$$s_m(t)=A\cos\left[\omega_c t+\int_{-\infty}^{t}k_f m(\tau)\mathrm{d}\tau\right]=A\cos[\omega_c t+\varphi(t)]$$

$$\varphi(t)=\int_{-\infty}^{t}k_f m(\tau)\mathrm{d}\tau$$

瞬时角频率为

$$\omega=\frac{\mathrm{d}[\omega_c t+\varphi(t)]}{\mathrm{d}t}=\omega_c+k_f m(t)=\omega_c+\Delta\omega$$

解调器输入信号的平均功率为

$$S_i=\overline{s_m^2(t)}=\frac{1}{2}A^2 \tag{3-75}$$

解调器输入噪声功率为

$$N_i=n_0B$$

由于带通滤波器的带宽与调频信号带宽相同,因此这里的 B 即为调频信号带宽。

解调器输入信噪比为

$$\frac{S_i}{N_i}=\frac{A^2}{2n_0B} \tag{3-76}$$

鉴频器输出电压信号与输入信号的瞬时频率变化成正比,因此要分析鉴频器输出端的信噪比,首先要分析鉴频器输入端的合成信号。

信号和噪声的混合信号经带通滤波器滤除有效信号频带外的噪声后,得

$$n_i(t)=n_c(t)\cdot\cos\omega_c t-n_s(t)\cdot\sin\omega_c t=V(t)\cos[\omega_c t+\theta(t)]$$

$$\tan\theta(t)=\frac{n_s(t)}{n_c(t)}$$

$$s_m(t)=A\cos\left[\omega_c t+\int_{-\infty}^{t}k_f m(\tau)\mathrm{d}\tau\right]=A\cos[\omega_c t+\varphi(t)]$$

则合成信号为

$$\begin{aligned}s_m(t)+n_i(t)&=A[\cos\omega_c t\cdot\cos\varphi(t)-\sin\omega_c t\cdot\sin\varphi(t)]+V(t)[\cos\omega_c t\cdot\cos\theta(t)-\sin\omega_c t\cdot\sin\theta(t)]\\&=[A\cos\varphi(t)+V(t)\cos\theta(t)]\cos\omega_c t-[A\sin\varphi(t)+V(t)\sin\theta(t)]\sin\omega_c t\\&=\sqrt{a^2+b^2}\cos[\omega_c t+\alpha(t)]=V_1(t)\cos\psi(t)\end{aligned}$$

经限幅器输出的是 $V_0\cos\psi(t)$,即为鉴频器的输入,V_0 为常数。由于鉴频器输出受控于 $\psi(t)$,因此需要寻找 $\psi(t)$的表达式。令

$$S_1(t)=A\cos[\omega_c t+\varphi(t)]+V(t)\cos[\omega_c t+\theta(t)]=\alpha_1\cos\beta_1+\alpha_2\cos\beta_2=\alpha\cos\beta$$

式中,$\beta_1=\omega_c t+\varphi(t)$,$\beta_2=\omega_c t+\theta(t)$,$\psi(t)=\beta$。

用矢量图法求解 $\psi(t)$的表达式,如图 3-27 所示。

由图 3-27 可知

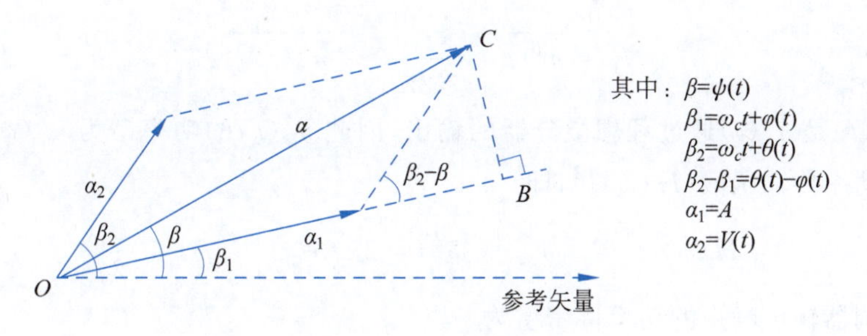

图 3-27 矢量图法求解

$$\tan(\beta-\beta_1)=\frac{BC}{OB}=\frac{\alpha_2\cdot\sin(\beta_2-\beta_1)}{[\alpha_1+\alpha_2\cos(\beta_2-\beta_1)]}$$

$$\beta=\beta_1+\arctan\frac{\alpha_2\cdot\sin(\beta_2-\beta_1)}{\alpha_1+\alpha_2\cos(\beta_2-\beta_1)}$$

互换相应变量，可得

$$\psi(t)=\omega_c t+\varphi(t)+\arctan\frac{V(t)\sin[\theta(t)-\varphi(t)]}{A+V(t)\cos[\theta(t)-\varphi(t)]} \tag{3-77}$$

由于鉴频器的非线性解调作用，因此在计算输出信噪比时，同样也需要区分大信噪比和小信噪比两种情况。

1) 大信噪比情况

大信噪比情况，即鉴频器输入端信噪比很高，$A\gg V(t)$，在此条件下，可有

$$\arctan\frac{V(t)\sin[\theta(t)-\varphi(t)]}{A+V(t)\cos[\theta(t)-\varphi(t)]}\approx\arctan\frac{V(t)}{A}\sin[\theta(t)-\varphi(t)]=\frac{V(t)}{A}\sin[\theta(t)-\varphi(t)]$$

因此式(3-77)可改写为

$$\psi(t)\approx\omega_c t+\varphi(t)+\frac{V(t)}{A}\sin[\theta(t)-\varphi(t)]$$

鉴频器的输出信号电压与输入信号的瞬时频偏成正比，且$\frac{\mathrm{d}\psi(t)}{\mathrm{d}t}=\omega_c+\Delta\omega$，因此，

$$V_o(t)=\frac{1}{2\pi}\left[\frac{\mathrm{d}\psi(t)}{\mathrm{d}t}-\omega_c\right]=\frac{1}{2\pi}\frac{\mathrm{d}\varphi(t)}{\mathrm{d}t}+\frac{1}{2\pi A}\frac{\mathrm{d}}{\mathrm{d}t}\{V(t)\sin[\theta(t)-\varphi(t)]\}=m_o(t)+n_o(t)$$

又因为 $\varphi(t)=\int_{-\infty}^{t}k_f\cdot m(\tau)\mathrm{d}\tau$，$n_s(t)=V(t)\sin[\theta(t)-\varphi(t)]$，则输出有效信号部分为

$$m_o(t)=\frac{1}{2\pi}\frac{\mathrm{d}\varphi(t)}{\mathrm{d}t}=\frac{k_f}{2\pi}m(t) \tag{3-78}$$

输出噪声为

$$n_o(t)=\frac{1}{2\pi A}\frac{\mathrm{d}}{\mathrm{d}t}\{V(t)\sin[\theta(t)-\varphi(t)]\}=\frac{1}{2\pi A}\frac{\mathrm{d}}{\mathrm{d}t}n_s(t)=\frac{1}{2\pi A}n'_s(t)$$

因此输出信号功率为

$$S_o=\overline{m_o^2(t)}=\frac{k_f^2}{4\pi^2}\overline{m^2(t)} \tag{3-79}$$

输出噪声功率为

$$N_o=\overline{n_0^2(t)}=\frac{1}{(2\pi A)^2}\overline{[n'_s(t)]^2} \tag{3-80}$$

由于 $n'_s(t)$ 是 $n_s(t)$ 通过理想微分器的输出，因此 $n'_s(t)$ 的功率谱为 $n_s(t)$ 的功率谱乘以微分器的功率传输函数 $|H(\omega)|^2$，即

$$|H(\omega)|^2=|\mathrm{j}\omega|^2=\omega^2=(2\pi f)^2,\quad |f|\leqslant\frac{B}{2}$$

因此解调器输出噪声的功率谱密度为

$$P_{n'_s}(\omega)=P_{n_s}(\omega)\cdot|H(\omega)|^2=n_0\cdot(2\pi f)^2,\quad |f|\leqslant\frac{B}{2}$$

此时的输出噪声功率谱并不符合白噪声特性，因此其功率可按式(3-81)求解，式中 f_m 为低通滤波器的带宽

$$N_o=\overline{n_o^2(t)}=\frac{1}{4\pi^2A^2}\overline{n'^2_s(t)}=\frac{1}{4\pi^2A^2}\int_{-f_m}^{f_m}P_{n'_s}(f)\mathrm{d}f=\frac{1}{4\pi^2A^2}\int_{-f_m}^{f_m}(2\pi f)^2n_0\mathrm{d}f=\frac{2n_0}{3A^2}f_m^3 \tag{3-81}$$

则解调器在大信噪比情况下的输出端信噪比为

$$\frac{S_o}{N_o}=\frac{3A^2\cdot k_f^2\cdot\overline{m^2(t)}}{8\pi^2\cdot n_0\cdot f_m^3} \tag{3-82}$$

$$G=\frac{S_o/N_o}{S_i/N_i}=\frac{3A^2\cdot k_f^2\cdot\overline{m^2(t)}/8\pi^2\cdot n_0\cdot f_m^3}{A^2/2n_0B}=\frac{3\cdot k_f^2\cdot\overline{m^2(t)}\cdot B}{4\pi^2\cdot f_m^3} \tag{3-83}$$

若调制信号为单音余弦信号，$m(t)=\cos\omega_m t$，则已调 FM 信号为

$$s_m(t)=A\cos\left[\omega_c t+\frac{k_f\sin\omega_m t}{\omega_m}\right]$$

令

$$m_f=\frac{k_f}{\omega_m}=\frac{\Delta\omega}{\omega_m}=\frac{\Delta f}{f_m}$$

$$k_f\cdot m(t)=2\pi\Delta f\cdot\cos\omega_m t$$

$$k_f^2\cdot\overline{m^2(t)}=(2\pi\Delta f)^2\cdot\overline{\frac{(1+\cos2\omega_m t)}{2}}=2(\pi\Delta f)^2$$

因此解调器输出端信噪比可变换为

$$\frac{S_o}{N_o}=\frac{3A^2\cdot k_f^2\overline{m^2(t)}}{8\pi^2\cdot n_0\cdot f_m^3}=\frac{3A^2\cdot 2(\pi\Delta f)^2}{8\pi^2\cdot n_0\cdot f_m^3}=\frac{3}{2}\left(\frac{\Delta f}{f_m}\right)^2\cdot\frac{A^2}{2}\cdot\frac{1}{n_0f_m}=\frac{3}{2}m_f^2\cdot\frac{S_i}{N_m} \tag{3-84}$$

其中 $N_m=n_0f_m$，则有

$$\frac{S_i}{N_m}=\frac{S_i}{N_i}\cdot\frac{N_i}{N_m}=\frac{S_i}{N_i}\cdot\frac{n_0B}{n_0f_m}=\frac{S_i}{N_i}\cdot\frac{2(m_f+1)f_m}{f_m}$$

代入式(3-84)，可得

$$\frac{S_o}{N_o}=3m_f^2(m_f+1)\frac{S_i}{N_i}$$

因此调频系统的调制制度增益为

$$G = 3m_f^2(m_f + 1) \tag{3-85}$$

可以看出，调频系统的调制制度增益与调频指数的3次方成正比。若调频广播中调频指数 $m_f = 5$，则此时调制制度增益 G 高达450，说明调频系统的抗噪性能相对于前面所学的调幅系统而言要好得多。

值得注意的是，增大 m_f，可提高FM系统的抗噪性能，即系统可靠性会更好，但增大 m_f，同时会导致FM系统带宽更大，从而使得系统的有效性更差。因此在设计通信系统时应辩证分析 m_f 所引起的系统有效性和可靠性的变化，全局考虑做出合理的选择。

2）小信噪比情况

当解调器输入信噪比很低时，与AM包络检波类似，解调器输出端不存在单独的有用信号项，信号完全被噪声淹没，导致输出信噪比急剧恶化，这种现象称为调频系统解调的门限效应。出现门限效应所对应的解调器输入信噪比称为门限。图3-28给出了单频调制情况下不同调频指数时输出信噪比和输入信噪比的关系曲线。

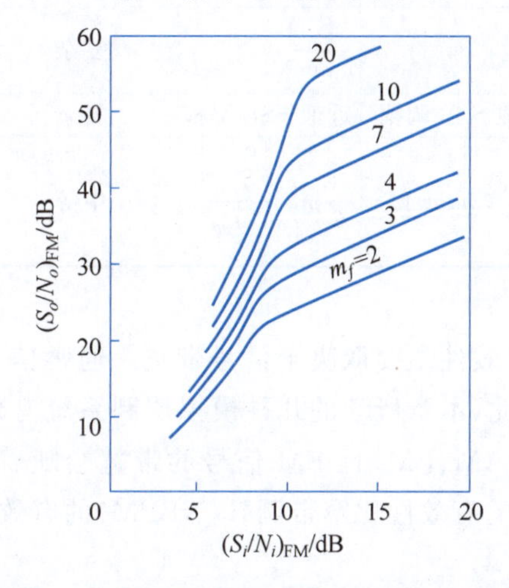

图3-28 非相干解调的抗噪性能与门限效应

由该曲线图可得到以下结论：

（1）调频指数 m_f 越高，发生门限效应的转折点也越高，即在较大输入信噪比时就会产生门限效应。但在不同 m_f 时，门限值通常在8～11dB范围内变化，一般门限值在10dB左右。

（2）在门限值以上时，即大信噪比工作环境下，调频系统的输出信噪比与输入信噪比呈线性关系，且调频指数 m_f 越大，输出信噪比的改善越明显。

（3）在门限值以下，即小信噪比工作环境下，调频系统的输出信噪比将随输入信噪比的下降而急剧下降，且调频指数 m_f 越大，输出信噪比下降得越快。

门限效应是FM系统存在的实际问题。与AM系统一样，调频系统的门限效应是系统的非线性解调作用引起的，在实际应用中，应该尽量降低门限值并使系统工作在门限值以上，尤其是在采用调频的远距离通信和卫星通信领域。目前改善门限效应的方法主要采用锁相环路鉴频器和负反馈解调器，它们的门限电平比一般鉴频器的门限电平低6～10dB。另外，还可以采用预加重和去加重技术来进一步改善调频解调器的输出信噪比。

3.6 各种模拟调制系统的比较

假定所有调制系统在接收机输入端具有相等的信号功率，加性噪声都是均值为0、双边功率谱密度为$n_0/2$的高斯白噪声，基带信号$m(t)$带宽为f_m，可将各种模拟调制方式的信号带宽、制度增益、输出信噪比、设备(调制与解调)复杂程度、主要应用等要素进行总结，如表3-1所示。

表 3-1 各种模拟调制方式总结

调制方式	信号带宽	制度增益	S_o/N_o	设备复杂程度	主要应用
AM	$2f_m$	最大 2/3	$\frac{1}{3}\cdot\frac{S_i}{n_0 f_m}$	简单	中短波无线电广播
DSB 调幅	$2f_m$	2	$\frac{S_i}{n_0 f_m}$	中等	应用较少
SSB 调幅	f_m	1	$\frac{S_i}{n_0 f_m}$	复杂	短波无线电广播、语音频分复用、载波通信、数据传输
VSB 调幅	略大于 f_m	近似 SSB 调幅	近似 SSB 调幅	复杂	数据通信、电视广播
FM	$2(m_f+1)f_m$	$3m_f^2(m_f+1)$	$\frac{3}{2}m_f^2\frac{S_i}{n_0 f_m}$	中等	超短波小功率电台(窄带FM)、调频立体声广播(宽带FM)、卫星通信

1) 系统有效性比较

模拟通信系统的系统有效性主要取决于信号带宽。通常信号带宽越小，系统频带利用率越高，有效性则越好。因此，本章所学的几种模拟调制系统有效性从好到差依次为：SSB调幅、VSB调幅、DSB调幅、AM、FM，且FM信号的带宽会随着调频指数m_f的增大而增大，因此宽带调频(WBFM)的有效性比窄带调频(NBFM)的有效性更差。

2) 系统可靠性比较

模拟通信系统的可靠性用抗噪性能来衡量。就抗噪性能而言，考虑相同输入条件下的输出信噪比。图3-29给出了各种模拟调制系统的抗噪性能曲线，图中圆点表示门限点。输

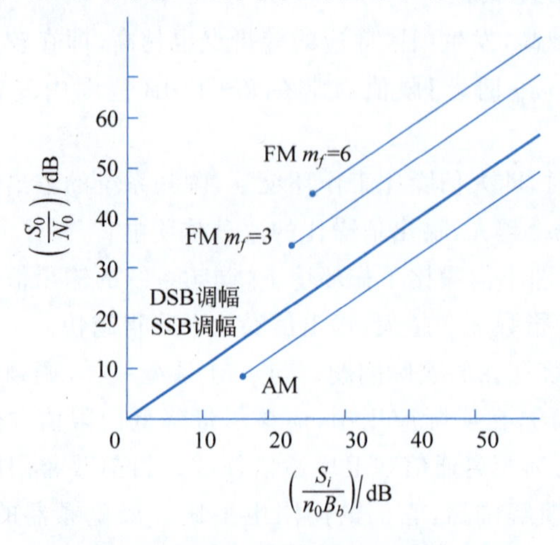

图 3-29 各种模拟调制系统的抗噪性能曲线

入信噪比在门限点以下，会发生门限效应，输出急剧恶化；门限点以上，即不发生门限效应的情况下，DSB调幅、SSB调幅的信噪比比AM高4.7dB以上，而FM($m_f=6$)的信噪比比AM高22dB。所以，综合比较几种模拟系统的可靠性，WBFM可靠性最好，DSB调幅、SSB调幅、VSB调幅次之，AM最差。并且，FM的调频指数m_f越大，抗噪性能越好。可是如有效性分析中所说，m_f越大，FM系统的有效性就越差，可以说FM是以牺牲有效性来换取更好的可靠性。因此m_f的选择要从通信质量(可靠性)和带宽限制(有效性)两方面辩证分析、综合考虑。对于高质量通信(高保真音乐广播、电视伴音、双向式固定或移动通信、卫星通信和蜂窝电话系统)采用WBFM，选择较大的m_f，而对于那些对信号质量要求不太高的系统，则可选择m_f较小的调频方式。

3) 特点与应用

AM调制的优点是可使用包络检波解调方法，接收设备简单，缺点是功率利用率低、抗干扰能力差。如果载波在传输中受到信道的选择性衰落，则在包络检波时会出现过调失真。AM信号频带较宽，频带利用率不高，因此其只适用于对通信质量要求不高的场合，目前主要用在中波和短波的调幅广播中。

DSB调幅调制的优点是功率利用率高，且带宽与AM相同，但因为其只能采用同步检波方式进行解调，所以设备较为复杂。DSB调幅应用较少，一般只用于点对点的专用通信，通常用在设备内部作为中间调制过程。

SSB调幅调制的优点是功率利用率和频带利用率都较高，有效性优于AM和DSB调幅，抗干扰能力和抗选择性衰落能力均优于AM，而带宽只有AM的一半；缺点是发送和接收设备复杂。鉴于这些特点，SSB调幅调制普遍用在频带比较拥挤的场合，如短波波段的无线电广播和频分多路复用系统中，军用的短波电台很多都采用单边带调制。

VSB调幅的抗噪声性能和频带利用率都与SSB调幅相近。VSB调幅的优点是调制部分抑制了发送边带，同时又利用平缓滚降滤波器补偿了被抑制部分，这对包含低频和直流分量的基带信号特别适用。VSB调幅解调原则上也需相干解调，但在某些VSB调幅系统中，附加一个足够大的载波，就可用包络检波法解调合成信号(VSB+C)，这种(VSB+C)方式综合了AM、SSB调幅和DSB调幅三者的优点。所有这些特点，使VSB调幅在商用模拟电视广播系统中得到了广泛应用。

FM信号波形的幅度恒定不变，这使它对非线性器件不甚敏感，抗快衰落能力较强。利用自动增益控制和带通限幅技术，还可以消除快衰落造成的幅度变化效应。宽带FM的抗干扰能力强，可以实现带宽与信噪比的互换，不仅可应用于调频立体声广播，还可广泛应用于长距离的高质量通信系统中，如空间和卫星通信、超短波对空通信等。宽带FM的缺点是带宽较宽，导致频带利用率低，且存在门限效应。因此在接收信号弱、干扰大的情况下宜采用窄带FM，这也是小型通信机常采用窄带调频的原因。

【思政3-6】 从几种模拟系统的比较可以看出，有效性和可靠性通常无法同时达到最优。FM可靠性最好，但FM的有效性在几种模拟系统中最差，FM是牺牲了有效性换取了更好的可靠性。在设计通信系统时需采用辩证思想分析系统有效性和可靠性指标，全面权衡设计要求，在有效性、可靠性和设备复杂程度等方面取得折中和平衡，设计符合要求的系统。只有优秀才会被选择，中国的科技发展有赖于我辈的努力，只有足够优秀才能立于世界科技前列，希望同学们能坚定科技报国的理想信念，肩负起把我国建设成为科技强国、实现中华民族伟大复兴的时代使命。

3.7 频分复用

为了提高通信系统的信道利用率,语音信号的传输往往采用多路复用的方式。所谓多路复用技术,通常是指在一个信道中同时传输若干路相互独立的信号。多路复用技术可以充分利用信道带宽,提高系统传输容量。通信中常用的复用方式有频分复用(FDM)、时分复用(TDM)、码分复用(CDM)和波分复用(WDM)。

在通信系统中,信道所能提供的频带宽度通常比传输一路信号所需的频带宽带要宽许多,一个信道只传输一路信号非常浪费,为了充分利用信道的带宽,提出了信道的频分复用。频分复用是将一个信道带宽分割成互不重叠的许多小的频率区间,每路信号占据其中一个频率区间。由于各频率区间之间通常会留有一定的保护频带,所以多路信号在一个信道中传输不会相互干扰。复合信号到达接收端通过不同中心频率和带宽的带通滤波器即可分离各路信号。一般情况下,频分复用可以通过正弦载波调制的方法实现不同信号搬移到不同频率区间。频分复用的多路信号在频率上不会重叠,但在时间上是可以重叠的。

图 3-30 为一个频分复用电话系统的组成框图。

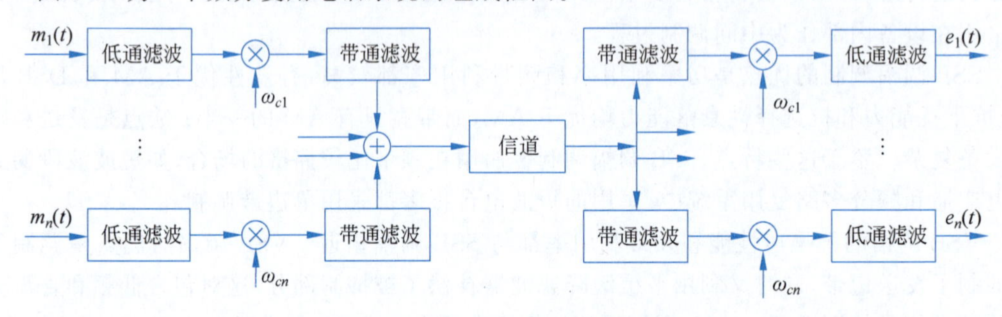

图 3-30 频分复用电话系统组成框图

图 3-30 所示系统中复用的信号共有 n 路。由于各支路信号往往不是严格的带限信号,因此每路信号首先通过低通滤波器限制各路信号的最高频率 f_m。然后,各路信号通过各自的调制器进行频谱搬移。调制器的电路一般是相同的,但所用的载波频率不同。调制的方式原则上可任意选择,但最常用的是 SSB 调幅,因为它最节省频带。因此,图 3-30 所示系统中的调制器由相乘器和带通滤波器(BPF)构成。合并后的复用信号原则上可以在信道中传输,但有时为了更好地利用信道的传输特性,还可以再进行一次调制。在接收端,可利用相应的带通滤波器来区分开各路信号的频谱。然后,再通过各自的相干解调器便可恢复各路调制信号。

频分多路复用系统中的主要问题是各路信号之间的相互干扰,称为串扰。串扰主要是由系统非线性特性和已调信号的频谱展宽导致的。各路信号之间的串扰主要表现为临近频带干扰(邻道干扰)和各路信号之间的互调干扰。调制器的非线性特性使得已调信号的频谱占用较宽的带宽,虽然经过带通滤波,但是实际系统中仍可能由部分带外信号落入临近频带经过放大后发送出去,从而形成频带之间的串扰。此外接收机的频率选择性不理想也会引入邻道干扰。同样,由于调制器和放大器的非线性作用,在系统中还可能产生互调信号,对系统造成一些不良影响。因此，在频分复用系统中对系统线性要求较高，且需要合理选择各路载波频率，尽量避免产生互调信号，并在各路频带间留有一定的保护频带 f_g，以减小各路信号间的串扰。

$$f_{c(i+1)} = f_{ci} + (f_m + f_g), \quad i = 1, 2, \cdots, n$$

式中，f_{ci} 和 $f_{c(i+1)}$ 分别为第 i 路和第 $i+1$ 路的载波频率。显然，邻路间隔防护频率越大，对带通滤波器的技术要求越低，但这时占用的总频带要加宽，这对提高信道复用率不利。因此，实际中应尽量提高边带滤波技术，以使 f_g 尽量缩小。目前，按 ITU-U 标准，防护频带间隔通常可设置为 900Hz。

频分复用系统的主要优点是信道复用率高，允许复用的路数多，分路也很方便。因此，它目前已成为模拟通信系统中最常采用的一种复用方式，特别是在有线和微波通信系统中应用十分广泛。频分复用系统的主要缺点是设备比较复杂，因为它不仅需要大量的调制器、解调器和带通滤波器，而且还要求接收端提供同步检波所需的相干载波。此外在复用和传输过程中，调制、解调和滤波器件都会不同程度地引入非线性失真，在频分复用中就会不可避免地产生路间干扰。

【思政 3-7】 目前分配给中国移动、中国电信、中国联通、中国广电这四大运营商的 5G 频谱各不相同。中国移动为 2.6GHz 频段(2515～2675MHz)，中国电信为 3.5GHz 频段(3400～3500MHz)，中国联通为 3.5GHz 频段(3500～3600MHz)，中国广电为 4.9GHz 频段(4900～5000MHz)。频谱资源是由国家统一管理的，个人和企业不得随意使用。我们也需要了解并遵守通信行业的规则，形成规则意识，对国家法律法规有敬畏之心，遵守各项规则。

3.8 模拟调制系统的应用

3.8.1 模拟广播电视

由于图像信号的频带很宽(达到 6.5MHz)，而且具有很丰富的低频分量，很难采用单边带调制，因此在模拟电视信号中，图像信号采用残留边带调制，并插入很强的载波，这样可以用简单的包络检波的方法来接收图像信号，使电视接收机简化。电视伴音信号采用调频副载波方式，与图像信号采用频分复用的方式合成一个总的电视信号。

我国黑白电视信号的频谱如图 3-31 所示。伴音信号和图像载频(载波频率)信号相差 6.5MHz，一路电视信号占据的频带宽度为 8MHz。残留边带信号在载频附近的互补对称特性是在接收端形成的，接收机中频放大器的理想频率响应为一斜切滤波特性，如图 3-32 所示。

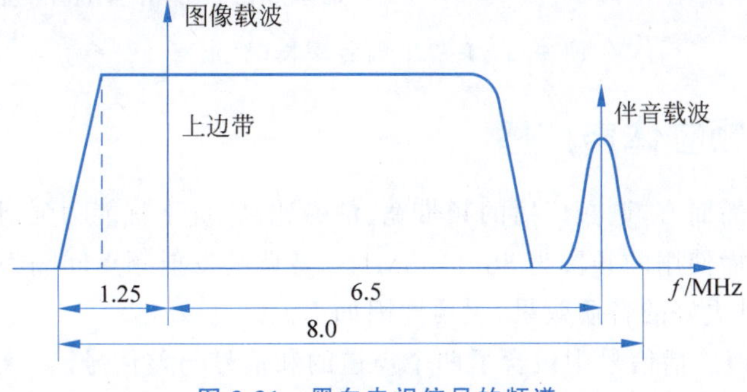

图 3-31　黑白电视信号的频谱

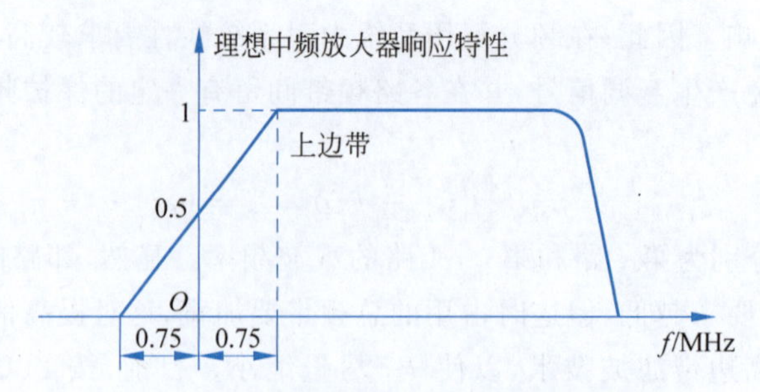

图 3-32　电视接收机的理想中频滤波特性

彩色电视信号是由红、蓝、绿三基色构成的。为了在接收端分出这三种颜色，重现彩色，并考虑和黑白电视的兼容性，在彩色电视信号中除了传送由这三色线性组合得到的亮度信号(黑白电视信号)外，还需要传送两路色差信号 R-Y(红色与亮度之差)和 B-Y(蓝色和亮度之差)。在我国彩色电视所采用的逐行倒相制(Phase Alternating Line，PAL)中，这两路色差信号用 4.433 618 75MHz 的副载波进行正交的抑制载波双边带调制，即采用 4.433 618 75MHz 频率的两个相位相差 90°的载波分别进行抑制载波双边带调制。为了克服传输过程中的相位失真对色调的影响，在 PAL 制中，R-Y 这一路色差信号在调制时每隔一个扫描行倒相一次(倒相后两路副载波之间的正交性保持不变)，这也是逐行倒相制名称的由来。

广播电视伴音信号采用调频体制，最大频偏规定为 25kHz，伴音信号最高频率为 15kHz，根据卡森公式可以计算出伴音信号占据的带宽为 80kHz。

3.8.2　短波单边带电台

短波单边带电台是模拟单边带调制技术的一种典型应用。IC-725 单边带电台是从国外引进组装生成的一种电台。IC-725 电台体积小、重量轻、操作使用方便、性价比较高。由于电台体积小、操作简便、性能稳定、安装架设简单，因而广泛用于林业、石油、煤炭等部门。

IC-725 电台共有四种工作模式，分别为单边带(SSB)、连续波(CW)、调幅(AM)和调频(FM)。IC-725 电台基本工作过程如图 3-33 所示。

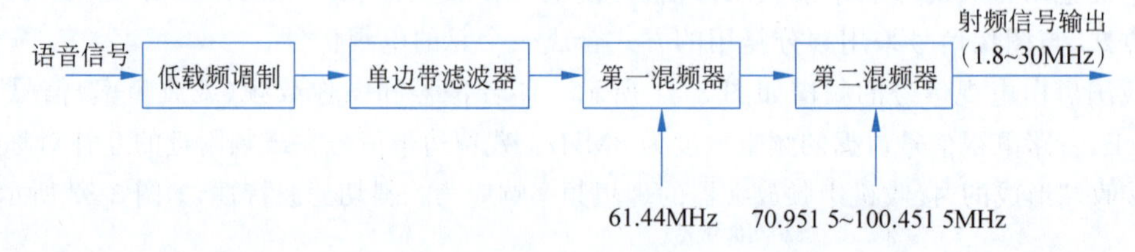

图 3-33　IC-725 电台基本工作过程

3.8.3　调频立体声广播

相对于调幅广播而言，调频广播的频带宽、信噪比高、抗干扰能力强，目前的应用也更广泛。调频立体声广播使用的频段为 88～108MHz，各调频发射频点间隔为 200kHz。与调幅广播相比，它能提供更好的音质效果，主要原因如下。

(1) 调频立体声广播信号中包含了两个声道的和信号与差信号。

(2) 调频立体声广播的音频范围为0.3～15kHz,高音成分得到了保留。

(3) 调频立体声广播采用频率调制,与幅度调制相比,抗噪性能更好。

(4) 调频立体声广播使用VHF频段,信道特性稳定。

调频立体声广播的信号形成过程如图3-34所示。将左声道信号L和右声道信号R进行叠加形成和信号L+R,相减得到差信号L－R。将差信号采用38kHz的副载波进行抑制载波的双边带调幅,与和信号共同形成一个频分复用信号,作为调制立体声广播的调制信号。

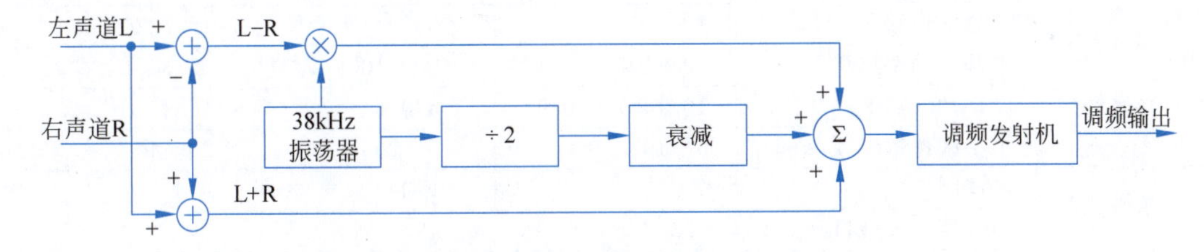

图3-34 调频立体声广播的信号形成过程

接收立体声广播信号后先进行鉴频,得到频分复用信号,接着对频分复用信号进行相应的分离,恢复出左声道信号L和右声道信号R,调频立体声广播信号的解调如图3-35所示。

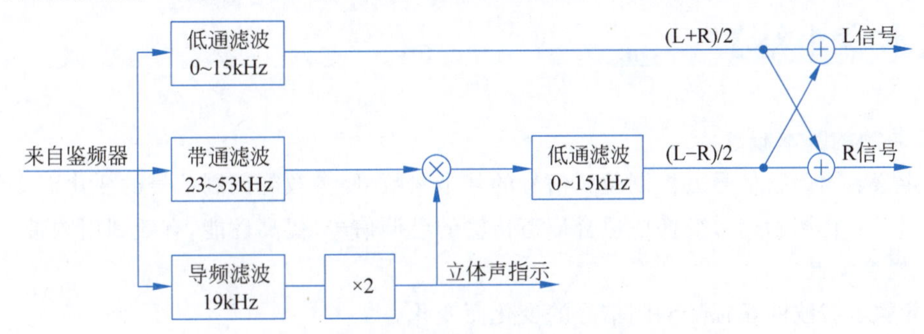

图3-35 调频立体声广播信号的解调

3.8.4 模拟移动通信系统

第一代移动通信(1G)是用模拟调制方式传输信息的蜂窝式移动通信系统,主要包括AMPS、TACS、NMT等商用移动通信系统。蜂窝式模拟移动通信系统由基站、移动台、移动业务交换中心及传输电路等组成。基站由收、发信设备和控制设备组成。收、发信设备用来建立基站与其覆盖区内移动台之间的通信联系,控制设备具有通话保持、信道转换等多种无线管理功能。收、发信设备和控制设备可以合装在同一地点,也可以分设,基站设在蜂房式六边形小区的中心或六边形的顶角。基站区半径一般为1.5～15km。移动台由一套具有收、发功能的设备和控制设备组成,能自动选择信道进行转换和接续。移动业务交换中心的核心设备是移动电话交换机,其功能是处理呼叫、漫游,进行无线信道的控制,并实现无线系统与市话网、长途网的接续。一个移动业务交换中心可以管理一个或几个基站。各基站通过有线或无线中继电路与移动业务交换中心的交换机相连,移动业务交换中心之间以及移动业务交换中心与市话局、长途局之间也以中继电路相连。

第一代模拟移动通信系统容量有限,不便于保密,且制式不统一,相互之间不兼容,无法实现无缝漫游,因而限制了服务覆盖面。

几种典型的模拟移动通信系统的主要参数如表 3-2 所示。

表 3-2　典型的模拟移动通信系统的主要参数

典型模拟移动通信系统		AMPS	TACS	NMT
工作频段	双工工作频段/MHz	890～915	824～849	454～468
	信道间隔/kHz	25	30	25
	双工间隔/MHz	45	45	10
	总信道数	1000	832	180/220
功率特性	基站功率/W	40～100	20～100	25/50
	移动台功率/W	10/14/1.6/0.6	4/0.6	15
	小区覆盖半径/km	5～10	5～20	20～40
语音调制	调制方式	FM	FM	FM
	峰值频偏/kHz	9.5	12	5
信令调制	调制方式	FSK	FSK	FSK
	速率/kbps	8	10	1.2
	信道编码	BCH	BCH	Hagelbargar

【本章小结】

1. 调制的基本概念

➤ 定义:用调制信号去控制载波信号的某个参数,使参数随调制信号的变化而变化。

➤ 目的:将调制信号变换成适合信道传输的已调信号,提高性能,有效利用频带。

2. 幅度调制

➤ 定义:载波的振幅随调制信号的变化而变化。

➤ 分类:AM(普通双边带调幅)、DSB(抑制载波的双边带调幅)、SSB(单边带调幅)、VSB(残留边带调幅)。

3. 幅度调制的基本原理

➤ 信号波形特征:载波振幅随调制信号的变化而变化。

➤ 信号带宽:AM,DSB 为 2 倍调制信号带宽,SSB 等于调制信号带宽,VSB 约等于调制信号带宽。

➤ 调制方法:(交流分量＋直流分量)×载波→带通滤波器。

➤ 解调方法:相干解调和非相干解调。其中 DSB、SSB 只能用相干解调。

4. 抗噪性能分析

➤ 计算解调器输入/输出端的信噪比,得到调制制度增益。

➤ 调制制度增益 G＝输出信噪比/输入信噪比。

➤ 各调幅信号调制制度增益:AM 最大为 2/3,DSB 为 2,SSB 为 1。

5. 角度调制

➤ FM 信道带宽:$B=2(m_f+1)B_b$。

➤ FM 调制制度增益:$G=3m_f^2(m_f+1)$。

6. 性能比较

有效性：SSB＞VSB＞AM＝DSB＞FM。

可靠性：FM＞DSB＝SSB＞AM。

模拟调制系统的思维导图如图 3-36 所示。

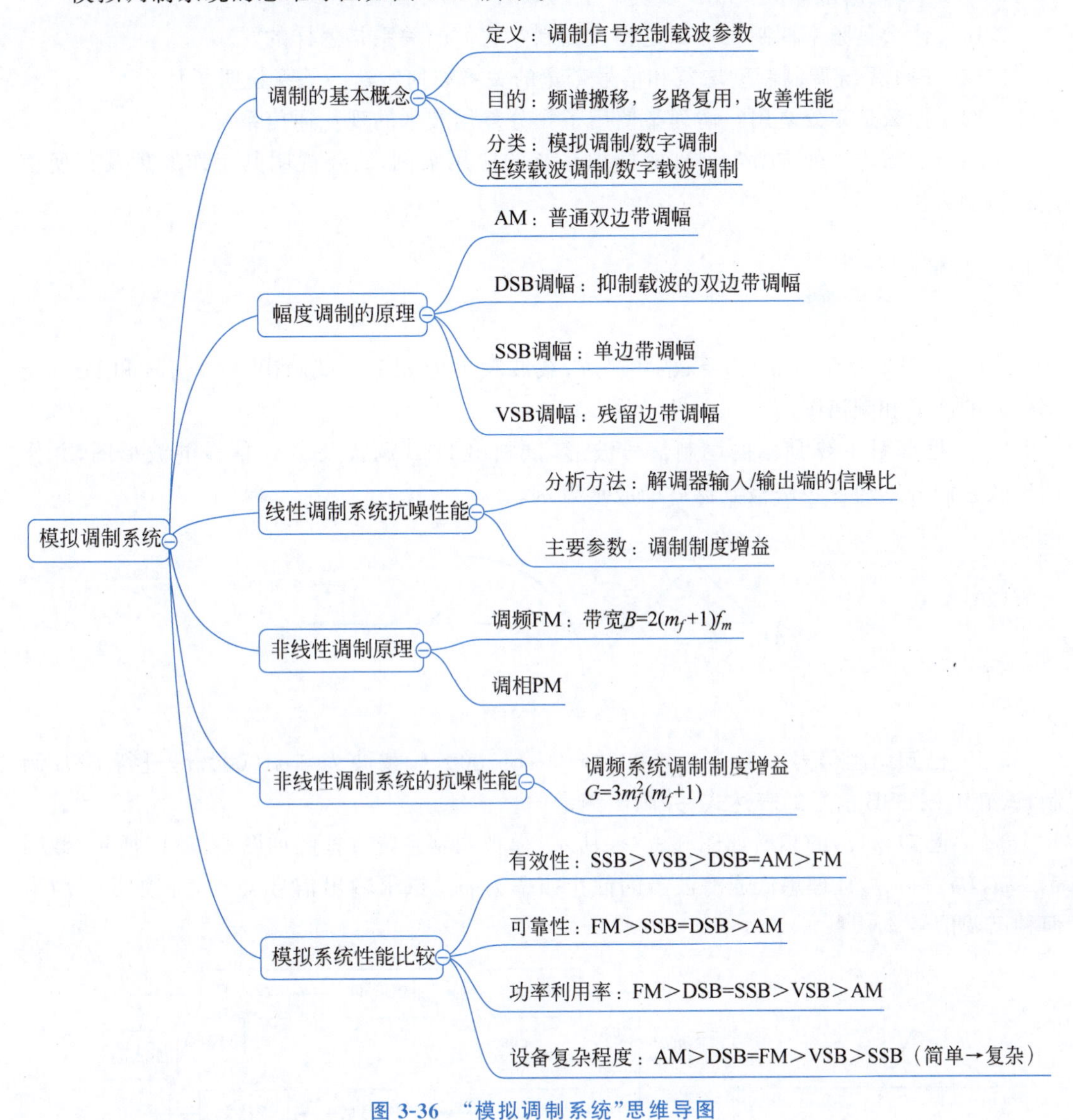

图 3-36 “模拟调制系统”思维导图

思考题

3-1 什么是调制？调制是如何进行分类的？

3-2 什么是线性调制？常见的线性调制有哪些？

3-3 SSB 调幅信号的产生方法有哪些？

3-4 AM 信号频谱和 DSB 调幅信号频谱有什么相同点和不同点？

3-5 残留边带调幅所使用的滤波器应该具有什么样的传输特性？为什么？

3-6 什么是调制制度增益？它的物理意义是什么？

3-7 AM 相干解调和非相干解调抗噪性能是否相同？为什么？

3-8 DSB 调制系统和 SSB 调制系统的抗噪性能是否相同？为什么？

3-9 什么是门限效应？AM 系统产生门限效应的原因是什么？

3-10 什么是频率调制？什么是相位调制？它们的关系是怎样的？

3-11 FM 系统调制制度增益和信号带宽的关系如何？这一关系说明了什么？

3-12 什么是频分复用？请列举使用了频分复用技术的现代通信系统。

3-13 请描述一种你所学习到的模拟系统的应用案例，简要说明其工作原理及其所使用的调制方法。

习题

3-1 假设调制信号 $m(t)=\cos4000\pi t$，载波频率为 8kHz，试画出 AM 信号和 DSB 调幅信号的波形和频谱图。

3-2 根据图 3-37 所示的调制信号波形，试画出 DSB 调幅及 AM 信号的波形图，并作图比较它们分别通过包络检波器后的波形差别。

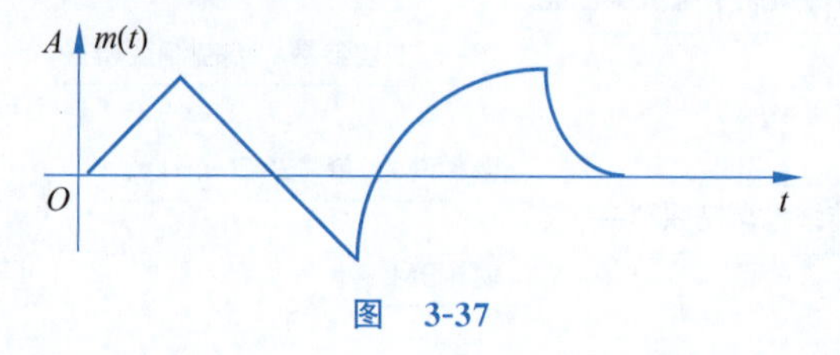

图 3-37

3-3 已知调制信号 $m(t)=\cos2000\pi t+\cos4000\pi t$，载波为 $\cos10000\pi t$，进行 SSB 调制，试确定该 SSB 信号的表达式，并画出频谱图。

3-4 已知 $m(t)$ 的频谱如图 3-38(a)所示，模拟调制系统方框图如图 3-38(b)所示，载频 $\omega_1 \ll \omega_2$，$\omega_1>\omega_H$，且理想低通滤波器的截止频率为 ω_1，试求输出信号 $s(t)$，并说明 $s(t)$ 为何种已调信号。

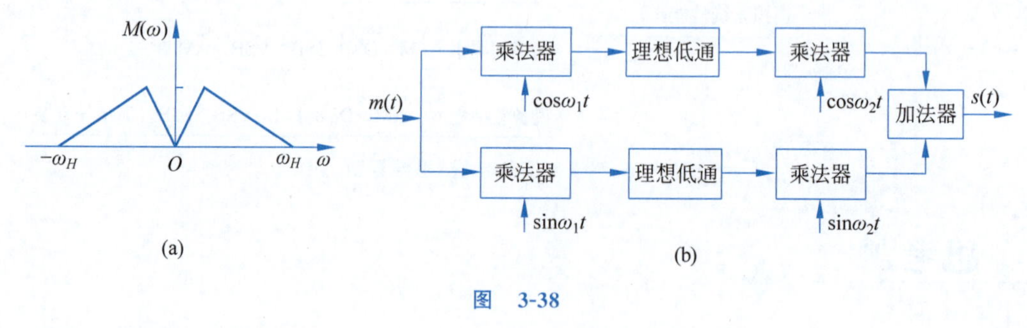

图 3-38

3-5 某调制系统如图 3-39 所示。为了在输出端同时分别得到 $f_1(t)$ 及 $f_2(t)$，试确定接收端的 $c_1(t)$ 及 $c_2(t)$。

3-6 设某信道具有均匀的双边噪声功率谱密度 $P_n(f)=1\times10^{-3}$ W/Hz，在该信道中传输抑制载波的双边带信号，并设调制信号 $m(t)$ 的频带限制在 5kHz，而载波为 200kHz，已

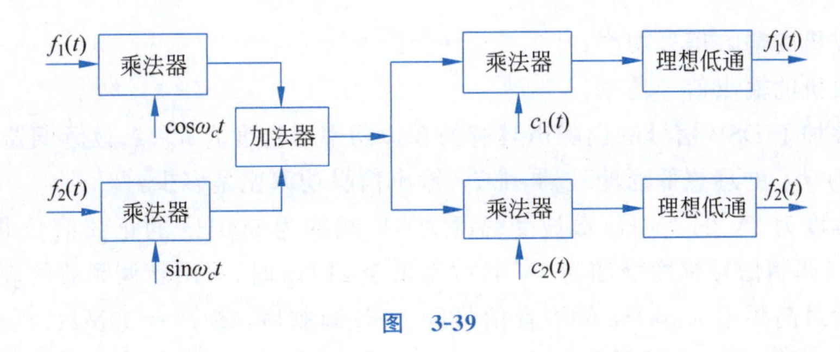

图　3-39

调信号的功率为10kW。若接收机的输入信号在加至解调器之前，先经过一个理想带通滤波器滤波，试求：

(1) 该理想带通滤波器传输特性；

(2) 解调器输入端的信噪比；

(3) 解调器输出端的信噪比；

(4) 解调器输出端的噪声功率谱密度。

3-7　某线性调制系统的输出信噪比为40dB，输出噪声功率为10^{-10}W，由发射机输出端到解调器输入端之间总的传输损耗为80dB，试求：

(1) DSB/SC时的发射机输出功率；

(2) SSB/SC时的发射机输出功率。

3-8　设某信道具有均匀的双边噪声功率谱密度$P_n(f)=1\times10^{-3}$W/Hz，在该信道中传输抑制载波的单边带(上边带)信号，并设调制信号$m(t)$的频带限制在5kHz，而载波为100kHz，已调信号功率是20kW。若接收机的输入信号在加至解调器前，先经过一个理想带通滤波器滤波，试问：

(1) 该理想带通滤波器中心频率和带宽分别应为多少？

(2) 解调器输入端的信噪比为多少？

(3) 解调器输出端的信噪比为多少？

3-9　某信道具有均匀的双边带噪声功率谱密度$P_n(f)=1\times10^{-3}$W/Hz，在该信道中传输普通双边带调幅信号，并设调制信号$m(t)$的频带限制在5kHz，而载波频率为200kHz，边带功率为20kW，载波功率为60kW。若接收机的输入信号在加至解调器之前，先经过一个理想带通滤波器滤波，然后再加至包络检波器进行解调，试问：

(1) 该理想带通滤波器的中心频率应为多少？

(2) 解调器输入端的信噪比为多少？

(3) 解调器输出端的信噪比为多少？

(4) 调制制度增益为多少？

3-10　若对某一信号用DSB进行传输，设加至接收机的调制信号$m(t)$的功率谱密度为

$$P_m(f)=\begin{cases}\dfrac{n_m}{2}\cdot\dfrac{|f|}{f_m}, & |f|\leqslant f_m\\[2mm] 0, & |f|>f_m\end{cases}$$

试求：

(1) 接收机的输入信号功率;

(2) 接收机的输出信号功率;

(3) 若叠加于DSB信号的白噪声具有的双边功率谱密度为$n_0/2$,设解调器的输出端接有截止频率为f_m的理想低通滤波器,那么,输出信噪功率比是多少?

3-11 幅度为3V的1MHz载波受幅度为1V频率为500Hz的正弦信号调制,最大频偏为1kHz,当调制信号幅度增加为5V且频率增至2kHz时,写出新调频波的表达式。

3-12 设最高频率为3kHz的语音信号经DSB调制后,在$f_0=30$MHz的高频信道上传递10km,信道传输的功率衰耗为10dB/km,信道中存在高斯白噪声,其单边功率谱密度为$n_0/2=10^{-16}$W/Hz,要求接收输出信噪比$S_o/N_o \geqslant 40$dB。

(1) 请画出解调方框图并说明各模块相关参数;

(2) 求系统输出噪声功率谱密度;

(3) 求最小平均发送功率。

3-13 设调频与调幅信号均为单音调制,调制信号频率为f_m,调幅信号为100%调制。在两者的接收功率S_i和信道噪声功率谱密度n_0均相同时,试比较调频系统(FM)与调幅系统(AM)的抗噪声性能。

3-14 已知调制信号是8MHz的单频余弦信号,且信道噪声单边功率谱为$n_0=5\times 10^{-15}$W/Hz,信道损耗α为60dB,若要求输出信噪比为40dB,试求:

(1) 100%调制时AM信号的带宽和发射功率;

(2) 调频指数为6时FM信号的带宽和发射功率。

3-15 已知调频广播中调频指数$m_f=6$,调制信号带宽$f_m=15$kHz,求调频信号带宽和调制制度增益。

3-16 设信道带宽为10MHz,信号带宽为1.5MHz。对信号分别进行DSB和SSB调制,若采用FDM进行多路传输,试问该信道分别最多可传输几路信号?

3-17 请使用MATLAB或SYSTEMVIEW仿真软件设计一种模拟频带传输系统,并对系统进行仿真及性能分析。

第4章　数字基带传输系统

【本章导学】

数字通信系统可以分为数字基带传输系统和数字频带传输系统。数字基带传输是数字通信中的重要通信方式,数字基带传输系统的研究和设计对于数字通信的研究有重要意义。本章主要讨论数字基带传输系统的组成与功能、数字基带信号波形及功率谱特性、基带传输的常用码型、码间干扰和无码间干扰传输特性、部分响应系统、无码间干扰数字基带传输系统抗噪性能、眼图和时域均衡等。

本章学习目的与要求

- 了解数字基带传输系统的框图
- 掌握数字基带信号的功率谱分析方法和功率谱特性
- 熟悉并掌握基带传输的常用码型
- 了解码间干扰的基本概念
- 能利用奈奎斯特第一准则判断系统能否实现无码间干扰传输
- 掌握奈奎斯特第二准则所定义的部分响应系统
- 掌握数字基带传输系统抗噪性能分析方法
- 了解时域均衡的概念

本章学习重点

- 基带信号的功率谱特性
- 常用码型的规则和选择方法
- 奈奎斯特准则的应用

思政融入

- 哲学思想
- 科学思辨
- 科学精神
- 科学态度
- 家国情怀
- 责任与使命

4.1　数字基带传输系统与数字基带信号波形

视频讲解

4.1.1　数字基带传输系统

与模拟通信系统相比,数字通信系统具有很多优点。来自数据终端的原始数据信号,如计算机输出的二进制序列、电传机输出的代码，或者模拟信号经数字化处理后的脉冲编码调制信号或增量调制信号等，这些信号所占据的频谱是从零频或很低频率开始的，被称为数字基带信号。数字基带信号可以不经调制在电线、电缆等低通型有线信道中直接传输，这样的传输系统称为数字基带传输系统。而在无线信道和光纤信道等带通型信道中传输时，数字基带信号必须经过调制，把频谱搬移到高载才能适合在带通型信道中传输，这种传输称为数字频带(调制或载波)传输系统。

目前，虽然在实际应用场合中数字频带传输系统应用更广泛，但数字基带传输系统的研究仍是十分有意义的，主要原因是：①在由对称电缆构成的近程数据通信系统中仍广泛采用数字基带传输方式；②数字基带传输中包含频带传输的许多基本问题，如码间干扰、时域均衡、码元同步和误码性能分析等，均可以作为两种系统的共性问题来研究；③调制和解调可看作广义信道的组成部分，那么此时数字频带传输系统可等效为数字基带传输系统来研究。因此掌握数字信号的基带传输原理很有必要。

数字基带传输系统的基本结构如图 4-1 所示，主要由信道信号形成器、信道、接收滤波器和抽样判决器组成，在信道及发射机和接收机的各处还可能混入噪声。

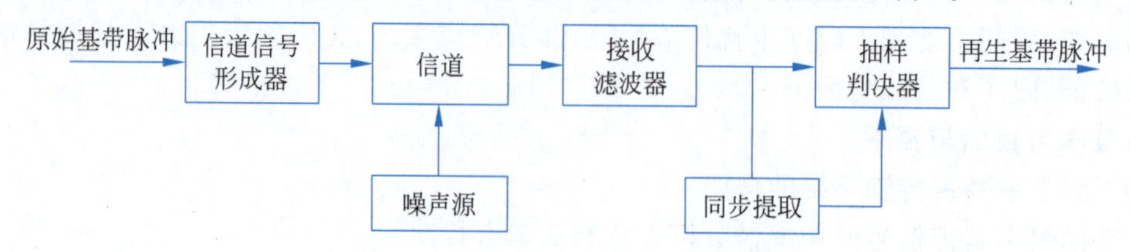

图 4-1 数字基带传输系统的基本结构

数字基带传输系统各模块功能如下所述。

(1) 信道信号形成器：虽然数字基带传输系统无须经过调制过程，但原始信号源所产生的基带信号一般是由终端设备或编码器产生的脉冲序列，仍需采用信道信号形成器将其变换成适合于信道传输的形式，使得信号与信道传输要求相匹配，以便于传输及减小码间串扰，也利于同步提取和抽样判决。主要通过码型变换和波形变换来完成原始信号到基带信号的转换。

(2) 信道：数字基带传输系统的信道通常为有线信道，如架空明线、双绞线、电缆等。信道的传输特性通常不满足无失真传输条件，可能引起传输波形的失真。另外信道和各发射接收器件中还会引入噪声，在通信系统的分析中，可等效为在信道中集中混入的加性高斯白噪声。

(3) 接收滤波器：接收信号，滤除有效信号频带以外的噪声和干扰，使信道特性均衡，使输出的基带波形有利于抽样判决。

(4) 抽样判决器：在传输特性不理想及噪声背景下，按照与发送端相同的节拍对接收滤波器的输出波形进行抽样判决，以恢复或再生基带信号。抽样所使用的位定时脉冲需采用位同步方法从接收信号中提取，位同步信号是否与发送端节拍完全相同将直接影响判决效果。抽样判决器是数字通信系统和模拟通信系统的一个重要差别，基本上所有的数字通信系统都需要抽样判决器，它可以提高数字信号的接收性能。

4.1.2　数字基带信号波形

数字信息可表示为由"0"或"1"组成的数字序列，但实际传输中通常需要选择不同的传输波形来表示"0"或"1"，以匹配信道特性，获得较好的传输效果，此即为数字信息的电波形。数字基带信号波形的类型很多，常见的有矩形脉冲、三角波、高斯脉冲和升余弦脉冲等，由于矩形脉冲容易形成和变换，因此它最常用。几种常见的数字基带信号波形如图4-2所示。

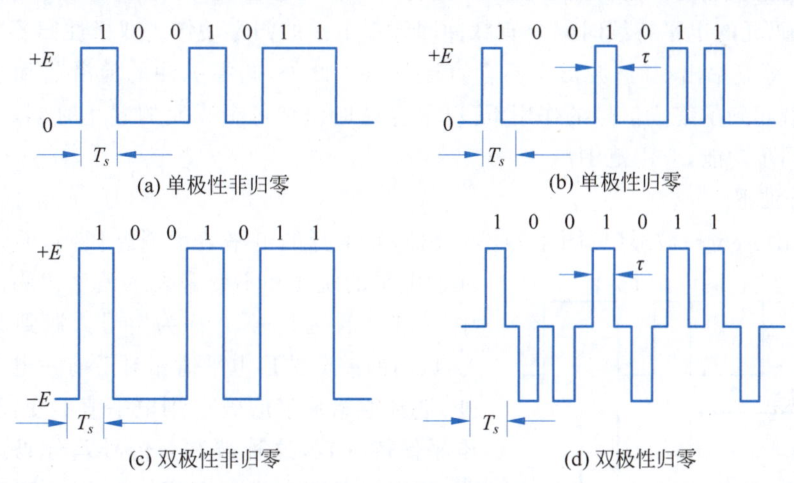

图4-2　常见的数字基带信号波形

1）单极性非归零信号

用正极性脉冲表示数字信号1，用零电平表示数字信号0，且脉冲宽度等于码元宽度。所谓非归零，指的是在单个码元持续时间内脉冲电平保持不变，无归零动作。单极性非归零信号(Non-Return-to-Zero)的特点是极性单一，发送能量大，有利于提高接收端信噪比；信号频带相对较窄，有直流分量，可能导致信号失真与畸变；位同步信息包含在电平的转换之中，当出现连0序列时不能直接提取位同步信息；进行接收判决的时候，判决门限电平容易受信道等因素影响，无法稳定最佳判决电平，抗噪性能差，单极性非归零信号由于其直流分量和丰富的低频分量，不能在低频特性较差的线路中传输，一般适用于终端设备内或印制电路板内的数据传输。

2）单极性归零信号

用正电平脉冲表示数字信号1，用零电平表示数字信号0，但脉冲宽度小于码元宽度，在单个码元的电平持续时间内有归零动作。脉冲宽度τ与码元宽度T_s的比值称为占空比。通常，单极性归零信号采用半占空码，即占空比为50%。相应地，我们也可以认为单极性非归零信号的占空比为100%，单极性归零信号和非归零信号的重要差别就是它们的占空比不同。单极性归零信号和非归零信号相比发送能量较小、占用频带较宽，但归零信号具有丰富的跳变沿信息，便于提取定时信息，它是其他波形提取位定时信息时常需采用的一种过渡波形。对于适合信道传输但不能直接提取同步信息的信号波形，可先转换成单极性归零信号后再提取同步信息。

3）双极性非归零信号

用正极性电平脉冲和负极性电平脉冲分别表示二进制代码1、0，脉冲宽度等于码元宽度。因为正负电平的幅度相等且极性相反，所以当0、1符号等概率出现时直流分量为零，因此恢复信号的判决电平为零值，不受信道特性变化的影响，抗干扰能力较强。双极性非归零信号常在ITU-T的V系列接口标准和美国电工协会(EIA)制定的RS-232接口标准中使用。

4）双极性归零信号

用正极性电平脉冲和负极性电平脉冲分别表示二进制代码1、0，脉冲宽度小于码元宽度。在每个码元的电平持续时间内有脉冲回到零电平的归零动作。双极性归零信号抗干扰能力强，0、1等概率出现时，波形中不含直流分量。此外，归零脉冲的前沿起到了启动信号的作用，后沿起到了终止信号的作用，可以很容易地识别每个码元的起止时刻，无须特别定时，具有自同步功能，应用范围广。

5）差分波形

差分(difference)波形(见图4-3)不是用码元本身的电平表示消息代码，而是用相邻码元的电平的跳变和不变来表示消息代码。电报通信中，常把1称为传号，0称为空号。遇到原始数字信号1，当前差分波形电平值相对于前一电平值发生跳变，遇到原始数字信号0，则电平值不变，和前一波形电平保持一致，这种被称为传号差分码。如果反过来，用电平跳变表示数字信号0，用不变表示数字信号1，这种称为空号差分码。通常，原始信号中有几个1，传号差分波形就有几个跳变点。由于差分波形是以相邻脉冲电平的相对变化来表示代码的，因此差分码也称为相对码，前面讲到的单极性和双极性码为绝对码。差分码的特点是即使接收端收到的码元极性与发送端完全相反，但只要相邻码元的跳变关系不变，就可以正确判决，因此可在相位调制系统中解决载波相位模糊的问题。

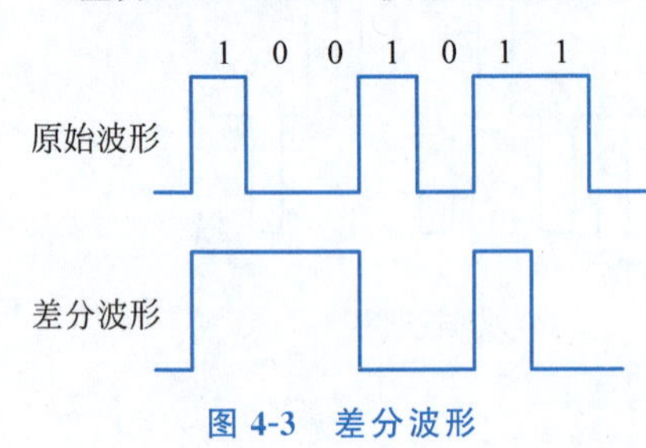

图4-3 差分波形

6）多电平波形

图4-2的4种典型数字基带信号都是一个二进制码元对应一个脉冲电平。实际上还存在多个二进制符号对应一个脉冲的情形，这种波形统称为多电平波形或多值波形。例如，若令两个二进制符号00对应+3E，01对应+E，10对应−E，11对应−3E，则所得波形为4电平波形，如图4-4所示。注意，由于多电平波形是用多个二进制符号对应一个脉冲电平，故需要对二进制序列进行分组。如果是4值波形，则每2个二进制码元一组；如果是8值波形，则每3个二进制码元一组，以此类推。因此多电平波形需要采用帧同步来实现数字信息的分组。多电平波形通常应用于高数据速率传输系统中。

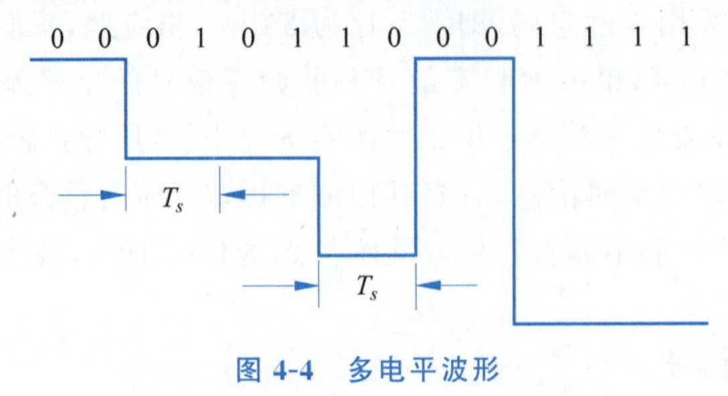

图4-4 多电平波形

【思政 4-1】 系统传输需求不同，则数字基带信号选择的基带波形的表现形态不同，呈现多元化形式。年青一代的学生们也应该德智体美劳全面发展，努力成为德才兼备、适应各种不同需求的创新卓越人才。

4.2 数字基带信号表达式与功率谱特性

视频讲解

4.2.1 数字基带信号表达式

由于二进制数字基带信号是随机脉冲信号，且码元波形可任意，故需采用随机信号(random signal)分析法。组成数字基带信号(基带信号)的单个码元波形并不一定是矩形，故根据实际的需要，还可以有多种多样的波形形式，如升余弦脉冲、高斯型脉冲、半余弦脉冲等。

设码元宽度为 T_s，则基带信号 $s(t)$ 可表示成

$$s(t)=\sum_{n=-\infty}^{\infty} a_n s_n(t) \tag{4-1}$$

其中：

$$s_n(t)=\begin{cases} g_1(t-nT_s), & 以概率\ p \\ g_2(t-nT_s), & 以概率\ 1-p \end{cases}$$

$g_1(t-nT_s)$ 和 $g_2(t-nT_s)$ 分别表示二进制两个状态的波形函数；a_n 表示信息符号对应的电平值，为一个随机量。数字随机信号的波形如图 4-5 所示，传输码 1 和 0 分别用两种不同幅值的三角形脉冲表示。当然也可以选择其他波形形式，如前面所介绍的单极性、双极性归零信号和非归零信号，就是用矩形脉冲表示的。

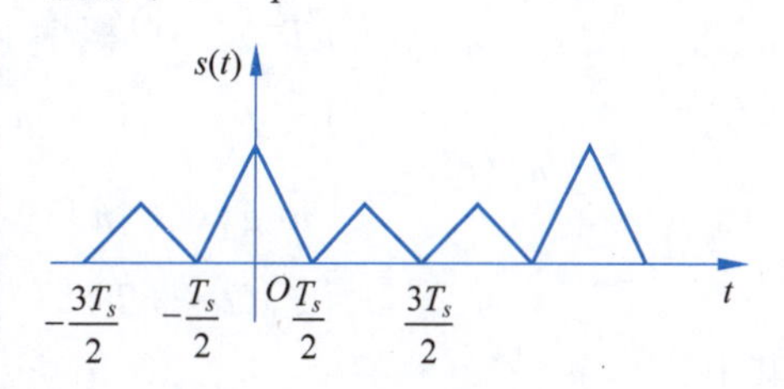

图 4-5　数字随机信号的波形

4.2.2 数字基带信号的功率谱特性

研究信号的频谱结构对于确定信号的频带宽度、信号中是否有提取定时脉冲所需的位定时分量、主瓣宽度和谱滚降衰减速度等信息具有非常重要的作用。数字基带信号是随机的脉冲序列，所以数字基带信号的谱分析实际上就是随机序列的谱分析。随机信号的频域特性通常用功率谱密度来描述。

由于基带信号 $s(t)=\sum_{n=-\infty}^{\infty} s_n(t)$，取

$$s_T(t)=\sum_{n=-N}^{N} s_n(t)$$

这里 $s_T(t)$ 是 $s(t)$ 的截短信号。由随机信号理论知，$s(t)$ 的功率谱密度函数 $P_s(\omega)$ 与截短信号 $s_T(t)$ 的功率谱密度函数 $P_{s_T}(\omega)$ 有关，即

$$s_T(t) \Leftrightarrow P_{s_T}(\omega) = \frac{E[|S_T(\omega)|^2]}{T}$$
$$s(t) \Leftrightarrow P_s(\omega) = \lim_{N\to\infty} \frac{E[|S_T(\omega)|^2]}{(2N+1)T_s} \tag{4-2}$$

因此,对 $s(t)$ 的谱分析可转化为对 $s_T(t)$ 的谱分析。

随机数字信号的截短信号 $s_T(t)$ 可分解为稳态波 $v_T(t)$ 和交变波 $u_T(t)$ 两个分量,其中稳态波可等效为基带信号的广义直流分量,交变波可等效为广义交流分量。

$$s_T(t) = \text{稳态波} + \text{交变波} = v_T(t) + u_T(t)$$

$v_T(t)$ 是 $s_T(t)$ 的统计平均分量,可得

$$v_T(t) = p\sum_{n=-N}^{N} g_1(t-nT_s) + (1-p)\sum_{n=-N}^{N} g_2(t-nT_s) \tag{4-3}$$

而交变波为

$$\begin{aligned} u_T(t) &= s_T(t) - v_T(t) = \sum_{n=-N}^{N} s_n(t) - p\sum_{n=-N}^{N} g_1(t-nT_s) - (1-p)\sum_{n=-N}^{N} g_2(t-nT_s) \\ &= \sum_{n=-N}^{N} u_n(t) \end{aligned} \tag{4-4}$$

将 $s_n(t) = \begin{cases} g_1(t-nT_s), & \text{以概率 } p \\ g_2(t-nT_s), & \text{以概率 } 1-p \end{cases}$ 代入式(4-4),可得

$$\begin{aligned} u_n(t) &= \begin{cases} (1-p)[g_1(t-nT_s) - g_2(t-nT_s)], & \text{以概率 } p \\ -p[g_1(t-nT_s) - g_2(t-nT_s)], & \text{以概率 } 1-p \end{cases} \\ &= a_n[g_1(t-nT_s) - g_2(t-nT_s)] \end{aligned}$$

其中:

$$a_n = \begin{cases} 1-p, & \text{以概率 } p \\ -p, & \text{以概率 } 1-p \end{cases}$$

则

$$u_T(t) = \sum_{n=-N}^{N} a_n[g_1(t-nT_s) - g_2(t-nT_s)] \tag{4-5}$$

因此对 $s_T(t)$ 的谱分析又转化为对 $v_T(t)$ 和 $u_T(t)$ 的谱分析,然后再求极限,求得 $v(t)$、$u(t)$ 的功率谱密度,进而求得 $s(t)$ 的功率谱。

1) $v(t)$ 的功率谱

由式(4-3)可得

$$v(t) = \lim_{T\to\infty} v_T(t) = \sum_{n=-\infty}^{\infty} [pg_1(t-nT_s) + (1-p)g_2(t-nT_s)]$$

由于 $v(t) = v(t+T_s)$,故 $v(t)$ 为周期信号,周期信号都可以写成傅里叶级数的形式,且时域周期,频域离散。由傅里叶变换知

$$v(t) = \sum_{m=-\infty}^{\infty} C_m e^{jm\omega_s t} \tag{4-6}$$

式(4-6)中傅里叶级数的系数为

$$C_m = \frac{1}{T_s}\int_{-T_s/2}^{T_s/2} v(t)\mathrm{e}^{-\mathrm{j}m\omega_s t}\mathrm{d}t = f_s\int_{-T_s/2}^{T_s/2}\mathrm{e}^{-\mathrm{j}m\omega_s t}\cdot\sum_{n=-\infty}^{\infty}[pg_1(t-nT_s)+(1-p)g_2(t-nT_s)]\mathrm{d}t$$

$$=f_s\sum_{n=-\infty}^{\infty}\int_{-nT_s-\frac{T_s}{2}}^{-nT_s+\frac{T_s}{2}}\mathrm{e}^{-\mathrm{j}m\omega_s(t'+nT_s)}[pg_1(t')+(1-p)g_2(t')]\mathrm{d}t'$$

$$=f_s\int_{-\infty}^{\infty}[pg_1(t)+(1-p)g_2(t)]\mathrm{e}^{-\mathrm{j}m\omega_s t}\mathrm{d}t = f_s[pG_1(mf_s)+(1-p)G_2(mf_s)] \tag{4-7}$$

式中,$t'=t-nT_s$; $\lim\limits_{n\to\infty}\mathrm{e}^{-\mathrm{j}nT_s}=1$; $\omega=m\omega_s$; $G_1(mf_s)$和$G_2(mf_s)$分别为$g_1(t)$和$g_2(t)$的傅里叶变换,将式(4-7)代入式(4-6),则

$$v(t)=\sum_{m=-\infty}^{\infty}f_s[pG_1(mf_s)+(1-p)G_2(mf_s)]\mathrm{e}^{\mathrm{j}m\omega_s t} \tag{4-8}$$

因为周期信号对应离散谱,根据频移特性有

$$v(t)\Leftrightarrow\sum_{m=-\infty}^{\infty}C_m\cdot\delta(f-mf_s)$$

该式为稳态波的幅度谱,其功率谱密度为

$$P_v(f)=\sum_{m=-\infty}^{\infty}C_m^2\cdot\delta(f-mf_s)$$

$$=\sum_{m=-\infty}^{\infty}|f_s[pG_1(mf_s)+(1-p)G_2(mf_s)]|^2\cdot\delta(f-mf_s) \tag{4-9}$$

由式(4-9)可以看出,稳态波所形成的功率谱为离散谱,其冲激强度取决于C_m^2。

2) $u(t)$的功率谱

$$U_T(\omega)=\int_{-\infty}^{+\infty}u_T(t)\mathrm{e}^{-\mathrm{j}\omega t}\mathrm{d}t \tag{4-10}$$

将式(4-5)代入(4-10)得

$$U_T(f)=\sum_{n=-N}^{N}a_n\int_{-\infty}^{\infty}[g_1(t-nT_s)-g_2(t-nT_s)]\mathrm{e}^{-\mathrm{j}2\pi ft}\mathrm{d}t$$

$$=\sum_{n=-N}^{N}\mathrm{e}^{-\mathrm{j}2\pi f\cdot nT_s}[G_1(f)-G_2(f)]$$

$$|U_T(f)|^2=U_T(f)U_T^*(f)$$

$$=\sum_{n=-N}^{N}\sum_{m=-N}^{N}a_m a_n\mathrm{e}^{-\mathrm{j}2\pi f(n-m)T_s}[G_1(f)-G_2(f)][G_1^*(f)-G_2^*(f)]$$

取统计平均可得

$$E[|U_T(f)|^2]=\sum_{n=-N}^{N}\sum_{m=-N}^{N}E(a_m a_n)\mathrm{e}^{-\mathrm{j}2\pi f(n-m)T_s}[G_1(f)-G_2(f)][G_1^*(f)-G_2^*(f)] \tag{4-11}$$

由于$a_n=\begin{cases}1-p, & \text{以概率 } p\\ -p, & \text{以概率 } 1-p\end{cases}$,当$m=n$时有

$$E[a_m a_n]=E[a_n^2]=p(1-p)^2+(1-p)p^2=p(1-p) \tag{4-12}$$

将式(4-12)代入式(4-11)则有

$$E[|U_T(f)|^2]=\sum_{n=-N}^{N}(1-p)|G_1(f)-G_2(f)|^2 \tag{4-13}$$

当 $m\neq n$ 时有

$$a_m a_n=\begin{cases}(1-p)^2, & 以概率\ p^2(a_m、a_n\ 的值同时为\ 1-p)\\ p^2, & 以概率(1-p)^2(a_m、a_n\ 的值同时为\ 1-p)\\ -p(1-p), & 以概率\ 2p(1-p)(a_n\ 为\ 1-p\ 时\ a_m\ 为\ -p\ 或反之)\end{cases}$$

此时

$$E[a_m a_n]=p^2(1-p)^2+(1-p)^2p^2+2p(1-p)(-p)(1-p)=0$$

$$E[|U_T(f)|^2]=0$$

因此式(4-11)的统计平均值仅在 $m=n$ 时存在，则

$$P_{U_T}(f)=E[|U_T(f)|^2]$$

$$P_U(f)=\lim_{T\to\infty}P_{U_T}(f)=\lim_{N\to\infty}\frac{1}{(2N+1)T_s}\sum_{n=-N}^{N}p(1-p)|G_1(f)-G_2(f)|^2$$

$$=\lim_{N\to\infty}\frac{2N+1}{(2N+1)T_s}p(1-p)|G_1(f)-G_2(f)|=p(1-p)|G_1(f)-G_2(f)|^2 \tag{4-14}$$

可以看出，由广义交流分量所形成的功率谱为连续谱，它与 $g_1(t)$、$g_2(t)$的频谱及概率 p 有关，根据连续谱通常可以确定随机序列的带宽。

3) $s(t)$的功率谱

由于 $s(t)=u(t)+v(t)$，因此基带信号的功率谱为

$$P_s(f)=P_v(f)+P_u(f)=\sum_{m=-\infty}^{\infty}|f_s[pG_1(mf_s)+(1-p)G_2(mf_s)]|^2\cdot\delta(f-mf_s)+$$

$$f_s p(1-p)|G_1(f)-G_2(f)|^2 \tag{4-15}$$

式(4-15)是基带信号 $s(t)$的双边功率谱密度，写成单边功率谱形式为

$$P_s(f)=f_s p(1-p)|G_1(f)-G_2(f)|^2+f_s^2|pG_1(0)+(1-p)G_2(0)|^2\cdot\delta(f)+$$

$$2f_s^2\sum_{m=1}^{\infty}|pG_1(mf_s)+(1-p)G_2(mf_s)|^2\cdot\delta(f-mf_s) \tag{4-16}$$

式中，$f_s=1/T_s$，在数值上等于码速率；T_s 为码元宽度；$G_1(f)$和 $G_2(f)$分别为 $g_1(t)$和 $g_2(t)$的傅里叶变换。

由以上分析和基带信号功率谱表达式可以得到以下结论：

(1) 二进制随机脉冲序列的功率谱 $P_s(f)$可能包括连续谱 $P_u(f)$和离散谱 $P_v(f)$。

(2) 无论 $g_1(t)$与 $g_2(t)$的形式如何，连续谱 $P_u(f)$ 总是存在，谱形状取决于 $g_1(t)$与 $g_2(t)$的功率谱及 0 和 1 出现的概率。

(3) 离散谱可能不存在。离散谱是否存在，取决于基带信号的等效直流分量是否为 0。当 $g_1(t)$与 $g_2(t)$为双极性脉冲($g_1(t)=-g_2(t)=g(t)$)，且 0 和 1 等概出现时，等效直流

分量为0，则离散谱不存在。根据基带信号的离散谱可确定随机序列是否有直流分量和位定时分量。

下面以归零信号和非归零信号为例分析典型基带信号的功率谱。

【例 4-1】 求解单极性非归零信号和归零信号的功率谱。

【解】 对于单极性非归零信号来说

$$g_1(t)=0,\quad g_2(t)=g(t)$$

因此

$$G_1(f)=0,\quad G_2(f)=G(f)\Leftrightarrow g(t)$$

$$\begin{aligned}P_s(f)=&\sum_{m=-\infty}^{\infty}|f_s[pG_1(mf_s)+(1-p)G_2(mf_s)]|^2\cdot\delta(f-mf_s)+\\&f_sp(1-p)|G_1(f)-G_2(f)|^2\\=&\sum_{m=-\infty}^{\infty}|f_s(1-p)G(mf_s)|^2\cdot\delta(f-mf_s)+f_sp(1-p)|G(f)|^2\end{aligned}\tag{4-17}$$

设 $g(t)$ 为矩形脉冲，脉冲宽度为 T_s，且 $p=1/2$，则 $g(t)$ 的功率谱为

$$G(f)=T_s\mathrm{Sa}(\pi fT_s)$$

式中，Sa 为矩形脉冲的傅里叶变换，将上式代入式(4-17)可得

$$\begin{aligned}P_s(f)&=\sum_{m=-\infty}^{\infty}\left|f_s\cdot\frac{1}{2}G(mf_s)\right|^2\cdot\delta(f-mf_s)+\frac{1}{4}f_s|G(f)|^2\\&=\frac{1}{4}\sum_{m=-\infty}^{\infty}|\mathrm{Sa}(\pi mf_sT_s)|^2\cdot\delta(f-mf_s)+\frac{1}{4}T_s\cdot\mathrm{Sa}^2(\pi fT_s)\end{aligned}\tag{4-18}$$

由于 $\mathrm{Sa}(\pi mf_sT_s)$ 在所有 $m\neq0$ 的 $f=mf_s$ 处都为零点，而 $\delta(f-mf_s)$ 只在所有 $f=mf_s$ 处有值，其他取值均为0，因此式(4-18)可简化为

$$P_s(f)=\frac{1}{4}\delta(f)+\frac{1}{4}T_s\cdot\mathrm{Sa}^2(\pi fT_s)\tag{4-19}$$

可以看出，单极性非归零信号的功率谱由连续谱和离散谱组成，以连续谱的第一过零点带宽定义信号带宽为 $B=f_s$，离散谱存在于零频点处。

对于单极性归零信号，脉冲宽度为 $T_s/2$，则对应的 $G(f)=\frac{T_s}{2}\mathrm{Sa}\left(\frac{\pi fT_s}{2}\right)$，代入式(4-17)可知，当 m 为奇数时，$G(mf_s)=\frac{T_s}{2}\mathrm{Sa}\left(\frac{\pi m}{2}\right)\neq0$，无法抵消在 $f=mf_s$ 处的冲激谱，因此离散谱存在，且在 $m=1$ 时可以获取位定时分量；当 m 为偶数时，$G(mf_s)=\frac{T_s}{2}\mathrm{Sa}\left(\frac{\pi m}{2}\right)=0$，此时离散谱不存在。

单极性非归零信号和归零信号的功率谱如图4-6所示。

可以看出，单极性归零信号和非归零信号相比，由于时域信号的占空比不同，因此得到的功率谱中连续谱的过零点位置和间隔不同。NRZ 信号(单极性非归零信号)功率谱的零点间隔为 f_s，而 RZ 信号(单极性归零信号)功率谱的零点间隔为 $2f_s$。且由于有等效直流

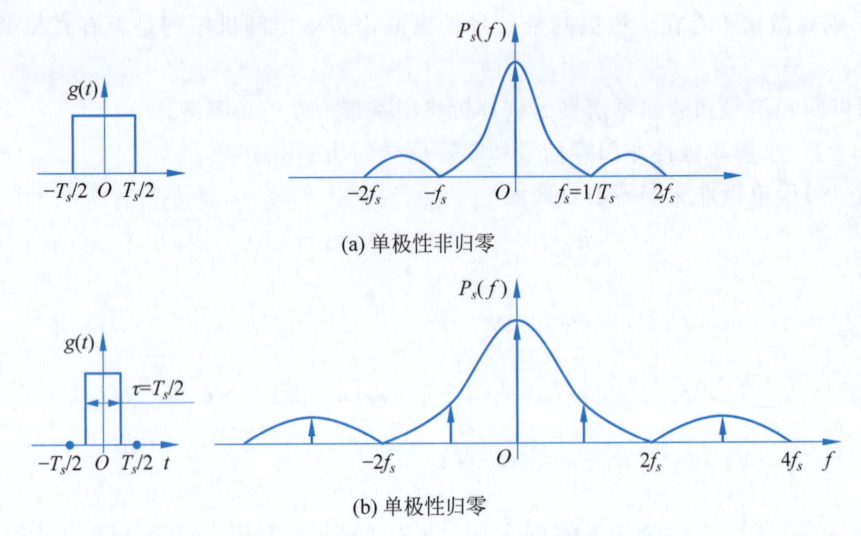

图 4-6 单极性非归零信号和归零信号的功率谱

分量的存在,功率谱由连续谱和离散谱共同组成。NRZ 信号的离散谱仅在零频率位置,RZ 信号的离散谱存在于 f_s 的奇数倍位置。

【例 4-2】 求解双极性非归零信号和归零信号的功率谱。

【解】 对于双极性矩形脉冲有 $g_1(t)=-g_2(t)=g(t)$,代入功率谱密度表达式则有

$$P_s(f)=\sum_{m=-\infty}^{\infty}|f_s(2p-1)G(mf_s)|^2\cdot\delta(f-mf_s)+4f_sp(1-p)|G(f)|^2 \tag{4-20}$$

当 $p=1/2$ 时,式(4-20)变为

$$P_s(f)=f_s|G(f)|^2$$

当 $g(t)$ 为 NRZ 矩形脉冲时

$$P_s(f)=T_s\mathrm{Sa}^2(\pi fT_s)$$

当 $g(t)$ 为半占空 RZ 矩形脉冲时

$$G(f)=\frac{T_s}{4}\mathrm{Sa}^2\left(\frac{\pi fT_s}{2}\right)$$

则双极性非归零信号和归零信号的功率谱如图 4-7 所示。

可看出,双极性的归零信号和非归零信号的功率谱与例 4-1 中所求得的单极性信号的功率谱几乎相同,只是没有离散谱分量。这是因为对于 1 和 0 等概出现的双极性信号来说,由于正负脉冲出现的概率完全相同,幅值又相等,则其统计平均分量为 0,等效直流分量也为 0,因此,等效直流分量所对应的离散谱也就不存在了。因此双极性归零信号和非归零信号比起前面的单极性信号来说,少了离散谱。

从例 4-1 和例 4-2 可以得到如下结论:

(1) 二进制基带信号的带宽由功率谱的第一过零点决定,与 $g_1(t)$ 和 $g_2(t)$ 的功率谱函数有关,信号在时域的脉冲宽度越窄,则所占频带越宽。NRZ 信号(脉冲宽度 $\tau=T_s$)的带宽为 $B=1/\tau=f_s$,半占空比 RZ 信号(脉冲宽度 $\tau=T_s/2$)的带宽 $B=1/\tau=2f_s$,这里 f_s 为位定时信号的频率,在数值上等于码元速率,$f_s=R_B=1/T_s$。

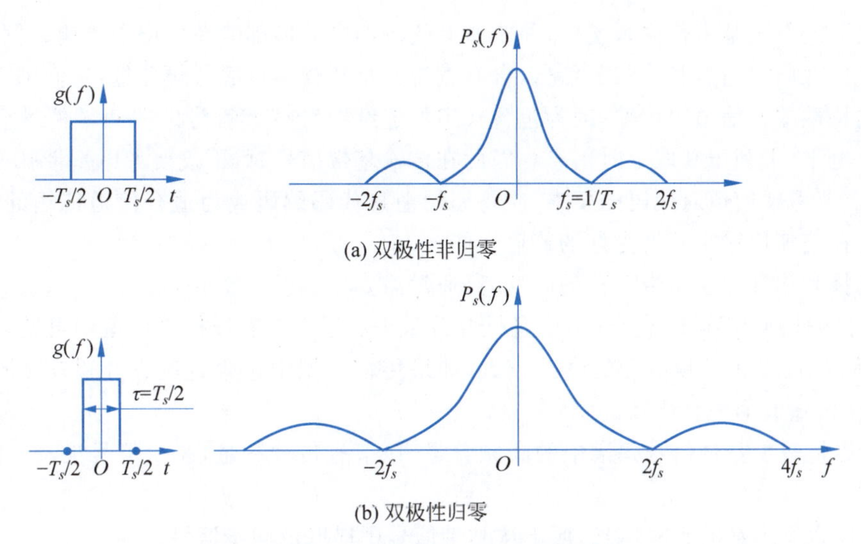

图 4-7　双极性非归零信号和归零信号的功率谱

(2) 单极性 NRZ 和 RZ 信号的功率谱都含有离散谱分量。但单极性 NRZ 信号的离散谱只在零频位置,没有提取位同步信号所需的位定时分量;单极性 RZ 信号中因为有在 f_s 位置上的离散谱,因此含有位定时分量。

(3) 0 和 1 概率相等的双极性信号因为等效直流分量为 0,所以没有离散谱,因此在双极性 NRZ 和 RZ 信号中没有直流分量和位定时分量。

(4) 单极性信号和双极性信号的功率谱差别在于是否存在离散谱,单极性信号有离散谱,而等概的双极性信号无离散谱;归零信号和非归零信号的功率谱差别在于信号带宽不同,半占空比归零信号的带宽是非归零信号的 2 倍。

研究基带信号的功率谱不仅可以确定信号的带宽,而且对判断数字基带传输系统的有效性有重要作用,还可从信号功率谱中判断能否直接提取定时分量以及从基带脉冲序列中获取定时时钟所需的离散谱分量,可见研究随机脉冲序列的功率谱具有十分重要的意义。需要注意的是,并不是基带信号存在离散谱分量就能直接提取定时分量,需要**具体问题具体分析**,还要考虑离散谱所处的位置方能做出判断。

4.3　基带传输的常用码型

视频讲解

摩尔斯电码是一种早期的数字通信形式,信号代码以不同的排列顺序表示不同的英文字母、数字以及标点符号等。

【思政 4-2】　摩尔斯早期是一名画家,41 岁那年因为对电磁和通信感兴趣而放弃了绘画事业,走上了科学研究的崎岖道路,以其中途改行的勇气、不屈不挠的坚强性格、善于吸收前人成果又能独辟蹊径的思维方法,以及对科学事业无限热爱的执着精神,完成了人类通信史上的第一次革命。他的功绩将永远载入史册,摩尔斯的成功不是一个人努力的结果,我们不应该忘记那些为科学突破做出贡献的铺路人,每一项科技的突破都是整个人类智慧的结晶,是无数科学家共同奋斗的成果。我们作为电子信息类专业的学生,有良好的专业基础,应该投身于科技兴国的建设事业中,为中华民族的伟大复兴贡献自己的力量。

在实际的数字基带传输系统中，并非所有代码的电波形都能在信道中传输。例如，前面学习的单极性归零信号和非归零信号，含有直流分量和较丰富的低频分量，它们都不适合在低频传输特性差的信道中传输，因为包含长串的连续“1”或“0”符号的非归零信号会出现连续的固定电平，不利于获取定时信息。因此在传输基带信号时，不仅要考虑基带脉冲波形的选择，还需要考虑信道对代码的要求，应将原始消息代码编码成为适合信道传输的码型，从而使信号在信道传输中获得更好的传输性能。

在选择和设计数字基带传输的码型时，通常需要考虑以下要求：

(1) 传输码型中应不含直流分量且低频分量少。通常在有线传输信道中可能存在电容器件，它们对直流和低频信号的衰减较大，如果传输码型中包含直流成分和较多的低频分量，将会使传输波形失真严重。

(2) 尽量减少基带信号频谱中的高频分量，以节省传输频带，减少信号失真，并提高频带利用率。

(3) 应含有丰富的定时信息，便于从基带信号中提取位同步信号。

(4) 码型应具有抗误码检测能力。若传输码型具有一定的规律，则可根据这一规律实时检测信号的传输质量，以实现自动监测。

(5) 应不受信息源统计特性的影响，即能适用于信源变化。这种与信源统计特性无关的性质也称为对信源具有透明性。

(6) 码型变换电路应尽量简单，易于实现、功耗低，且具有较高的编码效率。

下面介绍几种常用的基带传输码型。

1. AMI 码

AMI(Alternate Mark Inversion)码也叫作传号交替反转码，其编码规则是将二进制消息代码“1”(传号)交替地用“+1”和“−1”表示，而“0”(空号)仍然用零表示，保持不变。例如：

消息代码　1　0　0　1　1　0　0　0　1　1

AMI 码　+1　0　0　−1　+1　0　0　0　−1　+1

AMI 码的波形如图 4-8 所示，由图可以看出，AMI 是波形具有正、负、零三种电平的脉冲序列。AMI 码是国际电报电话咨询委员会(CCITT)建议采用的传输码型之一，具有以下特点。

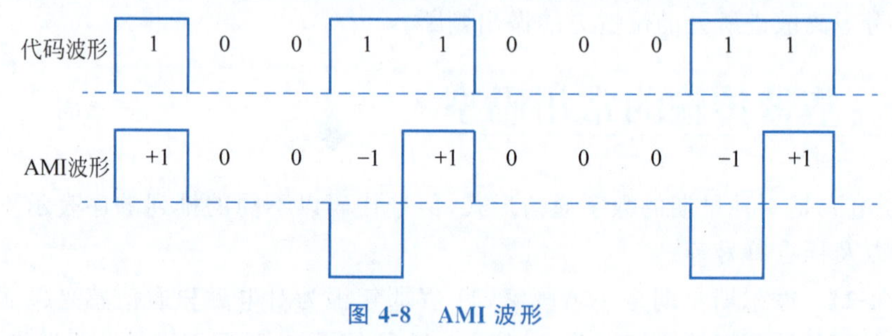

图 4-8　AMI 波形

(1) 由于“+1”和“−1”交替，因此 AMI 码中不含直流成分，且低频和高频成分少，能量集中在频率为 1/2 码速处，传输频带窄，信道利用率高。

(2) 具有一定的检纠错能力。因为在 AMI 中传号“1”是交替用正负电平表示，所以即使接收端接收到的码元极性与发送端的完全相反，也能正确判决，还可以用传号交替的规律检测部分误码。

(3) 对于 AMI-RZ 码来说,接收端只要将基带信号经全波整流变为单极性归零信号,即可提取位定时信号。

(4) AMI 码的编译码电路简单,但当原始消息代码出现长连"0"串时,会很难提取定时信号,解决连"0"码问题的有效方法之一是采用 HDB3 码。

2. HDB3 码

HDB3(High Density Bipolar of Order 3)码的全称为三阶高密度双极性码,它是 AMI 码的一种改进型,主要改进 AMI 码中的长连"0"串问题。当消息代码中连"0"的个数不超过 3 时,编码规则与 AMI 码相同,即传号"1"交替地用传输码"+1"和"-1"表示,空号"0"仍然用传输码"0"表示;但如果消息代码中出现了 4 个及以上的长连"0"串,则需插入破坏点 V,V 处为"+1"或"-1",破坏点的插入位置和规则如下:

(1) 每 4 个连"0"小段的第 4 位是破坏点 V。

(2) +V、- V 交替出现。

(3) V 的极性与连"0"串前的非零符号的极性相同。

(4) 当相邻 V 符号之间有偶数个非零符号时,必须将后面连"0"小段的第一位换成 B,B 符号的极性与相邻前一非零符号的极性相反,V 的极性同 B,V 后面的非零符号极性从 V 开始调整。

需要注意的是,当相邻两个 V 之间是偶数个非零符号的时候,规则(2)和(3)会出现矛盾,此时需采用规则(4)来解决这个矛盾。另外,V 后面的非零符号从"0"开始调整的意思是,当前的 V 如果是正极性,则后面的非零符号就为负极性,此时可不考虑代码"1"的正负交替性。这样调整是为了保证除 V 所在位置外,其他地方都不会出现相同极性的相邻脉冲。为了对两种码型进行对比,图 4-9 将 AMI 和 HDB3 的波形一起展示。

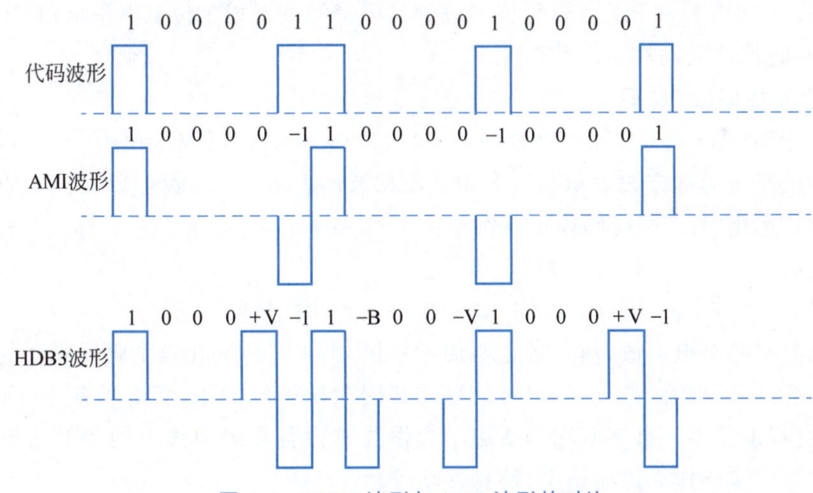

图 4-9 HDB3 波形与 AMI 波形的对比

HDB3 码的编码规则比较复杂,但译码相对简单。由于只有破坏符号 V 会和前一相邻非零符号极性相同,所以从收到的符号序列中可以很容易地找到破坏点 V,判定 V 符号及其前面的 3 个符号必是连"0"符号,从而恢复 4 个连"0"码,再将所有"-1"变成"+1"后即可得到原始消息代码。

HDB3 码除了有 AMI 码的优点外,还将连"0"码限制在 3 个以内,有利于位定时信号的提取。因此 HDB3 码是我国和欧洲等国家应用最广泛的码型，A 律 PCM 四次群以下的接口码型均为 HDB3 码。

视频讲解

3. PST 码

PST(Pair Select Ternary)码是成对选择三进码。其编码过程是：先将二进制代码两两分组，然后再把每一码组编码成两位三进制数字(＋、－、0)。因为两位三进制数字共有 9 种状态，故可灵活地选择其中有电位变化的 4 种状态表征 4 种二进制码的组合，如表 4-1 所示。为防止 PST 码的直流漂移，当在一个码组中仅发送单个脉冲时，两个模式应交替变换。

表 4-1 PST 码编码

二进制代码	＋模式	－模式
0 0	－＋	－＋
0 1	0＋	0－
1 0	＋0	－0
1 1	＋－	＋－

例如：

代码　　0 1 0 0 1 1 1 0 1 0 1 1 0 0

＋模式　0 ＋ － ＋ ＋ － － 0 ＋ 0 ＋ － － ＋

－模式　0 － － ＋ ＋ － ＋ 0 － 0 ＋ － － ＋

PST 的主要特点是无直流分量，且因为每组符号都是用有电平变化的状态表示，因此能提供足够的定时分量，编码过程也较简单。但这种码在识别时需要提供“分组”信息，即需要建立帧同步。

AMI 码、HDB3 码和 PST 码，每位二进制信码都被变换成 1 位三电平取值(＋1、0、－1)的码，因而有时把这类码称为 1B1T 码。

4. 数字双相码(BPH 码)

数字双相码(digital biphase)又称曼彻斯特(Manchester)码或分相码(split-phase)。它用一个周期的正负对称方波表示“1”，而用其反相波形表示“0”。编码规则为“0”码用“01”两位码表示，“1”码用“10 ”两位码表示。例如：

消息代码　1　1　0　0　1　0

双相码　　1 0 1 0 0 1 0 1 1 0 0 1

双相码只有两个电平值，信号带宽增加了一倍，由于双相码在每个码元周期的中心点都存在电平跳变，所以含有丰富的位定时信息。又因为这种码的正、负电平各半，所以无直流分量，编码过程也简单。数字双相码适用于数据终端设备在短距离上的中等速率传输。本地数据网常采用该码作为传输码型，信息速率可达 10Mb/s。

5. 密勒码

密勒码(Miller)又称延迟调制码，它是双相码的一种变形。其编码规则是代码“1”(传号)用传输码“10”或“01”表示，代码“0”(空号)用传输码“00”或“11”。由于代码“1”对应的传输码中点必出现跳变，因而要求连续“1”对应电平之间不出现跳变；代码“0”对应的传输码中点必不出现跳变，因而要求连续“0”对应电平之间出现跳变；代码“1”与代码“0”对应电平之间不跳变。

图 4-10 为双相码和密勒码的波形，对比两种码型的波形可以看出，双相码的下降沿正好对应密勒码的跳变沿，因此在实际中我们通常用双相码的下跳去触发单稳触发器，得到密勒码。由于电平中间有跳变或者电平之间有跳变，密勒码可提供定时分量，但其码元宽度比双相码大，信号带宽降低。密勒码最初用于气象卫星和磁记录，现在也用于低速基带数传机。

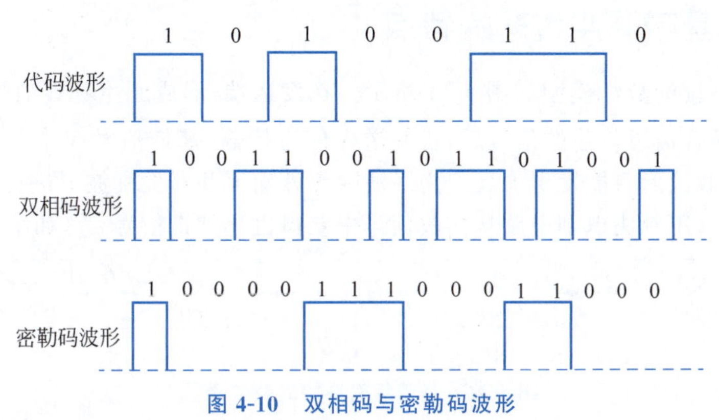

图 4-10　双相码与密勒码波形

6. CMI 码

CMI(Coded Mark Inversion)码即传号反转码，它是一种二电平非归零码，编码规则为代码"1"(传号)交替地用传输码"11"或"00"表示，代码"0"(空号)用传输码"01"表示，例如：

消息代码	1	1	0	1	0	0	1	0
CMI 码	11	00	01	11	01	01	00	01

CMI 码的主要优点是没有直流分量，有频繁出现的波形跳变，便于恢复定时信号，具有一定的检测错误的能力。由于 CMI 码易于实现，且具有这些优点，所以在高次群脉冲编码调制终端设备中 CMI 码被广泛用作接口码型，在速率低于 8.448Mb/s 的光纤数字传输系统中也被推荐为线路传输码型。ITU 的 G.703 建议中，将其作为 PCM 四次群的接口码型。

在数字双相码、密勒码和 CMI 码中，每位原二进制码都用 2 位二进制码表示，因此这类基带码型又称为 1B2B 码。

7. 块编码

为了提高线路板性能，需要某种冗余度来确保码型的同步和检错能力，引入块编码可在某种程度上达到这两个目的。块编码的形式有 nBmB 码和 nBmT 码等。

nBmB 码是把原信息码流的 n 位二进制码作为一组，编成 m 位二进制码的新码组。其中，$m>n$，新码组可能有 2^m 种组合，因此可以多出(2^m-2^n)种组合，在这些组合中选择一部分有利码组作为可用码组，其余为禁用码组，这样如果在接收端出现了禁用码组就表明传输中出现了误码，以此提高系统检错能力，获得更好的传输特性。在光纤数字传输系统中，通常选择 $m=n+1$，有 1B2B、2B3B、3B4B 码以及 5B6B 码等，其中，5B6B 码型已实用化，用作三次群和四次群以上的线路传输码型。nBmB 虽然可提供良好的同步和检错性能，但其所需要的带宽会有所增加，故有效性有所下降。

nBmT 码则是将输入二进制信码分成若干位一组，然后用较少位数的三元码来表示，即将 n 位二进制码组变换成 m 位三进制的新码组，其中 $m<n$。这样就可以降低编码后的码速率，从而提高频带利用率。例如，4B3T 码型把 4 位二进制码变换成 3 位三元码。显然，在

相同的码速率下,4B3T 码的信息容量大于原来的二进制码,因而可提高频带利用率。4B3T 码和 8B6T 码等适用于高速率的数据传输系统,如高次群同轴电缆传输系统。

4.4 基带脉冲传输与码间干扰

4.4.1 基带脉冲传输的特点

基带传输系统的数学模型如图 4-11 所示。在发送端,形成原生基带信号 a_n,经发送模块将其转换成适合信道传输的信号后,将其送入信道传输,基带信号在信道中混入噪声,到达接收端时,接收波形可能发生失真。为了滤除带外噪声并对失真波形进行均衡,在接收端加接收滤波器,并用判决识别电路从接收信号中获得再生基带信号 a_n',如图 4-12 所示。

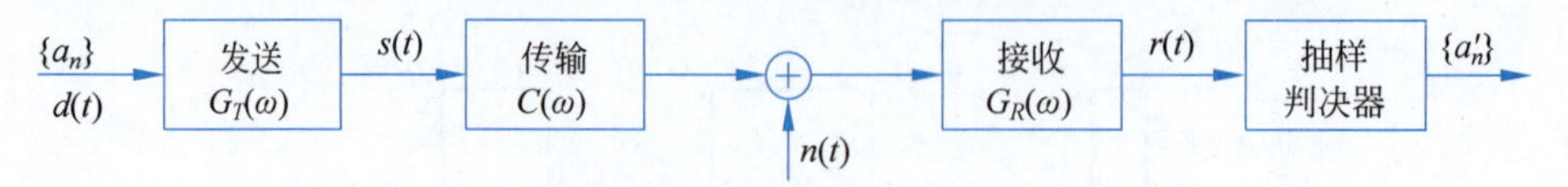

图 4-11 基带传输系统的数学模型

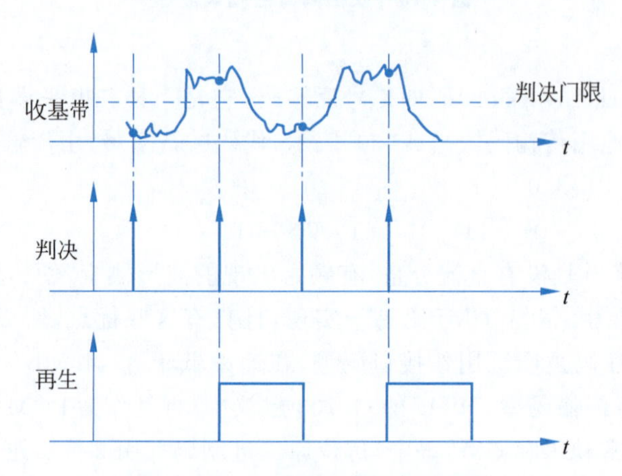

图 4-12 再生基带信号获取过程

信号经信道传输并在接收端判决后,所得到的再生基带信号与原生基带信号之间不可避免地存在差异,存在差异的原因主要包括 3 方面:①系统传输性能不理想;②加性噪声的影响;③同步性能不够好导致抽样点偏离。其中,由于系统传输性能不理想引入的差异称为码间干扰(intersymbol interference)。

4.4.2 数字基带传输系统的码间干扰

图 4-11 的系统模型中,$\{a_n\}$为发送滤波器的输入符号序列,在二进制的情况下 a_n 取值为 0、1 或-1、$+1$。假设$\{a_n\}$对应的基带信号 $d(t)$是间隔为 T_s、强度由 a_n 决定的单位冲激序列,则

$$d(t)=\sum_{n=-\infty}^{\infty} a_n\delta(t-nT_s) \tag{4-21}$$

式中,T_s 也可认为是原始基带信号的码元宽度。

假设发送模块的传输特性为 $G_T(\omega)$，传输模块的传输特性为 $C(\omega)$，接收模块的传输特性为 $G_R(\omega)$，将发送、传输和接收 3 个模块看作 3 个系统级联，则数字基带传输系统的总传输特性函数为

$$H(\omega)=G_T(\omega)C(\omega)G_R(\omega)$$

其单位冲激响应为

$$h(t)=\frac{1}{2\pi}\int_{-\infty}^{\infty}H(\omega)\mathrm{e}^{\mathrm{j}\omega t}\mathrm{d}\omega=\frac{1}{2\pi}\int_{-\infty}^{+\infty}G_T(\omega)C(\omega)C_R(\omega)\mathrm{e}^{\mathrm{j}\omega t}\mathrm{d}\omega$$

则接收滤波器输出信号 $r(t)$ 可表示为

$$r(t)=d(t)\otimes h(t)+n_R(t)=\sum_{n=-\infty}^{\infty}a_n h(t-nT_s)+n_R(t) \tag{4-22}$$

$r(t)$ 通过识别判决电路，生成再生基带信号序列 $\{a_n'\}$。识别判决电路抽样时刻的通式为 kT_s+t_0，其中 k 表示相应的第 k 个时刻，t_0 是信道和接收滤波器引起的延迟。为分析方便，令 $t_0=0$，根据 $r(kT_s)$ 的值与判决门限值进行比较判断，生成 a'_{kT_s}，若 a'_{kT_s} 与发送信号相应的 a_{kT_s} 相同则正判，反之误判，$r(t)$ 抽样后可用式(4-23)表示：

$$r(kT_s)=\sum_{n=-\infty}^{\infty}a_n h(kT_s-nT_s)+n_R(kT_s)=a_k h(0)+\sum_{n\neq k}a_n h(kT_s-nT_s)+n_R(kT_s) \tag{4-23}$$

式中，$a_k h(0)$ 为发端第 k 个波形在抽样时刻产生的响应值，它是确定 a_k 的依据；$\sum_{n\neq k}a_n h(kT_s-nT_s)$ 是发端第 k 个以外所有波形在抽样时刻产生的响应值，称为码间干扰；$n_R(kT_s)$ 是输出的加性噪声在抽样时刻的取值，是一种随机噪声干扰，会影响第 k 个码元的正确判决。为使误码率降低，需最大限度地减小码间干扰和随机噪声的影响。要想消除码间干扰的影响，实现无码间干扰的基带传输系统，就是要使式(4-23)中的第二项为 0，这就是 4.5 节要讨论的内容，即无码间干扰的基带传输系统应该满足怎样的传输特性。

【思政 4-3】 码间干扰的形成从定性角度看是系统传输特性的不理想导致的，从定量角度看是发送端的其他波形在当前抽样时刻的响应造成的干扰。在分析码间干扰的成因时，我们需透过现象看本质，从事物表象溯源，深层次理解码间干扰产生的本质，这样才能找到解决问题的方法。

4.5 无码间干扰的基带传输特性

4.5.1 无码间干扰传输的时域和频域特性

视频讲解

由式(4-23)可知，如果想要实现无码间干扰传输，则需满足

$$\sum_{n\neq k}a_n h(kT_s-nT_s)=0 \tag{4-24}$$

由式(4-24)即可得到无码间干扰的时域条件为

$$h(kT_s)=\begin{cases}1, & k=0\\ 0, & \text{其他}\end{cases} \tag{4-25}$$

也就是说，要想实现无码间干扰，系统冲激响应 $h(t)$ 的值除了在抽样时刻 $t=0$ 不为 0

外,在所有其他码元的抽样时刻($t=kT_s,k\neq 0$)均为0。

该系统冲激响应$h(t)$所对应的系统传输函数为$H(\omega)$,由于

$$h(t)=\frac{1}{2\pi}\int_{-\infty}^{\infty}H(\omega)\mathrm{e}^{\mathrm{j}\omega t}\mathrm{d}\omega$$

$$h(kT_s)=\frac{1}{2\pi}\int_{-\infty}^{+\infty}H(\omega)\mathrm{e}^{\mathrm{j}\omega kT_s}\mathrm{d}\omega \tag{4-26}$$

将$H(\omega)$的积分运算分区间进行,则式(4-26)可写为

$$h(kT_s)=\frac{1}{2\pi}\sum_i\int_{\frac{(2i-1)\pi}{T_s}}^{\frac{(2i+1)\pi}{T_s}}H(\omega)\mathrm{e}^{\mathrm{j}\omega kT_s}\mathrm{d}\omega$$

令$\omega'=\omega-\frac{2\pi i}{T_s}$,则

$$h(kT_s)=\frac{1}{2\pi}\sum_i\int_{-\frac{\pi}{T_s}}^{\frac{\pi}{T_s}}H\left(\omega'+\frac{2\pi i}{T_s}\right)\mathrm{e}^{\mathrm{j}\omega' kT_s}\mathrm{e}^{\mathrm{j}2\pi ik}\mathrm{d}\omega' \tag{4-27}$$

由欧拉公式可知,$\mathrm{e}^{\mathrm{j}2\pi ik}=1$,同时交换运算顺序,则式(4-27)可进一步写为

$$h(kT_s)==\frac{1}{2\pi}\int_{-\frac{\pi}{T_s}}^{\frac{\pi}{T_s}}\sum_i H\left(\omega'+\frac{2\pi i}{T_s}\right)\mathrm{e}^{\mathrm{j}\omega' kT_s}\mathrm{d}\omega'==\frac{1}{2\pi}\int_{-\frac{\pi}{T_s}}^{\frac{\pi}{T_s}}\sum_i H\left(\omega+\frac{2\pi i}{T_s}\right)\mathrm{e}^{\mathrm{j}\omega kT_s}\mathrm{d}\omega \tag{4-28}$$

这里已将ω'重新替换为ω。

将式(4-28)变换成式(4-29)的形式:

$$h(kT_s)=\frac{T_s}{2\pi}\int_{-\frac{\pi}{T_s}}^{\frac{\pi}{T_s}}\frac{1}{T_s}\sum_i H\left(\omega+\frac{2\pi i}{T_s}\right)\mathrm{e}^{\mathrm{j}kT_s\omega}\mathrm{d}\omega \tag{4-29}$$

可以看出,式(4-29)与傅里叶级数的系数求解公式相同。

令

$$F(\omega)=\frac{1}{T_s}\sum_i H\left(\omega+\frac{2\pi i}{T_s}\right) \tag{4-30}$$

根据傅里叶变换的性质,由于$h(kT_s)$是离散的,则$F(\omega)$是周期信号(设周期为ω_0)。由傅里叶级数知,周期信号的指数形式为

$$F(\omega)=\sum_{n=-\infty}^{\infty}f_n\mathrm{e}^{-\mathrm{j}nT_0\omega} \tag{4-31}$$

其中:

$$f_n=\frac{1}{\omega_0}\int_{-\frac{\omega_0}{2}}^{\frac{\omega_0}{2}}F(\omega)\mathrm{e}^{\mathrm{j}nT_0\omega}\mathrm{d}\omega \tag{4-32}$$

令$F(\omega)$的周期$T_0=\frac{2\pi}{\omega_0}=T_s$,则式(4-32)可变换为

$$f_n=\frac{T_s}{2\pi}\int_{-\frac{\pi}{T_s}}^{\frac{\pi}{T_s}}F(\omega)\mathrm{e}^{\mathrm{j}nT_s\omega}\mathrm{d}\omega \tag{4-33}$$

比较式(4-29)和式(4-33)可知,$h(kT_s)$等同于f_n,将$h(kT_s)$代入式(4-31)则有

$$F(\omega)=\sum_{k=-\infty}^{\infty}h(kT_s)\mathrm{e}^{-\mathrm{j}kT_s\omega}=h(0)\mathrm{e}^0+h(1)\mathrm{e}^{-\mathrm{j}T_s\omega}+\cdots=h(0)\equiv 1 \tag{4-34}$$

联合式(4-30)和式(4-34)可得

$$\sum_i H\left(\omega+\frac{2\pi i}{T_s}\right)=T_s,\quad |\omega|\leqslant\frac{\pi}{T_s}(\text{一个周期内})\tag{4-35}$$

由于 $R_B=1/T_s$，式(4-35)所表示的 $H(\omega)$ 应满足的条件可扩展为

$$H_{\text{eq}}(\omega)=\sum_i H(\omega+2\pi i\cdot R_B)=\text{常数},\quad |\omega|\leqslant\pi\cdot R_B\tag{4-36}$$

式(4-36)即为系统可实现无码间干扰传输的频域条件。它为我们提供了一个传输特性函数为 $H(\omega)$ 的给定传输系统是否可实现无码间干扰传输的判断方法。码元速率为 R_B 的基带信号进入传输特性满足式(4-36)要求的传输系统，可以实现无码间干扰传输。需要指出的是，虽然式(4-36)仅要求等效系统函数在判断区间 $|\omega|\leqslant\pi\cdot R_B$ 内为常数，但由于判断区间实际上为一个周期，所以若等效系统函数在判断区间内为常数，则它在整个频域区间也为常数。

式(4-36)中的等效系统函数 $H_{\text{eq}}(\omega)$ 的含义为：将 $H(\omega)$ 在 ω 轴上以 $2\pi iR_B$ 为步长进行左、右平移，然后对平移产生的所有函数求和，生成 $H_{\text{eq}}(\omega)$。在进行系统无码间干扰传输的判断时，通常可采用频域条件，对传输函数按步长左、右平移后再进行叠加求和，并判断此和是否为常数，从而判断系统是否存在码间干扰。

4.5.2 奈奎斯特第一准则

满足无码间干扰传输的时域和频域条件的系统传输函数有很多，最容易想到的典型系统就是理想低通滤波器。1924 年，物理学家奈奎斯特(Nyquist)推导出了在理想低通信道下的最高码元传输速率的公式，即奈奎斯特第一准则。奈奎斯特是美国物理学家，1917 年获得耶鲁大学工学博士学位，曾在美国 AT&T 公司与贝尔实验室任职。香农是数字通信的奠基人，奈奎斯特被认为是数字通信的引路人，他贡献了现代信息论必不可少的知识基础。他的工作将工程技术推向了数字通信的新领域，彻底改变了电信领域，他为近代信息理论做出了突出贡献。

奈奎斯特第一准则是判断基带传输系统是否存在码间干扰的重要衡量准则，准则指出，若等效理想低通的截止频率为 W(单位 Hz)，则实现无码间干扰传输的数字信号最高码元速率为 $2W$(单位 Baud 或符号/秒)。该准则包括以下三方面的含义。

(1) 若一个实际的 $H(\omega)$ 特性能等效成一个理想低通滤波器，那么该传输系统具备实现无码间干扰传输的必要条件。

(2) 并非任何信号在等效理想低通系统中传输都能完全消除码间干扰，还需考虑信号传输速率。

(3) 在可实现无码间干扰传输的等效理想低通系统中传输时，信号还必须满足码元速率小于理想低通截止频率的 2 倍，才可实现无码间干扰传输。

奈奎斯特第一准则的另一种表达方法是：每赫兹带宽的理想低通信道的最高码元传输速率是每秒 2 个码元。若码元的传输速率超过了奈奎斯特第一准则所给出的数值，则将出现码元之间的互相干扰，那么在接收端就无法正确判定码元是 1 还是 0 了。

等效理想低通滤波器的截止频率 W，也称为奈奎斯特频率间隔或奈奎斯特带宽，也可记为 f_N。需要指出的是，这里的截止频率指的是等效理想低通滤波器的截止频率，若系统函数呈现其他传输特性形式，则需将其等效成理想低通滤波器后再判断其截止频率。使系统不出现码间干扰的最高码元传输速率 $2f_N$ 则定义为奈奎斯特速率。

无码间干扰基带传输系统的频带利用率可用于衡量系统的有效性,可定义为单位频带内的码元传输速率:

$$\eta=\frac{\text{码元传输速率}}{\text{系统带宽}}$$

【思政 4-4】 频带利用率对于通信系统的有效性来说是越大越好,特别是在无限的带宽应用和有限的频带资源的现状下。但通信系统的有效性和可靠性又通常存在矛盾,因此在设计通信系统时应以辩证思维方法处理好系统设计中的参数关系,达到可靠性和有效性的平衡。

理想情况下,无码间干扰传输系统频带利用率的最大值为 2Baud/Hz。

下面分别采用时域法和频域法来分析理想低通滤波器的无码间干扰特性。

【例 4-3】 已知理想低通滤波器如图 4-13 所示,当码元速率为 $R_B=1/T_s$ 时,判断能否实现无码间干扰传输。频带利用率为多少?

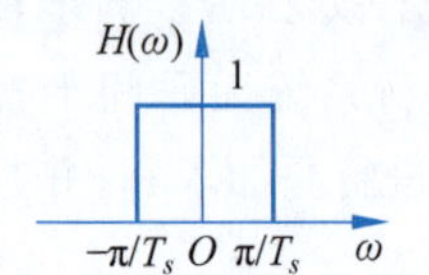

图 4-13 理想低通滤波器

【解】 (1)频域法。例题所给的理想低通滤波器系统传输函数为

$$H(\omega)=\begin{cases}1, & |\omega|\leqslant \pi/T_s\\ 0, & \text{其他}\end{cases}$$

由于 $R_B=1/T_s$,故首先生成的判断区间为 $(-\pi R_B,\pi R_B)=(-\pi/T_s,\pi/T_s)$;而系统无码间干扰传输的频域条件为 $H_{\mathrm{eq}}(\omega)=\sum_i H(\omega+2\pi i\cdot R_B)=$ 常数 $(|\omega|\leqslant\pi\cdot R_B)$,可确定系统函数左、右平移的步长为 $2\pi i\cdot R_B=2\pi i/T_s$。将 $H(\omega)$ 的频域图按照平移步长进行左、右平移,生成 $H(\omega)$、$H\left(\omega+\frac{2\pi}{T_s}\right)$、$H\left(\omega-\frac{2\pi}{T_s}\right)$、……,并进行加和,在生成的判断区间中判断其是否为常数,如图 4-14 所示。等效系统函数在判断区间内为常数,系统可实现无码间干扰传输。频带利用率为

$$\eta=\frac{R_B}{B}=\frac{\frac{1}{T_s}}{\frac{1}{2T_s}}=2\text{Baud/Hz}$$

(2) 时域法。图 4-13 所示的理想低通滤波器的冲激响应为

$$h(t)=\frac{1}{2\pi}\int_{-\frac{\pi}{T_s}}^{\frac{\pi}{T_s}}H(\omega)\mathrm{e}^{\mathrm{j}\omega t}\,\mathrm{d}\omega=\frac{1}{T_s}\mathrm{Sa}\left(\frac{\pi t}{T_s}\right)$$

可以得到 $h(t)$ 的零点为 $\frac{\pi t}{T_s}=n\pi,n=1,2,3,\cdots$,则 $h(t)$ 的零点间隔为 $t=nT_s$。

无码间干扰传输的时域条件为

$$h(kT_s)=\begin{cases}1, & k=0\\ 0, & \text{其他}\end{cases}$$

由于 $h(t)$ 零点间隔等于传输速率的倒数 $R_B=1/T_s$,故在抽样判决器的抽样时刻上,发送端第 k 个以外的波形在抽样时刻的响应都刚好为零点,则可知理想低通滤波器能实现无码间干扰传输,且奈奎斯特速率为 $R_{\text{奈}}=1/T_s$。图 4-15 给出了奈奎斯特速率与系统冲激响应零点间隔的关系。

从响应波形的图形来看,各响应波形互相重叠,存在干扰,但码间干扰的实质是在抽样时刻观察是否存在干扰。由图 4-15 可以看出,由于第 k 个以外的波形在当前时刻的响应正

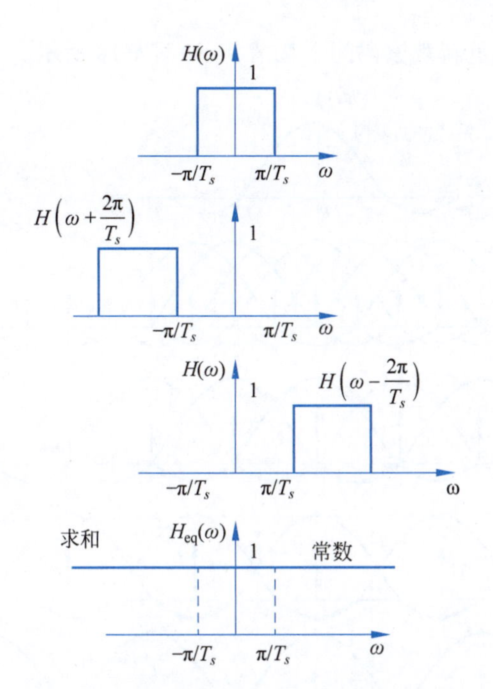

图 4-14　理想低通滤波器的等效系统函数分析

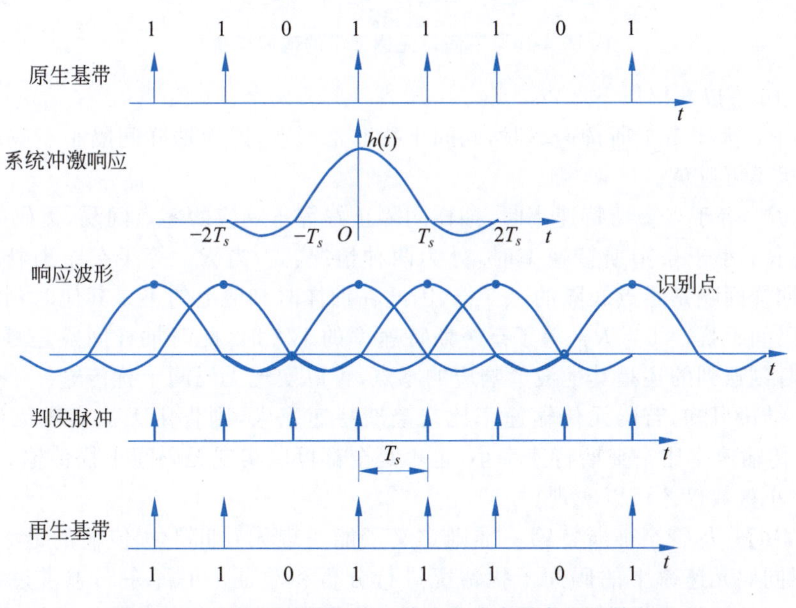

图 4-15　奈奎斯特速率与系统冲激响应零点间隔的关系

好都是零点，不构成对当前响应波形的干扰，所以可以实现无码间干扰传输。而在当前响应时刻正好遇上其他波形的响应是零点，也正是因为冲激响应的零点正好对应传输速率的倒数，即正好等于传输码元的码元间隔，也就是与判决脉冲的间隔是一致的，才会使得我们在抽样时刻正好遇上其他波形响应的零点。

【思政 4-5】 我们应该透过现象看本质，理解码间干扰形成的原因和本质，我们在学习及生活中对事物的认知也不应该只关注表面，而应该加强认知的深度，学会追根溯源，利用不同领域的知识更立体、更全面地看待问题，实现真正意义上的全面认知。

当 R_B 发生变化时，重新观察码间干扰情况，如图 4-16 所示。

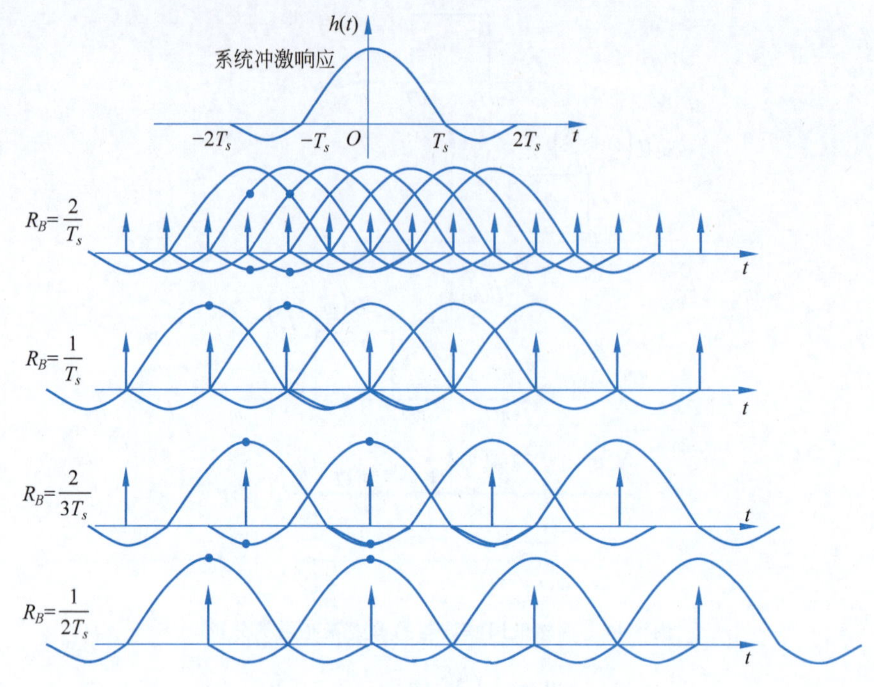

图 4-16　不同码元速率下的码间干扰

由图 4-16 可以看出以下 3 点。

(1) 当 R_B 大于奈奎斯特速率时，码间干扰非常严重，因为抽样间隔小于响应的零点间隔，码间干扰不可避免。

(2) 当 R_B 等于奈奎斯特速率时，抽样间隔正好等于响应的零点间隔，无码间干扰。

(3) 当 R_B 小于奈奎斯特速率时，分为两种情况：①当 R_B 等于奈奎斯特速率的 2/3 时，此时的抽样间隔是零点间隔的 1.5 倍，因此在抽样时刻遇上的不是其他时刻波形的响应零点，存在码间干扰；②当 R_B 等于奈奎斯特速率的 1/2 时，此时抽样间隔是零点间隔的 2 倍，则抽样时刻遇到的还是其他波形响应的零点，可以实现无码间干扰传输。

由以上结论可知，若码元传输速率比奈奎斯特速率大，则肯定无法实现无码间干扰传输；若码元传输速率比奈奎斯特速率小，也不是全都可以实现无码间干扰传输，必须是比奈奎斯特速率小整数倍才可以实现。

【思政 4-6】 尽管奈奎斯特第一准则定义了能实现无码间干扰传输的最大速率，但我们仍需对不同码元速率下的码间干扰情况进行分析和验证。毛泽东同志讲过，“实践出真知”，说明真正的知识只有从实践中才能获得。习近平总书记说过，“调查研究是谋事之基、成事之道。没有调查就没有发言权，没有调查就没有决策权。”任何事情只有通过亲自尝试，认真调查研究，才能真正认识、理解、掌握。我们在科学研究中也应该对科学结论进行反复的验证和实践，培养严谨的科学精神和科学态度。

采用频域法和时域法对理想低通滤波器的无码间干扰特性进行分析，可以得到如下结论：

(1) 系统能实现无码间干扰传输的必要条件为

$$h(n)=\begin{cases}1, & n=0\\0, & \text{其他整数}\end{cases}$$

(2) 奈奎斯特速率的值是 $h(n)$ 零点间隔的倒数。

(3) 其余能实现无码间干扰传输的速率比奈奎斯特速率小整数倍。

(4) 理想低通滤波器频带利用率的理论最大值为 2Baud/Hz。

虽然理想低通传输特性可达到无码间干扰传输系统的频带利用率最大值 2Baud/Hz，但理想低通滤波器是物理不可实现的。而且，理想低通滤波器的冲激响应 $h(t)$ 的“尾巴”振幅较大、衰减较慢，这就对定时精度的要求很高。如果抽样时刻稍有偏差，就会出现严重的码间干扰。考虑到实际传输系统总是存在定时误差，因此对理想低通滤波器的研究主要是理论上的指导意义，还需要寻找实际物理可实现的等效低通特性。

4.5.3 升余弦滚降特性滤波器

视频讲解

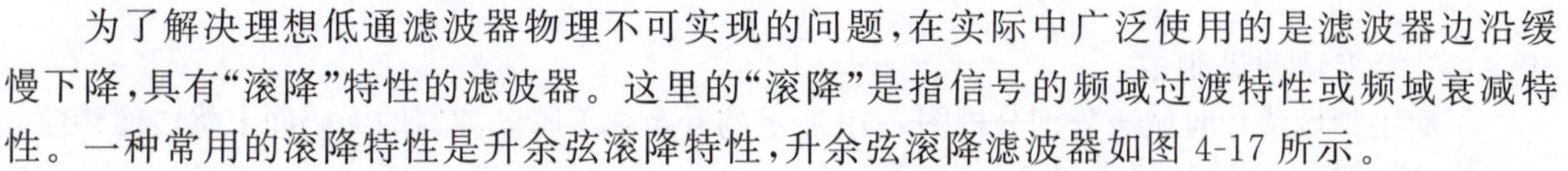

为了解决理想低通滤波器物理不可实现的问题，在实际中广泛使用的是滤波器边沿缓慢下降，具有“滚降”特性的滤波器。这里的“滚降”是指信号的频域过渡特性或频域衰减特性。一种常用的滚降特性是升余弦滚降特性，升余弦滚降滤波器如图 4-17 所示。

只要滚降低通滤波器的幅频特性以 $C(W,1/2)$ 点成奇对称滚降，则可实现以最高传输速率 $R_B=2W$ 进行基带信号的无码间干扰传输。由图 4-17 可以看出，若图中滤波器关于 C 点满足奇对称滚降特性，则该滤波器可等效成为截止频率为 W 的理想低通滤波器，按照奈奎斯特第一准则，即可实现奈奎斯特速率为 $2W$ 的无码间干扰传输。这里可实现奇对称滚降特性的滤波器不唯一，滤波器在频率轴上的落点不同，会使系统带宽不同，从而导致频带利用率不同。显然，落点越靠近 W，带宽越小，频带利用率越大。但滤波器边沿过于陡峭会使滤波器接近理想低通滤波器，从而难以实现。α 为**滚降系数**，是标识滚降滤波器特性的重要参数，用于描述滚降程度，通常 $0\leqslant\alpha\leqslant1$。$\alpha=0$ 时就是理想低通滤波器特性。滚降系数越大，滤波器边沿下降越缓慢，其冲激响应的拖尾衰减越快，对定时精度的要求就越低。但是当 α 较大接近于 1 时，系统频带较宽，频带利用率会有所下降。因此在选用滚降滤波器时需结合系统设计需求辩证分析，综合考虑，合理选择滚降系数以获得最优的系统性能。

工程中，α 一般选择 0.15～0.5。

也可用图 4-18 来分析升余弦滚降滤波器的特性。

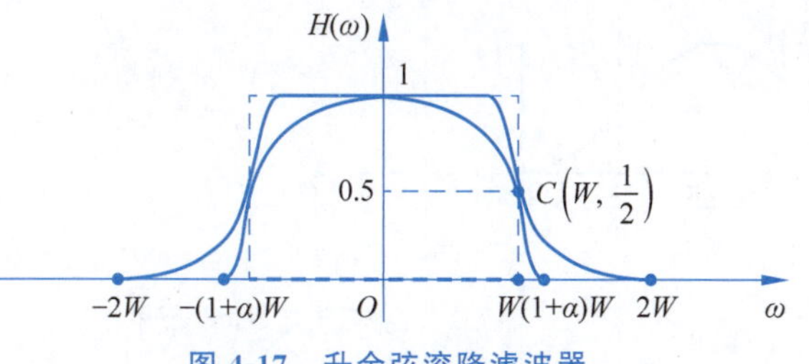

图 4-17 升余弦滚降滤波器

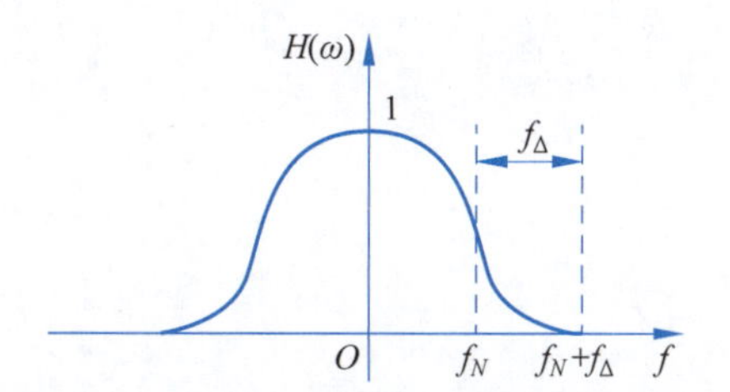

图 4-18 升余弦滚降滤波器的特性分析

图中，f_N 为该升余弦滚降滤波器等效为理想低通滤波器的截止频率，即奈奎斯特带宽；f_Δ 为超出奈奎斯特带宽的扩展量；f_N+f_Δ 则为该滤波器的实际截止频率，即绝对带宽。滚降系数为

$$\alpha=\frac{f_\Delta}{f_N} \tag{4-37}$$

当 $f_\Delta=0$ 时，$\alpha=0$，此时为理想低通滤波器特性；当 $f_\Delta=\frac{1}{2}f_N$ 时，$\alpha=0.5$，此时为

50%升余弦滚降特性；当 $f_\Delta=f_N$ 时，$\alpha=1$，此时为100%升余弦滚降特性。

由于奈奎斯特带宽为 f_N，则该升余弦滚降滤波器实现无码间干扰传输的最高速率，即奈奎斯特速率为 $2f_N$。

系统带宽为

$$B=f_N+f_\Delta=(1+\alpha)f_N \tag{4-38}$$

系统最高频带利用率为

$$\eta=\frac{R_B}{B}=\frac{2f_N}{(1+\alpha)f_N}=\frac{2}{1+\alpha}(\mathrm{Baud/Hz}) \tag{4-39}$$

若从信息速率角度考虑频带利用率，则

$$\eta=\frac{R_b}{B}=\frac{2}{1+\alpha}\log_2 M(\mathrm{bps/Hz})$$

式中，M 为传输的进制数。

下面用频域法和时域法分别分析图4-19所示的升余弦滚降滤波器的无码间干扰传输特性。

该滤波器的频域传输特性为

$$H(\omega)=\begin{cases}\dfrac{T_s}{2}\left(1+\cos\dfrac{\omega T_s}{2}\right), & |\omega|\leqslant\dfrac{2\pi}{T_s}\\ 0, & \text{其他}\end{cases} \tag{4-40}$$

假设码元速率 $R_B=1/T_s$，用频域法分析无码间干扰传输特性，首先仍是生成判断区间 $(-\pi R_B,\pi R_B)=(-\pi/T_s,\pi/T_s)$，确定系统函数左、右平移的步长为 $2\pi i\cdot R_B=2\pi i/T_s$，将 $H(\omega)$ 的频域图按照平移步长进行左、右平移，生成 $H(\omega)$、$H\left(\omega+\dfrac{2\pi}{T_s}\right)$、$H\left(\omega-\dfrac{2\pi}{T_s}\right)$、…，并进行加和，如图4-20所示。

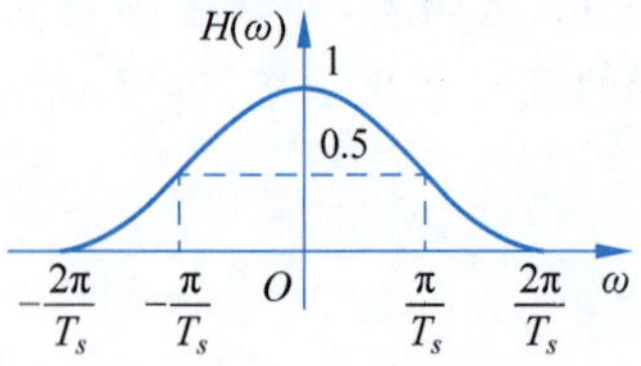

图4-19 升余弦滚降滤波器特性

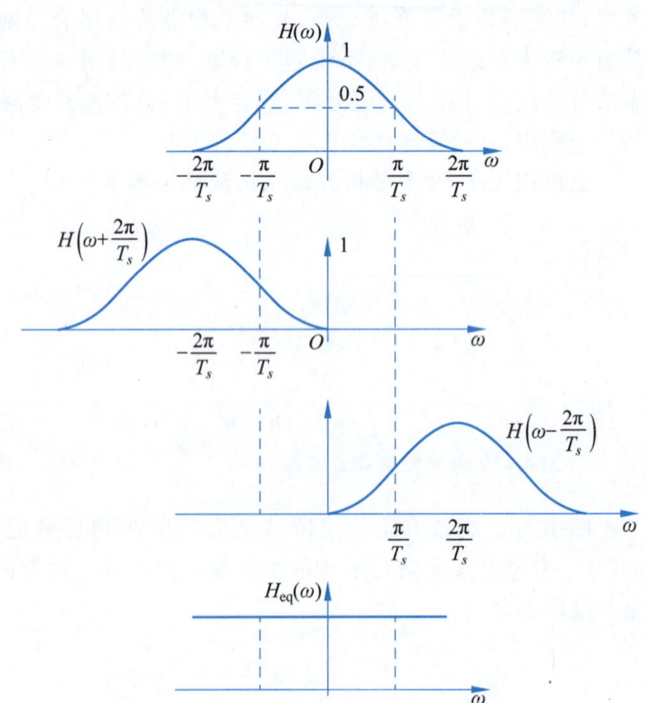

图4-20 升余弦滚降滤波器的频域分析

由图可以看出，由于奇对称滚降特性，加和所得的等效系统函数在生成的判断区间为常数，以此可判断此升余弦滚降滤波器可实现无码间干扰传输。其频带利用率为 $\eta=\dfrac{1/T_s}{1/T_s}=$ 1Baud/Hz，由此可以看出，升余弦滚降滤波器的频带利用率比理想低通滤波器的差。

用时域法进行分析，由式(4-40)的频域特性，可得系统冲激响应为

$$h(t)=\frac{1}{2\pi}\int_{-\frac{2\pi}{T_s}}^{\frac{2\pi}{T_s}}H(\omega)\mathrm{e}^{\mathrm{j}\omega t}\,\mathrm{d}\omega=\frac{\cos\left(\dfrac{\pi t}{T_s}\right)}{1-\dfrac{4t^2}{T_s^2}}\cdot \mathrm{Sa}\left(\frac{\pi t}{T_s}\right)$$

因此 $h(t)$的零点为

$$\frac{\pi t}{T_s}=n\pi \quad n=1,2,3,\cdots \qquad 和\frac{\pi t}{T_s}=\frac{m\pi}{2} \quad m=3,5,\cdots$$

则 $h(t)$的零点间隔为 $t=\dfrac{n}{2}T_s$，$n=2,3,4,\cdots$，由于传输速率 $R_B=\dfrac{1}{T_s}$是零点间隔倒数的整数倍，则抽样间隔是零点间隔的整数倍，因此在抽样时刻，第 k 个以外的波形在抽样时刻的响应正好是零点，不产生码间干扰，如图 4-21 所示。因此此升余弦滚降滤波器可以实现无码间干扰传输。

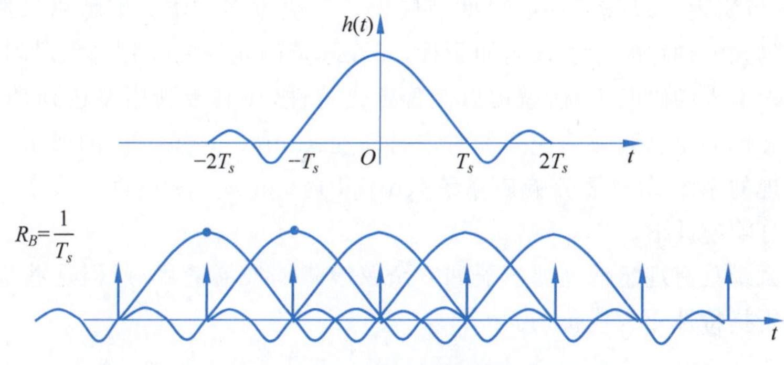

图 4-21 升余弦滚降滤波器的时域分析

将判断一个基带传输系统是否可以实现无码间干扰传输的 3 种判断方法归纳如下。

(1) 频域法： ① 生成判断区间；②确定传输函数需要左、右平移的步长；③按步长对传输函数进行左、右平移并加和；④判断等效系统函数在判断区间内是否为常数，如果是常数，则可以实现无码间干扰传输，如果不是，则不能实现。

(2) 时域法： ①求系统冲激响应；②求解系统冲激响应的零点；③比较传输速率(抽样间隔)和零点间隔的关系，若抽样间隔是零点间隔的整数倍，则可以实现无码间干扰传输，若不满足此关系，则不能实现。

(3) 奈奎斯特第一准则法： ①确定系统的等效理想低通滤波器的截止频率 f_N；②根据 f_N 确定奈奎斯特速率为 $2f_N$；③比较信号码元速率与奈奎斯特速率：若码元速率大于奈奎斯特速率，则不能实现无码间干扰传输；若信号速率等于奈奎斯特速率或比奈奎斯特速率小整数倍，则可以实现无码间干扰传输；若信号速率比奈奎斯特速率小但非整数倍关系，则不能实现无码间干扰传输。

对码间干扰的问题进行分析是按照发现问题、解决问题、再发现问题、再解决问题的过

程进行的。

【思政 4-7】 我们在现实的生活和工作中也会遇到类似这样的情况,在解决问题的过程中不断发现新问题,然后继续解决新问题,从而全面解决所有问题。如果新问题层出不穷,应该沉着冷静,然后迎难而上,坚定信心,按照科学的方法耐心细致地分析,就一定能找到解决问题的办法。

4.6 部分响应系统

4.5 节分析了理想低通滤波器和升余弦滚降滤波器两种可实现无码间干扰传输的系统。为克服码间干扰,要求将 $H(\omega)$设计成理想低通特性,并能以奈奎斯特速率传送码元。理想低通滤波器的无码间干扰传输可达到理论上的最大频带利用率 2Baud/Hz,但是物理上不可实现。理想低通滤波器的冲激响应为 $\mathrm{Sa}(x)$ 波形,其特点是频带窄,但第一过零点以后的尾巴振幅大,收敛慢。所以对抽样定时的要求十分严格,若有偏差,将产生码间干扰。若用等效理想低通滤波器(如升余弦滚降滤波器),尾巴收敛加快,对定时精度的要求降低了,但系统带宽增加,使频带利用率下降,不能很好地适应高速传输的发展要求。

我们希望能找到一种传输特性,既能获得较高的频带利用率,又可使尾巴衰减大、收敛快,并且物理上可实现。奈奎斯特第二准则提出了解决方案。**奈奎斯特第二准则**指出:有控制地在某些码元的抽样时刻引入码间干扰,而在其余码元的抽样时刻无码间干扰,并在接收端判决前消除引入的码间干扰,就可以改善频谱特性,使频带利用率达到理论最大值,且可以加速传输波形的尾巴衰减从而降低对定时精度(timing precision)的要求。依据奈奎斯特第二准则实现的系统称为部分响应系统(partial response system)。部分响应系统的冲激响应称为部分响应波形。

部分响应系统具有理想低通滤波器和升余弦滚降滤波器的优点,但这些优点的获得是以牺牲无码间干扰特性作为代价的。

4.6.1 第Ⅰ类部分响应波形

理想低通滤波器的冲激响应波形 $\sin x/x$"拖尾"严重,观察可知,在时间上相隔一个码元间隔 T_s 的两个 $\sin x/x$ 波形的正负相反,相叠加后所构成的合成波形尾巴振幅会减小,衰减会加快。利用这个思路可以构造部分响应波形。

理想低通滤波器的冲激响应 $h(t)=\mathrm{Sa}\left(\frac{\pi t}{T_s}\right)$,将相隔 T_s 的两个理想低通滤波器的冲激响应波形 $h(t)$相加,如图 4-22 所示。

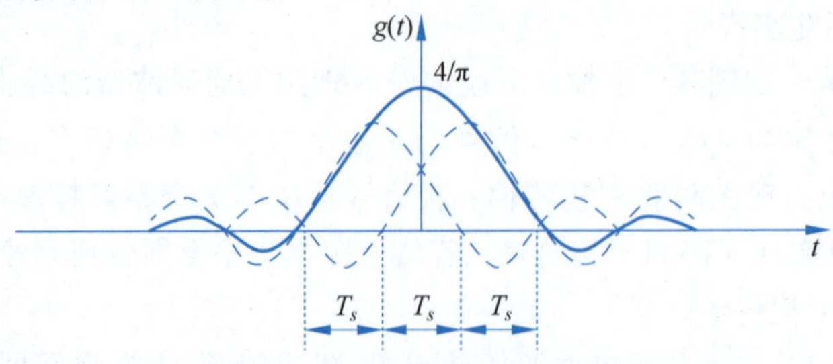

图 4-22 第Ⅰ类部分响应波形

则合成波形为

$$g(t)=h\left(t+\frac{T_s}{2}\right)+h\left(t-\frac{T_s}{2}\right)=\frac{4}{\pi}\cdot\frac{\cos\frac{\pi t}{T_s}}{\left(1-\frac{4t^2}{T_s^2}\right)} \tag{4-41}$$

$g(t)$的零点为 $t=\frac{(2n+1)T_s}{2}, n=\pm1,\pm2,\cdots$ 。可以看出,$g(t)$的尾巴衰减快,幅度随 t^2 下降,因此它比理想低通滤波器的冲激响应波形收敛更快、衰减更大,改善了理想低通滤波器对于定时精度要求高的缺陷。

对式(4-41)进行傅里叶变换,可得到部分响应系统的传输函数为

$$G(f)=\begin{cases}2T_s\cos(\pi T_s f), & |f|\leqslant\frac{1}{2T_s}\\ 0, & \text{其他}\end{cases}$$

可见部分响应系统的功率谱呈现频带限制在$\left(-\frac{1}{2T_s},\frac{1}{2T_s}\right)$之间的余弦滤波器特性,其等效理想低通滤波器的带宽为$\frac{1}{4T_s}$,奈奎斯特速率为$\frac{1}{2T_s}$,信号码元速率为 $R_B=\frac{1}{T_s}$,则比较信号码元速率和奈奎斯特速率可知,该系统存在码间干扰。系统带宽为 $B=\frac{1}{2T_s}$,则部分响应系统的频带利用率为

$$\eta=\frac{R_B}{B}=\frac{\frac{1}{T_s}}{\frac{1}{2T_s}}=2\ \text{Baud/Hz} \tag{4-42}$$

因此,部分响应系统可以达到频带利用率的最大值 2Baud/Hz,并且尾巴振幅小、衰减快,降低了对定时精度的要求,但代价是存在码间干扰。

下面来分析部分响应波形的码间干扰是否可控。若以 $g(t)$为传送波形,令码元间隔为 T_s,则响应波形如图 4-23 所示。

当抽样时刻 t_0+kT_s 中起始时刻 $t_0=0$ 时,码间干扰无规律、不可控。当 $t_0=T_s/2$ 时,此时虽然仍存在码间干扰,但在每个抽样时刻的码间干扰都只来源于相邻的前一个码元在当前时刻的响应,而其他波形在当前时刻都正好是响应零点,无干扰。因此,我们是有规律地引入了部分码间干扰。

假设发送端输入的二进制码元序列为$\{a_k\}$,a_k 的取值为 1 或 0。当发送码元 a_k 时接收波形在第 k 个时刻上所得到的样值 C_k 应为 a_k 和其前一码元 a_{k-1} 在第 k 时刻的响应值之和,即

$$C_k=a_k+a_{k-1} \tag{4-43}$$

由于 a_k 和 a_{k-1} 的取值都可能为 1 或 0,故 C_k 的取值有以下 3 种可能性:

$$C_k=a_k+a_{k-1}=\begin{cases}+2, & a_k=1,a_{k-1}=1\\ 1, & a_k=1,a_{k-1}=0\text{或反之}\\ 0, & a_k=0,a_{k-1}=0\end{cases}$$

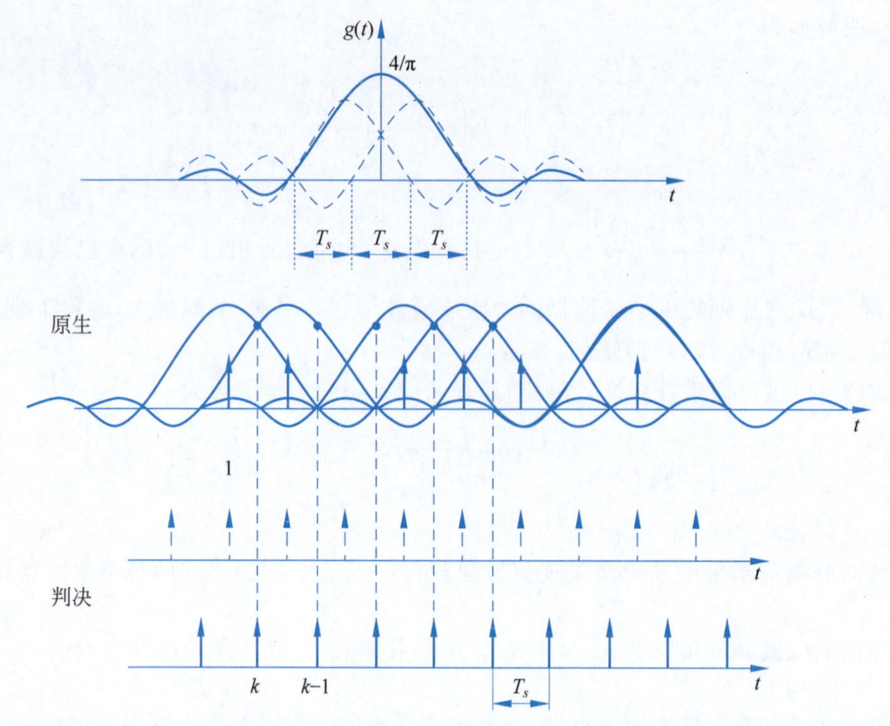

图 4-23 部分响应系统的响应波形

则在进行判决时

$$C_k = \begin{cases} +2, & 判\ a_k = 1 \quad 正判 \\ 1, & \quad\quad\quad 50\% 的正判率 \\ 0, & 判\ a_k = 0 \quad 正判 \end{cases}$$

可以看出,当接收到的抽样值为 2 或 0 时,我们都能保证完全正确地判决出再生基带信号 a_k,只是在 $C_k=1$ 时,我们需要判决运算式及前一码元在 k 时刻的判决值来得到 a_k,判决运算式为

$$a_k = C_k - a_{k-1} \tag{4-44}$$

但是这样的判决方式存在的问题是,a_k 的恢复不仅由 C_k 确定,还和前一码元 a_{k-1} 的判决结果有关。如果 C_k 由于样值干扰发生差错或以 50%的正判率没能实现正确判决,则当前所恢复的 a_k 可能导致以后的判决也都相继发生误码,这种现象称为差错传播。为了避免差错传播所引起的误码,需要寻求部分响应系统的无码间干扰传输方法来消除部分响应系统中码间干扰的影响。

虽然部分响应系统中的码间干扰可控,大概率不会发生误判,但一旦出现差错,引发差错传播,则可能导致严重误码。失之毫厘,谬以千里,为了确保通信的可靠性,我们仍需寻求解决方法来彻底消除码间干扰的影响。在科学研究的过程中,也应有这样严谨的科学精神和科学态度,不能因为发生差错的可能性小就忽略其导致的后果,而是应该尽力寻求更好的解决方法。

4.6.2 部分响应系统的无码间干扰传输

部分响应系统存在码间干扰,可根据码间干扰的规律,找到一种信号预处理方法,使信号通过部分响应系统再经判决运算，即可消除码间干扰的影响。

在信号进入部分响应系统前，首先在发送端对信号进行预处理，在发送端将 a_k 编码生成 b_k，这个过程也称为预编码。其规则是

$$b_k = a_k \oplus b_{k-1} \tag{4-45}$$

这里的"⊕"表示模 2 加。由于模 2 加运算的特殊性，式(4-45)也可以写成

$$a_k = b_k \oplus b_{k-1} \tag{4-46}$$

预编码后 b_k 进入部分响应系统进行传输，部分响应系统有控制地引入码间干扰的过程称为相关编码，其信号变换的运算为

$$C_k = b_k + b_{k-1} \tag{4-47}$$

部分响应系统的输出信号经过模 2 加处理的判决运算，有

$$[C_k]_{\text{Mod2}} = [b_k + b_{k-1}]_{\text{Mod2}} = b_k \oplus b_{k-1} = a_k \tag{4-48}$$

可以看出，经过预编码—相关编码—判决运算的处理过程后，在部分响应系统中存在的码间干扰的影响已被完全消除，判决运算的输出结果就可以直接得到发送端的 a_k，不存在差错传播的情况。下面用例子来验证该处理过程。

a_k	1	1	1	0	1	0	0	1
b_{k-1}	0	1	0	1	1	0	0	0
b_k	1	0	1	1	0	0	0	1
C_k	1	1	1	2	1	0	0	1
$[C_k]_{\text{Mod2}}$	1	1	1	0	1	0	0	1

例中，a_k 的取值为 1 或 0，第一个 b_{k-1} 是预设的初态 0，预编码运算的模 2 加在这里作按位的异或运算，由 $b_k = a_k \oplus b_{k-1}$ 计算得到的 b_k 将作为下一时刻的 b_{k-1}，所有时刻对应的 b_{k-1} 都可由前一时刻的 b_k 直接得到。相关编码的运算为算术加，所得到的 C_k 有 0、1、2 共 3 种取值，在进行判决运算时取模 2 加判决处理，将判决后的信号序列和原始发送序列进行对比，可以看出 C_k 可直接正确判决为原始信号 a_k，差错不会继续传播下去。无码间干扰传输的第Ⅰ类部分响应系统原理框图如图 4-24 所示。

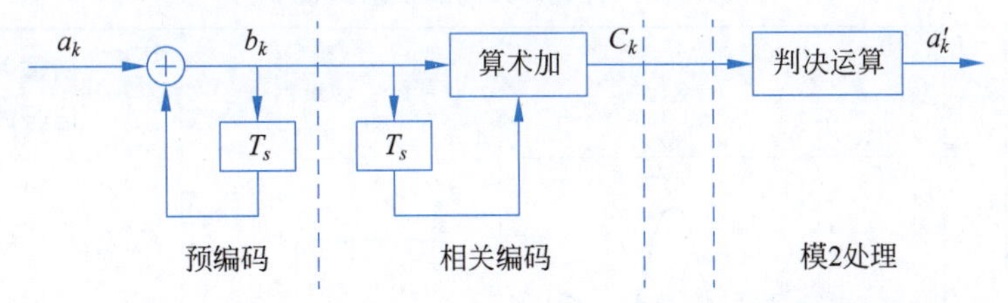

图 4-24　无码间干扰传输的第Ⅰ类部分响应系统原理框图

4.6.3 部分响应波形的一般形式

部分响应波形的一般形式可以是 N 个相继间隔 T_s 的 $\sin x/x$ 波形之和，其表达式为

$$g(t) = R_1 \frac{\sin \frac{\pi}{T_s} t}{\frac{\pi}{T_s} t} + R_2 \frac{\sin \frac{\pi}{T_s}(t - T_s)}{\frac{\pi}{T_s}(t - T_B)} + \cdots + R_N \frac{\sin \frac{\pi}{T_s}[t - (N-1)T_s]}{\frac{\pi}{T_s}[t - (N-1)T_s]} \tag{4-49}$$

式中，$R_1, R_2, \cdots, R_N$ 为加权系数，其取值为整数。当 $R_1 = R_2 = 1$、其余系数 $R_m = 0$ 时，就是所讨论的第Ⅰ类部分响应波形。

由式(4-49)可得部分响应波形 $g(t)$ 的功率谱函数为

$$G(\omega) = \begin{cases} T_s \sum_{m=1}^{N} R_m \mathrm{e}^{-\mathrm{j}\omega(m-1)T_s}, & |\omega| \leqslant \dfrac{\pi}{T_s} \\ 0, & |\omega| > \dfrac{\pi}{T_s} \end{cases}$$

可见，$G(\omega)$ 仅在 $[-\pi/T_s, \pi/T_s]$ 范围内为非零值。

根据 R_m 的取值不同，可构成不同类别的部分响应波形，相应地有不同的相关编码方式。假设输入数据序列为 $\{a_k\}$，相应的相关编码电平为 $\{C_k\}$，则

$$C_k = R_1 a_k + R_2 a_{k-1} + \cdots + R_N a_{k-(N-1)}$$

可以看出，C_k 的电平值依赖于 a_k 的进制数及加权系数 R_m 的取值。

为避免相关编码所引起的差错传播，一般部分响应系统也采用预编码-相关编码-模 2 判决的处理方法。

目前常见的部分响应波形共有 5 类，分别命名为Ⅰ、Ⅱ、Ⅲ、Ⅳ、Ⅴ，其波形、$G(\omega)$ 和 R_m 等可参看表 4-2。为了便于比较，将理想低通滤波器的冲激响应也放入表内，称为 0 类。

由表 4-2 可以看出，各类部分响应系统的频带宽度均不超过理想低通滤波器的带宽，且频率截止缓慢，尾巴衰减大，收敛快。各类不同波形的功率谱结构和对邻近码元抽样时刻的串扰不同。目前应用较多的是第Ⅰ类和第Ⅳ类。第Ⅰ类功率谱集中在低频段，适用于信道频带高频受限的情况。第Ⅳ类无直流分量，且低频分量最小，便于边带滤波，可以实现单边带调制。

部分响应系统的缺点是让输入数据为 L 进制时，部分响应波形的相关电平数会超过 L 个，这样在输入信噪比相同的情况下，部分响应系统的抗噪性能会比第 0 类部分响应系统差。这也表明，为了获得部分响应系统的优点，还是需要付出牺牲可靠性的代价。

表 4-2　各类部分响应系统比较

类别	R_1	R_2	R_3	R_4	R_5	$g(t)$	$\lvert G(\omega)\rvert, \lvert\omega\rvert \leqslant \frac{\pi}{T_s}$	二进制输入时部分响应信号的电平数
0	1					t；T_s	O；$\frac{1}{2T_s}$；f	2
Ⅰ	1	1				t	$2T_s\cos^2\frac{\omega T_s}{2}$；$O$；$\frac{1}{2T_s}$；$f$	3

续表

类别	R_1	R_2	R_3	R_4	R_5	$g(t)$	$\lvert G(\omega)\rvert,\lvert\omega\rvert\leqslant\frac{\pi}{T_s}$	二进制输入时部分响应信号的电平数
Ⅱ	1	2	1				$4T_s\cos^2\frac{\omega T_s}{2}$，$\frac{1}{2T_s}$	5
Ⅲ	2	1	−1				$2T_s\cos\frac{\omega T_s}{2}\sqrt{5-4\cos\omega T_s}$，$\frac{1}{2T_s}$	5
Ⅳ	1	0	−1				$2T_s\sin\omega T_s$，$\frac{1}{2T_s}$	3
Ⅴ	−1	0	2	0	−1		$4T_s\sin^2\omega T_s$，$\frac{1}{2T_s}$	5

4.7 无码间干扰数字基带传输系统的抗噪性能

码间干扰和信道噪声是影响接收端正确判决，进而造成误码的两个主要因素。4.5 节讨论了无噪声影响时的系统无码间干扰传输特性，这一节主要讨论噪声的影响以及无码间干扰的基带传输系统的抗噪性能。由第 1 章所学的通信系统性能分析可知，数字通信系统的可靠性指标主要反映在误码率和误信率上，因此我们在这里分析无码间干扰情况下加性高斯白噪声对系统误码性能的影响。

4.7.1 噪声的影响

观察无噪声系统和有噪声系统所接收到的信号 $r(t)$，如图 4-25 所示。

由图可见，在加性噪声的影响下，某些原本在判决点应该大于判决门限的样值，小于了判决门限；某些原本在判决点应该小于判决门限的样值，大于了判决门限，从而导致了判决错误。

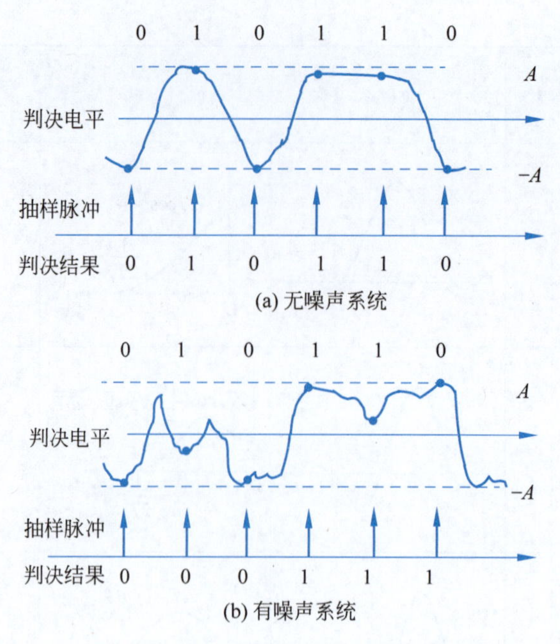

图 4-25 噪声对接收基带信号的影响

4.7.2 噪声参数

通常假设在数字基带传输系统中的加性噪声 $n(t)$是均值为 0、单边功率谱密度为 n_0 的高斯白噪声，接收端的接收滤波器为线性网络，因此通过接收滤波器后到达判决电路的输入噪声为频带受限的窄带白噪声 $n_R(t)$，$n_R(t)$的功率谱密度为

$$P_{n_R}(\omega)=\frac{n_0}{2}\cdot|G_R(\omega)|^2$$

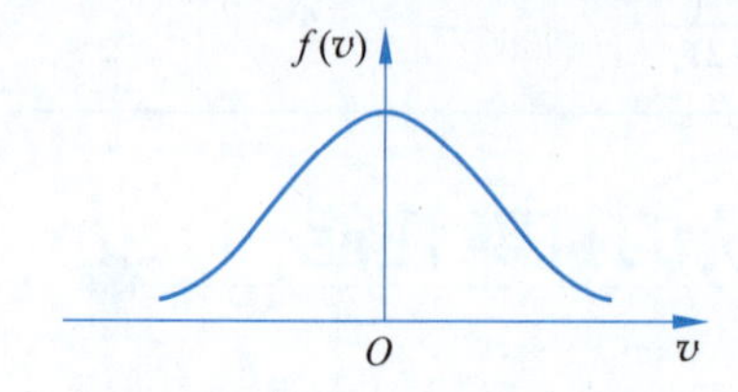

图 4-26 噪声信号的概率密度函数

$n_R(t)$服从高斯分布，均值为 0、方差为 σ_n^2，因此 $n_R(t)$的瞬时值 v 的一维概率密度函数为 $f(v)=\frac{1}{\sqrt{2\pi}\sigma_n}\exp\left[-\frac{v^2}{2\sigma_n^2}\right]$，其概率密度函数如图 4-26 所示。

4.7.3 误码率计算

令判决器输入为双极性信号，设它在抽样时刻的电平取值为 $+A$ 或 $-A$(分别对应信码 1 或 0)，则 $x(t)$在抽样时刻的取值为

$$x(kT_s)=\begin{cases}A+n_R(kT_s), & \text{发送 1 时}\\ -A+n_R(kT_s), & \text{发送 0 时}\end{cases}$$

发送 1 时，$x_1(t)$的一维概率密度函数为

$$f_1(v)=\frac{1}{\sqrt{2\pi}\sigma_n}\exp\left[-\frac{(v-A)^2}{2\sigma_n^2}\right]$$

发送 0 时，$x_0(t)$的一维概率密度函数为

$$f_0(v)=\frac{1}{\sqrt{2\pi}\sigma_n}\exp\left[-\frac{(v+A)^2}{2\sigma_n^2}\right]$$

对应的概率密度函数如图 4-27 所示。

在 $-A$ 到 $+A$ 之间选择一个适当的电平 V_d 作为判决门限，根据判决规则将会出现以下几种情况：

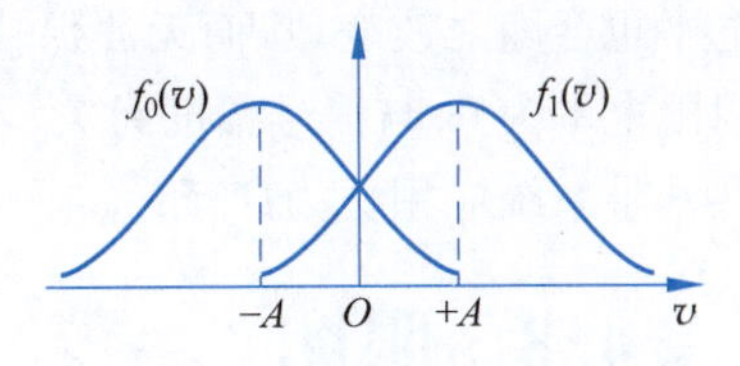

图 4-27　发送 1 和发送 0 时的概率密度函数

$$对\ 1\ 码\begin{cases}当\ x>V_d， & 判为\ 1\ 码 \quad （判决正确）\\ 当\ x<V_d， & 判为\ 0\ 码 \quad （判决错误）\end{cases}$$

$$对\ 0\ 码\begin{cases}当\ x<V_d， & 判为\ 0\ 码 \quad （判决正确）\\ 当\ x>V_d， & 判为\ 1\ 码 \quad （判决错误）\end{cases}$$

可以看出，在二进制基带信号的传输过程中，噪声引起的误码有两种差错形式：①发送为 1，但由于小于判决门限而被错判为 0；②发送为 0，但由于大于判决门限而被错判为 1。下面分别计算这两种情况下的差错概率。

令判决门限为 V_d。则发送为 1 错判为 0 的概率为

$$P_{e1}=P(1\to 0)=P(v<V_d)=\int_{-\infty}^{V_d} f_1(v)\mathrm{d}v=\frac{1}{2}+\frac{1}{2}\mathrm{erf}\left(\frac{V_d-A}{\sqrt{2}\sigma_n}\right) \tag{4-50}$$

发送为 0 错判为 1 的概率为

$$P_{e0}=P(0\to 1)=P(v>V_d)=\int_{-\infty}^{V_d} f_1(v)\mathrm{d}v=\frac{1}{2}+\frac{1}{2}\mathrm{erf}\left(\frac{V_d-A}{\sqrt{2}\sigma_n}\right) \tag{4-51}$$

系统总误码率为

$$P_e=P(1)P_{e1}+P(0)P_{e0} \tag{4-52}$$

将式(4-50)和式(4-51)代入式(4-52)，可以看出，系统总误码率与发送概率 $P(1)$ 和 $P(0)$、信号幅值 A、判决电平 V_d 和噪声功率 σ_n^2 有关，在 $P(1)$、$P(0)$、A 和 σ_n^2 一定的条件下，可以找到一个使误码率最小的判决门限电平，这个门限电平称为**最佳门限电平**。

令 $\frac{\mathrm{d}P_e}{\mathrm{d}V_d}=0$，则最佳门限电平为

$$V_d^*=\frac{\sigma_n^2}{2A}\ln\frac{p(0)}{p(1)} \tag{4-53}$$

当 $P(1)=P(0)=1/2$ 时，最佳判决门限 $V_d^*=0$，此时基带传输系统的总误码率为

$$P_e=\frac{1}{2}[P_{e_1}+P_{e_0}]=\frac{1}{2}\mathrm{erfc}\left(\frac{A}{\sqrt{2}\sigma_n}\right) \tag{4-54}$$

由此可见，在发送概率相等，且在最佳门限电平下，系统的总误码率仅依赖于信号幅值 A 与噪声均方根值 σ_n 的比值，而与采用什么样的信号形式无关。

对于单极性信号，电平取值为 $+A$（对应 1 码）或 0（对应 0 码）。

$$V_d^*=\frac{A}{2}+\frac{\sigma_n^2}{A}\ln\frac{P(0)}{P(1)}$$

当 $P(1)=P(0)=1/2$ 时，最佳判决门限 $V_d^*=A/2$，此时

$$P_e=\frac{1}{2}\mathrm{erfc}\left(\frac{A}{2\sqrt{2}\sigma_n}\right) \tag{4-55}$$

比较式(4-54)和式(4-55)可以看出,在单极性与双极性基带信号的幅值 A 相等且噪声均方根值 σ_n 也相同时,单极性基带系统的误码率较高,抗噪性能不如双极性基带系统。此外,在等概条件下,单极性的最佳判决门限电平为 $A/2$,当信道特性发生变化时,判决门限电平也会随之改变,从而无法保持最佳状态,有可能导致误码率增大。而双极性的最佳判决门限电平为 0,与信号幅度无关,不随信道特性的变化而变化,因此,双极性基带系统比单极性基带系统应用更为广泛。

4.8 眼图

在信道特性已知的条件下,原理上可以将数字基带传输系统设计为无码间干扰的系统。但在实际的数字基带传输系统中,由于设计误差和信道特性变化等因素的影响,实际系统通常都存在码间干扰,以致系统性能下降。计算由这些因素引起的误码率非常困难,特别是在码间干扰和噪声同时存在的情况下,系统性能的定量分析更是难以进行,因此在实际应用中我们通常需要采用相对简便的实验手段来定性地评价系统性能,眼图(eye diagram)就是其中常用的一种有效的实验方法。

眼图是指通过示波器观察接收端的基带信号波形,从而估计和调整系统性能的一种方法。具体做法是:用一个示波器跨接在抽样判决器的输入端,并调整示波器的水平扫描中心,使其与接收码元的周期同步。此时可以从示波器显示的图形上,观察码间干扰和噪声等因素的影响情况,从而估计系统的性能。由于在传输二进制信号时,示波器所呈现的图形很像人的眼睛,所以称之为“眼图”。

通过观察图 4-28 可以就很好地理解双极性二进制信号的眼图。图 4-28(a)是无失真信号波形,将示波器扫描周期调整为码元周期 T_s,由于示波器的余晖作用,扫描所得的每个码元波形重叠在一起,即可得到图 4-28(b)所示的线迹细而清晰的大眼睛;而图 4-28(c)是有失真信号波形,示波器的扫描迹线不会完全重叠,所以形成的眼图线迹杂乱模糊,眼睛的张开程度变小,还可能部分闭合,如图 4-28(d)所示。

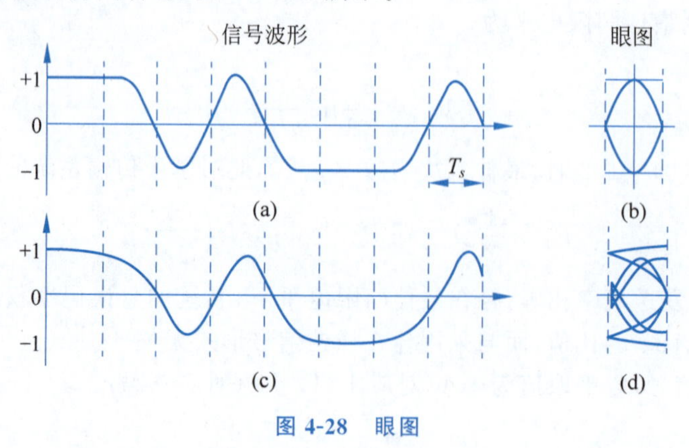

图 4-28 眼图

眼图的“眼睛”张开的大小反映码间干扰的强弱。“眼睛”张开得越大,且眼图越端正,表示码间干扰越小;反之表示码间干扰越大。

当存在噪声时,噪声将叠加在信号上,观察到的眼图的线迹会变得模糊不清。若码间干扰和噪声都存在，则"眼睛"会张开得更小，与无码间干扰时的眼图相比，原来清晰端正的细线迹，会变成比较模糊的带状线，而且不很端正。噪声越大，线迹越宽，越模糊；码间干扰越大，眼图越不端正。

眼图可以定性反映码间干扰和噪声的大小，估计基带系统的性能，可以指示接收滤波器进行调整，以减小码间干扰，改善系统性能。除了定性反映码间干扰和噪声的影响外，眼图还可以获得其他有关系统传输性能的信息。为了说明眼图和系统性能之间的关系，可将眼图简化为如图 4-29 所示的模型。

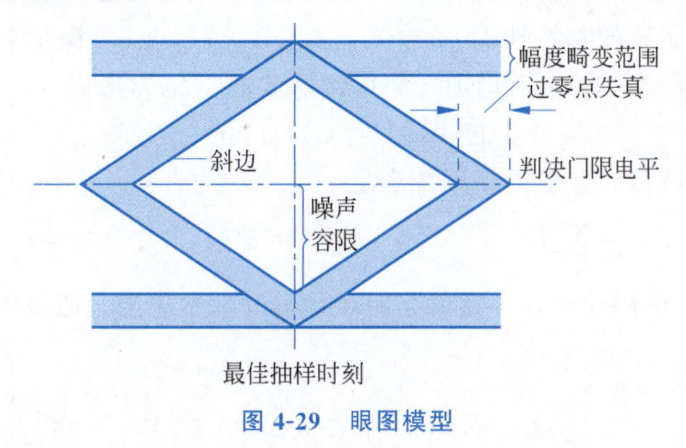

图 4-29 眼图模型

由图 4-29 的眼图模型可以获得以下信息。

(1) "眼睛"张开的最大的时刻是最佳抽样时刻。

(2) 眼图中央的横轴位置应对应判决门限电平。

(3) "眼睛"斜边的斜率表示抽样时刻对定时误差的灵敏度，斜率越大，对定时误差就越灵敏。

(4) 阴影区的垂直高度表示接收信号振幅失真范围和最大信号畸变。

(5) 在无噪声情况下，"眼睛"张开的程度，即在最佳抽样时刻的上下两阴影区间的距离的一半，为噪声容限；若此抽样时刻的噪声值超过这个容限，就有可能发生错误判决。

4.9 时域均衡

虽然从理论上来说，我们可以设计无码间干扰的数字基带传输系统，但在实际实现时，难免因存在滤波器的设计误差和信道特性的变化，使得实际的数字基带传输系统在抽样时刻上总会存在一定的码间干扰，从而无法完全满足无码间干扰的条件。当码间干扰造成的影响很严重时，会导致系统性能下降，这时就有必要对整个系统的传递函数进行校正，使其尽可能满足无码间干扰的条件。为了减小码间干扰的影响，通常需要在接收机中插入一个可调的滤波器，用以校正或补偿系统传输特性。这个对系统特性进行校正的过程称为均衡(equalization)。

均衡可分为频域均衡(frequency domain equalization)与时域均衡(time domain equalization)两大类。频域均衡是从系统的频率特性出发，采用一个可调滤波器去补偿系统的频率特性，使整个系统总的传输特性满足无码间干扰的传输条件，往往用来校正幅频特性和相频特性。时域均衡是从时域响应出发，直接利用均衡器产生的时间波形去校正已失真的响应波形,使包括均衡器在内的整个系统的冲激响应函数满足无码间干扰的时域条件。频域均衡在信道特性不变且传输低速数据时适用,而时域均衡可以根据信道特性变化进行调整,能有效减小码间干扰,因此在高速数据传输中得到了广泛应用。本节主要讨论时域均衡。

4.9.1 时域均衡的原理

在抽样时刻起补偿作用的滤波器称为时域均衡器。假设原基带系统 $H(\omega)$ 存在码间干扰,即数字基带传输系统的总特性 $H(\omega)=G_T(\omega)C(\omega)G_R(\omega)$ 不满足 $H_{eq}(\omega)$ 的要求,为补偿原系统函数的特性,在 $H(\omega)$ 后增加一个可调滤波器 $T(\omega)$,形成

$$H'(\omega)=T(\omega)H(\omega)$$

显然,若插入滤波器后生成的新系统满足

$$H'_{eq}(\omega)=\sum_i H'(\omega+2\pi i\cdot R_B)=\text{常数},\quad |\omega|\leqslant\pi\cdot R_B$$

则可消除原基带系统的码间干扰。这就是时域均衡的基本思想。假设所插的可调滤波器的冲激响应为

$$h_T(t)=\sum_{n=-\infty}^{\infty}C_n\delta(t-nT_B)$$

这里 $h_T(t)$ 的傅里叶变换即为 $T(\omega)$,C_n 的值取决于原来存在码间干扰的系统的传输函数 $H(\omega)$,根据 $H(\omega)$ 存在的失真调整 C_n 来对原系统进行校正。

要求插入可调滤波器后的系统满足等效系统函数在判断区间为常数的要求,即

$$H'_{eq}(\omega)=\sum_i H'(\omega+2\pi iR_B)=\sum_i H\left(\omega+\frac{2\pi i}{T_s}\right)T\left(\omega+\frac{2\pi i}{T_s}\right)=T_s \tag{4-56}$$

式中,$R_B=1/T_s$。

令 $T(\omega)=T\left(\omega+\frac{2\pi i}{T_s}\right)$,表示 $T(\omega)$ 为周期函数,这是一种能使式(4-56)成立,且运算简单的方法。此时,$T(\omega)$ 的周期为 $2\pi/T_s$,式(4-56)可改写为

$$H'_{eq}(\omega)=\sum_i H\left(\omega+\frac{2\pi i}{T_s}\right)T(\omega)=T_s$$

则有

$$T(\omega)=\frac{T_s}{\sum_i H\left(\omega+\frac{2\pi i}{T_s}\right)}$$

由于 $T(\omega)$ 是以 $2\pi/T_s$ 为周期的周期函数,因此可写成傅里叶级数的形式:

$$T(\omega)=\sum_{n=-\infty}^{\infty}C_n e^{-jnT_s\omega} \tag{4-57}$$

其傅里叶级数的系数为

$$C_n=\frac{T_s}{2\pi}\int_{-\frac{\pi}{T_s}}^{\frac{\pi}{T}}T(\omega)e^{jnT_s\omega}\mathrm{d}\omega=\frac{T_s}{2\pi}\int_{-\frac{\pi}{T_s}}^{\frac{\pi}{T}}\frac{T_s}{\sum_i H\left(\omega+\frac{2\pi i}{T_s}\right)}e^{jnT_s\omega}\mathrm{d}\omega$$

可以看出,C_n 的值取决于原系统传输函数 $H(\omega)$。对式(4-57)求傅里叶反变换,则有

$$h_T(t)=F^{-1}[T(\omega)]=C_n\delta(t-nT_s)$$

可见,均衡器的冲激响应为冲激序列,其强度由 $H(\omega)$决定。它的主要功能是将原传输系统抽样时刻存在码间干扰的响应波形变换成抽样时刻无码间干扰的响应波形。原传输系统产生码间干扰的原因是不满足:

$$h(n)=\begin{cases}1, & n=0\\ 0, & \text{其他整数}\end{cases}$$

导致在抽样时刻 $n=k$ 的响应值:

$$r_k=h_{-2}+h_{-1}+h_0+h_1+h_2+\cdots\neq h_0$$

插入有补偿和校正作用的均衡器后,所得的新系统的系统传输函数为

$$H'(\omega)=T(\omega)H(\omega)$$

则可使抽样时刻的响应:

$$r_k=h'_{-2}+h'_{-1}+h'_0+h'_1+h'_2+\cdots=h'_0$$

因此理论上就可以消除抽样时刻的码间干扰。

4.9.2　时域均衡器的结构

图 4-30 为时域均衡器的模型,该模型是由无限多的按横向排列的延迟单元 T_s 和抽头系数 C_n 组成的,因此也称为横向滤波器。横向滤波器的特性取决于各抽头系数 C_n,它的功能是利用其产生的无限多个响应波形之和,将接收滤波器输出端抽样时刻有码间干扰的响应波形变换成抽样时刻无码间干扰的响应波形。

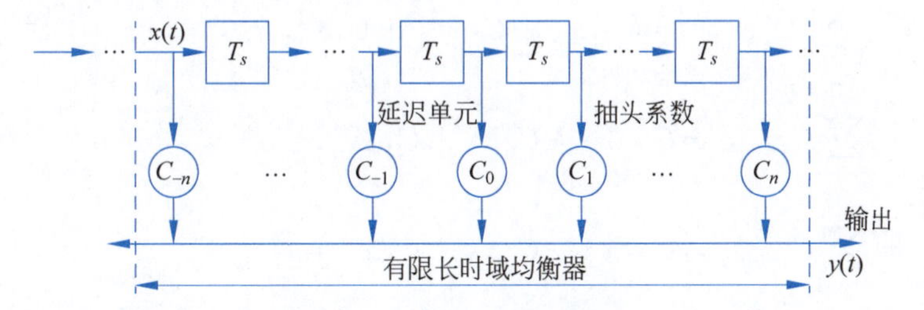

图 4-30　时域均衡器的模型

理论上,无限长的横向滤波器可以完全消除抽样时刻上的码间干扰,但实际上无限长的横向滤波器无法实现均衡器的长度和系数 C_n 的调整准确度均会受到限制,因此在实际通信系统中通常采用有限长横向抽头滤波器来实现时域均衡。

设有限长时域均衡器的单位冲激响应为 $e(t)$,则

$$e(t)=\sum_{i=-N}^{N}C_i\delta(t-iT_s)$$

假设均衡器输入为 $x(t)$,则有限长时域均衡器的输出信号为

$$y(t)=e(t)\otimes x(t)=\sum_{i=-N}^{N}C_ix(t-iT_s)$$

令输出在 $t=kT_s$ 时刻抽样,则

$$y(kT_s)=\sum_{i=-N}^{N}C_ix[(k-i)T_s]\tag{4-58}$$

可简写为

$$y_k=\sum_{i=-N}^{N}C_i x_{k-i}$$

式(4-58)表明均衡器在第 k 个抽样时刻得到的样值 y_k 与 $2N+1$ 个相邻码元有关,由 $2N+1$ 个 C_i 与 x_{k-i} 乘积之和来确定。当输入波形 $x(t)$ 给定,即各种可能的 x_{k-i} 确定时,通过调整 C_i 尽量使:

$$y_k=\begin{cases}1, & k=0\\ 0, & \text{其他整数}\end{cases}$$

理论上无限长时域均衡器可以完全消除码间干扰,但有限长时域均衡器无法做到使所有的 $y_k(k\neq 0)$ 都为零,因此有限长时域均衡器不能完全消除码间干扰的影响。这一结论可用例 4-4 来说明。

【例 4-4】 已知输入 $x_{-1}=1/4$、$x_0=1$、$x_1=1/2$,其余为0(表示3个相邻码元有干扰),选择三抽头滤波器,$C_{-1}=-1/4$、$C_0=1$、$C_1=-1/2$,求均衡器输出 y_k。

【解】 由式(4-58)有

$$y_k=\sum_{i=-N}^{N}C_i x_{k-i}$$

$$y_{-2}=\sum_{i=-1}^{1}C_i x_{-2-i}=C_{-1}x_{-1}+C_0x_{-2}+C_1x_{-3}=C_{-1}x_{-1}=-1/16$$

$$y_{-1}=\sum_{i=-1}^{1}C_i x_{-1-i}=C_{-1}x_0+C_0x_{-1}+C_1x_{-2}=0$$

$$y_0=\sum_{i=-1}^{1}C_i x_{0-i}=C_{-1}x_1+C_0x_0+C_1x_{-1}=3/4$$

$$y_1=\sum_{i=-1}^{1}C_i x_{1-i}=C_{-1}x_2+C_0x_1+C_1x_0=0$$

$$y_2=\sum_{i=-1}^{1}C_i x_{2-i}=C_{-1}x_3+C_0x_2+C_1x_1=C_1x_1=-1/4$$

其余的 y_k 为0。

由此可见,有限长时域均衡器未能完全消除码间干扰,但码间干扰有所减弱,且通常均衡器越长,对码间干扰的减弱效果越好。

4.9.3 均衡器的调整与实现

由于有限长时域均衡器无法完全消除码间干扰,所以其输出仍有失真。为了反映这些失真的大小,需要建立度量均衡效果的标准。通常采用峰值失真(peak distortion)和均方失真(mean square distortion)来衡量。

峰值失真定义为

$$D=\frac{1}{y_0}\sum_{\substack{k=-\infty\\ k\neq 0}}^{\infty}|y_k| \tag{4-59}$$

式中，除 $k=0$ 以外的各值的绝对值之和反映了码间干扰的最大值。y_0 是有用信号样值，所以峰值失真 D 是码间干扰最大可能值(峰值)与有用信号样值之比。显然，对于完全消除码间干扰的均衡器而言，$D=0$；对于码间干扰不为零的场合，希望 D 越小越好。因此，以峰值失真为准则调整抽头系数时，应使 D 最小。均方失真定义为

$$e^2=\frac{1}{y_0^2}\sum_{\substack{k=-\infty\\k\neq 0}}^{\infty}y_k^2 \tag{4-60}$$

其物理意义与峰值失真相似。

以最小峰值失真为准则，或以最小均方失真为准则来确定或调整均衡器的抽头系数，均可获得最佳的均衡效果，使失真最小。

(1) 最小峰值失真法——迫零调整法。

下面以最小峰值失真准则为依据，讨论均衡器的实现与调整。

与峰值失真的定义式(4-59)对应，未均衡前的输入峰值失真(称为初始失真)可表示为

$$D_0=\frac{1}{x_0}\sum_{\substack{k=-\infty\\k\neq 0}}^{\infty}|x_k|$$

若 x_k 是归一化的，且令 $x_0=1$，则上式变为

$$D_0=\sum_{\substack{k=-\infty\\k\neq 0}}^{\infty}|x_k|$$

为方便起见，将样值 y_k 也归一化，且令 $y_0=1$，则

$$y_0=\sum_{i=-N}^{N}C_ix_{-i}=C_0x_0+\sum_{\substack{i=-N\\i\neq 0}}^{N}C_ix_{-i}=1$$

则有

$$C_0=1-\sum_{\substack{i=-N\\i\neq 0}}^{N}C_ix_{-i} \tag{4-61}$$

代入 y_k 表达式可得

$$y_k=\sum_{\substack{i=-N\\i\neq 0}}^{N}C_i(x_{k-i}-x_kx_{-i})+x_k \tag{4-62}$$

将式(4-62)代入式(4-59)，可得

$$D=\sum_{\substack{k=-\infty\\k\neq 0}}^{\infty}\left|\sum_{\substack{i=-N\\i\neq 0}}^{N}C_i(x_{k-i}-x_kx_{-i})+x_k\right|$$

可见，在输入序列 $\{x_k\}$ 给定的情况下，峰值畸变 D 是各抽头系数 C_i(除 C_0 外)的函数。显然，我们希望寻求能使 D 最小的。Lucky 曾证明：如果初始失真 $D_0<1$，则 D 的最小值必然发生在 y_0 前后的 y_k 都等于零的情况下。因此，所求的系数 $\{C_i\}$ 应该为

$$y_k=\begin{cases}0, & 1\leqslant|k|\leqslant N\\1, & k=0\end{cases}$$

成立时的 $2N+1$ 个联立方程的解。列出抽头系数必须满足的这 $2N+1$ 个线性方程，即

$$
\begin{cases} \sum_{i=-N}^{N} C_i x_{x-i} = 0, \quad k = \pm 1, \pm 2, \cdots, \pm N \\ \sum_{i=-N}^{N} C_i x_{-i} = 1, \quad k = 0 \end{cases} \tag{4-63}
$$

可将它写成矩阵形式,即

$$
\begin{bmatrix} x_0 & x_{-1} & \cdots & x_{-2N} \\ \vdots & \vdots & \cdots & \vdots \\ x_N & x_{N-1} & \cdots & x_{-N} \\ \vdots & \vdots & \ddots & \vdots \\ x_{2N} & x_{2N-1} & \cdots & x_0 \end{bmatrix} \begin{bmatrix} C_{-N} \\ C_{-N+1} \\ \vdots \\ C_0 \\ \vdots \\ C_{N-1} \\ C_N \end{bmatrix} = \begin{bmatrix} 0 \\ \vdots \\ 0 \\ 1 \\ 0 \\ \vdots \\ 0 \end{bmatrix}
$$

在输入序列$\{x_k\}$给定时,如果按式(4-63)调整或设计各抽头系数C_i,可迫使均衡器输出的各抽样值$y_k(|k| \leqslant N, k \neq 0)$为零。这种调整称为迫零调整,此时所设计的均衡器称为迫零均衡器。它能保证在$D_0 < 1$(这个条件等效于在均衡之前有一个睁开的眼图,即码间干扰不足以严重到闭合眼图)时,调整除C_0外的$2N$个抽头增益,并迫使y_0前后各有N个取样点上无码间干扰,此时D取最小值,均衡效果达到最佳。采用迫零调整法所构建的预置式自动均衡器的原理框图如图4-31所示。

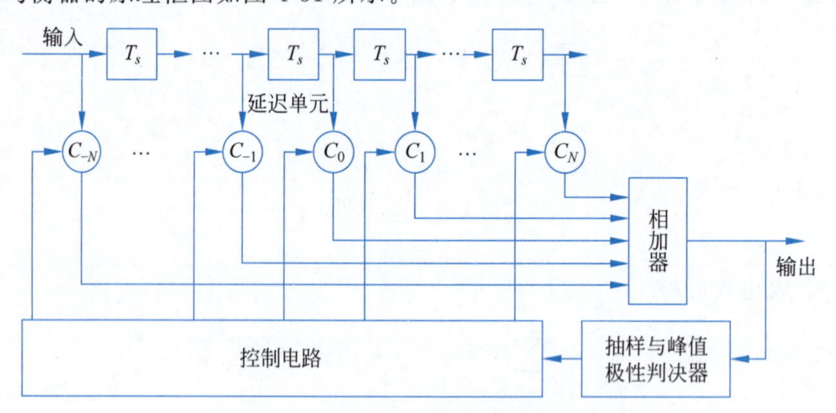

图4-31 预置式自动均衡器的原理框图

(2) 最小均方失真法——自适应均衡器。

按最小峰值失真准则设计的迫零均衡器的缺点是必须限制初始失真$D_0 < 1$。用最小均方失真准则也可导出抽头系数必须满足的$2N+1$个方程,从中也可解得使均方失真最小的$2N+1$个抽头系数,又无须对初始失真提出限制。

由于自适应均衡器可随信道特性的时变而自适应调整抽头系数,故调整精度高,无须预调时间,能适应信道的随机变换。图4-32给出了一个按最小均方误差算法调整的三抽头自适应均衡器原理框图。在高速数传系统中,普遍采用自适应均衡器来克服码间干扰。经典的自适应均衡器准则或算法有迫零(ZF)算法、最小均方误差(LMS)算法、递推最小二乘(RLS)算法、卡尔曼算法等。

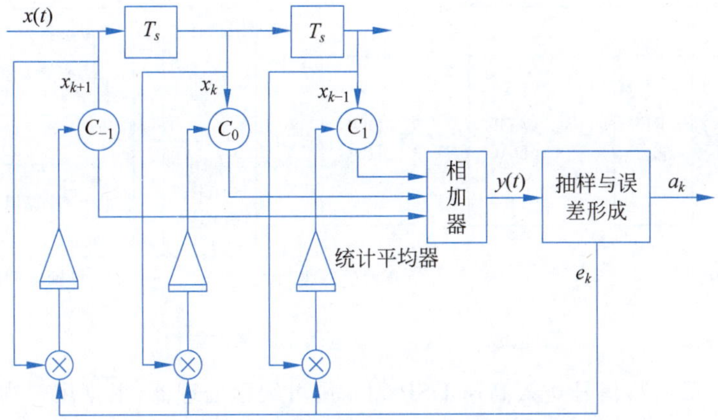

图 4-32　最小均方误差算法自适应均衡器原理框图

上述均衡器属于线性均衡器(因为横向滤波器是一种线性滤波器)，它对于像电话线这样的信道来说性能良好，在无线信道传输中，若信道严重失真，造成了码间干扰，以致线性均衡器不易处理，此时需要采用非线性均衡器。常用的非线性均衡算法包括判决反馈均衡(DFE)、最大似然符号检测、最大似然序列估值。

4.10　软件无线电

软件无线电(software radio)技术是为了实现多模式、多频段和多速率的通信功能的硬件架构，其中心思想是将宽带模数转换器(ADC)及数模转换器(DAC)尽可能地靠近射频天线，建立一个具有“ADC-DSP-DAC”模型的、通用的、开放的硬件平台。在这个标准、通用和开放的硬件平台上尽量利用软件技术来实现电台的各种功能，以使不同通信系统能在统一的硬件体系架构下兼容。例如，使用宽带 ADC，通过可编程数字滤波器对信道进行分离；使用数字信号处理器(DSP)，通过软件编程来实现各种通信频段的选择，如 HF、VHF、UHF 和 SHF 等；通过软件编程来完成传送信息抽样、量化、编码/解码、运算处理和变换，以实现射频电台的收发功能；通过软件编程实现不同的信道调制方式的选择，如调幅、调频、跳频和扩频等；通过软件编程实现不同的保密结构、网络协议和控制终端功能等。软件无线电技术是软件化、计算密集型的操作形式。

软件无线电的核心是通过软件实现对信号的处理，所以在结构设计上应注意以下两点：①信号应尽早地被数字化，在硬件上可以将 ADC 或 DAC 尽可能靠近射频天线来实现这一要求。②为了能够搭载应用软件，需要高性能的处理器。软件无线电基本结构主要由三部分组成：天线和射频前端，高速模数、数模转换器，高速数字信号处理器、专用可编程处理器。图 4-33 为软件无线电体系的基本结构。

射频天线应选用宽带天线或智能天线。在接收无线电信号时，射频前端主要对模拟无线信号进行滤波、放大、下变频等处理(在发射信号时，射频前端主要对信号进行上变频、滤波以及功率放大等处理)。完成处理后，信号再通过高速 ADC 转换为数字信号。DDC 和 DUC 是数字下变频器和数字上变频器，经过高速 ADC 后的数据流信息速率较大，导致对后续处理器的运算能力要求提高，可以将 ADC 转换后的数据流通过 DDC 进行降速处理，降

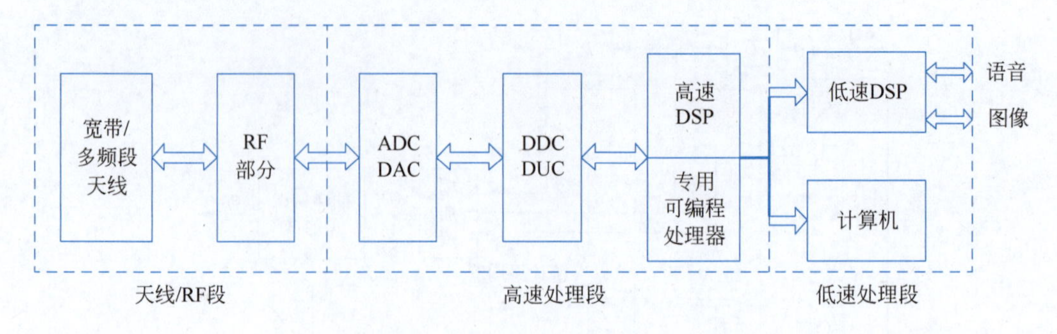

图 4-33 软件无线电体系的基本结构

低其信息速率。最后将信号送入高速 DSP 和专用可编程处理器,根据用户需求利用软件技术对信号进行处理,如分析信号频谱、录制信号等。

在信号处理的过程中,可编程处理器是核心,也可配合 DSP、ARM 等组成多核心处理器组,提高处理能力。在信号情报、电子战、测试和测量、公共安全通信、频谱监测和军事通信等领域中,软件无线电已成为事实上的行业标准。软件无线电技术在国内外的无线电广播、卫星跟踪、无人机研发等诸多领域都占据着相当重要的地位。国内已经有基于软件无线电技术设计的卫星跟踪平台,这种卫星跟踪平台具有开放性、模块化、可软件重构的特点,平台的功能可以进行拓展和升级,可以满足不同卫星跟踪任务的需求。这种基于软件无线电技术设计的卫星跟踪平台已经成功地应用于国际出口卫星的跟踪测控,并可以在跟踪测控卫星领域中推广使用。在现代无线电广播领域中,软件无线电技术的成功应用也可以提升无线电广播的各种性能,如提升抗干扰能力、无线电广播的质量、用户的体验等。软件无线电技术正推动着无线电广播事业的发展与进步。

4.11 基带芯片

基带芯片是指用来合成即将发射的基带信号或对接收到的基带信号进行解码的芯片。具体地说,就是发射时,把语音或其他数据信号编码成用来发射的基带码;接收时,把收到的基带码解码为语音或其他数据信号,它主要完成通信终端的信息处理功能。

同时,基带芯片也负责地址信息、文字信息和图片信息等的编译。基带芯片是一种集成度非常复杂的 SoC,主流的基带芯片支持多种网络制式,即在一颗基带芯片上支持所有的移动网络和无线网络制式,多模移动终端可实现全球范围内多个移动网络和无线网络间的无缝漫游。目前大部分基带芯片的基本结构是微处理器和数字信号处理器,微处理器是整颗芯片的控制中心,大部分使用的是 ARM 核,而 DSP 子系统负责基带处理。

存在于智能手机中的基带芯片可以理解为一个结构复杂的 SoC 芯片,这种芯片具有多种功能,各个功能的正常工作是通过微型处理器进行配置与协调的。这种复杂的芯片以 ARM 微型处理器为中心,它通过 ARM 微型处理器的专用总线(AHB 总线)来控制和配置 ARM 微型处理器周围的各个外设功能模块,这些功能模块主要有 GSM、Wi-Fi、GPS、蓝牙、DSP 和内存等,并且每一个功能模块都有独立的内存和地址空间,它们的功能相互独立、互不影响。并且基带芯片自身拥有一个电源管理芯片。

在手机芯片行业,尤其是高性能芯片领域,依旧处于高通、联发科、海思、三星以及苹果五家争霸的局面,但同时具有手机终端制造能力和芯片研发能力的只有海思和三星,高通和联发科则只提供解决方案,没有终端;比较特殊的是苹果,其芯片自主设计但委托生产,同时完全自用。其中三星的 Exynos 芯片除用于自家高端手机外,只有魅族采用;而多年来,海思处理器一般都应用在华为的明星机型上。

【思政 4-8】 2019 年 5 月,华为被美国商务部列入管制“实体名单”,这意味着华为不能未经美国政府批准而从美国公司购买零件,同时华为手机也不可能再使用 Google Android(谷歌安卓)操作系统。海思总裁发布了致员工的一封信,信件全文如下。

尊敬的海思全体同事们:

此刻,估计您已得知华为被列入美国商务部工业和安全局(BIS)的实体名单(entity list)。

多年前,还是云淡风轻的季节,公司做出了极限生存的假设,预计有一天,所有美国的先进芯片和技术将不可获得,而华为仍将持续为客户服务。为了这个以为永远不会发生的假设,数千海思儿女,走上了科技史上最为悲壮的长征,为公司的生存打造“备胎”。数千个日夜中,我们星夜兼程,艰苦前行。华为的产品领域是如此广阔,所用技术与器件是如此多元,面对数以千计的科技难题,我们无数次失败过,困惑过,但是从来没有放弃过。

后来的年头里,当我们逐步走出迷茫,看到希望,又难免一丝丝失落和不甘,担心许多芯片永远不会被启用,成为一直压在保密柜里面的备胎。

今天,命运的年轮转到这个极限而黑暗的时刻,超级大国毫不留情地中断全球合作的技术与产业体系,做出了最疯狂的决定,在毫无依据的条件下,把华为公司放入了实体名单。

今天,是历史的选择,所有我们曾经打造的备胎,一夜之间全部转“正”!多年心血,在一夜之间兑现了公司对于客户持续服务的承诺。是的,这些努力,已经连成一片,挽狂澜于既倒,确保了公司大部分产品的战略安全,大部分产品的连续供应!今天,这个至暗的日子,是每一位海思的平凡儿女成为时代英雄的日子!

华为立志,将数字世界带给每个人、每个家庭、每个组织,构建万物互联的智能世界,我们仍将如此。今后,为实现这一理想,我们不仅要保持开放创新,更要实现科技自立!今后的路,不会再有另一个十年来打造备胎然后再换胎了,缓冲区已经消失,每一个新产品一出生,将必须同步“科技自立”的方案。

前路更为艰辛,我们将以勇气、智慧和毅力,在极限施压下挺直脊梁,奋力前行!滔天巨浪方显英雄本色,艰难困苦铸造诺亚方舟。

何庭波

2019 年 5 月 17 日凌晨

华为集团居安思危,从 2004 年就开始布局芯片的研究,经历了漫长的十年。2014 年,海思手机芯片终于开始进入主流市场。2017 年,华为手机全球出货量大约为 1.53 亿部,有 7000 万部手机使用了海思处理器,海思手机芯片也逐渐突围。华为海思麒麟芯片,以麒麟 980 为代表(处理器基于 ARM 架构,使用了 7nm 的工艺设计;CPU 端使用八核心设计,GPU 使用的是 Mail-G76 MP10;仅次于同期苹果 A12、高通骁龙 855 处理器)已广泛应用于华为 Mate20 系列、P30 系列等手机上,已经成为华为高端旗舰手机指定专用芯片,海思芯片目前不仅运用在手机上,同时还被广泛应用于 5G 网络、网络路由器、物联网等领域。除此之外,华为海思还生产基站、基带、服务器处理器等芯片。海思研发的 5G SoC 基带芯片是 5G 时代的引领者,第一代 5G SoC 麒麟 990、985,开启了 5G 时代的元年,第二代 5G SoC

麒麟 9000 是全球首款 5nm SoC,性能功耗极低,在被制裁的情况下,与高通骁龙三代芯片对抗,进一步提高了我国 5G 通信的国际影响力。

华为技术有限公司总裁任正非接受媒体采访时表示:即使高通和其他美国供应商不向华为出售芯片,华为也"没问题",因为"我们已经为此做好了准备"。华为海思芯片已酝酿二十余年,各项技术水平接近或赶超国际水平。

【思政 4-9】 习近平总书记在武汉考察时强调:"科技自立自强是国家强盛之基、安全之要。"中国应坚持创新引领发展,实现高水平科技自立自强。作为社会主义建设者和接班人的中国青年,要奋发图强,迎难而上,不断创新,具有工匠精神,不断增强国家技术自主研发能力和水平,为科技强国、实现中华民族的伟大复兴做出自己的贡献!

【本章小结】

1. 数字基带传输系统

➢ 框图:信道信号形成器、信道、接收滤波器及抽样判决器。

➢ 任务:将原始基带信号变换成有效的信道基带信号,完成无失真传输。

2. 数字基带信号波形及功率谱特性

➢ 信号波形:单极性/双极性归零信号、非归零信号,差分波形,多电平波形。

➢ 基带信号功率谱特性:连续谱肯定存在,当等效直流分量为 0 时离散谱不存在。

3. 常用码型

➢ AMI、HDB3、PST、BPH、Miller、CMI。

4. 码间干扰

➢ 码间干扰的定义:系统传输性能不理想引入的再生基带信号和原生基带信号的差异。

➢ 无码间干扰传输的时域条件:$h(kT_s)=\begin{cases}1, & k=0\\0, & \text{其他}\end{cases}$。

➢ 无码间干扰传输的频域条件:

$$H_{\mathrm{eq}}(\omega)=\sum_i H(\omega+2\pi i\cdot R_B)=\text{常数},\quad |\omega|\leqslant\pi\cdot R_B\quad(\text{一个周期内})$$

➢ 奈奎斯特第一准则:奈奎斯特速率为等效理想低通截止频率的 2 倍。等于奈奎斯特速率或比奈奎斯特速率小整数倍即可实现无码间干扰传输。

5. 部分响应系统

➢ 定义:奈奎斯特第二准则定义的系统。

➢ 优点:降低了对定时精度的要求,且能达到频带利用率的最大值。

➢ 缺点:引入了码间干扰。

➢ 实际部分响应系统:引入了预编码和模 2 加处理单元,消除码间干扰影响。

6. 抗噪性能分析

利用概率密度函数求误码率。

7. 眼图

➢ 定义:用示波器实际观察接收信号质量的方法。

➢ 能观察的重要指标:码间干扰和噪声。

8. 时域均衡

➢ 定义：在抽样时刻起补偿作用的滤波器称为时域均衡器。

➢ 目的：补偿设计中依旧存在的码间干扰问题。

➢ 结构：横向抽头滤波器。

数字基带传输系统的思维导图如图 4-34 所示。

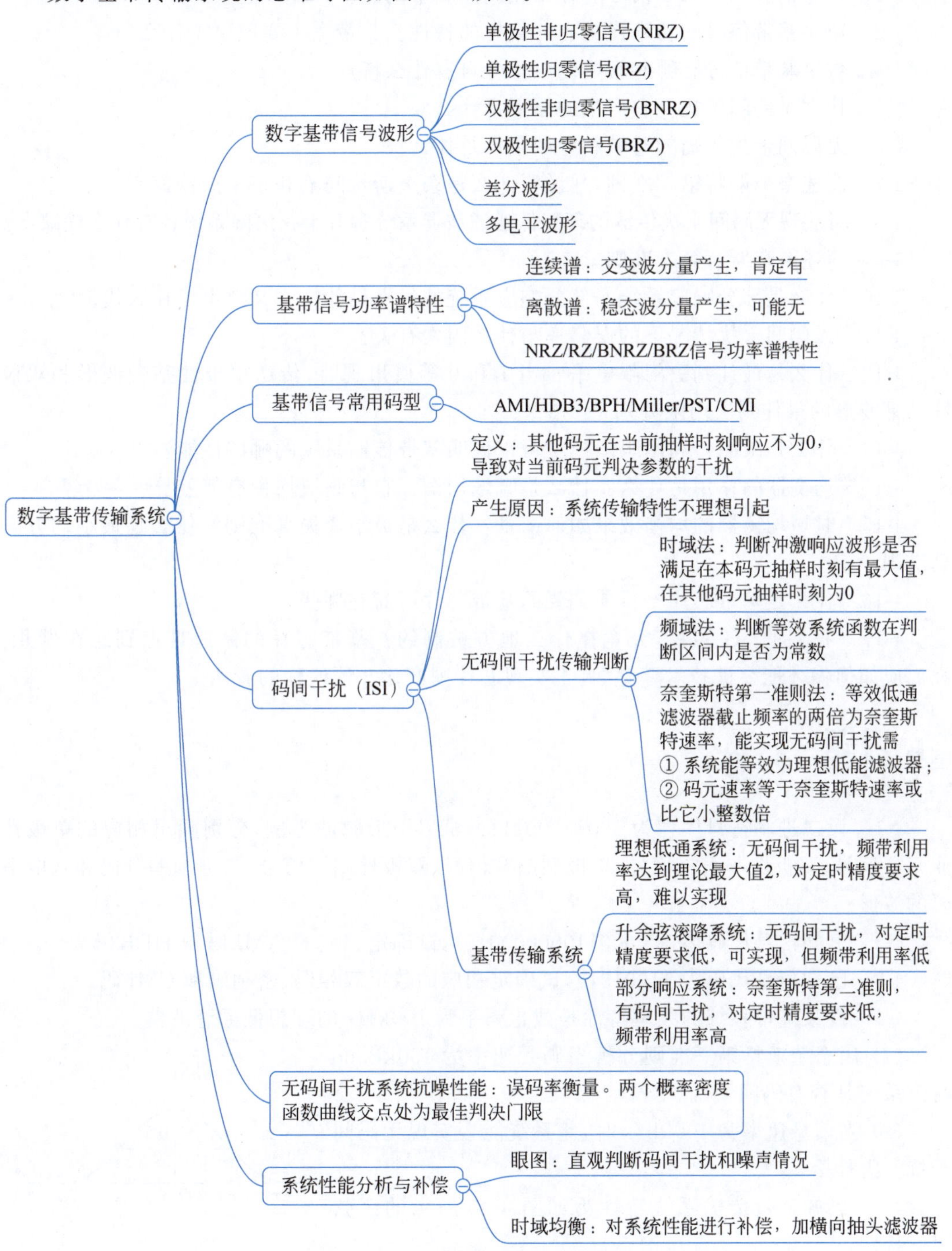

图 4-34 “数字基带传输系统”的思维导图

思考题

4-1 什么是数字基带传输？简述数字基带传输系统的基本结构和功能。

4-2 归零信号和非归零信号有什么相同点和不同点？

4-3 数字基带信号的功率谱具有什么样的特性？其带宽主要取决于什么？

4-4 数字基带信号有哪些常用码型？各自有什么特点？

4-5 什么是码间干扰？它产生的原因是什么？

4-6 无码间干扰传输的时域和频域条件是什么？

4-7 简述奈奎斯特第一准则，并说明什么是奈奎斯特间隔和奈奎斯特速率。

4-8 可实现无码间干扰传输的理想低通滤波器系统和升余弦滚降系统各有什么优缺点？

4-9 简述奈奎斯特第二准则。

4-10 什么是部分响应系统？部分响应系统的优点是什么？又付出了什么代价？

4-11 无码间干扰情况下的误码率与什么因素有关？

4-12 什么是最佳判决门限电平？当 1 和 0 等概出现时，传送单极性基带波形和双极性基带波形的最佳判决门限分别是多少？

4-13 什么是眼图？利用眼图模型可以说明基带传输系统的哪些性能？

4-14 均衡器的作用是什么？什么是时域均衡？它与频域均衡有何差异？

4-15 时域均衡器的均衡效果如何衡量？什么是最小峰失真准则？什么是最小均方失真准则？

4-16 什么是基带芯片？目前主要的基带芯片厂商有哪些？

4-17 我们的 5G 芯片，究竟在什么地方被制约？基带芯片的制造难点到底在哪儿？我们应如何做才能突破技术壁垒，真正实现芯片国产化？谈谈你的看法。

习题

4-1 设二进制符号序列为 100110001110，试以矩形脉冲为例，分别画出相应的单极性非归零信号、双极性非归零信号、单极性归零信号、双极性归零信号、二进制差分码和八电平码的波形。

4-2 已知信息代码为 100000110000000101，试确定相应的 AMI 码和 HDB3 码。

4-3 已知信息代码为 11001011，试确定相应的数字双相码、密勒码和 CMI 码。

4-4 设某基带系统的频率特性是截止频率为 100kHz 的理想低通滤波器。

(1) 用奈奎斯特第一准则分析当码元速率为 150kBaud 时此系统是否有码间干扰。

(2) 当信息速率为 400kb/s 时，此系统能否实现无码间干扰？为什么？

4-5 已知基带传输系统特性为如图 4-35 所示的余弦滚降特性。

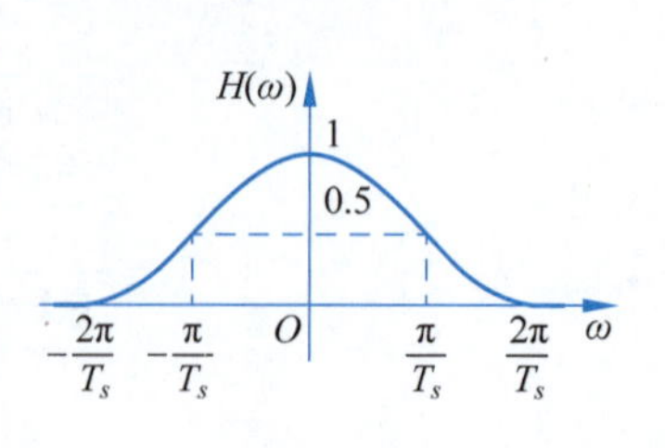

图 4-35

(1) 试求系统无码间干扰传输的最高速率和频带利

用率。

(2) 若分别以$\frac{2}{3T_s}$、$\frac{1}{2T_s}$、$\frac{1}{T_s}$、$\frac{3}{T_s}$的速率传输数据，哪些速率可以消除码间干扰？

4-6　若给定低通型信道的带宽为2400Hz，在此信道上进行基带传输，当基带波形形成滤波器特性分别为理想低通、50%余弦滚降、100%余弦滚降时，试问无码间干扰传输的最高码元速率及相应的频带利用率各为多少？

4-7　设基带传输系统的发送滤波器、信道及接收滤波器组成总特性为$H(\omega)$，若要求以$2/T_s$波特的速率进行数据传输，则图4-36中：

(1) 各种$H(\omega)$是否满足消除抽样点上码间干扰的条件？

(2) 无码间干扰传输特性的频谱利用率为多少？

(3) 简要讨论实际采用哪个更合理。

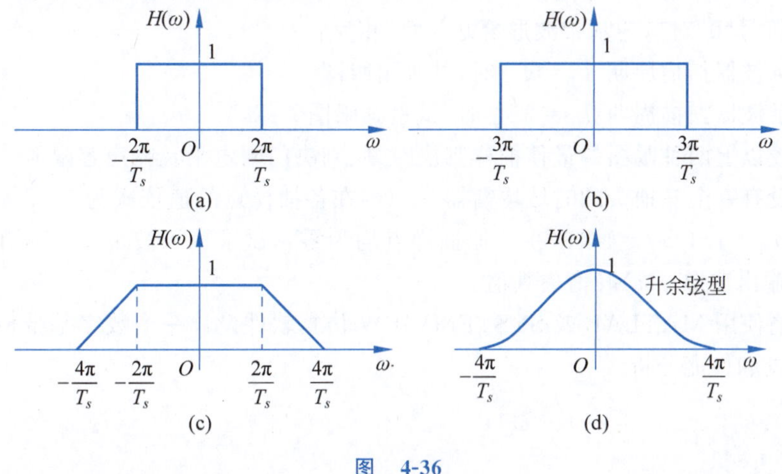

图　4-36

4-8　设某个基带传输系统的传输特性$H(\omega)$如图4-37所示，其中α为某个常数$(0\leqslant\alpha\leqslant1)$。

(1) 试检验该系统能否实现无码间干扰传输。

(2) 试求该系统的最大码元传输速率为多少。这时的系统频带利用率为多少？

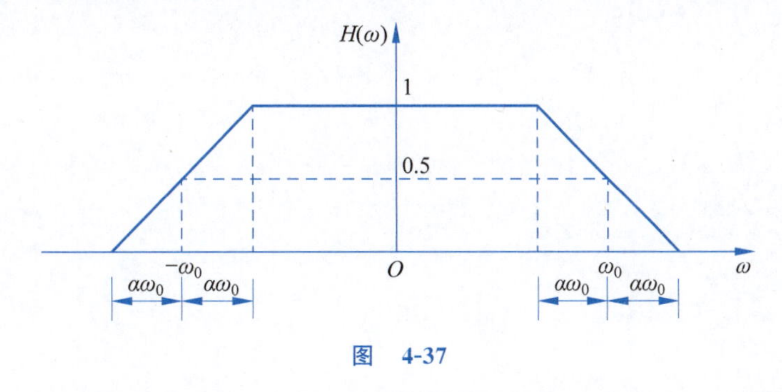

图　4-37

4-9　一个八进制基带传输系统，其传输特性是带宽为2400Hz的余弦滚降函数，无ISI的最高速率$R_{B\max}$为3200B。

(1) 试确定该系统的奈奎斯特带宽和滚降系数。

(2) 求无ISI的最高频带利用率η_b。

(3) 若该系统传输2400b/s的数据，有无码间干扰？

4-10 当数字基带传输系统为理想低通滤波器或100%升余弦特性时，对于4000Hz的带宽，分别确定无码间干扰传输的最高速率以及相应的频带利用率。

4-11 已知某信道的截止频率为1MHz，信道中传输八电平数字基带信号，若传输函数采用滚降因子$\alpha=0.5$的升余弦滤波器，试求其高信息传输速率。

4-12 某二进制数字基带系统所传送的是单极性基带信号，且数字信息"1"和"0"等概出现。

(1) 若数字信息为"1"时，接收滤波器输出信号在抽样判决时刻的值$a=1\text{V}$，且接收滤波器输出噪声的均值为0，均方根值$\sigma_n=0.2\text{V}$，试求此时的误码率P_e。

(2) 若要求误码率P_e不大于10^{-5}，试确定a至少应为多少？

4-13 将习题4-12中的单极性信号改为双极性信号，其他条件不变，重做习题4-12。

4-14 一随机二进制序列为10011001…，符号"1"对应的基带波形为升余弦波形，持续时间为T_s，符号"0"对应的基带波形恰好与"1"相反：

(1) 当示波器扫描周期$T_0=T_s$时，试画出眼图。

(2) 当示波器扫描周期$T_0=2T_s$时，试重画眼图。

(3) 比较以上两种眼图的最佳抽样判决时刻、判决门限电平及噪声容限值。

4-15 设有一个三抽头的时域均衡器。$x(t)$在各抽样点的值依次为$x_{-2}=1/8$，$x_{-1}=1/3$，$x_0=1$，$x_1=1/4$，$x_2=1/16$(在其他抽样点均为零)，试求输入波形$x(t)$峰值失真值及时域均衡器输出波形$y(t)$峰值失真值。

4-16 请使用MATLAB或SYSTEMVIEW仿真软件设计一个数字基带传输系统，并对其进行仿真和性能分析。

第5章 数字频带传输系统

【本章导学】

数字基带传输系统的原理是数字通信系统的基础，但是实际通信中很多信道不能直接传送基带信号，需经过调制过程将信号完成频谱搬移，转换为频带信号进行传输，以频带信号在信道中传输的通信系统即为频带传输系统。本章主要讨论二进制数字频带传输系统的基本原理和抗噪性能分析方法，并对二进制数字频带传输系统进行了性能比较，还介绍了多进制数字调制的原理和改进数字调制技术。

本章学习目的与要求

- 掌握二进制数字频带传输系统的基本原理
- 掌握二进制数字调制的信号波形
- 掌握二进制数字调制信号的功率谱
- 熟悉二进制数字调制系统的调制与解调方法
- 掌握二进制数字频带传输系统抗噪性能分析方法与结论
- 熟悉各种二进制数字调制系统的性能
- 了解多进制数字频带传输系统的基本原理
- 了解现代数字调制技术

本章学习重点

- 2ASK、2FSK、2PSK 及 2DPSK 信号波形及功率谱特性
- 二进制数字调制的信号产生方法和解调方法
- 抗噪性能的分析方法和结论
- 二进制数字调制系统的性能比较

思政融入

- 哲学思想
- 科学精神
- 工匠精神
- 科学思辨
- 工程伦理

通信系统按照是否采用了调制可分为基带传输系统和频带传输系统。第 4 章讨论了数字基带传输系统，但是实际通信信道通常具有带通特性，无法直接传送具有丰富低频成分的数字基带信号。因此，需要将基带信号调制到较高频率，形成频带信号以适合信道的传输。与模拟调制类似，数字调制是用数字基带信号去控制载波的参量，使得载波参量随着基带信号的变化而变化。在接收端通过解调器将已调信号还原为原始基带信号，即完成信号的解

调。通常将包含调制和解调过程的数字传输系统称为数字频带传输系统或数字调制系统。

与第3章所讨论的模拟调制相同,本章所要学习的数字频带传输系统选择正弦波作为载波信号。数字调制和模拟调制的原理基本相同,但模拟调制的载波参量是随着模拟基带信号做连续变化,而由于数字基带信号的离散特性,数字调制通常用载波信号参量的若干离散状态来表征所传送的信息。一般地,数字调制方法有两种:①采用模拟调制的方法实现数字调制,即将数字调制看作模拟调制的特例,将数字信号当作模拟信号的特殊情况处理。②利用数字信号的离散取值特点采用开关控制载波输出,实现载波参量在不同数字基带信号下的变化,这种方法也称为键控法。正弦载波的参量主要包括振幅、频率和相位,根据受控于基带信号的载波参量的不同,数字调制可以分为幅移键控(Amplitude Shift Keying, ASK)、频移键控(Frequency Shift Keying, FSK)和相移键控(Phase Shift Keying, PSK)3类。也可用数字基带信号同时改变正弦载波的幅度、频率或相位中的某几个参数,产生改进数字调制技术。根据数字基带信号的进制,数字调制也可分为二进制调制和多进制调制。在二进制调制中,信号参量只有两种可能取值,而在多进制调制中,信号参量可能有M种取值($M>2$)。本章主要讨论二进制数字频带传输系统的原理及抗噪性能,并简要介绍多进制调制的基本原理。

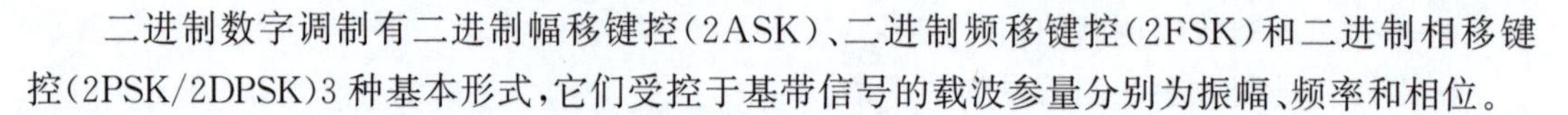

5.1 二进制数字调制原理

二进制数字调制有二进制幅移键控(2ASK)、二进制频移键控(2FSK)和二进制相移键控(2PSK/2DPSK)3种基本形式,它们受控于基带信号的载波参量分别为振幅、频率和相位。

5.1.1 二进制幅移键控(2ASK)

1. 信号表达式与信号波形

幅移键控是正弦载波的幅度随数字基带信号的变化而变化的数字调制。当数字基带信号为二进制时,则为二进制幅移键控。二进制幅移键控是最早出现的数字调制形式,最初用于电报系统,但由于其抗噪能力较差,实际已较少使用。

假设载波信号为

$$C(t)=A\cos(\omega_c t+\varphi_0) \tag{5-1}$$

式中,A为振幅;ω_c为角频率;φ_0为初始相位。

设调制信号为$s(t)=\sum\limits_{n=-\infty}^{\infty}a_n g(t-nT_s)$,则已调2ASK信号表达式为

$$e_{2ASK}(t)=As(t)\cos(\omega_c t+\varphi_0) \tag{5-2}$$

则载波幅度由原来的固定幅值A变成了随着调制信号的变化而变化的变量$As(t)$。为简单起见,假设载波信号原振幅为1,初相位为0,则已调信号为

$$e_{2ASK}(t)=s(t)\cdot\cos\omega_c t=\left[\sum_{n=-\infty}^{\infty}a_n g(t-nT_s)\right]\cos\omega_c t \tag{5-3}$$

式中,调制信号$s(t)$限制为单极性非归零信号,即

$$s(t)=\sum_n a_n g(t-nT_s) \tag{5-4}$$

式中，T_s 是二进制基带信号的时间间隔；$g(t)$为持续时间为 T 的基带脉冲波形；a_n 是第 n 个符号的电平取值。若取

$$a_n=\begin{cases}1, & \text{概率为 } p\\ 0, & \text{概率 } 1-p\end{cases} \tag{5-5}$$

则此时载波的振幅随着数字信号 1 和 0 在两个电平之间转换，即可得到二进制幅移键控中最简单的形式——通断键控(On-Off Keying，OOK)信号，即载波在数字信号 1 或 0 的控制下通或断，其时域表达式可进一步简化为

$$e_{\text{OOK}}(t)=\begin{cases}A\cos\omega_c t, & \text{以概率 } p \text{ 发送 1 时}\\ 0, & \text{以概率 } 1-p \text{ 发送 0 时}\end{cases} \tag{5-6}$$

其典型波形如图 5-1 所示。可以看出，2ASK 已调信号用载波的有和无表示基带信号的 1 和 0，其时间波形随二进制基带信号 $s(t)$发生通-断变化。

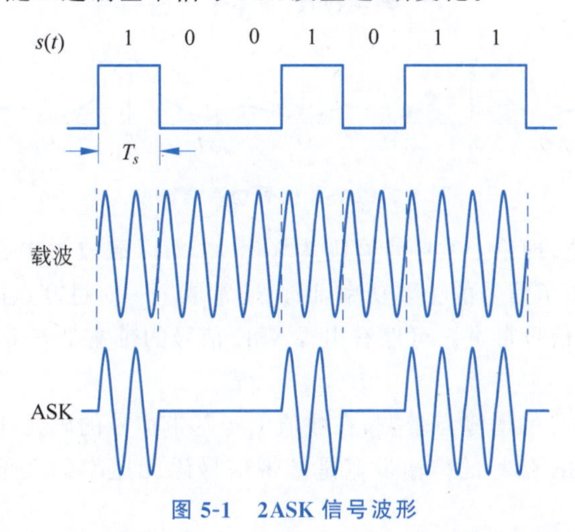

图 5-1 2ASK 信号波形

2. 功率谱密度

对连续信号而言，其频域特性用频谱表示，而本章的调制信号及所得已调信号均为离散随机信号，离散信号的傅里叶变换不收敛，因此在研究频谱特性时，讨论其功率谱密度。由式(5-3)可知，2ASK 信号表达式可表示为

$$e_{2\text{ASK}}(t)=s(t)\cdot\cos\omega_c t \tag{5-7}$$

已调 2ASK 信号在时域是调制信号和载波信号的乘积，在频域则是两个信号的卷积。假设 $s(t)$的功率谱密度为 $P_s(f)$，2ASK 信号的功率谱密度为 $P_{2\text{ASK}}(f)$，则

$$P_{2\text{ASK}}(f)=\frac{1}{4}[P_s(f+f_c)+P_s(f-f_c)] \tag{5-8}$$

可以看出，2ASK 已调信号的功率谱是将调制信号的功率谱线性搬移到了 f_c 和 $-f_c$ 两个载频的位置，因此 2ASK 属于线性调制。由于 2ASK 的调制信号限制为 NRZ 信号，因此，当 0、1 出现概率相等，即 $p=1/2$ 时，调制信号功率谱为

$$P_s(f)=\frac{1}{4}\delta(f)+\frac{1}{4}T_s\cdot\text{Sa}^2(\pi f T_s) \tag{5-9}$$

则

$$P_{2ASK}(f)=\frac{1}{16}[\delta(f+f_c)+\delta(f-f_c)]+\frac{T_s}{16}\{\mathrm{Sa}^2[\pi(f+f_c)T_s]+\mathrm{Sa}^2[\pi(f-f_c)T_s]\}\tag{5-10}$$

2ASK 信号功率谱密度如图 5-2 所示。可见,2ASK 信号的功率谱由连续谱和离散谱两部分组成,为基带信号功率谱的线性搬移。连续谱取决于线性调制后的双边带谱,而离散谱由载波分量确定。

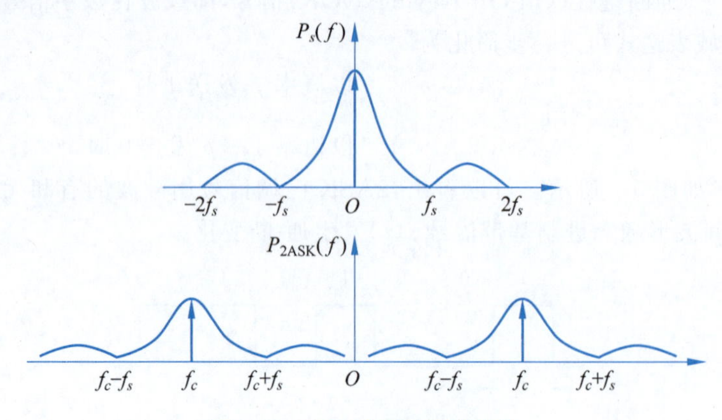

图 5-2 2ASK 信号功率谱密度

基带信号是矩形波,理论上其频带宽度为无穷大,而以载波为中心频率,在功率谱密度的第一过零点之间集中了信号的主要功率,因此通常取第一对过零点的带宽作为传输带宽,称之为谱零点带宽,即信号带宽。可以看出,2ASK 信号的带宽是基带信号带宽的两倍,即

$$B_{2ASK}=2f_s\tag{5-11}$$

这里 f_s 为基带信号的谱零点带宽,在数值上与基带信号的码元速率 R_B 相等,即 $f_s=1/T_s=R_B$。因此 2ASK 信号的传输带宽是基带信号码元速率的 2 倍,也是基带脉冲波形带宽的 2 倍。

3. 调制方法

由 2ASK 的表达式知,2ASK 信号的产生方法通常有模拟相乘法和键控法两种,如图 5-3 所示,图 5-3(a)是一般的模拟幅度调制方法,采用模拟相乘的方法实现;图 5-3(b)是采用数字键控的方法实现,开关 K 的动作由基带信号 $s(t)$ 控制。$s(t)$ 为高电平 1 时,开关接端子 1,输出为载波,而 $s(t)$ 为低电平 0 时,开关接在端子 0,输出为 0,在基带信号为 1 和 0 时分别得到两种不同振幅的载波。

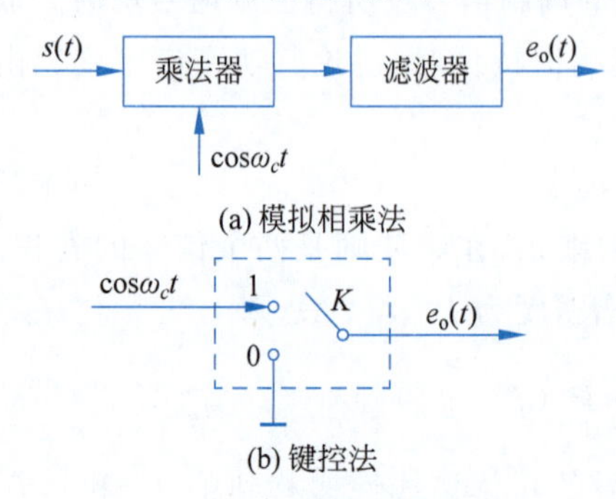

图 5-3 2ASK 调制原理图

4. 解调方法

与模拟调制中的 AM 信号类似,2ASK 信号也有非相干(nocoherent)解调(包络检波法)和相干(coherent)解调(同步检测法)两种解调方法,其相应的接收系统组成框图如图 5-4 所示。

信号在进入解调模块之前首先要经过带通滤波器滤除有效信号频带以外的噪声,其带宽与已调信号带宽相同,中心频率等于载波频率。

非相干解调时,用全波整流器和低通滤波器共同实现包络检波器的作用。抽样判决器

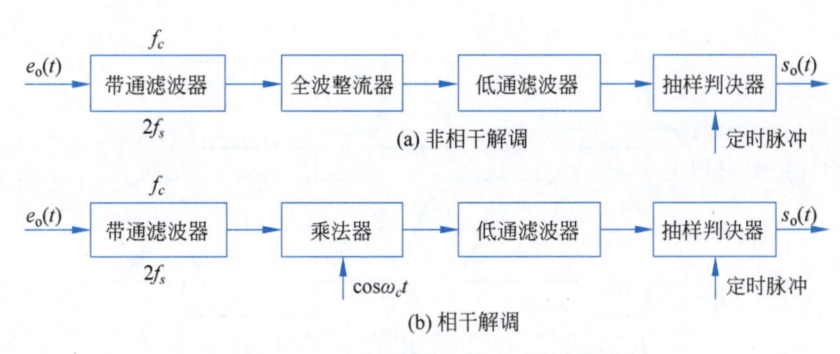

图 5-4　2ASK 信号接收系统组成框图

的作用是将抽样值和门限值进行比较，若抽样值大于门限值，则判为 1；否则，判为 0。

相干解调时，其他部分与非相干解调相同，只是用乘法器代替了全波整流器。

【思政 5-1】 相对于模拟调制系统的解调，数字频带传输系统的解调主要增加了抽样判决模块，抽样判决模块也是数字通信系统的重要模块。目的在于提高接收机性能，恢复原数字信号。我们要用科学的方法分析模拟和数字通信系统的模型，并辩证分析两类解调方法的优劣，选择适合的解调方法。

5.1.2　二进制频移键控（2FSK）

视频讲解

1. 信号表达式及信号波形

频率调制是使正弦载波的频率受控于基带信号，随着基带信号的变化而变化，因此二进制频移键控的表达式可定义为

$$e_o(t)=A\cos\omega t \tag{5-12}$$

式中，ω 为已调信号的瞬时角频率：

$$\omega=\omega_c+\Delta\omega=\omega_c+ks(t) \tag{5-13}$$

表明已调信号的瞬时频率变化量受控于调制信号 $s(t)$，随着 $s(t)$的变化而变化。

在二进制情况下，正弦载波的频率随二进制基带信号在 f_1 和 f_2 两个频率点间变化，即

$$e_{2\text{FSK}}(t)=\begin{cases}A\cos(\omega_1 t+\varphi_n), & \text{发送 1 时}\\ A\cos(\omega_2 t+\theta_n), & \text{发送 0 时}\end{cases} \tag{5-14}$$

如同两个不同频率交替发送的 ASK 信号，因此已调 2FSK 信号的时域表达式也可写为

$$\begin{aligned}e_{2\text{FSK}}(t)&=\left[\sum_n a_n g(t-nT_s)\right]\cos(\omega_1 t+\varphi_n)+\left[\sum_n \bar{a}_n g(t-nT_s)\right]\cos(\omega_2 t+\theta_n)\\ &=s_1(t)\cdot\cos\omega_1 t+\overline{s_1(t)}\cdot\cos\omega_2 t\end{aligned} \tag{5-15}$$

式中，$g(t)$为单个矩形脉冲，脉宽为 T_s；ω_1 和 ω_2 是两个不同的载波频率；φ_n 和 θ_n 分别为第 n 个信号码元的初始相位，在二进制频移键控信号中，φ_n 和 θ_n 不携带信息，通常可令 φ_n 和 θ_n 为零；$\bar{a}_n$ 是 a_n 的反码，a_n 和 $\bar{a}_n$ 的取值可表示为

$$a_n=\begin{cases}0, & \text{发送概率为 } p\\ 1, & \text{发送概率 } 1-p\end{cases}\qquad \bar{a}_n=\begin{cases}1, & \text{发送概率为 } p\\ 0, & \text{发送概率 } 1-p\end{cases} \tag{5-16}$$

二进制频移键控信号的波形如图 5-5 所示。

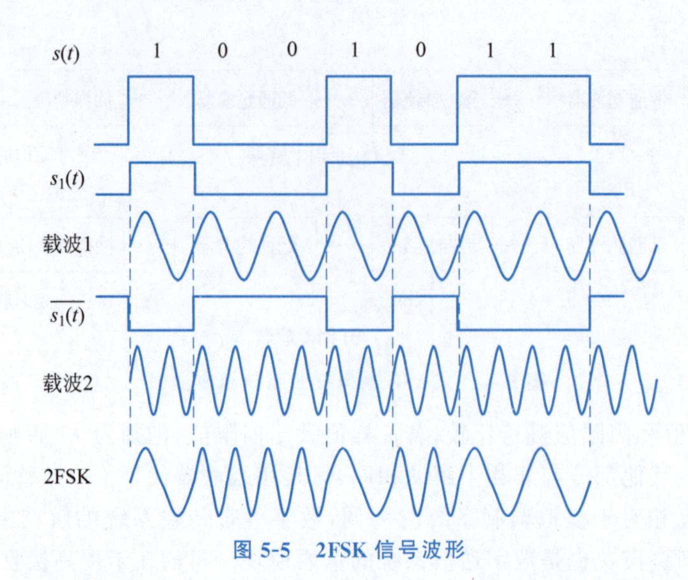

图 5-5 2FSK 信号波形

首先由原始基带信号得到与之极性相同的 $s_1(t)$和与之极性相反的 $\overline{s_1(t)}$，然后根据 2FSK 表达式，在每个对应时刻，$s_1(t)$乘以载波 1 加上 $\overline{s_1(t)}$乘以载波 2，如此就可以得到已调 2FSK 信号波形。可以看出 2FSK 信号波形的特点是用两种不同频率的载波信号表示基带信号 1 和 0。

2. 功率谱结构

2FSK 信号可以看成两个不同载频的 2ASK 信号的叠加，因此，2FSK 的功率谱也可近似表示为中心频率分别为 f_1 和 f_1 的两个 2ASK 功率谱的组合，即

$$P_{2FSK}(f)=\frac{1}{4}[P_{s_1}(f+f_1)+P_{s_1}(f-f_1)]+\frac{1}{4}[P_{\bar{s}_1}(f+f_2)+P_{\bar{s}_1}(f-f_2)] \tag{5-17}$$

由于 $s_1(t)$和 $\overline{s_1(t)}$均为 NRZ 信号，且脉宽为 T_s，故当 0 和 1 出现的概率相等，即 $p=1/2$ 时，有

$$\begin{aligned}P_{2FSK}(f)=&\frac{1}{16}\{\mathrm{Sa}^2[\pi(f+f_1)T_s]+\mathrm{Sa}^2[\pi(f-f_1)T_s]\}+\\&\frac{1}{16}\{\mathrm{Sa}^2[\pi(f+f_2)T_s]+\mathrm{Sa}^2[\pi(f-f_2)T_s]\}+\\&\frac{1}{16}[\delta(f+f_1)+\delta(f-f_1)+\delta(f+f_2)+\delta(f-f_2)]\end{aligned} \tag{5-18}$$

其功率谱密度如图 5-6 所示。

由图可见，2FSK 信号的功率谱由连续谱和离散谱两部分组成。其中，连续谱由两个中心位于 f_1 和 f_2 的双边谱叠加而成，离散谱位于两个载频 f_1 和 f_2 处。连续谱的形状随着两个载频之差 $\Delta f=|f_1-f_2|$的大小而变化，当 Δf 较小，小于基带信号带宽 f_s，即 $\Delta f<f_s$ 时，功率谱为单峰，随着 Δf 的增长，两载频之间的距离增大；当 $\Delta f>f_s$ 时，功率谱出现双峰。以功率谱的第一过零点间的频率间隔计算 2FSK 信号的带宽，则其带宽近似为

$$B_{2FSK}=2f_s+|f_1+f_2| \tag{5-19}$$

式中，f_s 为基带信号带宽，$f_s=1/T_s=R_B$。

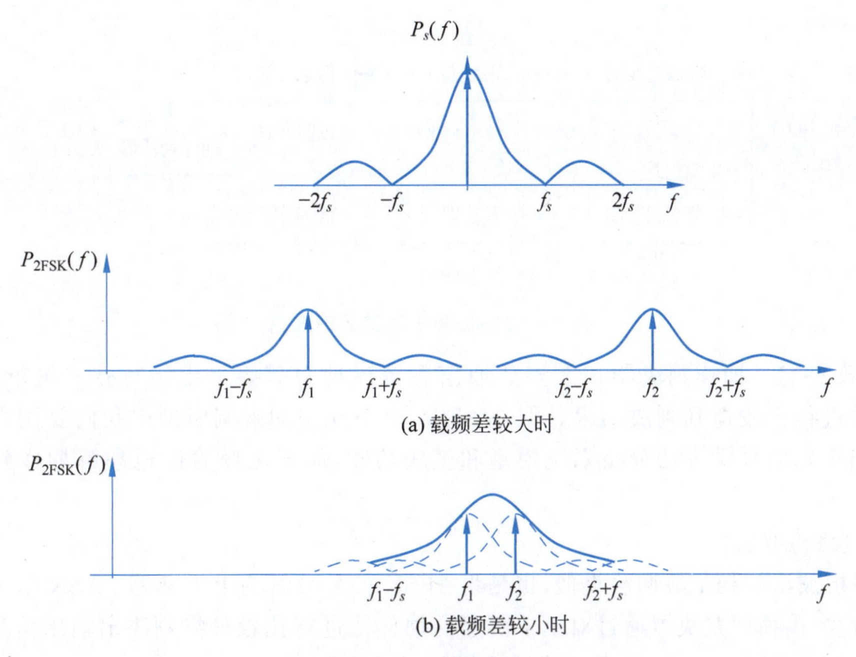

图 5-6　2FSK 功率谱密度

3. 调制方法

视频讲解

2FSK 信号的产生方法主要有两种,一种是采用模拟调频电路来实现,通常可使基带信号直接控制压控振荡器(Voltage-Controlled Oscillator,VCO),使其输出不同频率的信号;另一种是采用数字键控的方法来实现,如图 5-7 所示。

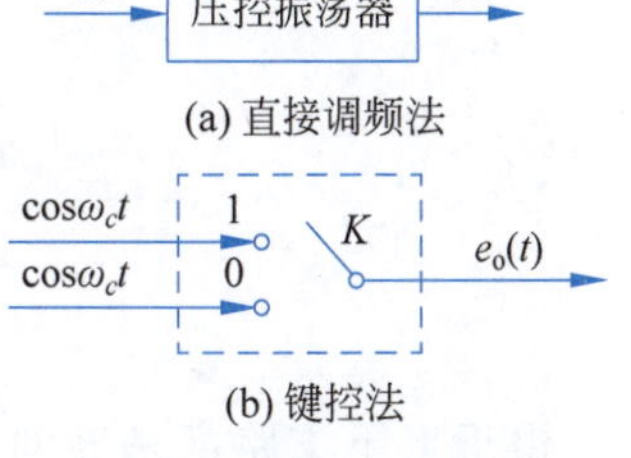

图 5-7　2FSK 调制方法

键控法中,开关 K 受输入的二进制基带信号控制,在输入不同数字信号时转向不同频率的载波输入端。在一个码元 T_s 期间输出 f_1 或 f_2 两个载波之一,使得输出端以两种不同频率的载波表示 1 和 0 两种数字信号。

4. 解调方法

二进制频移键控信号的解调方法有很多,如鉴频法、相干解调法、包络检波法、过零检测法和差分检波法等,鉴频法原理在模拟调频部分已经介绍过,这里主要介绍后 4 种解调方法。

1) 相干解调法

相干解调又称为同步检测,其原理框图如图 5-8 所示。2FSK 信号可看作两路 2ASK 信号,所以其解调也可将 2FSK 信号分解为上下两路 2ASK 信号分别进行相干解调。带通滤波器的作用是滤除有效信号频带以外的噪声,其特性应与两路 2ASK 信号的中心频率和带宽一致。两支路分别完成相干解调后进入抽样判决器,此时,抽样判决器不设置任何判决门限,而是起到比较器的作用。通过对上下两路的抽样值进行比较最终判决出输出信号。假设数字信号 1 和 0 分别对应载波频率 f_1 和 f_2,图 5-8 中的上下支路的输出分别为 v_1 和 v_0,则当 $v_1>v_0$ 时,判决为上支路 f_1 所对应的 1,而当 $v_1<v_0$ 时,判决为下支路 f_2 所对应的 0。

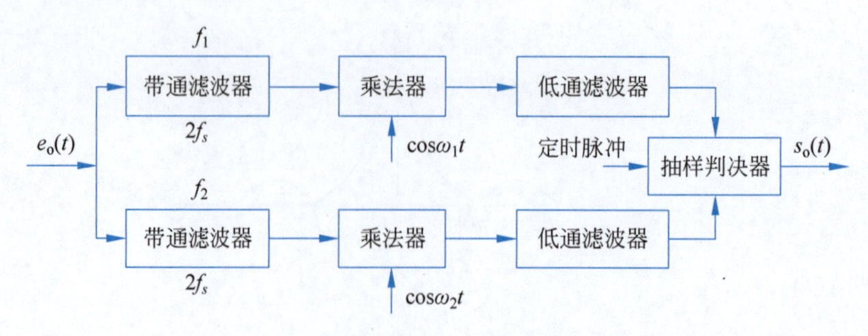

图 5-8　2FSK 相干解调原理框图

【思政 5-2】 抽样判决器在大多数通信系统模型中需要采用定时脉冲进行抽样，与判决门限进行比较得到判决结果。但在 2FSK 上下支路的解调模型中我们要用严谨的科学精神和正确的科学方法分析系统模型和模块功能，而不能经验论地理解抽样判决器的作用。

2）包络检波法

包络检波法与相干解调法类似，也是将 2FSK 信号分解为上下两路 2ASK 信号分别进行包络检波，由抽样判决器通过对上下两路的抽样值进行比较最终判决出输出信号。判决方法与相干解调相同。2FSK 包络检波法如图 5-9 所示。

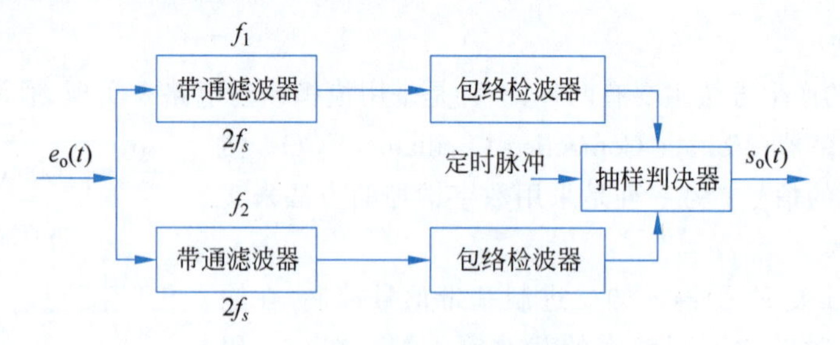

图 5-9　2FSK 包络检波法

由于上下支路都是分别对通过带通滤波器得到的一个在载频位置的 2ASK 功率谱进行解调，所以如果 f_1 和 f_2 较为接近，则无法正确地用带通滤波器滤出两个不同载频位置的功率谱，从而无法正确完成解调。因此，相干解调法和包络检波法这两种上下支路式的解调方法，存在一定的局限性，通常需要满足条件 $|f_1-f_2|\geqslant 2f_s$，才适合采用这两种解调方法。

3）过零检测法

2FSK 已调信号中 1、0 码元对应的载波频率不同，即在单位时间内载波的过零点数目不同，过零检测法(zero crossing detection)就是利用这个特点还原基带信号的。过零检测法的工作原理如图 5-10 所示。

2FSK 信号经整形后形成矩形波，再经微分电路得到与频率变化相对应的双向尖脉冲，由整流电路形成单向尖脉冲。由于 0 和 1 对应的载波信号频率不同，因此该尖脉冲波形反映了 FSK 信号的过零点，其密集程度反映了已调信号频率的高低。尖脉冲序列经过宽脉冲发生器后，变换成具有一定宽度的矩形波，该矩形波的直流分量就代表信号的频率，脉冲越密集，直流分量就越大，输入信号的频率也就越高。经低通滤波器后即可将此反映频率高低

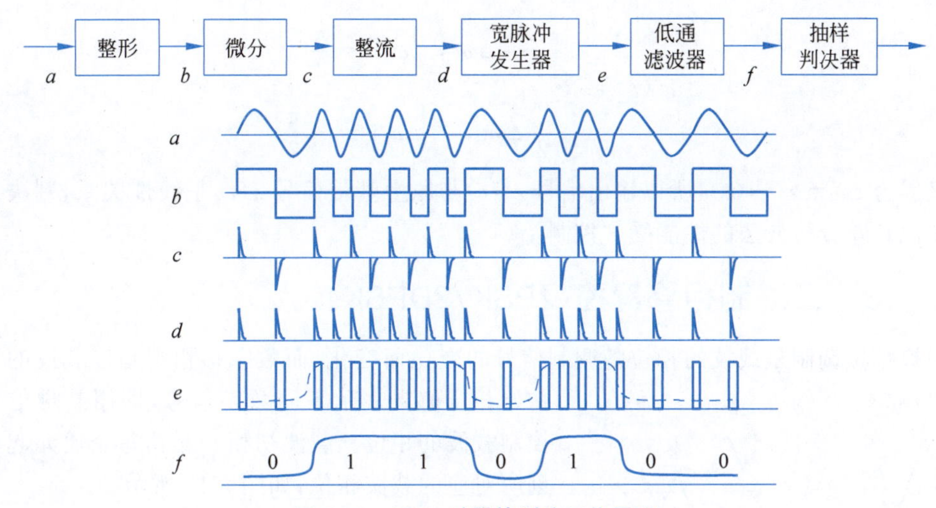

图 5-10　2FSK 过零检测法工作原理

的直流分量检测出来，完成频率-幅度的转换，最后经过抽样判决器判决还原出原始数字基带信号。

4) 差分检波法

差分检波法(differential detection)的原理框图如图 5-11 所示。

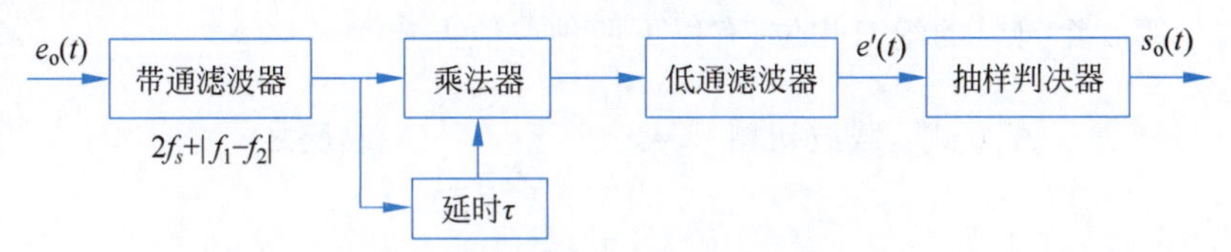

图 5-11　2FSK 差分检波法原理框图

已调 2FSK 信号经过带宽为 $2f_s+|f_1-f_2|$(2FSK 信号带宽)的带通滤波器，得到的信号以 2FSK 定义式表示：

$$e_o(t)=A\cos(\omega_c+\Delta\omega)t \tag{5-20}$$

该信号与其延时 τ 后的信号相乘，则有

$$\begin{aligned}e_o(t)\cdot e_o(t-\tau)&=A^2\cos(\omega_c+\Delta\omega)t\cdot[\cos(\omega_c+\Delta\omega)(t-\tau)]\\&=\frac{A^2}{2}\cos(\omega_c+\Delta\omega)\tau+\frac{A^2}{2}\cos[2(\omega_c+\Delta\omega)t-(\omega_c+\Delta\omega)\tau]\end{aligned}$$

经低通滤波器后可得

$$e'(t)=\frac{A^2}{2}\cos(\omega_c+\Delta\omega)\tau=\frac{A^2}{2}[\cos\omega_c\tau\cdot\cos\Delta\omega\tau-\sin\omega_c\tau\cdot\sin\Delta\omega\tau]$$

若控制 τ，使 $\cos\omega_c\tau=0$，则 $\sin\omega_c\tau=\pm1$，此时

$$e'(t)=-\frac{A^2}{2}\sin\omega_c\tau\cdot\sin\Delta\omega\tau=\begin{cases}-\dfrac{A^2}{2}\sin\Delta\omega\tau, & \omega_c\tau=\dfrac{\pi}{2}\\ \dfrac{A^2}{2}\sin\Delta\omega\tau, & \omega_c\tau=-\dfrac{\pi}{2}\end{cases} \tag{5-21}$$

当 $\Delta\omega\tau$ 较小时，$\sin\Delta\omega\tau\approx\Delta\omega\cdot\tau$，则式(5-21)可写为

$$e'(t)\approx\begin{cases}-\dfrac{A^2}{2}\Delta\omega\tau, & \omega_c\tau=\dfrac{\pi}{2}\\ \dfrac{A^2}{2}\Delta\omega\tau, & \omega_c\tau=-\dfrac{\pi}{2}\end{cases}$$

又因为 $\Delta\omega=k\cdot s(t)$，所以输出信号 $e'(t)$ 与原生基带信号 $s(t)$ 呈线性关系，判决后可实现还原。差分检波法的性能受 τ 控制。

视频讲解

5.1.3 二进制相移键控(2PSK/2DPSK)

模拟相位调制是载波的相位随调制信号的变化而变化，而数字移相则是以载波的不同初始相位值来表示不同数字信号，即用基带信号来控制载波的相位。载波初相 φ 是指每个码元起始时刻所对应的载波相位，如图 5-12 所示。

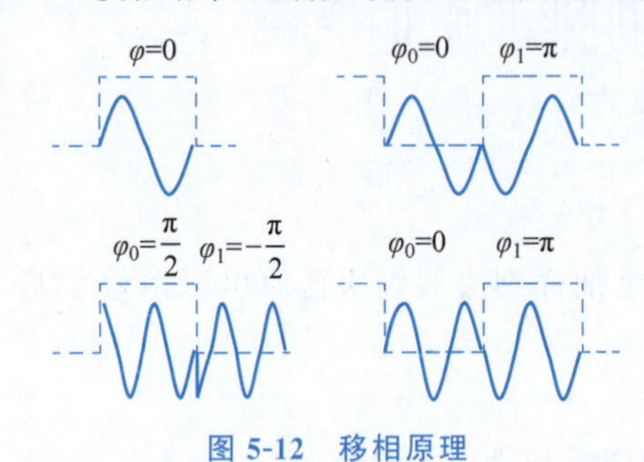

图 5-12 移相原理

1. 移相信号定义及波形

1) 2PSK——绝对移相信号

在 2PSK 中，通常用两种不同的载波初始相位来表示二进制基带信号的 0 和 1。2PSK 信号表达式为

$$e_{2PSK}(t)=A\cos(\omega_c t+\varphi_n) \tag{5-22}$$

式中，φ_n 表示第 n 个符号的绝对相位，有以下两种取值方式。

$$\text{A 方式：载波初相 }\varphi=\begin{cases}0, & \text{表示 0}\\ \pi, & \text{表示 1}\end{cases}\quad\text{或反之}$$

$$\text{B 方式：载波初相 }\varphi=\begin{cases}\dfrac{\pi}{2}, & \text{表示 0}\\ -\dfrac{\pi}{2}, & \text{表示 1}\end{cases}\quad\text{或反之}$$

典型波形如图 5-13 所示。

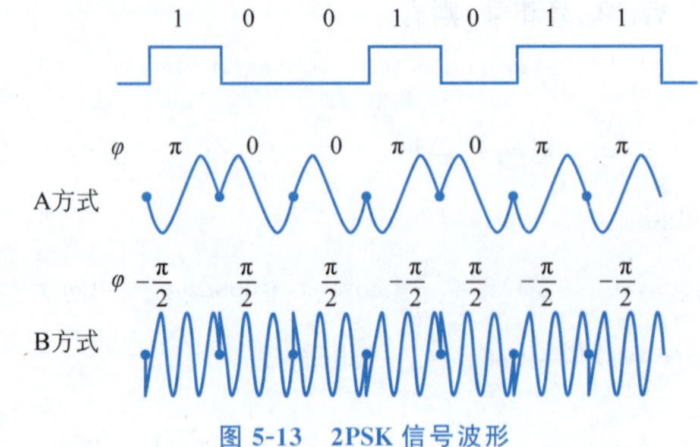

图 5-13 2PSK 信号波形

以 A 方式为例，则式(5-22)可改写为

$$e_{2PSK}(t)=\begin{cases}A\cos\omega_c t, & \text{以概率 } p\\ -A\cos\omega_c t, & \text{以概率 } 1-p\end{cases}$$

可以看出,信号的两种码元波形相同,极性相反,因此 2PSK 信号一般可表示为一个双极性非归零信号与一个正弦载波相乘,即

$$e_{2PSK}(t)=s(t)\cdot\cos\omega_c t \tag{5-23}$$

式中,$s(t)$是码元宽度为 T_s 的双极性非归零信号。

2PSK 信号以载波的不同初始相位(初相)来直接表示相应二进制数字信号的调制方式,称为二进制绝对移相。

2) 2DPSK——相对移相信号

2DPSK 也称为差分相移键控(differential phase shift keying)。与 2PSK 不同的是,2DPSK 是用前后码元的相对载波初相来表示不同的数字信息。所谓相对载波初相是指当前码元对应的载波初相 φ_2 与前一相邻码元载波初相 φ_1 的差值:

$$\Delta\varphi=\varphi_2-\varphi_1$$

差分相移键控中,相对载波初相与基带信号的关系有以下两种表示方式。

$$\text{A 方式: 载波初相 }\Delta\varphi=\begin{cases}0, & \text{表示 0}\\ \pi, & \text{表示 1}\end{cases}\quad\text{或反之}$$

$$\text{B 方式: 载波初相 }\Delta\varphi=\begin{cases}\dfrac{\pi}{2}, & \text{表示 0}\\ -\dfrac{\pi}{2}, & \text{表示 1}\end{cases}\quad\text{或反之}$$

2DPSK 信号波形如图 5-14 所示。

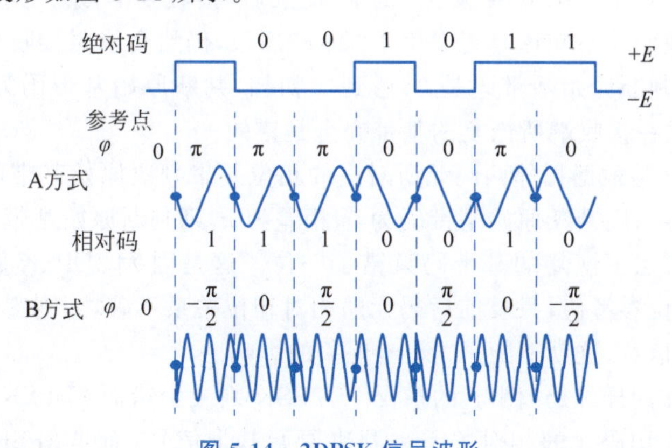

图 5-14　2DPSK 信号波形

观察已调信号的波形可以看出,2DPSK 信号波形与 2PSK 信号波形不同的地方在于,2DPSK 信号波形的同一相位并不对应相同的数字信息符号,而前后码元相对相位的差才唯一决定信息符号。单纯从波形来看,无法分辨相位调制波形是 2DPSK 波形还是 2PSK 波形。若按绝对移相规则对 DPSK 信号进行解调,0 初相对应数字信号 0,π 初相对应数字信号 1,则可得到一组数字信号,这组数字信号称为相对码。相对码可由原始基带序列(绝对码)做差分变化得到,即第 4 章所学的差分波形,可见 2DPSK 信号也可是相对码经绝对移相形成的,所以只有已知相移键控方式是绝对的还是相对的,才能正确判定原信息。2DPSK 信号也可以通过以下方法得到:绝对码经差分变换得到相对码,再对相对码做绝对移相,即可得到相对相移键控信号。由于这个过程是做差分变换后得到的,所以 2DPSK 信号

也称差分相移键控。这说明,解调 2DPSK 信号时并不依赖于某一固定的载波相位参考值。

3) 比较

如果采用绝对移相方式,由于发送端以某个相位作为基准,所以在接收系统中也必须有这样一个固定基准相位作为参考。如果这个参考相位发生变化,即 0 相位变 π 相位或 π 相位变 0 相位,则所恢复的数字信息就可能发生误判。而在实际通信系统中,分频器或锁相环路都有可能发生状态转移,参考相位就可能发生 180°的相位变化,这种现象常称为"倒 π"现象。"倒 π"现象会使 2PSK 信号发生严重误判。比较在发生"倒 π"情况下两种信号的判决,如图 5-15 所示。

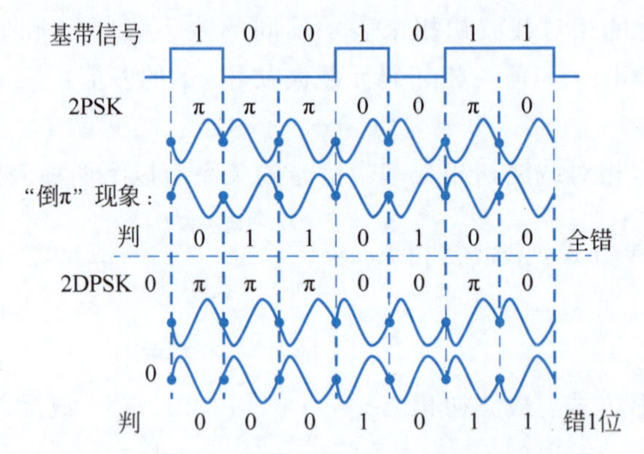

图 5-15 "倒 π"情况下 2PSK 和 2DPSK 信号的判决

由图 5-15 可以看出,2PSK 在发生"倒 π"现象后,接收到的波形中的相位都发生了变化,可是在接收端我们并不知道是否发生了"倒 π"现象,仍然会依照接收到的波形进行恢复判决。遇到 0 初相判断原始基带码是 0,遇到 π 初相,判断原始基带码为 1,判决完成后发现,采用 2PSK 方式在接收端所恢复的基带码全是错的。

而 2DPSK 信号是根据相邻两码元所对应的相位差来判决原始基带码的。假定初始参考相位为 0,相差为 0,则判断原始基带码为 0,相差为 π,则判断原始基带码为 1。由图 5-15 可看出,这种调制方法下恢复的基带码只错了一位。这是因为 2DPSK 解调时并不依赖于某一固定的载波相位参考值,只要前后码元的相对相位关系不破坏,则鉴别这个相位关系就可以正确恢复数字信息,这就避免了"倒 π"现象的影响。

【思政 5-3】 在同样经历"倒 π"的情况下,2PSK 判决全错而 2DPSK 只错一位,其本质原因是因为 2DPSK 用码元的相对关系来判决原始基带信号,而非 2PSK 所采用的绝对关系。我们需要透过现象看本质,用辩证思维分析和理解两种相移键控方法在发生"倒 π"情况下所得结果不同的核心原因。

2. 功率谱结构

2PSK 的信号表达式为 $e_o(t)=s(t)\cdot\cos\omega_c t$,且 $s(t)$ 为双极性非归零信号,则 2PSK 的功率谱密度为

$$P_E(f)=\frac{1}{4}[P_s(f+f_c)+P_s(f-f_c)] \tag{5-24}$$

式中,

$$P_s(f)=\sum_{m=-\infty}^{\infty}|f_s(2p-1)G(mf_s)|^2\cdot\delta(f-mf_s)+4f_sp(1-p)|G(f)|^2$$

$$=f_s|G(f)|^2 \quad \left(p=\frac{1}{2}\right)$$

$$=T_s \mathrm{Sa}^2(\pi f T_s)$$

则

$$P_E(f)=\frac{T_s}{4}\{\mathrm{Sa}^2[\pi(f+f_c)T_s]+\mathrm{Sa}^2[\pi(f-f_c)T_s]\} \tag{5-25}$$

2PSK/2DPSK 功率谱密度如图 5-16 所示。

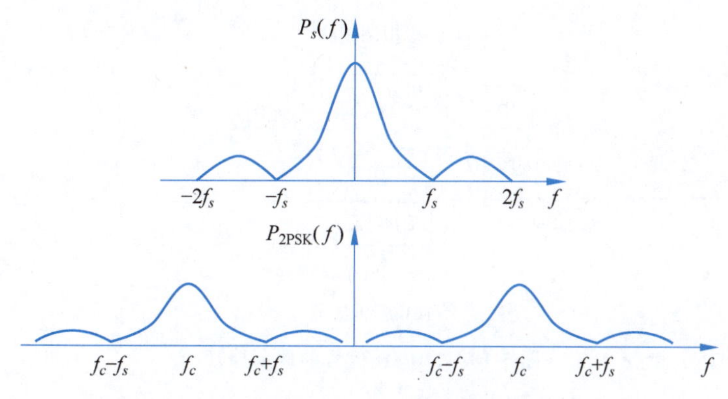

图 5-16　2PSK/2DPSK 功率谱密度

由图 5-16 可以看出，与 2ASK 功率谱相似，2PSK/2DPSK 的功率谱也是将原始基带信号的功率谱搬移到了载频位置，但是由于双极性非归零信号在等概情况下功率谱没有离散谱，因此 2PSK 功率谱中不存在离散谱分量，只有连续谱。2PSK/2DPSK 信号带宽为基带信号带宽的 2 倍，即

$$B_{2PSK}=2f_s=2/T_s \tag{5-26}$$

3. 调制方法

2PSK 的调制方法包括模拟调制法和键控法两种，原理如图 5-17 所示。

2PSK 模拟调制法与产生 2ASK 信号的方法相比，只是对调制信号 $s(t)$ 的要求不同，码型变换模块是将原始信号转换成为双极性非归零信号。2PSK 数字键控法是用数字基带信号 $s(t)$ 控制开关电路，选择两种不同相位的载波输出。无论是在 A 方式还是在 B 方式，通常两种载波初相相差都为 π。

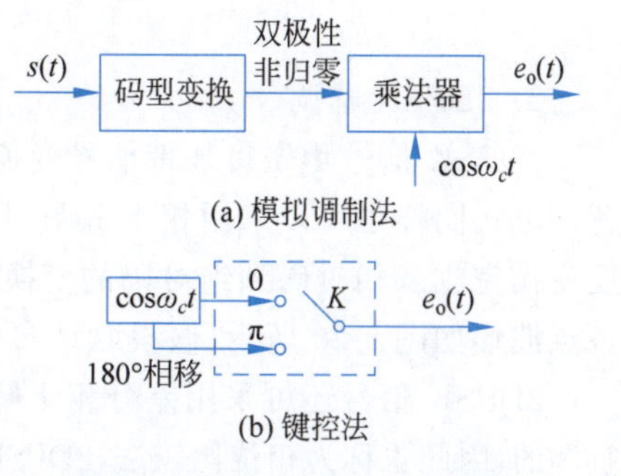

图 5-17　2PSK 信号的调制原理图

2DPSK 信号的调制原理如图 5-18 所示。与 2PSK 不同的是，模拟调制法在进行电平转换前需要先将原始基带信号通过差分编码从绝对码转换成相对码。即用相对码进行绝对移相产生 2DPSK 信号。数字键控法是先将基带信号经过码变换模块转换成相对码，再用相对码控制开关 K 的动作，输出两种不同初相的载波。

4. 解调方法

1) 2PSK 解调

因为 2PSK 信号是用不同的载波相位来表示数字信息的，所以解调方式只能采用相干解调，如图 5-19(a)所示。又考虑到相干解调在这里实际上起鉴相作用，因此相干解调中的

“相乘-低通”又可用各种鉴相器替代，如图 5-19(b)所示。由于需要载波同步提取和发送端相同的载波，因此 2PSK 相干解调法又被称为 2PSK 同步检测法。由于 2PSK 相干解调过程实质上是输入已调信号与本地载波信号进行极性比较的过程，因此也常称此法为极性比较法解调。

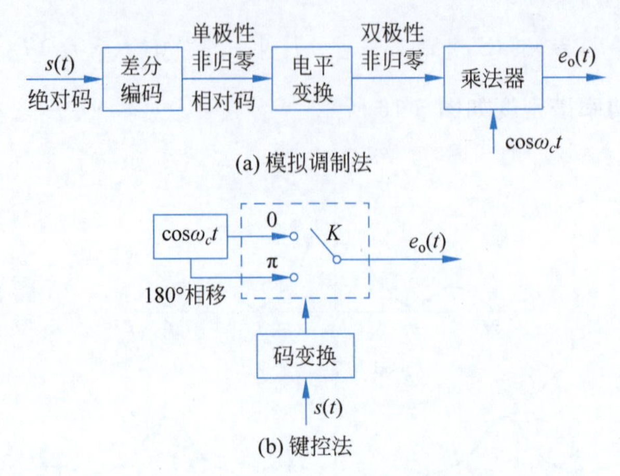

图 5-18 2DPSK 信号的调制原理

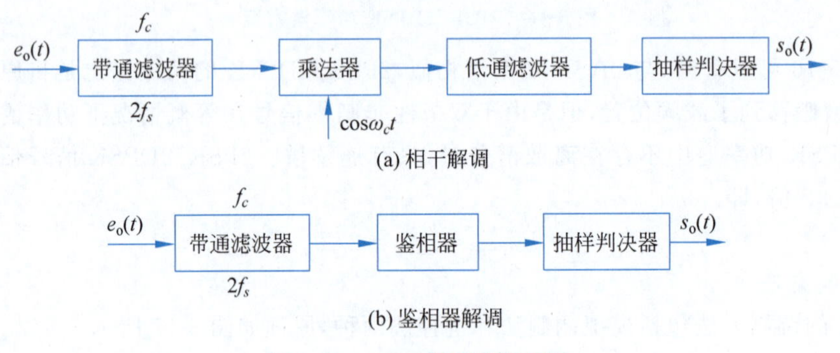

图 5-19 2PSK 解调原理框图

2）2DPSK 解调

2DPSK 信号是先将基带信号变换成相对码，再用相对码做绝对移相得到的，2DSPK 的解调方式同样也可以采用相干解调，只是此时抽样判决所得到的是相对码，因此还需经过码反变换完成从相对码到绝对码的变换，还原成原始基带信号。2DPSK 相干解调原理框图和各点波形如图 5-20 所示(假设默认参考相位为 0 相位)。

2DPSK 信号还可采用差分相干解调法，这种方法是直接比较前后码元的相位差来实现解调的，因此也称为相位比较法，2DPSK 差分相干解调原理框图和各点波形如图 5-21 所示。

观察图 5-20 和图 5-21 中的低通滤波器的输出点 d 经抽样判决器判决得到输出波形 e，我们可以发现，假设判决门限为 0，则判决规则是大于 0 判 0，小于 0 判 1。可对判决规则规定如下：

(1) 如果编码规则 $\Delta\varphi=0$ 对应数字信号 0，$\Delta\varphi=\pi$ 对应数字信号 1，则判决规则为大于 0 判 0，小于 0 判 1。

(2) 如果编码规则 $\Delta\varphi=0$ 对应数字信号 1，$\Delta\varphi=\pi$ 对应数字信号 0，则判决规则为大于 0 判 1，小于 0 判 0。

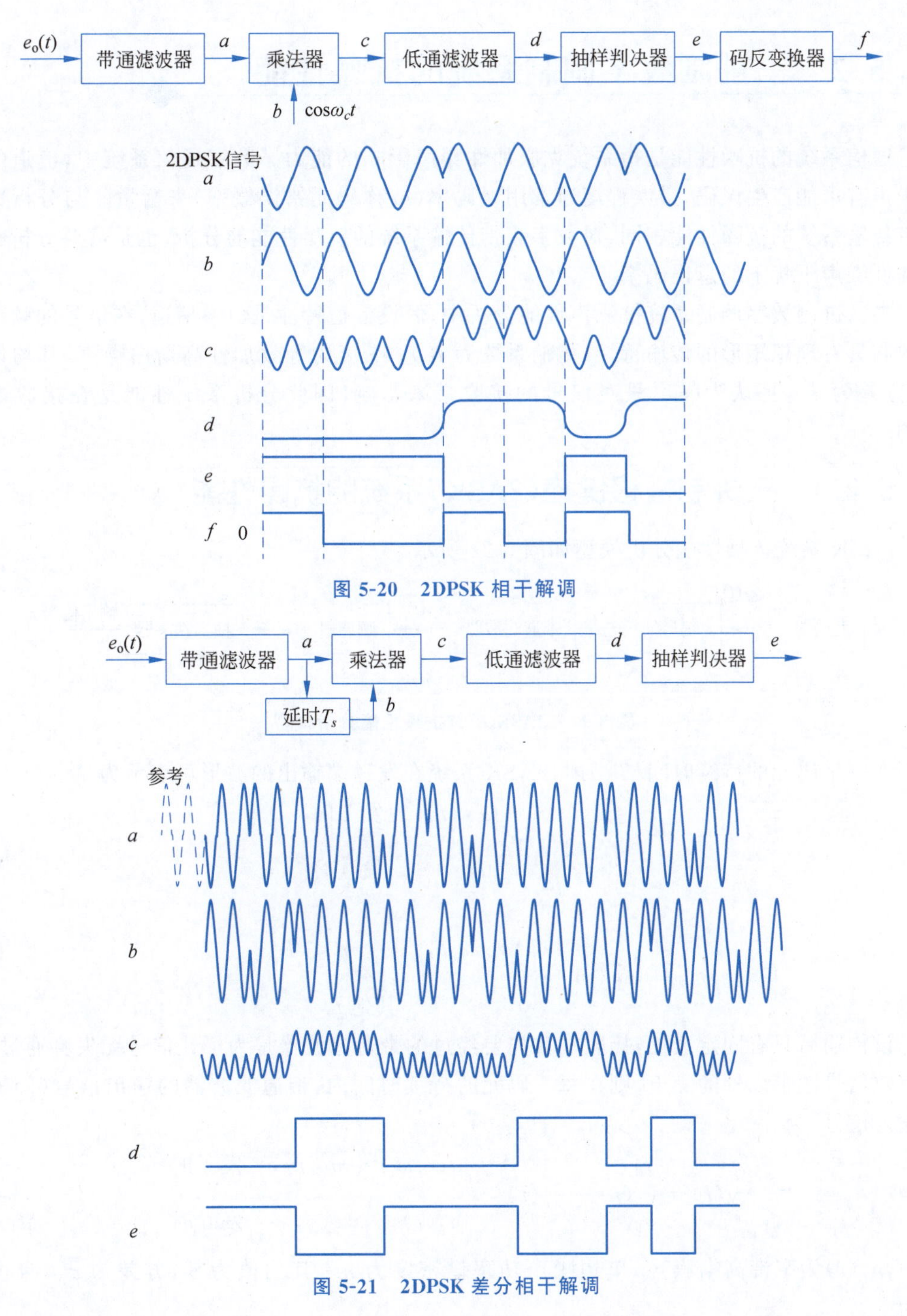

图 5-20 2DPSK 相干解调

图 5-21 2DPSK 差分相干解调

2DPSK 差分相干解调法在解调的同时已完成了从绝对码到相对码的转换，无须额外增加码反变换模块，且延时电路的输出起着参考载波的作用，不需要专门的相干载波，因此设备比较简单，是一种相对实用的解调方法。

【思政 5-4】 具体问题具体分析是辩证方法论的一个基本原则，是辩证唯物主义的一条基本要求和重要原理。2DPSK 差分相干解调法中，判决方法根据调制时所采用的方法不同有所变化，需要具体问题具体分析，不可凭经验做判断，否则容易出现全反的误判。

5.2 二进制数字调制系统的抗噪性能

通信系统的抗噪性能是指系统克服加性噪声影响的能力。数字通信系统中,信道的加性噪声有可能产生误码,错误程度通常用误码率(或称码元错误概率)来衡量。与分析数字基带传输系统的抗噪性能相同,对数字频带传输系统的抗噪性能的分析,也是需要分析在信道加性噪声干扰下的总误码率。

在二进制数字调制系统抗噪声性能分析中,假设信道特性是恒参信道,在信号的频带范围内其具有理想矩形的传输特性(传输系数为 K);噪声为等效加性高斯白噪声,其均值为零,方差为 σ^2,且认为噪声只对信号的接收带来影响,因此分析系统性能是在接收端进行的。

视频讲解

5.2.1 二进制幅移键控(2ASK)系统的抗噪性能

2ASK 系统抗噪性能分析模型如图 5-22 所示。

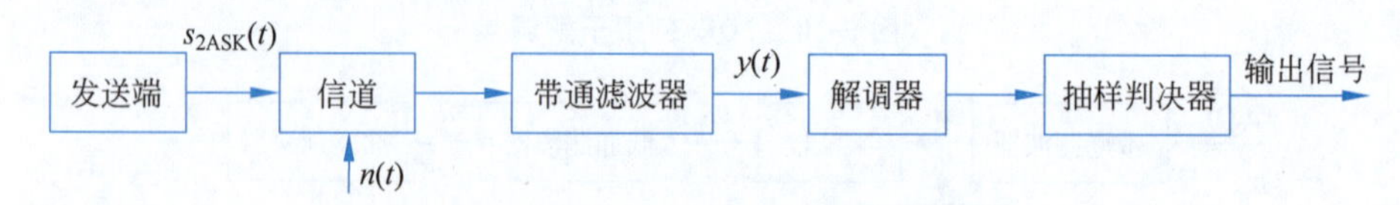

图 5-22 2ASK 系统抗噪性能分析模型

在一个码元的持续时间(T_s)内,2ASK 系统在发送端输出的波形可表示为

$$s_T(t)=\begin{cases}u_T(t), & \text{发 1 时}\\ 0, & \text{发 0 时}\end{cases}$$

式中,

$$u_T(t)=\begin{cases}A\cos\omega_c t, & 0<t<T_s\\ 0, & \text{其他 } t\end{cases}$$

设传输后只有固定衰耗,接收端首先要经过的带通滤波器是为了让信号无失真通过,滤除有效信号频带以外的噪声,则在每一码元的持续时间内,带通滤波器的输出信号(即解调器输入信号)为

$$y(t)=y_i(t)+n_i(t)=\begin{cases}a\cos\omega_c t+n_i(t), & \text{发 1 时}\\ n_i(t), & \text{发 0 时}\end{cases} \tag{5-27}$$

式中,$n_i(t)$为窄带高斯噪声,单边噪声功率谱密度为 n_0,其均值为零,方差为 σ_n^2,且可表示为

$$n_i(t)=n_c(t)\cos\omega_c t-n_s(t)\sin\omega_c t$$

则式(5-27)可改写为

$$y(t)=\begin{cases}[a+n_c(t)]\cos\omega_c t-n_s(t)\sin\omega_c t, & \text{发 1 时}\\ n_c(t)\cos\omega_c t-n_s(t)\sin\omega_c t, & \text{发 0 时}\end{cases}$$

式中,$y(t)$为正弦波+窄带高斯过程,包络服从广义瑞利分布。

根据解调方法不同，下面分别讨论包络检波法（非相干解调）和同步检波法（相干解调）两种情况下的系统抗噪性能分析。

1. 包络检波法的系统抗噪性能

2ASK 包络检波法系统抗噪性能分析模型如图 5-23 所示。

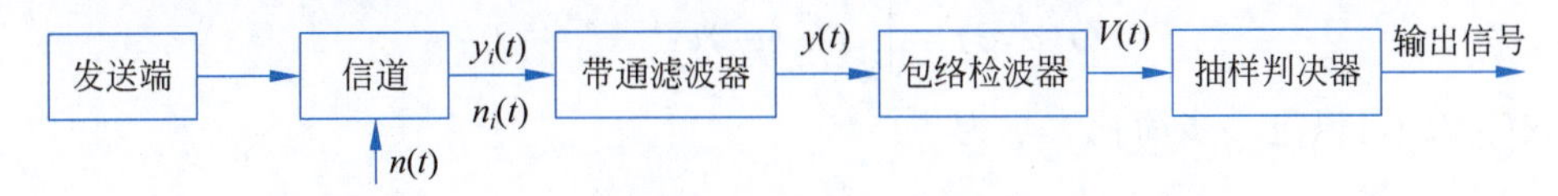

图 5-23 包络检波法系统抗噪性能分析模型

解调器输入端信号为

$$y(t)=y_i(t)+n_i(t)=\begin{cases}[a+n_c(t)]\cos\omega_c t-n_s(t)\sin\omega_c t, & \text{发 1 时}\\ n_c(t)\cos\omega_c t-n_s(t)\sin\omega_c t, & \text{发 0 时}\end{cases}$$

$$=\begin{cases}\sqrt{[a+n_c(t)]^2+n_s^2(t)}\cos(\omega_c t+\varphi_0), & \text{发 1 时}\\ \sqrt{n_c^2(t)+n_s^2(t)}\cos(\omega_c t+\theta_0), & \text{发 0 时}\end{cases}$$

则信号包络为

$$V(t)=\begin{cases}V_1(t)=\sqrt{[a+n_c(t)]^2+n_s^2(t)}, & \text{发 1 时}\\ V_0(t)=\sqrt{n_c^2(t)+n_s^2(t)}, & \text{发 0 时}\end{cases}\tag{5-28}$$

波形 $y(t)$ 经包络检波器及低通滤波器后的输出波形由式(5-28)决定，对 $V(t)$ 进行抽样判决。$V(t)$ 发 1 时的一维概率密度 $f_1(v)$ 服从广义瑞利分布；发 0 时的一维概率密度 $f_0(v)$ 服从瑞利分布。

$$f_1(v)=\frac{v}{\sigma_n^2}I_0\left(\frac{av}{\sigma_n^2}\right)e^{-\frac{(v^2+a^2)}{2\sigma_n^2}}$$

$$f_0(v)=\frac{v}{\sigma_n^2}e^{-\frac{v^2}{2\sigma_n^2}}$$

式中，σ_n^2 为窄带高斯噪声 $n(t)$ 的方差。$f_1(v)$ 和 $f_0(v)$ 的概率密度函数曲线如图 5-24 所示。假设判决门限为 V_d，若 $V(t)$ 的抽样值 $V>V_d$，则判为 1 码；若 $V<V_d$，则判为 0 码。此时，出现误码的可能性有两种：①发送码元为 1，但因为接收到的包络小于判决门限，被误判为 0；②发送码元为 0，但因为接收到的包络大于判决门限而被误判为 1。

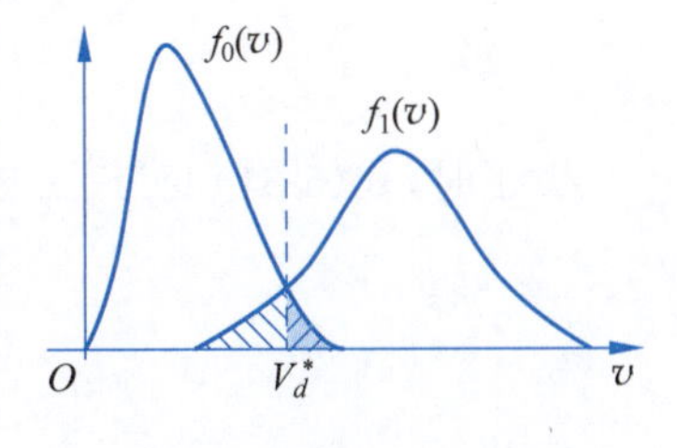

图 5-24 包络检波时的概率密度函数曲线

0 错判成 1 的概率，应为 $f_0(v)$ 曲线以下大于判决门限所围成的面积。而 1 错判成了 0 的概率，应为 $f_1(v)$ 曲线以下小于判决门限所围成的面积。1 和 0 等概率时，总误码率应为两部分面积之和。当判决门限为两条概率密度曲线交点时，两部分面积之和最小，即系统总误码率最小。因此，最佳判决门限 V_d^* 应为两概率密度曲线的交点处，即有 $f_0(V_d^*)=f_1(V_d^*)$。因此，发送码

元为 1,错误接收的概率是包络值 $V(t)$ 小于或等于 V_d^* 的概率,即

$$P_{e_1}=P(1\to 0)=P(V<V_d^*)=\int_0^{V_d^*} f_1(v)\mathrm{d}V=1-\int_{V_d^*}^{\infty} f_1(v)\mathrm{d}V \tag{5-29}$$

利用 Marcum Q 函数计算,Q 函数定义为

$$Q(\alpha,\beta)=\int_{\beta}^{\infty} tI_0(\alpha t)\mathrm{e}^{-(t^2+\alpha^2)/2}\mathrm{d}t$$

式(5-29)可以进一步简化表示为

$$P_{e1}=1-Q\left(\frac{a}{\sigma_n},\frac{V_d^*}{\sigma_n}\right)=1-Q(\sqrt{2\gamma},b_0)$$

式中,γ 为信噪比,$\gamma=\dfrac{a^2}{2}\Big/\sigma_n^2$;$b_0$ 为归一化门限,$b_0=\dfrac{V_d^*}{\sigma_n}$。

发送码元为 0 时,错误接收的概率为噪声包络抽样值超过门限 V_d^* 的概率,即

$$P_{e_0}=P(0\to 1)=P(V>V_d^*)=\int_{V_d^*}^{\infty} f_0(v)\mathrm{d}v=\int_{V_d^*}^{\infty}\frac{v}{\sigma_n^2}\mathrm{e}^{-\frac{v^2}{2\sigma_n^2}}\mathrm{d}v=\mathrm{e}^{-\frac{(V_d^*)^2}{2\sigma_n^2}}=\mathrm{e}^{-\frac{b_0^2}{2}}$$

当 1 和 0 等概出现时,系统总误码率为

$$P_e=p(1)p_{e_1}+p(0)p_{e_0}=\frac{1}{2}(p_{e_1}+p_{e_0})=\frac{1}{2}[1-Q(\sqrt{2\gamma},b_0)]+\frac{1}{2}\mathrm{e}^{-\frac{b_0^2}{2}} \tag{5-30}$$

可以看出,系统误码率取决于解调器输入信噪比 γ 和门限值。

由于最佳判决门限所在位置为 $f_0(V_d^*)=f_1(V_d^*)$ 处,即

$$\frac{V_d^*}{\sigma_n^2}I_0\left(\frac{aV_d^*}{\sigma_n^2}\right)\mathrm{e}^{-\frac{V_d^2+a^2}{2\sigma_n^2}}=\frac{V_d^*}{\sigma_n^2}\mathrm{e}^{-\frac{(V_d^*)^2}{2\sigma_n^2}}$$

则

$$I_0\left(\frac{aV_d^*}{\sigma_n^2}\right)\mathrm{e}^{-\frac{a^2}{2\sigma_n^2}}=1$$

解调器输入信噪比为

$$\gamma=\frac{a^2}{2\sigma_n^2}=\ln I_0\left(\frac{aV_d^*}{\sigma_n^2}\right) \tag{5-31}$$

$\gamma\gg 1$ 时,式(5-31)变为$\dfrac{a^2}{2\sigma_n^2}=\dfrac{aV_d^*}{\sigma_n^2}$,则最佳判决门限为

$$V_d^*=\frac{a}{2},\quad b_0=\frac{V_d^*}{\sigma_n}=\sqrt{\frac{\gamma}{2}}$$

$\gamma\ll 1$ 时,式(5-31)变为$\dfrac{a^2}{2\sigma_n^2}=\dfrac{1}{4}\left(\dfrac{aV_d^*}{\sigma_n^2}\right)^2$,则最佳判决门限为

$$V_d^*=\sqrt{2\sigma_n^2},\quad b_0=\sqrt{2}$$

采用包络检波法的接收系统通常工作在大信噪比的情况下,因而,最佳门限应取 $V_d^*=a/2$,即此时的门限值为接收信号包络 a 的一半。对于大信噪比情况在最佳门限时,2ASK 采用包络检波法接收时的误码率为

$$P_e \approx \frac{1}{2}\mathrm{e}^{-\frac{\gamma}{4}} \tag{5-32}$$

该式表明，采用包络检波法的误码率将随输入信噪比增加近似地按指数规律下降。

2. 同步检波法的系统抗噪性能

2ASK 同步检波法系统抗噪性能分析模型如图 5-25 所示。

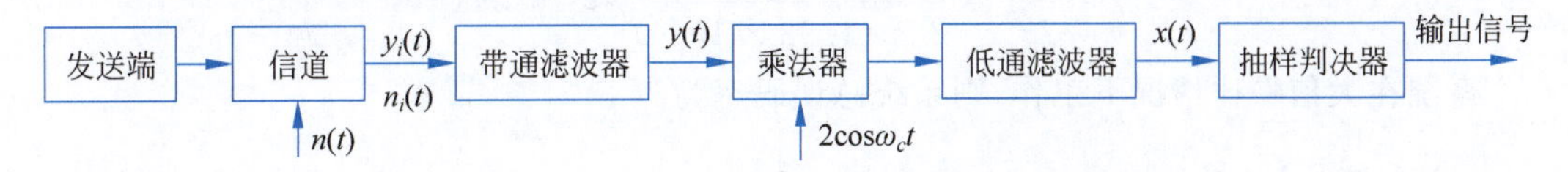

图 5-25 2ASK 同步检波法系统抗噪性能分析模型

解调器输入端信号经过乘法器与载波同步所提取到的相干载波相乘，并经过低通滤波器后得到的输出为

$$x(t)=\begin{cases} a+n_c(t), & \text{发 1 时} \\ n_c(t), & \text{发 0 时} \end{cases}$$

则一维概率密度函数 $f_0(x)$(发 0 时)和 $f_1(x)$(发 1 时)为

$$f_0(x)=\frac{1}{\sqrt{2\pi}\sigma_n}\exp\left[-\frac{x^2}{2\sigma_n^2}\right]$$

$$f_1(x)=\frac{1}{\sqrt{2\pi}\sigma_n}\exp\left[-\frac{(x-a)^2}{2\sigma_n^2}\right]$$

概率密度函数曲线如图 5-26 所示。

若仍令判决门限电平为 V_d，则将 1 错判为 0 的概率 P_{e_1} 及将 0 误判为 1 的概率 P_{e_0} 分别为

$$P_{e_1}=\int_{-\infty}^{V_d} f_1(x)\mathrm{d}x=1-\frac{1}{2}\left[1-\mathrm{erf}\left(\frac{V_d-a}{\sqrt{2}\sigma_n}\right)\right]$$

$$P_{e_0}=\int_{V_d}^{\infty} f_0(x)\mathrm{d}x=\frac{1}{2}\left[1-\mathrm{erf}\left(\frac{V_d}{\sqrt{2}\sigma_n}\right)\right]$$

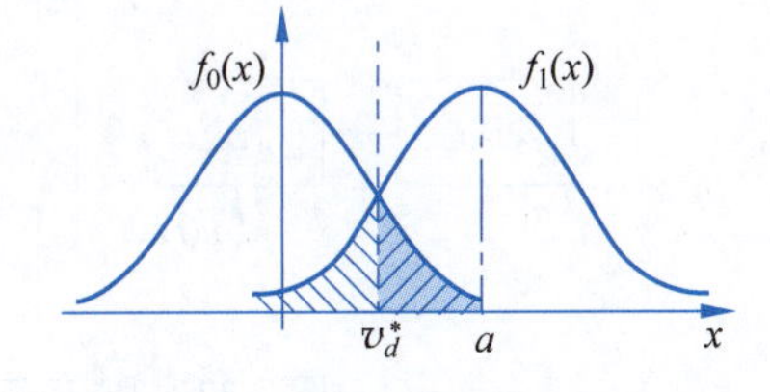

图 5-26 采用同步检波法时的概率密度函数曲线

当 1 和 0 出现概率相等时，系统总误码率为

$$P_e=\frac{1}{2}(P_{e_1}+P_{e_0})=\frac{1}{4}\left[1+\mathrm{erf}\left(\frac{V_d-a}{\sqrt{2}\sigma_n}\right)\right]+\frac{1}{4}\left[1-\mathrm{erf}\left(\frac{V_d}{\sqrt{2}\sigma_n}\right)\right]$$

最佳判决门限仍用包络检波法中的分析方法可得 $V_d^*=\frac{a}{2}$，则当 $\gamma=\frac{a^2}{2}\Big/\sigma_n^2\gg 1$ 时，2ASK 同步检波法系统总误码率为

$$P_e=\frac{1}{\sqrt{\pi\gamma}}\mathrm{e}^{-\frac{\gamma}{4}}$$

【例 5-1】 已知 2ASK 的码元速率 $R_B=4.8\times10^6$B，解调器输入信号的幅度 $a=1$mV，信道加性噪声的单边功率谱密度为 $n_0=2\times10^{-15}$W/Hz，试求：

(1) 包络检波法解调时的误码率。

(2) 同步检波法解调时的误码率。

【解】 由于2ASK码元速率 $R_B=4.8\times10^6\text{B}$，码元宽度 $T_s=\dfrac{1}{4.8\times10^6}\text{s}$，因此带通滤波器的带宽 $B=2R_B=9.6\times10^6\text{Hz}$，带通的输出噪声功率 $\sigma_n^2=n_0B=1.92\times10^{-8}\text{W}$。

所以解调器输入端信噪比为

$$\gamma=\frac{a^2}{2\sigma_n^2}=\frac{10^{-6}}{2\times(1.92\times10^{-8})}\approx26\gg1$$

系统在大信噪比情况下工作，则系统总误码率为

(1) 包络检波时，$P_e=\dfrac{1}{2}\mathrm{e}^{-\frac{\gamma}{4}}=7.5\times10^{-4}$。

(2) 同步检波时，$P_e=\dfrac{1}{\sqrt{\pi\gamma}}\mathrm{e}^{-\frac{\gamma}{4}}=1.67\times10^{-4}$。

可以看出，在相同的大信噪比情况下，2ASK信号同步检波法的误码率总是低于包络检波法的误码率，但两者的误码性能相差不大。然而，由于包络检波法不需要稳定的本地相干载波信号，因此在电路上要比同步检波法简单得多。

视频讲解

5.2.2 二进制频移键控(2FSK)系统的抗噪性能

1. 2FSK包络检波法系统的抗噪性能分析

2FSK包络检波法系统的抗噪性能分析模型如图5-27所示。假设信道为恒参信道，上下两支路的带通滤波器的中心频率分别为 f_1 和 f_2，带宽为 $2f_s$。

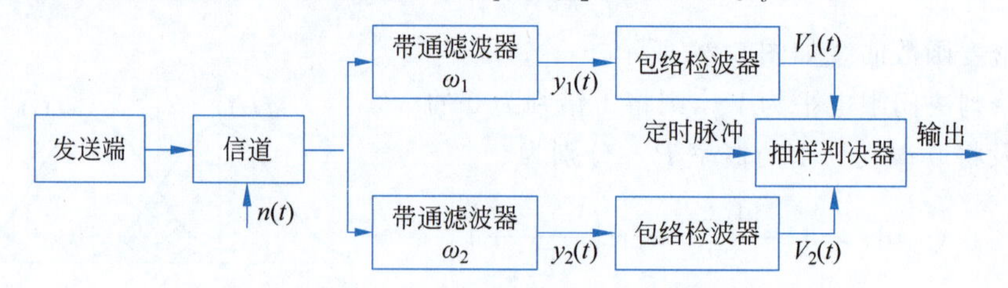

图5-27 2FSK包络检波法系统的抗噪性能分析模型

二进制频移键控系统中，1和0分别用两种不同频率的载波表示，在一个码元持续时间(T_s)内发送码元信号可表示为

$$s_T(t)=\begin{cases}A\cos\omega_1 t, & \text{发 1 时}\\ A\cos\omega_2 t, & \text{发 0 时}\end{cases}$$

即1对应频率 ω_1 的载波，0对应频率 ω_2 的载波。

上支路带通滤波器输出信号为

$$y_1(t)=\begin{cases}a\cos\omega_1 t+n_1(t), & \text{发 1 时}\\ n_1(t), & \text{发 0 时}\end{cases}=\begin{cases}[a+n_{1c}(t)]\cos\omega_1 t-n_{1s}(t)\sin\omega_1 t, & \text{发 1 时}\\ n_{1c}(t)\cos\omega_1 t-n_{1s}(t)\sin\omega_1 t, & \text{发 0 时}\end{cases}$$

下支路带通滤波器输出信号为

$$y_2(t)=\begin{cases}n_2(t), & \text{发 0 时}\\ a\cos\omega_1 t+n_2(t), & \text{发 1 时}\end{cases}=\begin{cases}n_{2c}(t)\cos\omega_2 t-n_{2s}(t)\sin\omega_2 t, & \text{发 1 时}\\ [a+n_{2c}(t)]\cos\omega_2 t-n_{2s}(t)\sin\omega_2 t, & \text{发 0 时}\end{cases}$$

若在$(0,T_s)$发送1信号，则

$$y_1(t)=[a+n_{1c}(t)]\cos\omega_1 t-n_{1s}(t)\sin\omega_1 t=\sqrt{[a+n_{1c}(t)]^2+n_{1s}^2(t)}\cos[\omega_1 t+\varphi_1(t)]$$

$$y_2(t)=n_{2c}(t)\cos\omega_2 t-n_{2s}(t)\sin\omega_2 t=\sqrt{n_{2c}^2(t)+n_{2s}^2(t)}\cos[\omega_2 t+\varphi_2(t)]$$

经包络检波器解调后，上下支路输出的包络信号分别为

$$V_1(t)=\sqrt{[a+n_{1c}(t)]^2+n_{1s}^2(t)}$$

$$V_2(t)=\sqrt{n_{2c}^2(t)+n_{2s}^2(t)}$$

V_1 的一维概率密度函数服从广义瑞利分布，V_2 的一维概率密度函数服从瑞利分布。

$$f(V_1)=\frac{V_1}{\sigma_n^2}I_0\left(\frac{aV_1}{\sigma_n^2}\right)\mathrm{e}^{-(V_1^2+a^2)/2\sigma_n^2}$$

$$f(V_2)=\frac{V_2}{\sigma_n^2}\mathrm{e}^{-V_2^2/2\sigma_n^2}$$

当 $V_1<V_2$ 时，会将 1 误判为 0，则发 1 时的误码率就是发送 1 时 $V_1<V_2$ 的概率，即

$$\begin{aligned}P_{e1}&=P(V_1<V_2)=\int_0^{\infty}f(V_1)\left[\int_{V_2=V_1}^{\infty}f(V_2)\mathrm{d}V_2\right]\mathrm{d}V_1\\&=\int_0^{\infty}\frac{V_1}{\sigma_n^2}I_0\left(\frac{aV_1}{\sigma_n^2}\right)\mathrm{e}^{-(V_1^2+a^2)/2\sigma_n^2}\left[\int_{V_2=V_1}^{\infty}\frac{V_2}{\sigma_n^2}\mathrm{e}^{-V_2^2/2\sigma_n^2}\mathrm{d}V_2\right]\mathrm{d}V_1\\&=\int_0^{\infty}\frac{V_1}{\sigma_n^2}I_0\left(\frac{aV_1}{\sigma_n^2}\right)\mathrm{e}^{-(2V_1^2+a^2)/2\sigma_n^2}\mathrm{d}V_1\end{aligned}\tag{5-33}$$

令 $t=\dfrac{\sqrt{2}V_1}{\sigma_n}$，$z=\dfrac{a}{\sqrt{2}\sigma_n}$，则式(5-33)可改写为

$$\begin{aligned}P_{e1}&=\frac{1}{2}\int_0^{\infty}tI_0(zt)\mathrm{e}^{-t^2/2}\mathrm{e}^{-z^2}\mathrm{d}t=\frac{1}{2}\int_0^{\infty}tI_0(zt)\mathrm{e}^{-t^2/2}\mathrm{e}^{-z^2}\mathrm{d}t\\&=\frac{1}{2}\mathrm{e}^{-z^2/2}\int_0^{\infty}tI_0(zt)\mathrm{e}^{-(t^2+z^2)/2}\mathrm{d}t=\frac{1}{2}\mathrm{e}^{-z^2/2}=\frac{1}{2}\mathrm{e}^{-\gamma/2}\end{aligned}$$

式中，$\gamma=\dfrac{a^2}{2\sigma_n^2}$ 为解调器输入端信噪比。

同理可得，当 $V_1>V_2$ 时，会将 1 误判为 0，则发 0 时的误码率就是发送符号 0 时 $V_1>V_2$ 的概率，即

$$P_{e0}=P(V_1>V_2)=\frac{1}{2}\mathrm{e}^{-\gamma/2}$$

则当 1 和 0 出现概率相等时，系统总误码率为

$$P_e=P(1)P_{e1}+P(0)P_{e0}=\frac{1}{2}\mathrm{e}^{-\gamma/2}\tag{5-34}$$

2. 2FSK 同步检波法系统的抗噪性能分析

2FSK 同步检波法系统的抗噪性能分析模型如图 5-28 所示。假设信道为恒参信道，上下两支路的带通滤波器的中心频率分别为 f_1 和 f_2，带宽为 $2f_s$。与包络检波法系统的抗噪性能分析过程相似，带通滤波器输出信号也与包络检波法相同。

假设在$(0,T_s)$发送的是 1 信号，则

$$y_1(t)=[a+n_{1c}(t)]\cos\omega_1 t-n_{1s}(t)\sin\omega_1 t$$

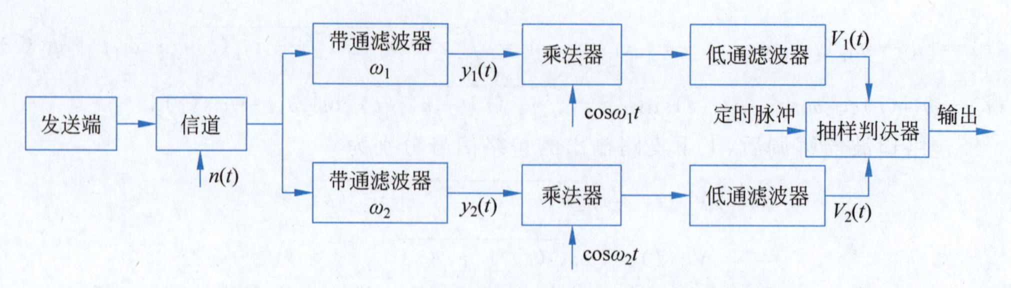

图 5-28 2FSK 同步检波法系统的抗噪性能分析模型

$$y_2(t)=n_{2c}(t)\cos\omega_2 t-n_{2s}(t)\sin\omega_2 t$$

上下两个支路低通滤波器的输出 $x_1(t)$和 $x_2(t)$分别为

$$x_1(t)=a+n_{1c}(t)$$

$$x_2(t)=n_{2c}(t)$$

式中,a 为信号成分;$n_{1c}(t)$和 $n_{2c}(t)$都是均值为零、方差为 σ_n^2 的窄带高斯噪声。$x_1(t)$和 $x_2(t)$在 kT_s 时刻抽样值的一维概率密度函数分别为

$$f(x_1)=\frac{1}{\sqrt{2\pi}\sigma_n}\exp\left\{-\frac{(x_1-a)^2}{2\sigma_n^2}\right\}$$

$$f(x_2)=\frac{1}{\sqrt{2\pi}\sigma_n}\exp\left\{-\frac{x_2^2}{2\sigma_n^2}\right\}$$

则发送 1 错判为 0 的误码率为

$$P_{e_1}=P(x_1<x_2)=P(x_1-x_2<0)=P(z<0)$$

式中,$z=x_1-x_2$,是均值为 a、方差为 $\sigma_z^2=2\sigma_n^2$ 的高斯型随机变量,则

$$f(z)=\frac{1}{\sqrt{2\pi}\sigma_z}\exp\left\{-\frac{(z-a)^2}{2\sigma_z^2}\right\}=\frac{1}{2\sqrt{\pi}\sigma_n}\exp\left\{-\frac{(z-a)^2}{4\sigma_n^2}\right\}$$

则 1 错判为 0 的误码率为

$$P_{e_1}=P(x_1<x_2)=P(z<0)=\int_{-\infty}^{0}f(z)\mathrm{d}z$$

$$=\frac{1}{\sqrt{2\pi}\sigma_z}\int_{-\infty}^{0}\exp\left\{-\frac{(x-a)^2}{2\sigma_z^2}\right\}\mathrm{d}z=\frac{1}{2}\mathrm{erfc}(\sqrt{r/2})$$

同理,发送 0 错判成 1 的误码率为

$$P_{e_0}=P(x_1>x_2)=\frac{1}{2}\mathrm{erfc}(\sqrt{r/2})$$

因此,采用同步检波法时 2FSK 系统总的误码率为

$$P_e=P(1)P_{e_1}+P(0)P_{e_0}=\frac{1}{2}\mathrm{erfc}(\sqrt{r/2}) \tag{5-35}$$

式中,$r=\dfrac{a^2}{2\sigma_n^2}$为解调器输入端信噪比。在大信噪比情况下,即当 $r\gg1$ 时,式(5-35)可近似表示为

$$P_e\approx\frac{1}{\sqrt{2\pi\gamma}}\mathrm{e}^{-\gamma/2} \tag{5-36}$$

可以看出，在大信噪比情况下，包络检波法和同步检波法在性能上相差不大，但采用同步检波法由于需要提取同步载波，设备却要复杂得多，因此在能够满足输入信噪比要求的场合，包络检波法比同步检波法更为常用。

【例 5-2】 已知 2FSK 信号在有效带宽为 2400Hz 的信道中传输，2FSK 的两个载波频率分别为 $f_1=2025\text{Hz}$，$f_2=2225\text{Hz}$，码元速率为 $R_B=300\text{B}$。信道输出端信噪比为 6dB，求：

(1) 2FSK 信号的带宽。

(2) 包络检波法解调时的误码率。

(3) 同步检波法解调时的误码率。

【解】 (1) 由于 $f_s=R_B=300\text{Hz}$，则 2FSK 的带宽为

$$\Delta f=|f_2-f_1|+2f_s=(2225-2025)+2\times 300=800\text{Hz}$$

(2) P_e 与解调器输入端的信噪比 γ 有关，包络检波法和同步检波法的接收系统结构均选用上下支路形式，因此带通滤波器带宽为

$$B=2R_B=600\text{Hz}$$

信道有效带宽为 2400Hz，是带通滤波器带宽的 4 倍，则信道噪声经带通滤波器滤波后，其带宽变为原来的 1/4，即噪声功率也变为之前的 1/4。信号概率不变，则带通滤波器的输出端信噪比是其输入端信噪比的 4 倍。

带通滤波器输入端信噪比为 6dB，则

$$\frac{S_i}{N_i}=10^{0.6}\approx 4$$

带通滤波器输出端，即解调器输入端的信噪比为

$$\gamma=4\times\frac{S_i}{N_i}=16(\text{倍})\gg 1$$

将 γ 代入式(5-34)可以得到包络检波法解调时的误码率为

$$P_e=\frac{1}{2}\mathrm{e}^{-\frac{\gamma}{2}}=1.68\times 10^{-4}$$

(3) 将 γ 代入式(5-36)可以得到同步检波法解调时的误码率为

$$P_e=\frac{1}{\sqrt{2\pi\gamma}}\mathrm{e}^{-\frac{\gamma}{2}}=3.35\times 10^{-5}$$

可见，在相同条件下，2FSK 同步检波法的误码率低于包络检波法的误码率，前者抗噪性能更好。

5.2.3 2PSK 及 2DPSK 系统的抗噪性能

视频讲解

无论是绝对移相信号还是相对移相信号，单从信号波形上看，都是一对倒相信号的序列。每一码元持续时间(T_s)内发送端发出的信号表示为

$$s_T(t)=\begin{cases}A\cos\omega_c t, & \text{发 1 时}\\ -A\cos\omega_c t, & \text{发 0 时}\end{cases}$$

接收端经过带通滤波器送入解调器的信号为

$$y(t)=\begin{cases}[a+n_c(t)]\cos\omega_c t-n_s(t)\sin\omega_c t, & 发1时\\ [-a+n_c(t)]\cos\omega_c t-n_s(t)\sin\omega_c t, & 发0时\end{cases}$$

相移键控系统常用同步检波法(即极性比较法)和差分相干检测法(即相位比较法)解调。

1. 2PSK 同步检波法系统抗噪性能分析

从图 5-29 可以看出,在一个信号码元的持续时间内,低通滤波器的输出波形可表示为

$$x(t)=\begin{cases}a+n_c(t), & 发送1符号\\ -a+n_c(t), & 发送0符号\end{cases}$$

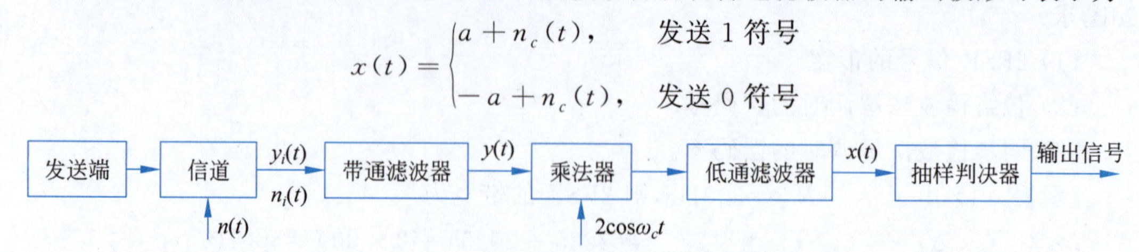

图 5-29 2PSK 同步检波法系统抗噪性能分析模型

在 kT_s 时刻抽样值的一维概率密度函数 $f_1(x)$(发 1 时)和 $f_0(x)$(发 0 时)分别为

$$f_1(x)=\frac{1}{\sqrt{2\pi}\sigma_n}\exp\left\{-\frac{(x-a)^2}{2\sigma_n^2}\right\}$$

$$f_0(x)=\frac{1}{\sqrt{2\pi}\sigma_n}\exp\left\{-\frac{(x+a)^2}{2\sigma_n^2}\right\}$$

由最佳判决门限分析可知,在发送 1 信号和发送 0 信号概率相等时,最佳判决门限 $V_d^*=0$。此时,发送 1 而错判为 0 的概率为

$$P_{e1}=P(x<0)=\int_{-\infty}^{0}f_1(x)\mathrm{d}x=\frac{1}{\sqrt{2\pi}\sigma_n}\int_{-\infty}^{0}\exp\left\{-\frac{(x-a)^2}{2\sigma_n^2}\right\}\mathrm{d}x=\frac{1}{2}\mathrm{erfc}(\sqrt{r})$$

式中,$r=\dfrac{a^2}{2\sigma_n^2}$。

发送 1 而错判为 0 的概率为

$$P_{e0}=P(x>0)=\frac{1}{2}\mathrm{erfc}(\sqrt{r})$$

0 和 1 等概出现时,系统总误码率为

$$P_e=P(1)P_{e0}+P(0)P_{e0}=\frac{1}{2}\mathrm{erfc}(\sqrt{r}) \tag{5-37}$$

在大信噪比($r\gg1$)条件下:

$$P_e\approx\frac{1}{2\sqrt{\pi r}}\mathrm{e}^{-r} \tag{5-38}$$

2. 2DPSK 同步检波法系统抗噪性能分析

2DPSK 同步检波法系统抗噪性能分析模型如图 5-30 所示。

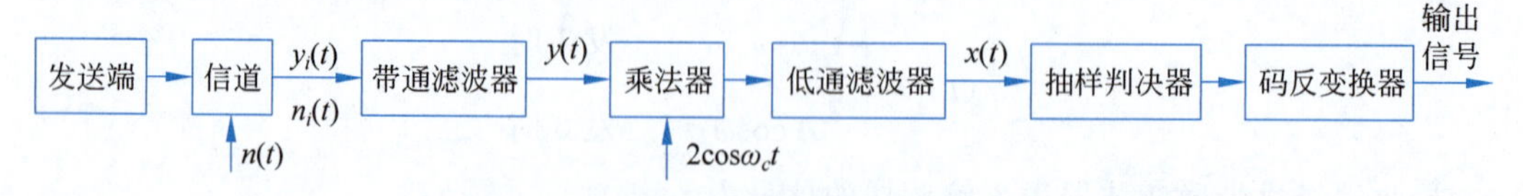

图 5-30 2DPSK 同步检波法系统抗噪性能分析模型

2DPSK 同步检测系统与 2PSK 相比较，在接收端增加了一个码反变换器。码反变换电路自身不产生误码(与噪声无关)，但当其输入相对码有误差时，必然会造成其输出绝对码与发端基带信号失真，因而系统总误码率应为 2PSK 系统的误码加码反变换器的误码积累(error code accumulate)。此时可用图 5-31 分析码反变换器对系统误码的影响。

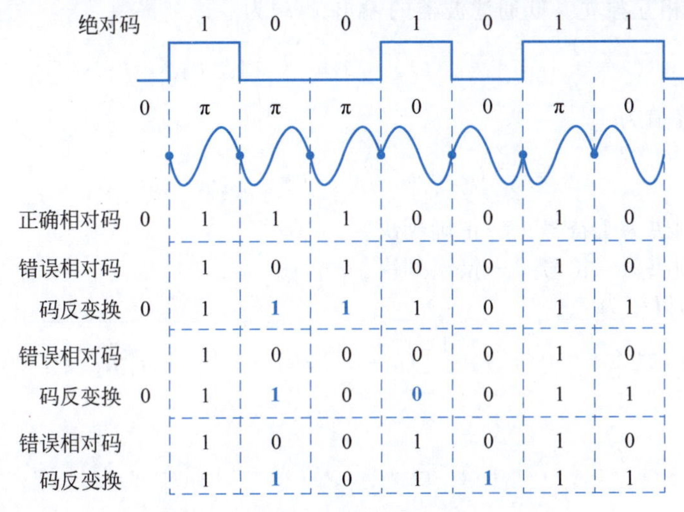

图 5-31 码反变换器对系统误码的影响

由图可以看出，码反变换引入的误码规律为：相对码中出现的每一串错码，反变换后都会产生两位错码。设 P_e 为码反变换器输入端相对码序列的误码率，并假设每个码出错概率相等且统计独立，P'_e 为码反变换器输出端的总误码率，则

$$P'_e=2P_1+2P_2+\cdots+2P_n+\cdots$$

式中，P_n 表示同步检测输出相对码中出现 n 个连续错码事件的概率，即

$$P_n=(1-P_e)P_e^n(1-P_e)=(1-P_e)^2P_e^n$$

$$P'_e=2P_e(1-P_e)2[1+P_e^1+P_e^2+\cdots+P_e^n+\cdots]$$

$$=2P_e(1-P_e)^2\cdot\frac{1}{1-P_e}=2P_e(1-P_e) \tag{5-39}$$

由于误码率 P_e 小于 1，所以式(5-39)可变为

$$P'_e=2P_e(1-P_e)\approx 2P_e=\frac{1}{\sqrt{\pi\gamma}}e^{-\gamma} \tag{5-40}$$

即此时码反变换器输出端绝对码序列的误码率是码反变换器输入端相对码序列误码率的两倍。可见，码反变换器的影响是使输出误码率增大。

3. 2DPSK 差分相干检测法系统的抗噪性能分析

2DPSK 差分相干检测法系统的抗噪性能分析模型如图 5-32 所示。

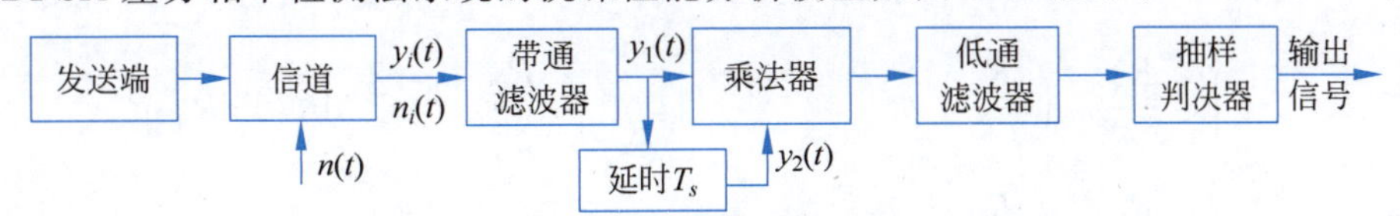

图 5-32 2DPSK 差分相干检测法系统的抗噪性能分析模型

差分相干检测法系统进入相乘器的两路波形可分别表示为

$$y_1(t)=a\cos\omega_c t+n_1(t)=[a+n_{1c}(t)]\cos\omega_c t-n_{1s}(t)\sin\omega_c t$$

$$y_2(t)=a\cos\omega_c t+n_2(t)=[a+n_{2c}(t)]\cos\omega_c t-n_{2s}(t)\sin\omega_c t$$

式中，$n_1(t)$和$n_2(t)$分别为无延迟支路的窄带高斯噪声和有延迟支路的窄带高斯噪声，并且$n_1(t)$和$n_2(t)$相互独立。低通滤波器的输出$x(t)$为

$$x(t)=\frac{1}{2}\{[a+n_{1c}(t)][a+n_{2c}(t)]+n_{1s}(t)n_{2s}(t)\}$$

抽样时刻的样值为

$$x=\frac{1}{2}[(a+n_{1c})(a+n_{2c})+n_{1s}n_{2s}]$$

若$x>0$，则判决为1符号——正确判决。

若$x<0$，则判决为0符号——错误判决。

1错判为0的概率为

$$P_{e1}=P\{x<0\}=P\left\{\frac{1}{2}[(a+n_{1c})(a+n_{2c})+n_{1s}n_{2s}]<0\right\} \tag{5-41}$$

利用恒等式：

$$x_1x_2+y_1y_2=\frac{1}{4}\{[(x_1+x_2)^2+(y_1+y_2)^2]-[(x_1-x_2)^2+(y_1-y_2)^2]\}$$

令式(5-42)中

$$x_1=a+n_1c,x_2=a+n_2c;\ y_1=n_1s,y_2=n_2s$$

则式(5-41)可改写为

若判为0信号则

$$P_{e1}=P\{(2a+n_{1c}+n_{2c})^2+(n_{1s}+n_{2s})^2<(n_{1c}-n_{2c})^2-(n_{1s}-n_{2s})^2\}$$

令

$$R_1=\sqrt{(2a+n_{1c}+n_{2c})^2+(n_{1s}+n_{2s})^2}$$

$$R_2=\sqrt{(n_{1c}-n_{2c})^2+(n_{1s}-n_{2s})^2}$$

则

$$P_{e1}=P\{x<0\}=P\{R_1<R_2\} \tag{5-42}$$

因为n_{1c}、n_{2c}、n_{1s}、n_{2s}是相互独立的高斯随机变量，且均值为0，方差相等为σ_n^2，所以$n_{1c}+n_{2c}$是零均值、方差为$2\sigma_n^2$的高斯随机变量。同理，$n_{1s}+n_{2s}$、$n_{1c}-n_{2c}$、$n_{1s}-n_{2s}$都是零均值、方差为$2\sigma_n^2$的高斯随机变量。

$$f(R_1)=\frac{R_1}{2\sigma_n^2}I_0\left(\frac{aR_1}{\sigma_n^2}\right)e^{-(R_1^2+4a^2)/4\sigma_n^2} \tag{5-43}$$

$$f(R_2)=\frac{R_2}{2\sigma_n^2}e^{-R_2^2/4\sigma_n^2} \tag{5-44}$$

$$\begin{aligned}P_{e1}&=P\{x<0\}=P\{R_1<R_2\}=\int_0^\infty f(R_1)\left[\int_{R_2=R_1}^\infty f(R_2)\mathrm{d}R_2\right]\mathrm{d}R_1\\&=\int_0^\infty \frac{R_1}{2\sigma_n^2}I_0\left(\frac{aR_1}{\sigma_n^2}\right)e^{-(R_1^2+4a^2)/4\sigma_n^2}\left[\int_{R_2=R_1}^\infty \frac{R_2}{\sigma_n^2}e^{-R_2^2/2\sigma_n^2}\mathrm{d}R_2\right]\mathrm{d}R_1\\&=\int_0^\infty \frac{R_1}{2\sigma_n^2}I_0\left(\frac{aR_1}{\sigma_n^2}\right)e^{-(2R_1^2+4a^2)/4\sigma_n^2}\mathrm{d}R_1=\frac{1}{2}e^{-r}\end{aligned}$$

式中，$r=\dfrac{a^2}{2\sigma_n^2}$。

同理：

$$P_{e0}=\frac{1}{2}\mathrm{e}^{-r}$$

系统总误码率为

$$P_e=p(1)P_{e1}+p(0)P_{e0}=\frac{1}{2}\mathrm{e}^{-r} \tag{5-45}$$

【例 5-3】 已知 2DPSK 信号的码元速率 $R_B=10^6$ B，信道加性噪声的单边功率谱密度为 $n_0=2\times10^{-10}$ W/Hz，要求系统的误码率不大于 10^{-4}。试求：

(1) 采用差分同步检波法时，接收机输入端所需的信号功率。

(2) 采用同步检波法时，接收机输入端所需的信号功率。

【解】 带通滤波器的带宽 $B=2R_B=2\times10^6$ Hz，则带通滤波器的输出噪声功率 $\sigma_n^2=n_0B=4\times10^{-4}$ W。

(1) 采用差分相干检波法时：

$$P_e=\frac{1}{2}\mathrm{e}^{-r}\leqslant10^{-4},\quad r=\frac{S_i}{N_i}=\frac{S_i}{\sigma_n^2}\geqslant8.2$$

$$S_i=r\cdot\sigma_n^2=3.4\times10^{-3}\,\mathrm{W}$$

(2) 采用同步检波法时：

$$P_e=\frac{1}{2}\mathrm{erfc}(\sqrt{r})\leqslant10^{-4},\quad \mathrm{erfc}(\sqrt{r})\geqslant1-10^{-4},\quad r\geqslant7.6$$

$$S_i=r\cdot\sigma_n^2=3.04\times10^{-3}\,\mathrm{W}$$

可见，对 DPSK 来说，同步检波法对信号功率的要求比差分相干检波法低。也从另一个角度说明，相干解调的抗噪性能比非相干解调的好。

【思政 5-5】 三个系统抗噪性能分析的例题都得到"相干解调抗噪性能比包络检波更优"的结论，但相干解调需要提取同步载波，实现相对复杂。我们在进行通信系统设计时需要用辩证思想，全面分析两种解调方法的优缺点，以获得适合需求的更优设计。

5.3 二进制数字频带传输系统的性能比较

本节将从系统有效性、可靠性、对信道特性变化的敏感性及设备复杂程度等方面对几种二进制数字频带传输系统的性能进行总结和比较。几种二进制数字频带传输系统性能的相关参数如表 5-1 所示。

表 5-1　二进制数字频带传输系统性能的相关参数

信号	解调方法	频带宽度	误　码　率	门限	用　途
2ASK	非相干	$2f_s$	$P_e=\frac{1}{2}\mathrm{e}^{-\frac{\gamma}{4}}$	$a/2$	
	相干		$P_e=\frac{1}{2}\mathrm{erfc}\frac{\sqrt{\gamma}}{2}=\frac{1}{\sqrt{\pi\gamma}}\mathrm{e}^{-\frac{\gamma}{4}}$		

续表

信号	解调方法	频带宽度	误码率	门限	用途
2FSK	非相干	$2f_s+\|f_1-f_2\|$	$P_e=\frac{1}{2}e^{-\frac{\gamma}{2}}$	无	中、低速数据传输
	相干		$P_e=\frac{1}{2}\text{erfc}\sqrt{\frac{\gamma}{2}}=\frac{1}{\sqrt{2\pi\gamma}}e^{-\frac{\gamma}{2}}$		
2PSK	相干	$2f_s$	$P_e=\frac{1}{2}\text{erfc}\sqrt{\gamma}=\frac{1}{2\sqrt{\pi\gamma}}e^{-\gamma}$	0	高速数据传输
2DPSK	差分相干	$2f_s$	$P_e=\frac{1}{2}e^{-\gamma}$	0	
	同步检测		$P_e=\text{erfc}\sqrt{\gamma}=\frac{1}{\sqrt{\pi\gamma}}e^{-\gamma}$		

1）有效性

若调制信号带宽为 f_s，则二进制数字调制信号带宽分别为

$$B_{2\text{ASK}}=B_{2\text{PSK}}=2f_s$$

$$B_{2\text{FSK}}=|f_2-f_1|+2f_s$$

在相同码速率情况下，带宽越大，系统频带利用率越低。三类二进制数字频带传输系统中 **2FSK 的带宽最大，因此有效性越差**。

2）可靠性

数字通信系统的可靠性用误码率来判断。误码率越小，可靠性越好。表 5-1 已列出各种二进制数字频带传输系统的误码率和解调器输入端信噪比 r 的关系。为了更直观地比较它们的性能，图 5-33 给出了相应的误码率曲线。由图可以看出，在每一类键控系统的相干和非相干解调方式下，**相干方式略优于非相干方式**。三种键控系统之间，在相同误码率条件下，所需要的信噪比 2ASK 是 2FSK 的 2 倍，2FSK 是 2PSK 的 2 倍，2ASK 是 2PSK(2DPSK)的 4 倍；如果转换为分贝考虑，则在信噪比的要求上 2PSK 比 2ASK 小 3dB，2FSK 比 2ASK 小 3dB。因此抗加性高斯白噪声方面，**相干 2PSK 性能最好，2FSK 次之，2ASK 最差**。

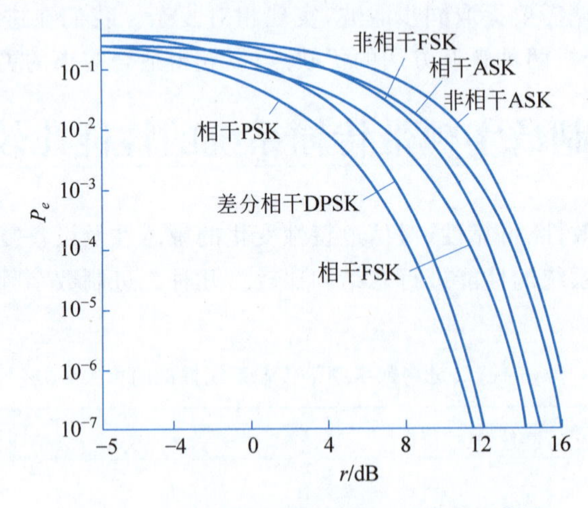

图 5-33 二进制数字频带传输系统误码率曲线

3）对信道特性变化的敏感性

2FSK系统不需要人为地设置判决门限，判决器是根据上下两个支路解调输出样值的大小来做出判决的，对信道的变化不敏感；在2PSK系统中，当发送信号概率相等时，判决器的最佳判决门限为零，与接收机输入信号的幅度无关，判决门限不随信道特性的变化而变化，接收机容易保持在最佳判决门限状态。

2ASK系统的最佳门限为$a/2$（当$P(1)=P(0)$时），与接收机输入信号的幅度有关。当信道特性发生变化时，接收机输入信号的幅度a将随之发生变化；相应地，判决器最佳判决门限也将随之改变。这时，接收机不容易保持在最佳判决门限状态，从而导致误码率增大。因此，**就对信道特性变化的敏感性而言，2ASK的性能最差**。

4）设备的复杂程度

由于相干解调需载波同步提取模块，因此相干解调设备要比非相干解调设备复杂；而同为非相干解调时，2DPSK设备**最复杂**，2FSK次之，2ASK**最简单**。

通过对几种二进制频带传输系统的分析和比较可以看出，在对通信系统进行设计和选择调制解调方式时，需要对系统要求做全局考虑，抓住主要要求，综合辩证分析几种影响因素，做出适当的选择。如果抗噪性能要求是最主要的，则应考虑相干2PSK和2DPSK，抗噪性能最差的2ASK不可取。如果对系统有效性要求更高，则应考虑2ASK、2PSK和2DPSK，有效频带宽度最大的2FSK不可取。如果需考虑设备复杂程度，则非相干方式比相干方式更合适。若传输信道是随参信道，要求系统对信道特性不敏感，则2FSK和2DPSK优于2ASK。

【思政5-6】 我们分析和比较了二进制频带传输系统的性能，从有效性、可靠性、对信道变化的敏感性、设备复杂程度等方面综合评价了通信系统的性能。未来在进行通信系统设计和评价时也需要具有全局观，注意多维度思考，全面分析。

目前常用的数字调制方式是相干2DPSK和非相干2FSK。相干2DPSK主要用于高速数据传输中，而非相干2FSK则主要用于中、低速数据传输中，特别是在衰落信道中传送数据时有着广泛的应用。

5.4　多进制数字调制

在信道频带受限时，为了提高频带利用率，实际数字通信系统通常采用信号状态数大于二的多进制数字调制（M-ary digital modulation）技术。

$$R_B=\frac{R_b}{\log_2 M} \tag{5-46}$$

由式(5-46)可以看出，信息速率R_b不变时，增加进制数M，可以降低码元传输速率R_B，从而减小信号带宽，节约频带资源；码元传输速率R_B不变时，增加进制数M，可以增大信息速率R_b，从而在相同的带宽内传输更多比特的信息，提高频带利用率。

多进制数字调制是利用多进制数字基带信号去调制高频载波的振幅、频率或相位等参量。根据载波的受控参量不同，多进制数字调制也可分为多进制幅移键控（M-ary Amplitude Shift Keying，MASK）、多进制频移键控（M-ary Frequency Shift Keying，MFSK）和多进制相移键控（M-ary Phase Shift Keying，MPSK）。与二进制数字调制相比，多进制数字调制的显著优点是,在相同码元传输速率下,或在使用相同频带宽度的前提下,多进制数字调制系统可获得更高的频带利用率。因此,在现代调制技术中,多进制调制方法得到了广泛应用。

5.4.1 多进制幅移键控

多进制幅移键控(多进制数字振幅调制)信号的载波幅度有 M 种取值,在每个符号时间间隔 T_s 内发送 M 个幅度中的一种。

$$e_{\mathrm{MASK}}(t)=\sum_{n}a_n g(t-nT_s)\cos\omega_c t \tag{5-47}$$

式中,$g(t)$为基带信号波形;T_s 为码元宽度;ω_c 为载波角频率;a_n 为幅度值。

$$a_n=\begin{cases}0, & \text{发送概率为 } P_0\\ 1, & \text{发送概率为 } P_1\\ \vdots & \\ M-1, & \text{发送概率为 } P_{M-1}\end{cases}\quad \text{且}\quad \sum_{i=0}^{M-1}P_i=1$$

和 2ASK 相同,MASK 也是用不同幅值的载波来表示不同的数字序列组合。如果是四进制,则将数字序列每 2 个一组进行分组,用 4 种不同幅值的载波表示四进制的 4 种不同组合状态。一种四进制数字振幅调制信号的时域波形如图 5-34 所示。

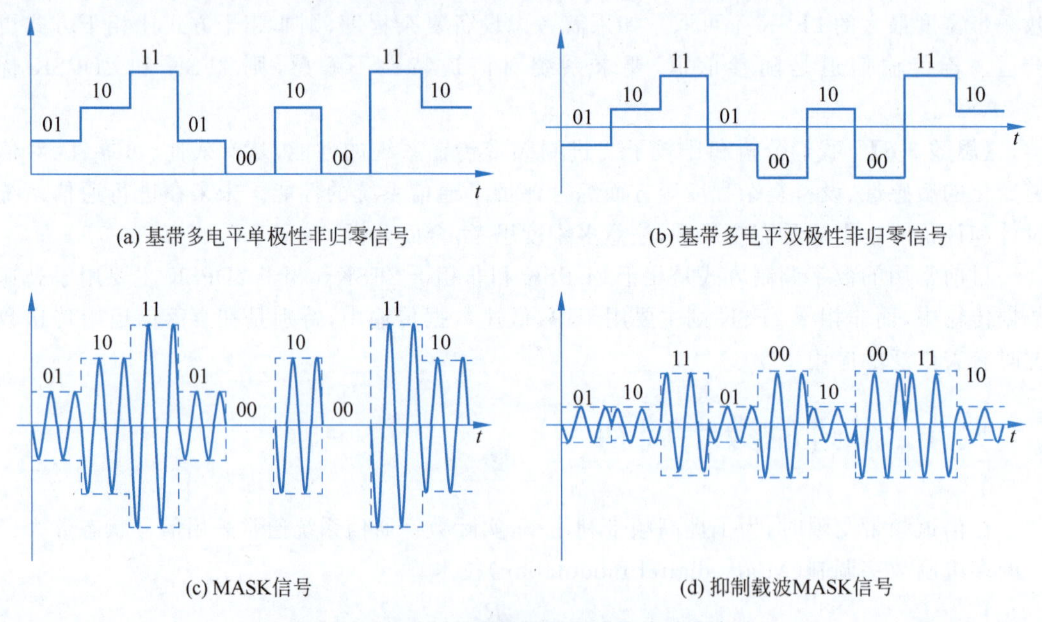

图 5-34 四进制数字振幅调制信号的时域波形

由图可以看出,MASK 的功率谱与 2ASK 信号的功率谱有相似的形式。在信息传输速率相同时,码元传输速率降低为 2ASK 信号的 $1/\log_2 M$,因此 M 进制数字振幅调制信号的带宽是 2ASK 信号的 $1/\log_2 M$。

MASK 调制和解调方法也与 2ASK 相似。区别在于 MASK 发送端输入的二进制数字基带信号需要先经过 2-M 电平变换电路转换成 M 电平的基带脉冲,然后再进行调制。解调方法也可采用相干解调和非相干解调两种。MASK 系统的误码率随着进制数的增加而增大,如需得到相同的误码率,所需的信噪比也得随着进制数的增加而增大,因此多进制系统是以牺牲抗噪性能(可靠性)来换取更高的频带利用率(有效性)的。

由于 MASK 信号是用振幅的变换传递信息,而信号振幅在传输时受信道衰落的影响比较大,所以在远距离传输的衰落信道中 MASK 应用较少,在实际通信中常用多进制正交振幅调制(MQAM)来代替。

5.4.2 多进制频移键控

多进制频移键控(MFSK)又称为多频调制,是 2FSK 方式的推广。MFSK 的码元采用 M 个不同频率的载波,其信号表达式为

$$e_{\mathrm{MFSK}}(t)=\sum_{i=1}^{M}g(t-nT_s)\cos(\omega_n t+\varphi_n) \tag{5-48}$$

式中,$g(t)$为基带信号波形;T_s 为码元宽度;φ_n 为载波初始相位;ω_n 为载波角频率,共有 M 种取值。通常可选载波频率 $f_i=\dfrac{n}{2T_s}$,n 为正整数,此时 M 种发送信号相互正交。

MFSK 系统的原理框图如图 5-35 所示。输入基带信号通过电平变换器将二进制码变换成为有 M 种状态的多进制码,控制键控开关输出 M 种不同载波频率的载波。MFSK 的解调部分由多个带通滤波器、包络检波器、抽样判决器和电平变换器组成。各带通滤波器中心频率与各载波频率一致,因此在某一载频到来时,只有一个带通滤波器有信号通过,而其他带通滤波器只有噪声通过。抽样判决器比较所有包络检波器的输出电压,并选出最大者作为输出。

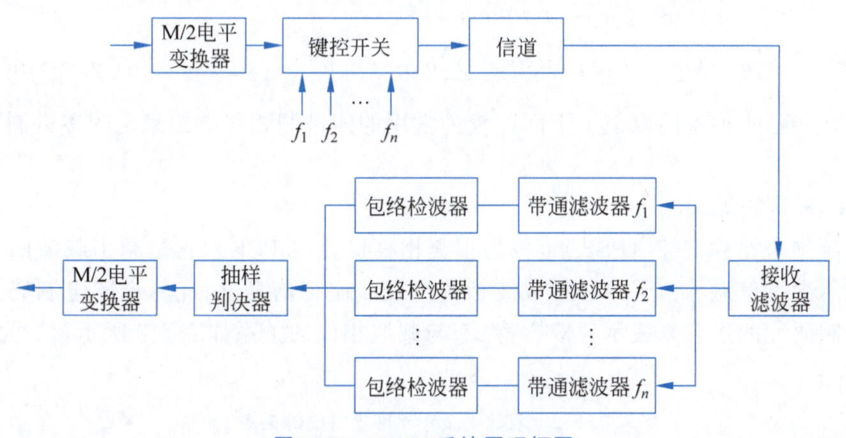

图 5-35 MFSK 系统原理框图

假设多进制频移键控(多进制数字频率调制)信号的最低载频为 f_1,最高载频为 f_M,信号码元宽度为 T_s,则 MFSK 信号的带宽为

$$B=|f_M-f_1|+2f_s=|f_M-f_1|+2/T_s \tag{5-49}$$

可见,MFSK 信号具有较宽的频带,因而它的信道频带利用率不高。

一种 4FSK 信号的时域波形如图 5-36 所示。

在信噪比一定的情况下,多进制数字频率调制系统的误码率随着进制数的增加而增大,但与 MASK 系统相比,增加的速度要小得多。MFSK 相干解调和非相干解调的性能差距将随 M 的增大而减小;同一 M 下,随着信噪比 r 的增加非相干解调性能将趋于相干解调性能。

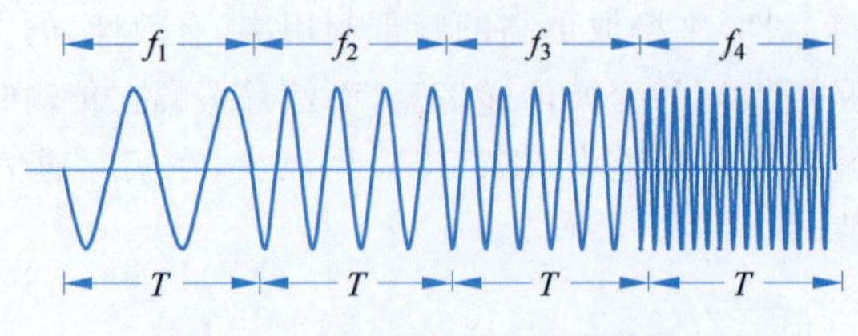

图 5-36 4FSK 信号的时域波形

MFSK 的主要缺点是信号频带宽,频带利用率低,但其抗衰落和时延变化的性能好,因此 MFSK 常用于调制速率较低及多径时延比较严重的信道,如短波信道。

5.4.3 多进制相移键控

多进制相移键控(多进制数字相位调制)的基本原理是利用载波的多种不同相位(或相位差)来表征数字信息。和二进制相位调制相同,多进制相位调制也可分为绝对移相和相对移相两种。实际中通常采用相对移相。

由于在多进制相位调制中,M 种相位可以用来表示 K 比特码元的 $M=2^K$ 种状态,假设 K 比特码元的码元宽度仍为 T_s,则 M 相调制波形可表示为

$$\begin{aligned} e_{\mathrm{MPSK}}(t) &= \left[\sum_n g(t-nT_s)\cos\varphi_n\right]\cos\omega_c t - \left[\sum_n g(t-nT_s)\sin\varphi_n\right]\sin\omega_c t \\ &= \left[\sum_n a_n g(t-nT_s)\right]\cos\omega_c t - \left[\sum_n b_n g(t-nT_s)\right]\sin\omega_c t \\ &= I(t)\cos\omega_c t - Q(t)\sin\omega_c t \end{aligned} \tag{5-50}$$

式中,$I(t)=\sum\limits_n a_n g(t-nT_s)$;$Q(t)=\sum\limits_n b_n g(t-nT_s)$;$a_n=\cos\varphi_n$;$b_n=\sin\varphi_n$;$\varphi_n$ 为受调相位,可有 M 种不同取值。下面以较为常用的四进制相移键控来说明多进制相移键控的原理。

1. 4PSK 调制原理

四进制绝对相移键控(4PSK)也称为正交相移键控(QPSK),它是利用载波的 4 种不同相位来表示数字信息。由于每一种载波相位代表 2 比特信息,因此每个四进制码元可以用两个二进制码元的组合来表示。双比特 ab 与载波相位的关系如表 5-2 所示,信号矢量图如图 5-37 所示。

表 5-2 双比特 ab 与载波相位的关系

双比特码元 ab		载波相位 φ	
a	b	A 方式	B 方式
0(−1)	**0**(−1)	0°	45°
0(−1)	**1**(+1)	90°	135°
1(+1)	**1**(+1)	180°	225°
1(+1)	**0**(−1)	270°	315°

可以用相位选择法产生 QPSK 信号,其原理图如图 5-38 所示。根据当时的双比特 ab,逻辑选相电路从候选的 4 个相位中选择相应相位的载波输出,这与 2PSK 也非常类似。但是由于两位二进制码对应一个初始相位取值,所以需要通过串/并转换器对数字序列进行分组。

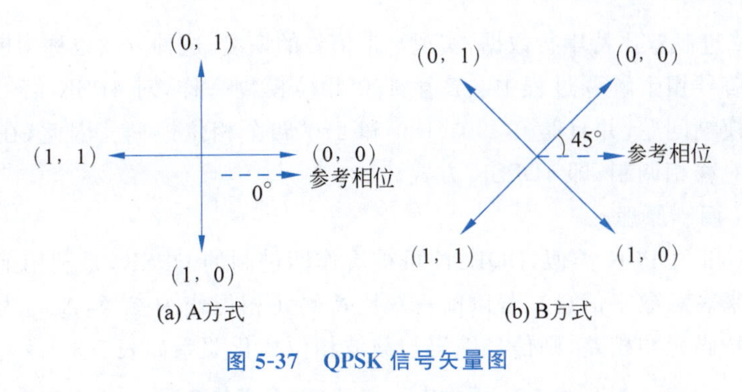

图 5-37 QPSK 信号矢量图

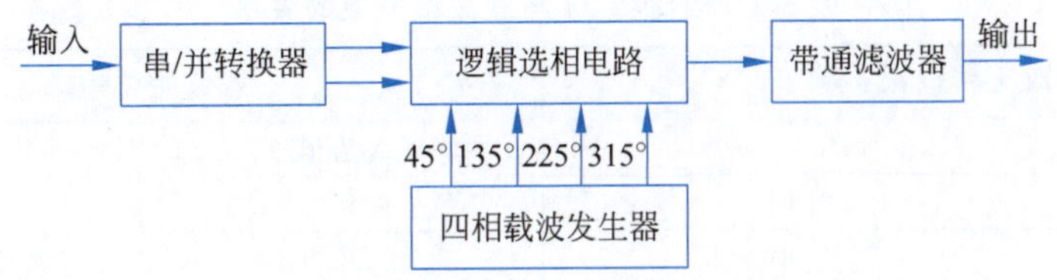

图 5-38 相位选择法产生 QPSK 信号原理图

也可采用如图 5-39 所示的正交调制法产生 QPSK 信号。串/并转换器将输入的二进制序列分为两个并行的双极性序列，双极性 a 和 b 脉冲通过两个平衡调制器分别对同向载波和正交载波进行 2PSK 调制，将两路输出叠加，即可得到 QPSK 信号。

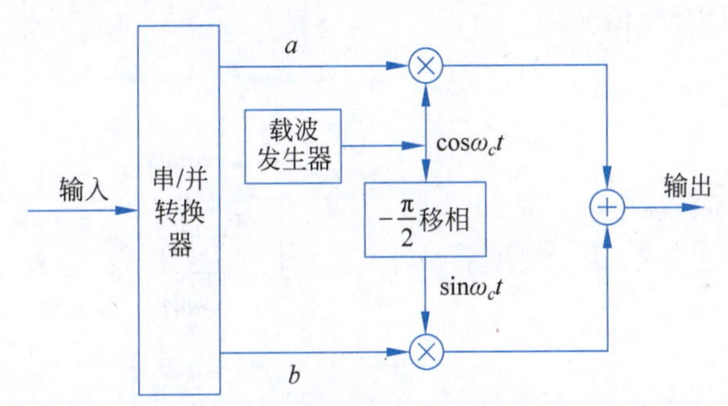

图 5-39 正交调制法产生 QPSK 信号

可以看出，QPSK 信号也可视为两路相互正交的 2PSK 信号的合成，因此 QPSK 信号的解调可以采用与 2PSK 信号类似的方法，解调原理图如图 5-40 所示。同相支路和正交支路分别采用相干解调方式解调，得到的分量经抽样判决器和并/串转换器，将上下支路得到的并

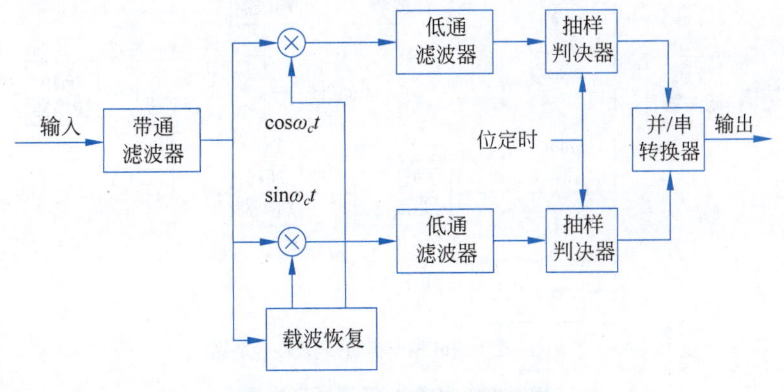

图 5-40 QPSK 相干解调原理图

行数据还原成二进制双比特串行数据，实现基带信号的恢复，这种方法也称为极性比较法。

在 2PSK 信号相干解调过程中会产生 180°相位模糊一样，对 4PSK 信号进行相干解调也会产生相位模糊问题，并且是 0°、90°、180°和 270°四个相位模糊。因此，在实际中更实用的是四进制相对移相调制，即 4DPSK 方式。

2. DQPSK 调制原理

与 4QPSK 和 2DPSK 类似，DQPSK 可被看作四进制的 DPSK，是利用前后码元之间的相对相位变化来表示数字信息。若以前一双比特码元相位作为参考，$\Delta\varphi_n$ 为当前双比特码元与前一双比特码元初相差，则信息编码与载波相位变化关系如表 5-3 所示。

表 5-3　双比特 ab 与载波相位差的关系

双比特码元 ab		载波相位差 $\Delta\varphi$	
a	b	A 方式	B 方式
0(−1)	**0**(−1)	0°	225°
1(+1)	**0**(−1)	90°	315°
1(+1)	**1**(+1)	180°	45°
0(−1)	**1**(+1)	270°	135°

4DPSK 调制原理框图如图 5-41 所示。图中，串/并转换器将输入的二进制序列分为速率减半的两个并行序列 a 和 b，再通过差分编码器将其编码为四进制差分码，然后用绝对调相的调制方式实现 4DPSK 信号。

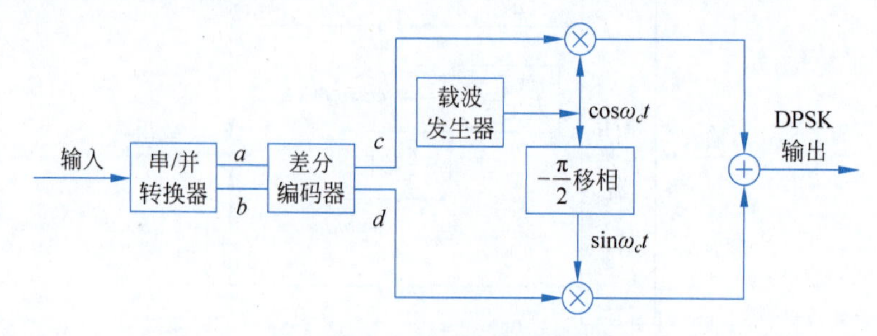

图 5-41　4DPSK 调制原理框图

4DPSK 信号与 2DPSK 信号类似，也可以通过在 4PSK 调制电路的基础上增加差分编码器实现。解调可采用相干解调＋码反变换的方式或差分相干解调法实现，如图 5-42 所示。

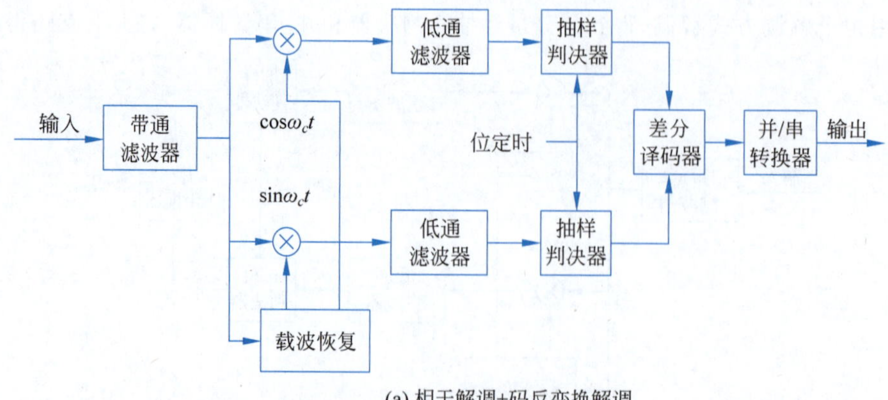

(a) 相干解调+码反变换解调

图 5-42　4DPSK 解调原理框图

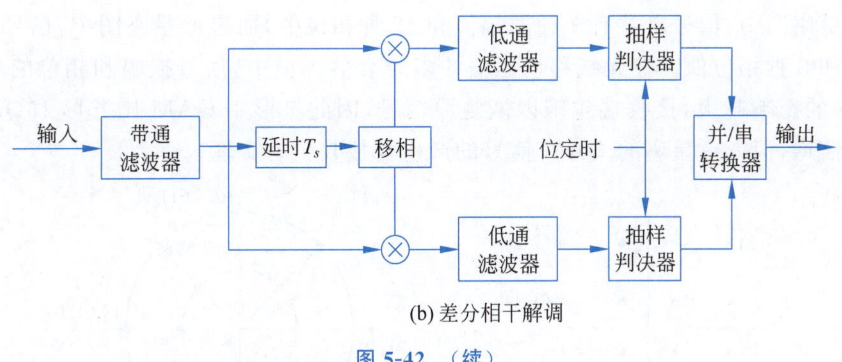

(b) 差分相干解调

图 5-42 (续)

5.5 现代数字调制技术

5.5.1 正交振幅调制

由 5.4 节的分析可知,在系统带宽一定的情况下,多进制调制的信息速率比二进制高,即频带利用率较高,但其频带利用率的提高是通过牺牲功率利用率获得的。且随着进制数的增大,频谱利用率提高了,但相邻相位的距离减小,使噪声容限随之减小。在相同噪声条件下,系统的误码率会有所增大。为了改善 M 较大时的噪声容限问题,发展出了正交振幅调制(QAM)。

正交振幅调制(Quatrature Amplitude Modulation,QAM)是一种振幅和相位联合键控,它是用两个独立的基带信号对两正交正弦载波进行抑制载波的双边带调制,利用已调信号在同一带宽频谱上正交的特性实现两路并行数字信息的传输。

正交调制信号的一个码元可以表示为

$$e_k(t)=A_k\cos(\omega_c t+\theta_k),\quad kT<t\leqslant(k+1)T \tag{5-51}$$

式中,k 为整数;A_k 和 θ_k 可以取多个离散值。

将式(5-51)展开,表示成正交形式为

$$e_k(t)=A_k\cos\omega_c t\cos\theta_k-A_k\sin\omega_c t\sin\theta_k \tag{5-52}$$

令 $X_k=A_k\cos\theta_k$,$Y_k=-A_k\sin\theta_k$,那么式(5-52)变为

$$e_k(t)=X_k\cos\omega_c t+Y_k\sin\omega_c t$$

式中,X_k、Y_k 是可以取多个离散值的变量。可以看出,$e_k(t)$可被看作两个正交的幅移键控信号之和。若 θ_k 的取值仅为 $\pi/4$ 和 $-\pi/4$,A_k 的取值仅为 $+A$ 和 $-A$,则 QAM 信号此时为 QPSK 信号,因此 QPSK 是一种最简单的 QAM 信号。当 QAM 的同相和正交支路都采用二进制信号时,则信号空间中的坐标点数目(状态数)$M=4$,也记为 4QAM;当同相和正交支路都采用四进制信号时,将得到 16QAM 信号,以此类推,两条支路都采用 L 进制信号将得到 MQAM 信号,其中 $M=L^2$。

矢量端点的分布图称为星座图,通常用星座图来描述 QAM 信号的信号空间分布状态。以 16QAM 信号为例进行分析,16QAM 有多种分布形式的信号星座图,两种具有代表性的信号星座图如图 5-43 所示。在图 5-43(a)中,信号点的分布呈方形,称为方形 16QAM 星座图,这也是标准型 16QAM。图 5-43(b)中,信号点的分布呈星形,称为星形 16QAM 星座

图。方形星座图中，信号点共有 3 种振幅值和 12 种相位值，而星形星座图中，信号点共有 2 种振幅值和 8 种相位值。在无线移动通信的多径衰落环境中，信号振幅和相位的取值种类越多，受到的影响越大，接收端越难以恢复原信号，因此星形 16QAM 比方形 16QAM 更适用于衰落信道，但方形星座的 QAM 信号的产生与接收更易实现。

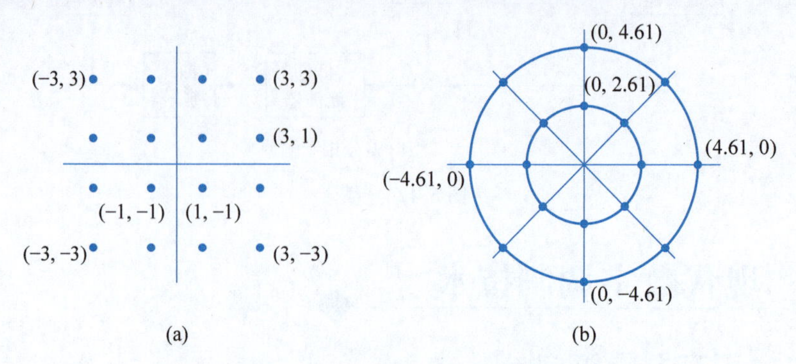

图 5-43　16QAM 信号星座图

16QAM 信号主要有正交振幅法和复合相移法两种产生方法。复合相移法是用两路独立的 QPSK 信号叠加，形成 16QAM 信号。正交振幅法是用两路独立的正交 4ASK 信号叠加，形成 16QAM 信号。正交振幅法产生 16QAM 信号的原理图如图 5-44 所示。输入的二进制电平序列(每 4 比特为一组)经过串/并转换器输出速率减半的两路并行序列(上支路 ac 和下支路 bd)，然后分别经过 2-4 电平转换器，形成 4 电平基带信号 $X(t)$和 $Y(t)$，$X(t)$和 $Y(t)$分别与相互正交的两路载波相乘(调制)，形成两路互为正交的 4ASK 信号，最后将两路信号相加即可得到 16QAM 信号。

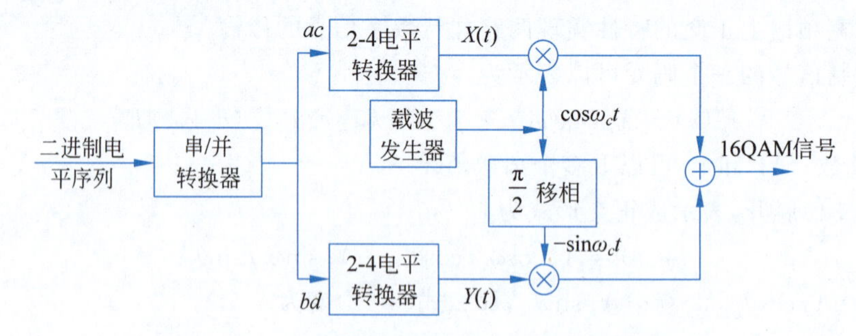

图 5-44　正交振幅法产生 16QAM 信号的原理图

QAM 信号的解调通常采用正交相干解调法，原理如图 5-45 所示。16QAM 信号与本

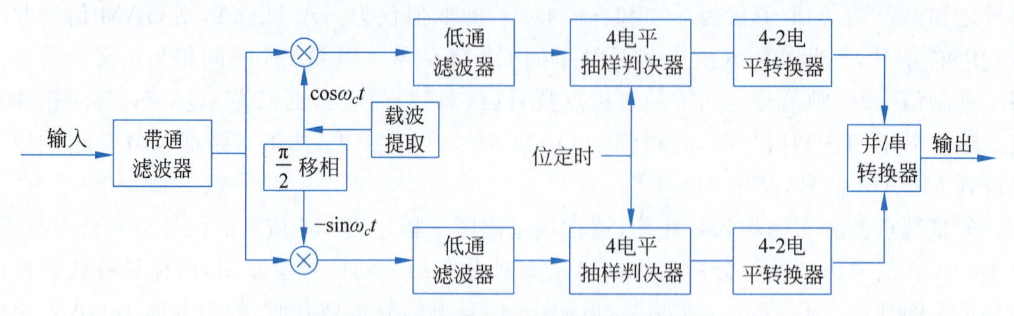

图 5-45　QAM 信号正交相干解调法原理

地恢复的两个正交载波相乘后，经过低通滤波器输出两路4电平基带信号 $X(t)$ 和 $Y(t)$。由于16QAM信号的16个信号点在水平轴和垂直轴上投影的平均数均有4个(+3、+1、−1、−3)，对应低通滤波器输出的4电平基带信号，因此4电平抽样判决器应有3个判决电平，即+2、0和−2。4电平抽样判决器对4电平基带信号进行判决和检测，再经过4-2电平转换器和并/串转换器最终输出二进制数据。

QAM特别适合用于频带资源有限的场合，如由于电话信道的带宽通常限制在语音频带(300～3400Hz)范围内，若希望在此频带中提高通过调制解调器传输数字信号的速率，则QAM是非常实用的。在ITU-T的建议V.29和V.32中均采用16QAM调制以9.6kb/s的码元速率传输2.4kBaud的数字信息。目前改进的16QAM方案最新的调制解调器的传输速率更高，所用的星座图也更复杂，但仍占据一个话路的带宽。例如在ITU-T的建议V.34中采用960QAM调制，使调制解调器的传输速率达到28.8kb/s。

5.5.2 最小频移键控(MSK)和高斯最小频移键控(GMSK)

1. 最小频移键控

为了克服2FSK的相位不连续、占用频带宽和功率谱旁瓣衰减慢等缺点，提出了2FSK的改进型——最小频移键控(Minimum Shift Keying,MSK)。MSK是一种包络恒定、相位连续、占用带宽最小并且严格正交的2FSK信号。

MSK信号可表示为

$$e_{\mathrm{MSK}}(t)=\cos[\omega_c t+\theta_k(t)]=\cos\left[\omega_c t+\frac{a_k\pi}{2T_s}t+\varphi_k\right],\quad (k-1)T_s<t\leqslant kT_s \tag{5-53}$$

式中，$\omega_c=2\pi f_c$ 为载波角频率；$\frac{a_k\pi}{2T_s}$ 为相对于 ω_c 的频偏；T_s 为码元宽度；a_k 为第 k 个输入码元，取值为±1(对应1和0)；φ_k 为第 k 个码元的起始相位，它在一个码元宽度中是不变的，其作用是保证在 $t=kT_s$ 时刻信号相位连续。

由式(5-53)可以看出，当输入码元为1时，$a_k=+1$，则频率 $f_1=f_c+\frac{1}{4T_s}$，当输入码元为0时，$a_k=-1$，则频率 $f_0=f_c-\frac{1}{4T_s}$。两者的频差为

$$\Delta f=f_1-f_0=\frac{1}{2T_s}$$

它等于码元速率($1/T_s$)的一半，是保证2FSK的两个信号正交的最小频率间隔，相对应的调制指数为

$$h=\Delta f T_s=\frac{1}{2T_s}\times T_s=\frac{1}{2}=0.5$$

这里，所谓“最小”是指这种调制方式能以最小的调制指数(0.5)获得正交信号，而正交可使信号在接收时便于分离。

将式(5-53)按照三角函数展开，可以得到MSK信号的正交表示形式为

$$e_k(t)=\cos\varphi_k\cos\frac{\pi t}{2T_s}\cos\omega_c t-a_k\cos\varphi_k\sin\frac{\pi t}{2T_s}\sin\omega_c t$$

$$=I_k\cos\frac{\pi t}{2T_s}\cos\omega_c t-Q_k\sin\frac{\pi t}{2T_s}\sin\omega_c t,\quad (k-1)T_s<t\leqslant kT_s$$

式中，$I_k=\cos\varphi_k=\pm1$；$Q_k=a_k\cos\varphi_k=\pm1$。

MSK 调制原理图如图 5-46 所示。图中输入数据序列为 a_k，它经过差分编码器后变成序列 c_k。经过串/并转换器，将一路延迟 T_s，得到相互交错一个码元宽度的两路信号 I_k 和 Q_k。加权函数 $\cos(\pi t/2T_s)$和 $\sin(\pi t/2T_s)$分别对两路数据信号 I_k 和 Q_k 进行加权，加权后的两路信号再分别对正交载波 $\cos\omega_c t$ 和 $\sin\omega_c t$ 进行调制，调制后的信号相加再通过带通滤波器，就得到 MSK 信号。

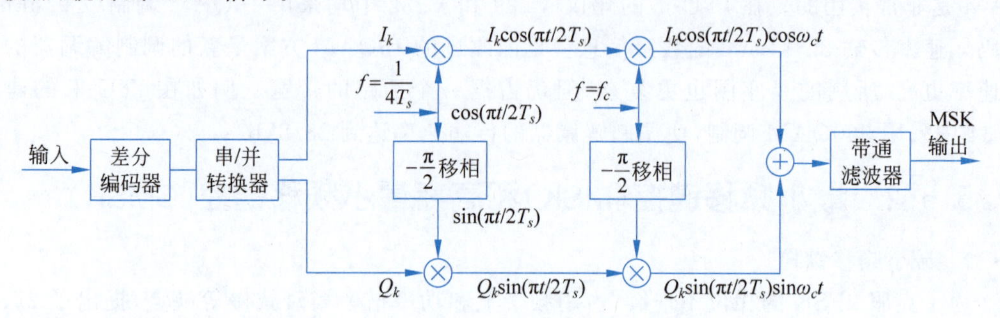

图 5-46 MSK 调制原理图

由于 MSK 信号是一种 2FSK 信号，所以和 2FSK 相同，也可采用相干解调或非相干解调方法。在对误码率有较高要求时大多采用相干解调方式。图 5-47 是 MSK 相干解调原理图。MSK 信号经带通滤波器滤除带外噪声，然后借助正交的相干载波与输入信号相乘，将 I_k 和 Q_k 两路信号区分开，再经低通滤波器后输出。同相支路在 $2kT_s$ 时刻抽样，正交支路在$(2k+1)T_s$ 时刻抽样，抽样判决器根据抽样后的信号极性进行判决，大于 0 判为 1，小于 0 判为 0，经串/并转换器，转换为串行数据。与调制器相对应，因在调制时在发送端经过了差分编码器，故接收端输出需经差分译码器后，才可恢复出原始数据。

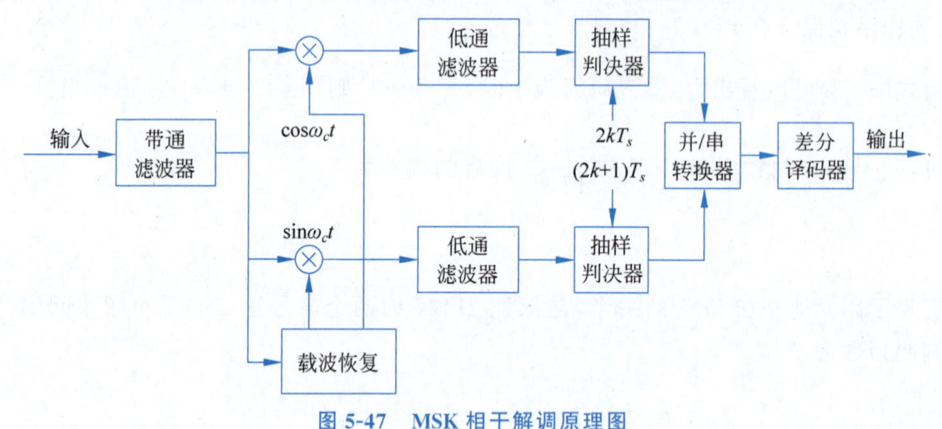

图 5-47 MSK 相干解调原理图

MSK 信号的归一化单边功率谱密度的计算结果如下：

$$P_s(f)=\frac{32T_s}{\pi^2}\left[\frac{\cos2\pi(f-f_c)T_s}{1-16(f-f_c)^2T_s^2}\right]^2$$

式中，f_c 为载频；T_s 为码元持续时间。按此式画出的 MSK 信号的功率谱密度在图 5-48 中用实线示出。注意，图中横坐标是以载频为中心画的，即横坐标代表频率 $f-f_c$；T_s 表示二进制码元持续时间。图中还给出了其他几种调制信号的功率谱密度曲线作为比较。由图可见，与 QPSK 信号相比，MSK 信号的功率谱密度更为集中，即其旁瓣下降得更快，故它对于相邻频道的干扰较小，适用于移动通信。

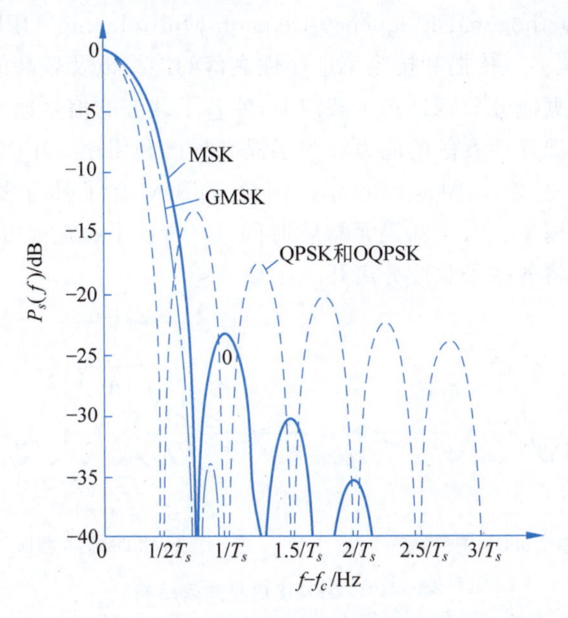

图 5-48　MSK、GMSK、QPSK 和 OQPSK 信号的功率谱密度

2. 高斯最小频移键控

为了进一步使信号的功率谱密度集中，并减小对邻道的干扰，适应移动通信场合对信号带外功率的限制，可以在进行 MSK 调制之前，用一个高斯型的低通滤波器对输入基带矩形信号脉冲进行处理，这样的体制称为高斯最小频移键控(Gaussian Filtered Minimum Shift Keying，GMSK)。由于在 MSK 调制器之前加入的高斯低通滤波器能将基带信号变换成高斯脉冲信号，故其包络无陡峭边沿和拐点，从而达到了改善 MSK 信号频谱特性的目的。基带的高斯低通滤波器平滑了 MSK 信号的相位曲线，因此稳定了信号的频率变化，这使得发射频谱上的旁瓣水平大大降低。

实现 GMSK 信号的调制，关键是设计一个性能良好的高斯低通滤波器，它必须具有如下特性。

(1) 有良好的窄带和尖锐的截止特性，以滤除基带信号中多余的高频成分。

(2) 脉冲响应过冲量应尽量小，防止已调波瞬时频偏过大。

(3) 输出脉冲响应曲线的面积对应的相位为 $\pi/2$，使调制系数为 1/2。

以上要求是为了抑制高频分量、防止过量的瞬时频率偏移以及满足相干检测的需要。

GMSK 方式的功率谱密度比 MSK 更加集中，旁瓣进一步降低(见图 5-48)，能满足蜂窝移动通信环境下对带外辐射的严格要求，其缺点是存在码间干扰。

5.5.3　正交频分复用(OFDM)

前面所学习到的各种调制方式在某个时刻都只使用单一的载波频率发送信号，属于单载波调制。单载波调制下如果信道特性不理想，就可能造成信号的失真和码间干扰。尤其是在无线移动通信环境下,即使传输低速码流,也会产生严重的码间干扰。为了解决这个问题,除采用均衡器进行补偿外,另一个可行的方法就是采用多载波传输技术,将信道分成多个子信道,从而使基带码元均匀分散到每个子信道对载波进行调制,并行传输。

正交频分复用(Orthogonal Frequency Division Multiplexing,OFDM)是一种多载波调制技术,具有较强的抗多径传播和抗频率选择性衰落的能力以及较高的频谱利用率,它的基本原理是将发送的数据流分散到许多个载波上,使各子载波的信号速率大为降低,从而提高抗多径传播和抗频率选择性衰落的能力。为了提高频谱利用率,OFDM 方式中各子载波有1/2 重叠,但保持相互正交,如图 5-49 所示。因此,OFDM 除了具有多载波调制的优势外,还具有更高的频谱利用率。由于在码元持续时间 T_s 内各子载波是相互正交的,所以接收时可利用此正交特性将各路子载波分离开。

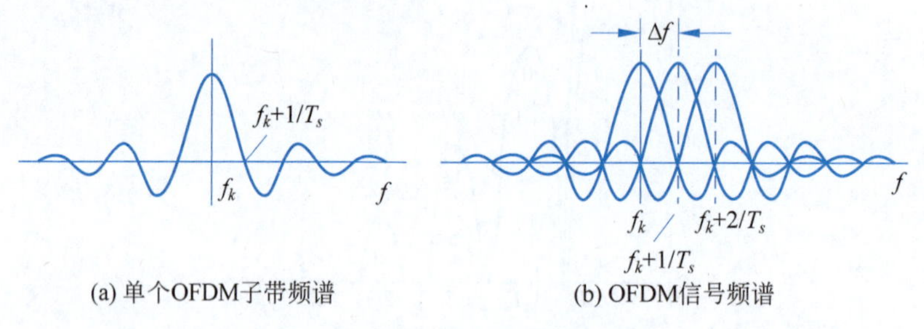

图 5-49 OFDM 信号频谱结构

OFDM 系统将串行数据并行地调制在多个正交的子载波上,由此可以降低每个子载波的码元速率,增大码元的符号周期,提高系统的抗频率选择性衰落和抗干扰能力,而且由于每个子载波的正交性,大大提高了频谱的利用率,因此非常适合移动场合中的高速传输。

OFDM 技术大大增强了抗频率选择性衰落和抗窄带干扰的能力,具有广阔的市场前景,已作为关键技术应用于第四代和第五代移动通信系统中。它的主要优点如下。

1) 抗频率选择性衰落能力强

OFDM 使用户信息通过多个子载波传输,在每个子载波上的信号时间就相应的比同速率的单载波长很多倍,可以有效减少无线通信的时间弥散所带来的 ISI,因而对脉冲噪声和信道快衰落的抵抗能力更强,这样就减小了接收机内均衡的复杂度。有时还可以通过采用插入循环前缀的方法消除 ISI 的不利影响,此时甚至可以不采用均衡器。

2) 频谱利用率高

OFDM 采用重叠的正交子载波作为子信道,而不是传统的利用保护频带来分离子信道,因而提高了频谱利用率。

3) 抗码间干扰能力强

码间干扰是数字通信系统中除噪声干扰之外最主要的干扰,它与加性的噪声干扰不同,是一种乘性的干扰。造成码间干扰的原因有很多,实际上,只要传输信道的频带是有限的,就会造成一定的码间干扰。OFDM 由于采用了循环前缀,抗码间干扰的能力很强。

4) 适合高速数据传输

OFDM 的自适应调制机制使不同子载波可以根据信道情况和噪声背景的不同使用不同的调制方式:信道条件好时,采用效率高的调制方式;信道条件差时,采用抗干扰能力强的调制方式。OFDM 采用的加载算法使系统可以把更多的数据集中放在条件好的信道上以高速率进行传送。因此,OFDM 技术非常适合高速数据传输。

【思政 5-7】 数字化发展要依靠数字技术,数字技术的生命力在于持续创新、不断创造价值。华为集团持续创新,不断加快数字化发展,华为的成功,靠的是对质量的坚守以及追求永无止境的创新精神。中华民族伟大复兴的实现,需要充分以文化自信激发强大精神力量。我们也应该坚定文化自信,培养追求卓越、精益求精、敬业创新的工匠精神,为实现中华民族伟大复兴而奋斗。

本节简要介绍了几种新型数字调制系统,更多新型调制期待大家自行调研和查阅。也希望大家可以完成数字频带传输系统的设计与仿真,实现理论与实践的统一。

【本章小结】

1. 信号波形特征

- 2ASK 用载波的有和无表示数字信号 0 和 1。
- 2FSK 用两种不同频率的载波表示数字信号 0 和 1。
- 2PSK 信号用不同的载波初相表示数字信号 0 和 1。
- 2DPSK 信号用不同的载波相位差表示数字信号 0 和 1。

2. 功率谱特性

- 2ASK 信号功率谱是将调制信号功率谱搬移到载频的位置,且载频处存在离散谱。
- 2FSK 信号功率谱是将调制信号功率谱搬移到两个载频的位置,可能单峰也可能双峰,视两个载频差而定。
- 2PSK 和 2DPSK 信号功率谱与 2ASK 信号功率谱相似,将调制信号功率谱搬移到载频的位置,但载频处没有离散谱。

3. 信号带宽

- 2ASK 信号带宽:$2f_s$,即 2 倍基带信号带宽。
- 2FSK 信号带宽:$2f_s+|f_1-f_2|$,即 2 倍基带信号带宽加上载频差。
- 2PSK 与 2DPSK 信号带宽:$2f_s$,即 2 倍基带信号带宽。

4. 调制方法

键控法利用基带信号(或相对码)控制开关,使其输出不同幅值(频率或相位或相位差)的载波信号。

5. 解调方法

重要特点:相比模拟调制系统的解调部分,多了一个抽样判决模块。该模块是数字通信系统中的重要模块,需要提取位同步信号得到定时脉冲进行抽样判决,还原原始基带信号。

6. 抗噪性能分析方法

通过随机信号的概率方法,分析概率密度函数,作图讨论其误码率参数的计算。

7. 性能比较

有效性:2ASK 和 2PSK 相同,2FSK 较差。

可靠性:2PSK>2FSK>2ASK。

相干解调方式>非相干解调方式。

对信道的敏感程度:2ASK 最差,2FSK 和 2PSK 基本不受影响。

设备复杂程度：2DSK＞2FSK＞2ASK。

数字频带传输系统思维导图如图 5-50 所示。

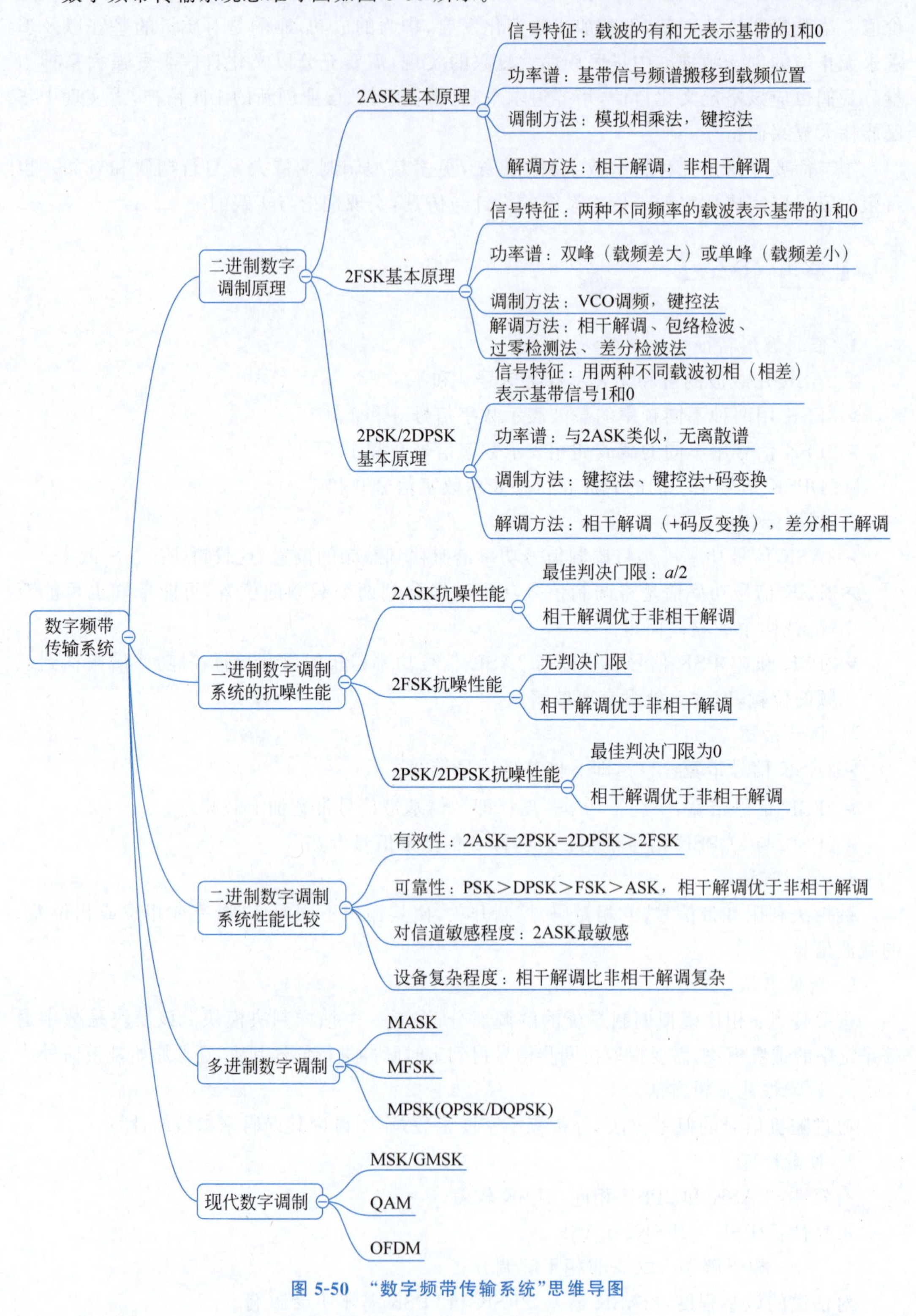

图 5-50 “数字频带传输系统”思维导图

思考题

5-1 什么是数字调制？它和模拟调制有哪些相同点和不同点？

5-2 什么是幅移键控？2ASK 信号的波形有什么特点？

5-3 2ASK 信号的功率谱有什么特点？带宽为多少？

5-4 2ASK 的调制和解调方式有哪些？试说明其工作原理。

5-5 什么是频移键控？2FSK 信号的波形有什么特点？

5-6 相位不连续的 2FSK 信号的功率谱有什么特点？带宽为多少？

5-7 2FSK 的调制和解调方式有哪些？试说明其工作原理。

5-8 什么是绝对移相？什么是相对移相？它们有何区别？

5-9 2PSK 和 2DPSK 在遇到“倒 π”现象时的误码情况如何？导致它们误码率不同的原因是什么？

5-10 2PSK 信号及 2DPSK 信号的功率谱有何特点？它们与 2ASK 信号的功率谱有何异同点？

5-11 2PSK 信号及 2DPSK 信号可以用哪些方法产生和解调？试说明其工作原理。

5-12 比较 2ASK 系统、2FSK 系统、2PSK 系统以及 2DPSK 系统的有效性和可靠性。

5-13 试比较幅移键控、频移键控和相移键控三类调制方式的优缺点。

5-14 简述多进制调制的原理。多进制数字调制具有哪些特点？

5-15 什么是最小频移键控？MSK 信号具有哪些特点？

5-16 什么是 GMSK 调制？它与 MSK 调制有什么不同？

5-17 什么是 OFDM 调制？OFDM 信号的主要优点是什么？

5-18 试简述 OFDM 调制在现代通信中的应用。

习题

5-1 设发送数字信息为 1010111000，码元速率为 1000B，载波频率为 2000Hz，试分别画出 2ASK、2PSK 及 2DPSK 信号的波形示意图，并分别求它们的信号带宽。

5-2 已知某 2ASK 系统的码元传输速率为 1000B，所用的载波信号为 $A\cos(4\pi\times10^3 t)$。

(1) 设所传送的数字信息为 1001001，试画出相应的 2ASK 信号波形图；

(2) 求 2ASK 信号的第一过零点带宽。

5-3 设某 2FSK 调制系统的码元传输速率为 1000B，载波频率为 1000Hz 或 2000Hz。

(1) 若发送数字信息为 1001101，试画出相应的 2FSK 信号波形；

(2) 若发送 0 和 1 的概率相等，试画出 2FSK 信号的功率谱密度草图；

(3) 试讨论这时的 2FSK 信号应选择怎样的解调器解调，并画出解调原理框图。

5-4 假设某 2PSK 系统的码元传输速率为 1000B，载波频率为 2000Hz，原始基带码序列为 10010101。

(1) 画出 2PSK 信号波形和功率谱密度草图；

(2) 若采用相干解调方式进行解调，试画出解调系统各点波形。

5-5　假设某2DPSK系统的码元传输速率为1000B,载波频率为1000Hz,原始基带码序列为10110111。

(1) 画出2DPSK信号波形(相位偏移$\Delta\varphi$可自行假设);

(2) 若采用差分相干解调法接收该信号,试画出解调系统的各点波形。

5-6　设载频为1800Hz,码元速率为1200B,发送数字信息为1011011,试画出以下两种情况下的2DPSK信号波形:

(1) 若相位偏移$\Delta\varphi=0°$代表0、$\Delta\varphi=180°$代表1;

(2) 若$\Delta\varphi=90°$代表0、$\Delta\varphi=270°$代表1。

5-7　假设基带序列为1 0 0 0 0 1 0 0 0 0,码元传输速率为1000B。

(1) 试画出该序列对应的2ASK调制波形;

(2) 若载频$f_1=1000$Hz,$f_2=2000$Hz,画出2FSK调制波形及相位不连续2FSK信号的功率谱$P_E(f)$的草图,并讨论可用什么解调器解调;

(3) 若载波频率f_c为2000Hz,试画出2DPSK信号波形;

(4) 若采用差分解调法接收(3)中所产生的2DPSK信号,试画出接收系统框图和各点的波形。

5-8　若采用2ASK方式传送二进制数字信息,已知码元传输速率$R_B=1\times10^6$B,接收端解调器输入信号的振幅$\alpha=20\mu$V,信道加性噪声为高斯白噪声,且其单边功率谱密度$n_0=6\times10^{-18}$W/Hz。试求:

(1) 非相干解调时,系统的误码率;

(2) 相干解调时,系统的误码率。

5-9　若采用2ASK方式传送二进制数字信息。已知发送端发出的信号振幅为5V,输入接收端解调器的高斯噪声功率$\sigma_n^2=3\times10^{-12}$W,今要求误码率$P_e=10^{-4}$。试求:

(1) 非相干解调时,由发送端到解调器输入端的衰减;

(2) 相干解调时,由发送端到解调器输入端的衰减。

5-10　在2ASK系统中,已知发送1的概率为$P(1)$,发送0的概率为$P(0)$,且$P(1)\neq P(0)$。采用相干解调方式,并已知发送1时,输入接收端解调器的信号峰值振幅为α,输入的窄带高斯噪声方差为σ_n^2,试证明此时的最佳门限为

$$V_d^*=\frac{\alpha}{2}+\frac{\sigma_n^2}{\alpha}\ln\frac{P(0)}{P(1)}$$

5-11　若采用2FSK方式传送二进制数字信息,其他条件与题5-9相同。试求:

(1) 非相干解调时,由发送端到解调器输入端的衰减;

(2) 相干解调时,由发送端到解调器输入端的衰减。

5-12　假设二进制数字频带传输系统的码元传输速率为3×10^6B,输入接收端解调器的信号峰值振幅为$\alpha=60\mu$V。信道加性噪声为高斯白噪声,且其单边功率谱密度$n_0=2\times10^{-16}$W/Hz。试求:

(1) 2ASK、2FSK和2DPSK系统在非相干解调时的系统误码率;

(2) 2ASK、2FSK、2PSK和2DPSK系统在相干解调时的系统误码率。

5-13　在二进制相移键控系统中,已知解调器输入端的信噪比$r=10$dB,试分别求出相干解调2PSK、极性比较法解调和差分相干解调2DPSK信号时的系统误码率。

5-14 已知码元传输速率 $R_B=2\times10^3$B，接收机输入端的加性高斯白噪声的双边功率谱密度为 10^{-10} W/Hz，若要求系统总误码率 $P_e=10^{-5}$。试分别计算出相干解调 2ASK、非相干解调 2FSK、相干解调 2PSK 和差分相干解调 2DPSK 系统所要求的输入信号功率。

5-15 已知系统发射端信号功率为 2kW，信道衰减为 50dB，解调器输入端的噪声功率为 10^{-4} W。试求 2ASK 非相干解调系统及 2PSK 相干解调系统的误码率。

5-16 设发送数字信息序列为 10001101，试按表 5-2 的要求，分别画出 A 方式和 B 方式下的 QPSK 信号波形。

5-17 设发送数字信息序列为 10110101，试按表 5-3 的要求，分别画出 A 方式和 B 方式下的 QDPSK 信号波形。

5-18 利用 MATLAB 搭建二进制数字频带传输系统（2ASK、2FSK、2PSK、2DPSK）的模型，实现系统的调制、解调和误码率计算等功能。

第6章 模拟信号的数字传输

【本章导学】

如果要在数字通信系统中传输模拟信源产生的模拟信号，需要将模拟信号经过模/数(A/D)转换成数字信号完成无失真传输。本章主要讨论模拟信号的抽样、量化和编码方法，重点讨论脉冲编码调制，并介绍了增量调制和时分复用系统。

本章学习目的与要求

➢ 掌握低通信号和带通信号的抽样定理

➢ 掌握均匀量化和非均匀量化方法

➢ 熟悉并掌握 PCM 编码方法

➢ 了解增量调制的基本原理和编译码方法

➢ 了解时分复用的基本概念

➢ 了解时分复用系统的结构

本章学习重点

➢ 抽样定理

➢ 脉冲编码调制方法

思政融入

➢ 文化自信　➢ 团队合作　➢ 唯物辩证

➢ 科学思维　➢ 家国情怀

根据广义信道中传输的是模拟信号还是数字信号，通信系统可以分为模拟通信系统和数字通信系统。数字通信系统有很多模拟通信系统无法比拟的优点。如果模拟信源所产生的模拟信号想要在数字通信系统中传输，则需要先对模拟信号进行数字化处理，将其转换为数字信号才能进入数字通信系统进行传输，这个过程就是模拟信号的数字传输。一个典型的模拟信号数字传输系统如图 6-1 所示，它的主要任务包括：

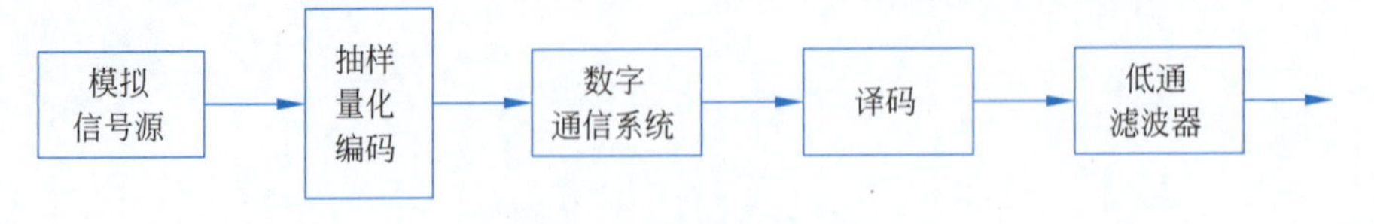

图 6-1　模拟信号数字传输系统

（1）将模拟信号数字化，形成数字基带信号；

（2）使数字基带信号在数字通信系统中无失真传输；

（3）从接收到的数字信号中完整无失真地还原模拟信号。

从原理上来说，将模拟信号数字化需要经过抽样（sample）、量化（quantization）和编码（encoding）三个步骤。抽样是将时间和幅值都连续的模拟信号转换成时间离散的样值信号，量化是将时间离散但幅值仍然连续的样值信号在幅值上进一步离散化，编码是将时间和幅值都已经离散化了的量化信号编制成用于传输的二进制码组。本章讨论的就是抽样、量化和编码的详细过程，即如何将模拟信号源产生的模拟信号变成适合数字通信系统传输的数字信号。

6.1 模拟信号的抽样

视频讲解

将时间连续的模拟信号转换为时间上离散的样值信号的过程称为抽样。抽样定理是确定在怎样的抽样频率下对模拟信号进行抽样可以保证在接收端无失真地还原原始信号。说到抽样定理，就不得不提到两位科学家：数字通信的奠基人香农和数字通信的引路人奈奎斯特。抽样定理，又称为奈奎斯特采样定理或香农采样定理。实际上，抽样定理是1928年由奈奎斯特首先提出来的，1933年苏联工程师首次用公式严格地表述了这一定理，到了1948年信息论的创始人香农才对这一定理加以明确说明并正式作为定理引用。

【思政6-1】 在这漫长的20年里，科学家们对已提出的定理经过了长期的严格推导和证明，才得到明确说明的定理并且应用于信号与通信中。我们也应该学习科学家们严谨求实的科学精神和不懈探索的科学态度，并且希望大家能努力奋斗，为把我国建设成为世界科技强国贡献自己的力量。

6.1.1 低通信号的抽样定理

低通信号的抽样定理是：若连续信号$m(t)$的频带限制在f_m以下，则当抽样信号频率满足$f_s \geqslant 2f_m$时，对$m(t)$进行抽样，就能从所得样值序列中还原$m(t)$。

或是我们也可以将低通信号的抽样定理表述为：一个频带限制在f_m以下的连续信号$m(t)$，可以用时间间隔$T_s \leqslant \frac{1}{2f_m}$的抽样值序列来确定。

这里的抽样就是每隔一定的时间间隔T，抽取模拟信号的一个瞬时幅度值（样值）。抽样频率$2f_m$也称为奈奎斯特抽样速率（Nyquist sampling rate），与之相对应的最大抽样时间间隔$\frac{1}{2f_m}$则称为奈奎斯特抽样间隔。由抽样定理可知，当抽样频率大于等于模拟信号最高截止频率的2倍时，可以在接收端无失真还原该模拟信号，如果这个条件不能满足，可能会导致接收信号失真。从信号和系统的角度来看，抽样频率越大，接收端对原始信号的重现度就会越高，越能确保无失真地还原原始信号。但是从通信的角度，我们还需要考虑频带资源的有效利用。如果抽样频率过大，会导致频谱利用率下降，则会浪费部分频带资源，因此抽样频率并非越大越好，它与数字基带信号的带宽有关。我们要用辩证思维看待抽样定理，看待问题不能一成不变，要进行多维度全方位的分析，综合考虑通信系统的有效性和可靠性，选择最优的抽样频率。

低通信号的抽样时域波形和 $f>2f_m$ 情况下的信号频谱如图 6-2 所示，$f=2f_m$ 和 $f<2f_m$ 情况下的样值信号频谱如图 6-3 所示。

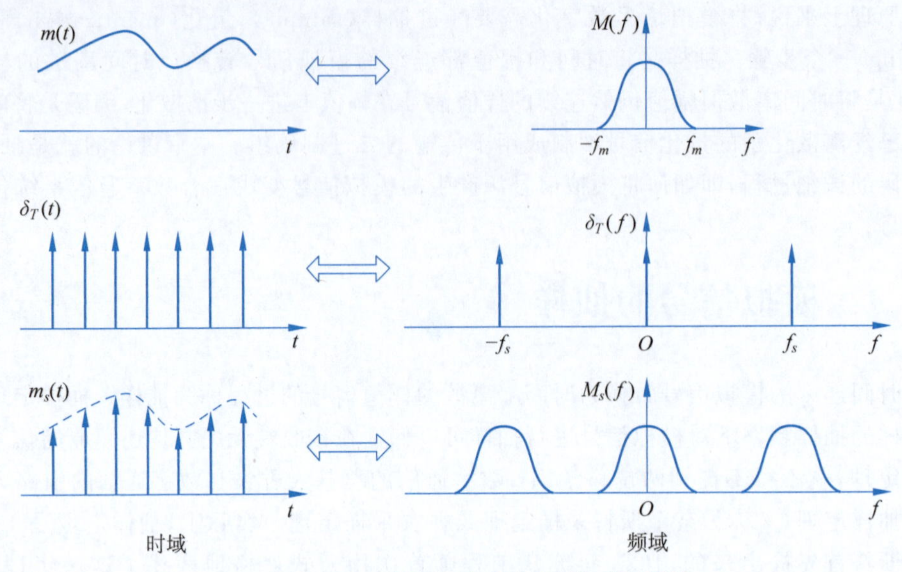

图 6-2 $f>2f_m$ 情况下的时域波形与信号频谱

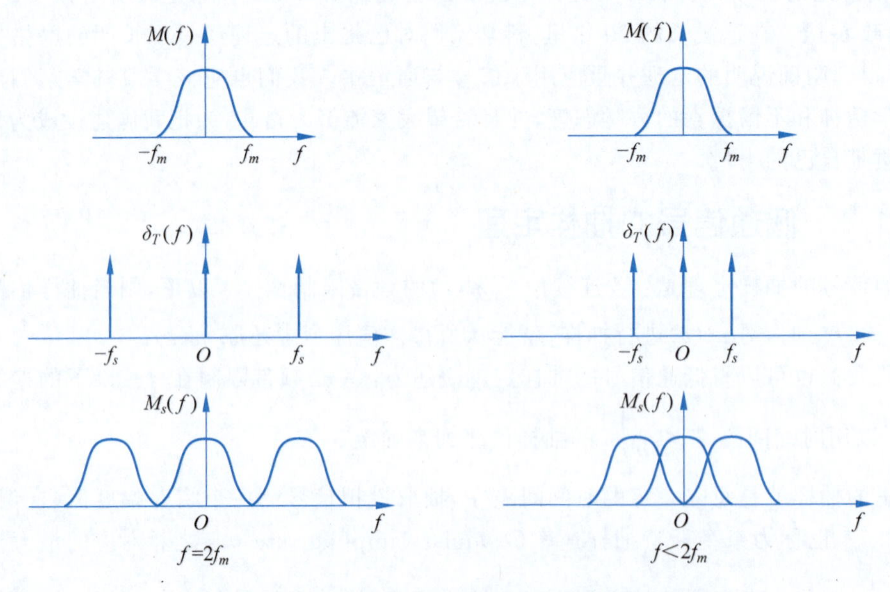

图 6-3 $f=2f_m$ 和 $f<2f_m$ 情况下的样值信号频谱

由图可以看出，当抽样频率大于等于 2 倍模拟信号截止频率时，可使用低通滤波器滤出原始模拟信号的对应频谱，无失真还原。而当不满足抽样定理的条件时，样值信号频谱会混叠在一起，无法滤出原始信号所对应的频谱，不能做到无失真还原。当然，理想低通滤波器是物理不可实现的，滤波器的截止边缘无法做到足够陡峭，导致 $f_s=2f_m$ 时的原始信号无法被很好还原，因此实际使用的抽样频率通常大于 $2f_m$。例如，典型电话信号的最高频率限制在 3400Hz，其抽样频率采用 8000Hz。

6.1.2 带通信号的抽样定理

在实际通信中遇到的很多信号是带通信号，这类信号的带宽往往远小于信号中心频率。若信号的最高截止频率为 f_H，最低截止频率为 f_L，信号带宽为 $B=f_H-f_L$，则当 $f_L<B$ 时，通常将其称为低通型信号，而当 $f_L>B$ 时，通常将其称为带通型信号。带通型信号的最高截止频率 f_H 很高，若仍按 $f_s \geqslant 2f_H$ 的抽样频率进行抽样，虽然样值序列频谱不会产生重叠，可以确保无失真恢复 $m(t)$ 的要求，但将降低信道频带利用率。因此，我们需要寻求带通型信号在通信有效性和可靠性综合考虑下的抽样频率。

(1) $f_H=nB$ 时。

首先考虑一种特殊情况，带通型信号的最高截止频率为整数倍带宽时，即 $f_H=nB$ 时的抽样频率。假设带通信号 $f_H=6B$，当抽样频率选择为 $2B$ 时，信号频谱如图 6-4 所示。可以看出，此时各边带之间不会发生互相重合，可以通过滤波方式无失真还原原始模拟信号。

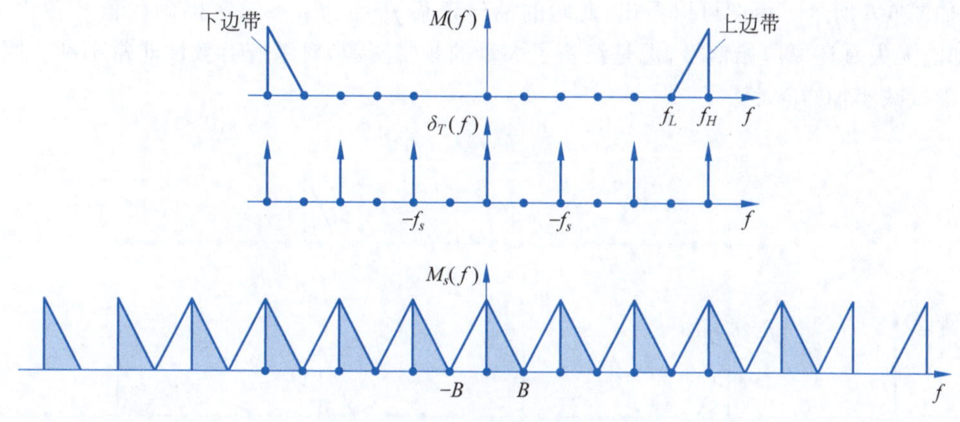

图 6-4 $f=nB$ 时样值信号频谱

当 $f_s>2B$ 或 $f_s<2B$ 时，各边带之间会发生重叠，无法还原原始模拟信号。因此，当 $f_H=nB$ 时，带通信号的抽样频率比较特殊，若限制 $f_s<2f_H$，则只有当抽样频率 $f_s=2B$ 时，样值序列的频谱不发生重叠。

(2) $f_H=nB+kB$ 时 $(n=0,1,2,\cdots,0<k<1)$。

假设带通信号 $f_H=4B+kB$，仍令抽样频率为 $f_s=2B$，则样值信号频谱如图 6-5 所示。可以看出，此时抽样频率为 $2B$ 会使得样值序列的频谱发生重叠(spectral aliasing)，不能恢复模拟信号。

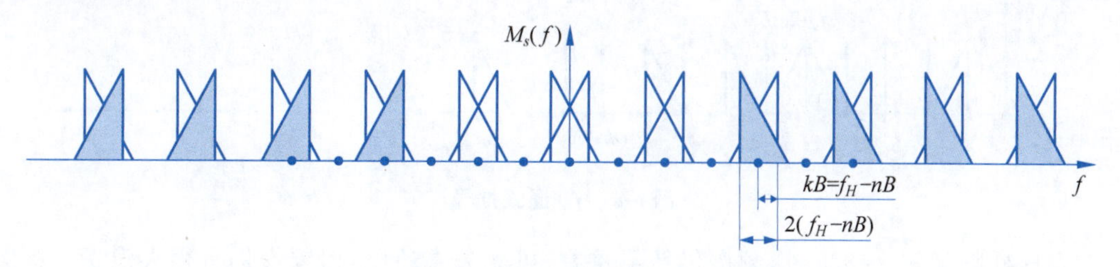

图 6-5 频谱混叠状态分析

通过观察我们发现,虽然频谱发生了重叠,但此情况下的重叠是有一定规律的——都是以完全相同的方式重叠在一起的。因此只要移开其中一个下边带,则其他的都向着相同的方向移动相同的距离,即可全部移开,不再重叠。恢复 $m(t)$ 的条件是原始上边带对应的频谱图处不能产生重叠,因而需将与之重叠的下边带移开。与之重叠的下边带是 $4f_s$ (nf_s) 抽样脉冲所对应的下边带,将它向右移动 $2kB$ 时刚好移开,形成不重叠的状态。

因此,nf_s 抽样脉冲右移距离是 $2kB=2(f_H-nB)$,则 f_s 向右移动的距离为 $2(f_H-nB)/n$,所以,此时抽样频率为

$$f_s=2B+\frac{2(f_H-nB)}{n}=2B\left(1+\frac{k}{n}\right) \tag{6-1}$$

(3) f_s 的通用公式。

引入参数 $m=\left(\frac{f_L}{B}\right)_I$,$()_I$ 表示取整。例如,若 $f_H=2.8B$,则 $m=1$,若 $f_H=5.5B$,则 $m=4$。当 $f_H=5.5B$ 时,如果我们仍采用低通信号的抽样定理对该带通信号进行抽样,则频谱如图 6-6 所示。由图可以看出,此时的抽样频率 $f_s=2f_H=11B$ 能确保信号频谱不混叠,即能无失真还原原始信号,但是浪费了大量的频带资源,对系统有效性非常不利。因此,可以尝试减小抽样频率。

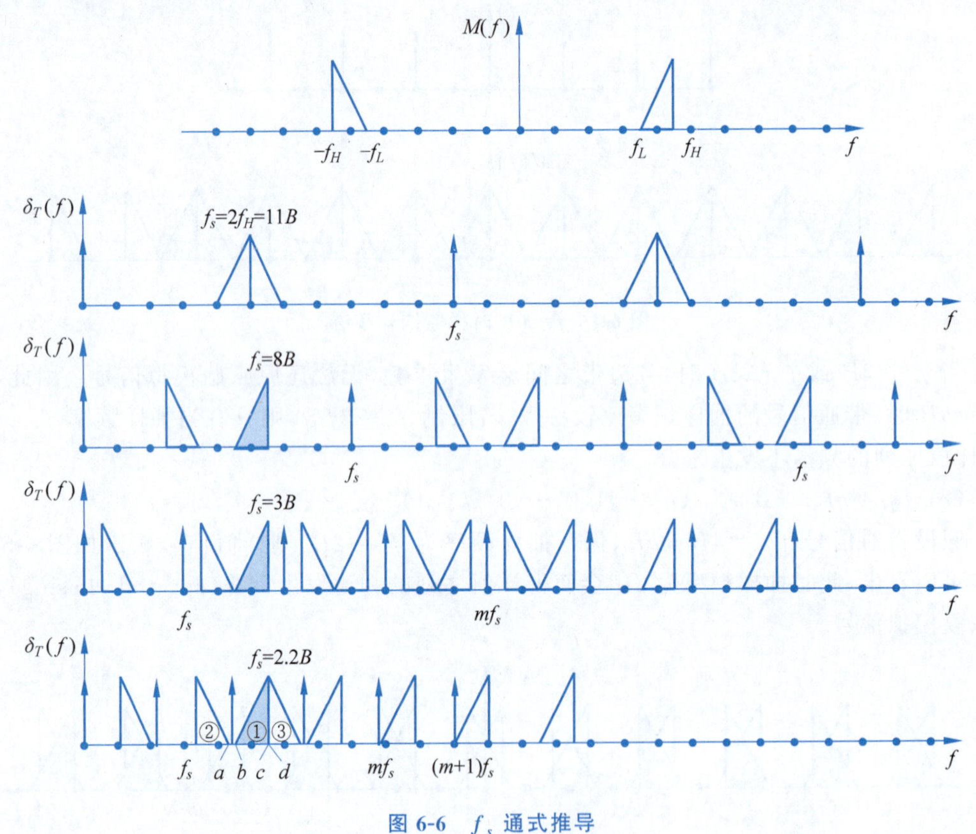

图 6-6 f_s 通式推导

当抽样频率 $f_s=8B$ 时,频谱仍然不重叠,可无失真还原,但频带仍有很大浪费。继续将抽样频率减小为 $f_s=3B$,频带仍未重叠。经过不断的探索与实践,当抽样频率 $f_s=$

2.2B 时，与原始模拟信号所对应的上边带①相邻的两个下边带②和③都已经和①距离非常接近。我们在进行科学研究时，也要有不断探索与实践，寻求最优的科学精神。

此时可进行推导，原始信号上边带①左侧的下边带②与①不重叠的条件是②与①相邻的顶点坐标 a 小于上边带①顶点的坐标 b，右侧边带③与①不重叠的条件是下边带③的顶点坐标 d 大于上边带①相邻坐标 c。即

$$mf_s - f_L \leqslant f_L,\quad f_{s上限} = \frac{2f_L}{m} \tag{6-2}$$

$$(m+1)f_s - f_H \geqslant f_H,\quad f_{s下限} = \frac{2f_H}{m+1} \tag{6-3}$$

因此抽样频率的取值范围为

$$\frac{2f_H}{m+1} \leqslant f_s \leqslant \frac{2f_L}{m} \tag{6-4}$$

令防卫带相等，即两侧留出的保护距离相等，则

$$f_L - (mf_s - f_L) = [(m+1)f_s - f_H] - f_H \tag{6-5}$$

由此可得抽样频率的最优解为

$$f_s = \frac{2}{2m+1}(f_L + f_H) \tag{6-6}$$

当 m 取零时，其实也就是 $f_L < B$，信号为低通信号时，式(6-4)可变换为

$$f_s \geqslant 2f_H \tag{6-7}$$

与低通信号抽样定理的表述一致。

【例 6-1】 若带通信号的中心频率为 130MHz，信号带宽为 40MHz，对信号进行抽样，在恢复信号时采用理想带通滤波器，试计算能无失真恢复信号的最低抽样频率。

【解】 由题意知，信号最高截止频率 $f_H = 130 + 20 = 150$MHz，最低截止频率为 $f_L = 130 - 20 = 110$MHz，因此 $m = \left(\frac{f_L}{B}\right)_I = 2$，代入式(6-4)可得

$$\frac{2\times 150}{3} \leqslant f_s \leqslant \frac{2\times 110}{2},\quad 100 \leqslant f_s \leqslant 110$$

因此，可选择的最低抽样频率是 100MHz。

低通信号的抽样和恢复相比于带通信号来说要简单。当带通信号的最低截止频率小于带宽时，会将带通信号视作低通信号进行处理。例如，模拟电话信号经限带滤波器后的频率范围为 300～3400Hz，如果按低通信号抽样定理来选择抽样频率，则抽样频率至少为 6800Hz。但由于在实际实现时滤波器均有一定宽度的过渡带，抽样前的限带滤波器不能完全抑制 3400Hz 以上的频率分量，在恢复信号时也不可能使用理想的低通滤波器，因此对语音信号的抽样频率选取为 8000Hz，这样在抽样信号的频率之间会形成一定间隔的保护频带，既可防止频谱的混叠，又可降低对低通滤波器的要求，这种以适当高于奈奎斯特频率进行抽样的方法在实际应用中是很常见的。

视频讲解

6.2 模拟脉冲调制

调制所使用的载波包括正弦载波和脉冲载波两种。正弦载波调制是用调制信号控制正弦载波的某个参数,使载波参数随着调制信号的变化而变化;而脉冲载波调制是用调制信号控制脉冲载波的某个参数,使载波参数随着调制信号的变化而变化。在讨论抽样定理时,通常使用冲激序列去完成抽样,这种抽样也称为理想抽样。从另一个角度看,我们也可以把周期性脉冲序列看作调制所使用的脉冲载波。

一个周期性脉冲序列有脉冲重复周期、脉冲振幅、脉冲宽度和脉冲相位(位置)4 个参数。其中,脉冲重复周期即抽样周期,一般由抽样定理决定,因此只有另外 3 个参数可受控于调制信号,随着调制信号的变化而变化。根据脉冲载波的受控参数不同,可将脉冲载波调制分为脉冲振幅调制(Pulse-amplitude modulation,PAM),脉冲宽度调制(Pulse Duration Modulation,PDM)和脉冲位置调制(Pulse Position Modulation,PPM)3 种。

这些调制,虽然由于载波参数的离散性在时间上是离散的,但原始调制信号是连续的模拟信号,因此仍然属于模拟调制的范畴。脉冲模拟调制如图 6-7 所示。

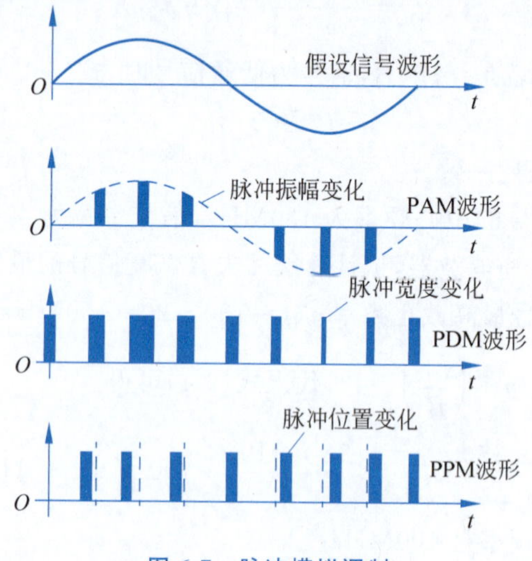

图 6-7　脉冲模拟调制

在几种脉冲载波调制中,最常用的是脉冲振幅调制 PAM。PAM 以抽样定理为基本原理,只是用窄带脉冲串替代冲激序列完成信号的时间离散化。它通常是模拟信号数字化的第一步。脉冲振幅调制又可分为曲顶抽样的脉冲调幅和平顶抽样的脉冲调幅。

曲顶抽样又称自然抽样,它是指抽样后的脉冲幅度(顶部)随被抽样信号 $m(t)$变化,或者说保持了 $m(t)$的变化规律;平顶抽样又叫瞬时抽样,它与曲顶抽样的不同之处在于,它抽样后的信号中的脉冲均为顶部平坦的矩形脉冲,矩形脉冲的幅度即为瞬时抽样值。曲顶抽样脉冲调幅和平顶抽样脉冲调幅如图 6-8 和图 6-9 所示。

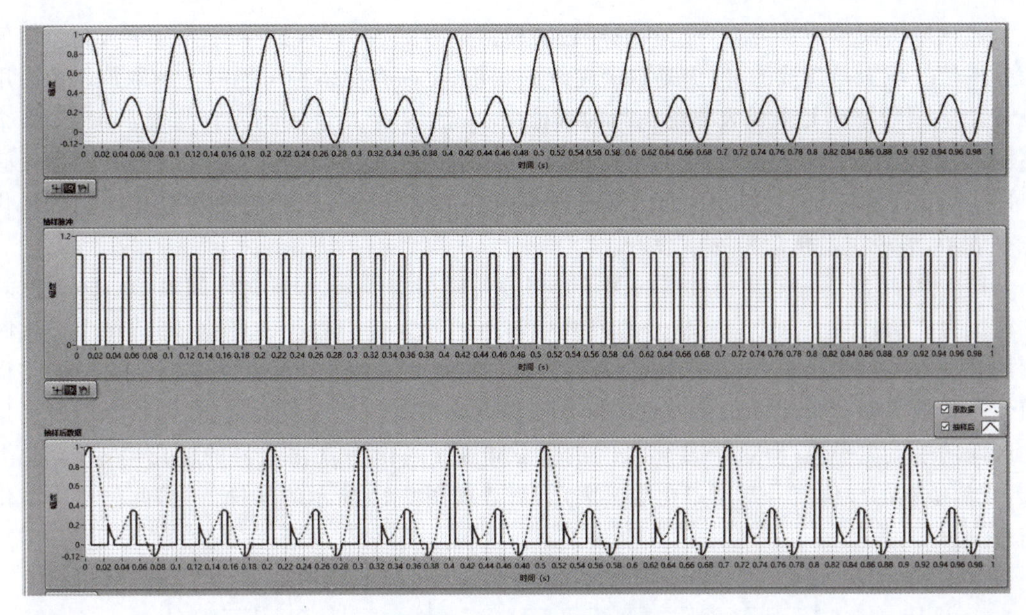

图 6-8 曲顶抽样脉冲调幅

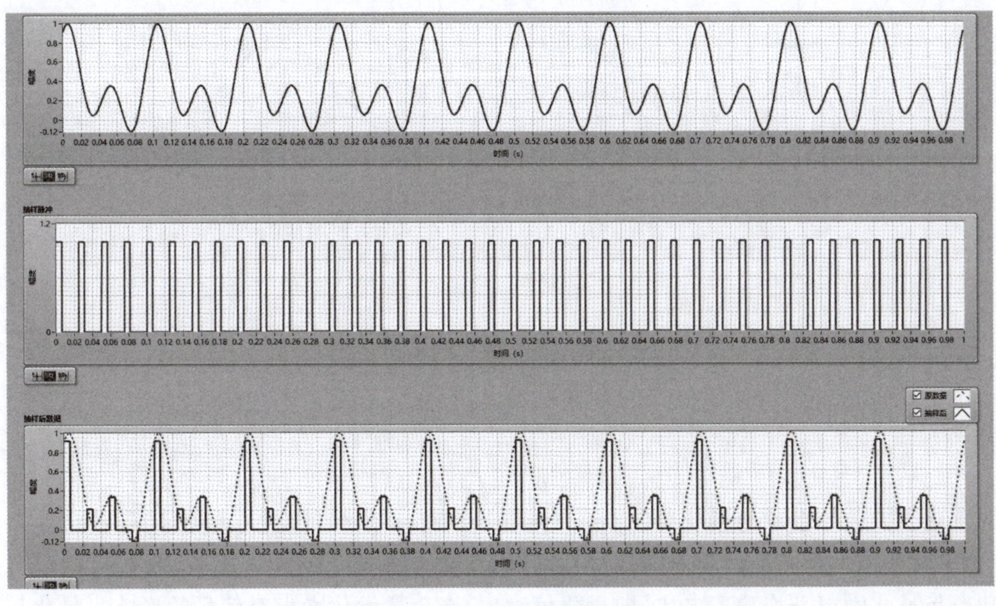

图 6-9 平顶抽样脉冲调幅

6.3 模拟信号的量化

6.3.1 量化的定义

经过抽样产生的信号，只是在时域上离散，可在幅值上仍然是连续的，因而仍然是模拟信号，而不是数字信号。若抽样值仍随信号幅度连续变化，则当其上叠加噪声后，接收端无法准确判断所发送的样值。因此，它必须对抽样信号进行幅度离散化，将连续幅值用有限个电平表示。这种利用预先规定的有限个电平来表示模拟样值的过程称为量化(quantizing)。

假设原始模拟信号为$m(t)$，其抽样后的样值信号为$m_s(t)$，抽样间隔为T_s，此时样值信号虽然时域上是离散的，但仍是取值连续的变量，可以有很多种可能的连续取值。若采用N个二进制数字码元来代表样值信号的幅值大小，则N个二进制码元只能表示$M=2^N$个不同的样值。因此，需将信号的值域区间划分为M个区间(M也称为量化级数)，每个区间只用一个电平来表示。这样，取值连续的若干个样值信号就可以用它所在量化区间的量化电平表示，形成了量化信号$m_q(t)$。

图6-10给出了一个量化过程的例子。将原始模拟信号$m(t)$按时间间隔T_s进行抽样，抽样成为样值信号$m_s(t)$。将信号的值域均匀地划分为若干相等的量化区间，每个量化区间的长度等于量化间隔Δv，则第i个量化区间的起始点和终止点分别为m_{i-1}和m_i。将样值信号转换为量化信号的方法：确认每个抽样点的样值信号所属的量化区间，并用所属量化区间的中点电平值(即这个量化区间的量化电平q_i)作为量化信号的输出电平，以此类推，直到所有的样值信号都用量化电平表示，形成如图6-10所示的阶梯信号，此信号为量化信号$m_q(t)$。

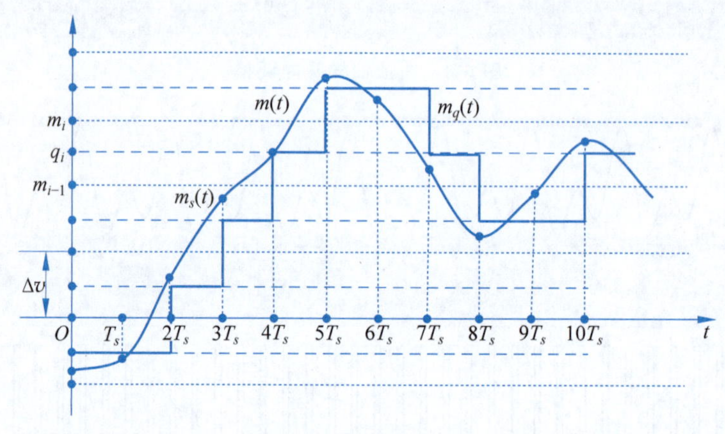

图6-10 量化过程

由于样值信号和量化信号之间存在差值，因此量化误差(quantization error)信号可定义为

$$e_q(t)=|m_s(t)-m_q(t)| \tag{6-8}$$

量化误差信号也称为量化噪声(quantization noise)信号，因此在模拟信号数字化系统中，除了要考虑加性高斯白噪声对信号的影响，还需考虑量化噪声的影响，我们可用信号平均功率与量化噪声平均功率之比(即量化信噪比)来衡量量化噪声对信号的影响。量化信噪比可定义为

$$\frac{S_q}{N_q}=\frac{E\{m_q^2\}}{E\{(m_s-m_q)^2\}} \tag{6-9}$$

对于给定信号的最大幅度，量化电平数越多，量化间隔就越小，可能的量化噪声就会越小，量化信噪比就越高。量化信噪比是量化器的主要性能指标之一。

图6-10中，量化区间是等间隔划分的，这种量化称为均匀量化(uniform quantization)。量化区间也可以采用非均匀的方式进行划分，称为非均匀量化。下面分别讨论均匀量化和非均匀量化(nonuniform quantization)。

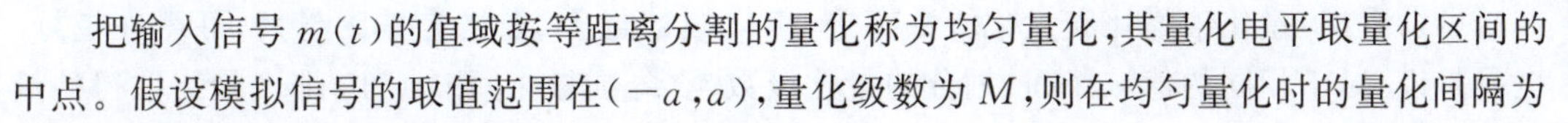

6.3.2 均匀量化

视频讲解

把输入信号 $m(t)$ 的值域按等距离分割的量化称为均匀量化，其量化电平取量化区间的中点。假设模拟信号的取值范围在 $(-a,a)$，量化级数为 M，则在均匀量化时的量化间隔为

$$\Delta v = 2a/M \tag{6-10}$$

第 i 个量化区间的起点为

$$m_{i-1} = -a + (i-1)\Delta v \tag{6-11}$$

第 i 个量化区间的终点为

$$m_i = -a + i\Delta v \tag{6-12}$$

量化电平取该量化区间的中点，则

$$q_i = (m_{i-1} + m_i)/2 \tag{6-13}$$

信号平均功率可表示为

$$S_q = E[m_q^2] = \int_{-a}^{a} x^2 f(x)\mathrm{d}x = \sum_{i=1}^{M} q_i^2 \int_{m_{i-1}}^{m_i} f(x)\mathrm{d}x \tag{6-14}$$

量化噪声平均功率可表示为

$$N_q = E[(m_s - m_q)^2] = \sum_{i=1}^{M} \int_{m_{i-1}}^{m_i} (x - q_i)^2 f(x)\mathrm{d}x \tag{6-15}$$

式中，m_s 为样值信号；m_q 为量化信号；$f(x)$ 为样值信号的概率密度函数；M 为量化级数，即量化电平数。如果已知样值信号的概率密度函数，则可由式(6-14)和式(6-15)计算出量化信噪比。

【例 6-2】 设一个均匀量化器有 M 个量化电平，输入信号在 $[-a,a]$ 具有均匀概率分布，试求该量化器输出端的量化信噪比。

【解】 输入信号在 $[-a,a]$ 具有均匀概率分布，则

$$f(x) = \frac{1}{2a},\quad \Delta v = \frac{2a}{M},\quad m_{i-1} = -a + (i-1)\Delta v,\quad m_i = -a + i\Delta$$

则由式(6-14)可得

$$S_q = \sum_{i=1}^{M} q_i^2 \int_{m_{i-1}}^{m_i} f(x)\mathrm{d}x = \sum_{i=1}^{M} q_i^2 \int_{-a+(i-1)\Delta v}^{-a+i\Delta v} \frac{1}{2a}\mathrm{d}x \approx \int_{-a}^{a} x^2 \frac{1}{2a}\mathrm{d}x = \frac{M^2}{12}(\Delta v)^2 \tag{6-16}$$

由式(6-15)可得

$$N_q = \sum_{i=1}^{M} \int_{m_{i-1}}^{m_i} (x - q_i)^2 f(x)\mathrm{d}x = \frac{M(\Delta v)^3}{24a} = \frac{(\Delta v)^2}{12} \tag{6-17}$$

当量化间隔 Δv 一定时，N_q 不变，可视为常数，与输入信号大小无关。但当输入信号为小信号时，信号平均功率会因 M 的减小而减小。量化信噪比为

$$\frac{S_q}{N_q} = M^2 \tag{6-18}$$

若 M 是 2 的整数次幂，即 $M=2^N$（N 为整数），则式(6-18)可表示为

$$\frac{S_q}{N_q} = M^2 = 2^{2N} \tag{6-19}$$

或

$$\frac{S_q}{N_q}=10\lg 2^{2N}=20\lg 2\approx 6N(\mathrm{dB}) \tag{6-20}$$

可以看出,量化信噪比和量化级数有关,**量化级数越多,量化信噪比越大,可靠性越好。**也就是说,对于相同的值域区间,划分的量化级数越多,则量化间隔越小,那么最终取得的量化电平与原始样值之间的可能差值就越小,量化噪声则越小,可得到较高的量化信噪比。

当输入信号较小时,S_q 比满负荷值小,会导致 S_q/N_q 过小,不能满足通信的要求。而实际需要进行数字化的模拟语音信号,大多是小信号,这样就会导致信噪比较差,无法满足通信要求。为了克服这个缺点,在实际应用中通常采用非均匀量化的方法。

视频讲解

6.3.3 非均匀量化

非均匀量化时,信号的值域区间不再按等间隔方式进行划分,即,量化间隔不再为常数,而是随信号抽样值的不同取不同的量化间隔。输入信号的特征是小信号出现的概率大,大信号出现的概率小,因而重点要改善小信号的量化信噪比。因此,可根据信号的不同区间来确定量化间隔,得到较高的量化信噪比:在样值信号较小时,量化间隔 Δv 也较小,信号样值较大时,量化间隔 Δv 也随之变大。为了实现这样非均匀的量化区间分割方式,通常在进行量化前,先将抽样值进行对数压缩(logarithm compress),再进行均匀量化,即用一个非线性电路将输入电压 x 加权变换成输出电压 y,即 $y=f(x)$,到接收端再进行去重恢复,$x=f^{-1}(y)$。加权称为压缩,去重称为扩张。

压缩特性如图 6-11 所示,图中仅画出了曲线的正半部分,在第三象限奇对称的部分没有画出。图中的纵坐标是均匀刻度,而横坐标是非均匀刻度。输入电压 x 越小,量化间隔越小,则量化误差也越小,从而可以改善小信号的量化信噪比。

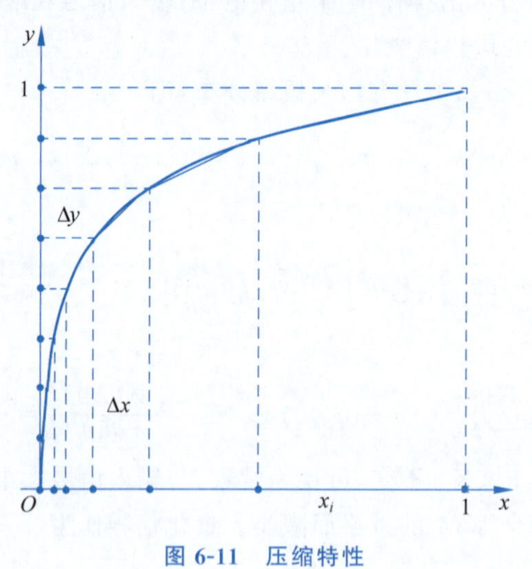

图 6-11 压缩特性

广泛采用的两种对数压缩特性是 μ 律压缩和 A 律压缩。美国采用 μ 律压缩,我国和欧洲各国均采用 A 律压缩。

1. μ 律压缩特性

μ 律压缩的加权变换关系为

$$y=\frac{\ln(1+\mu x)}{\ln(1+\mu)} \tag{6-21}$$

式中，μ 为压缩参数，通常取 $\mu=255$，x 和 y 都做了归一化处理，为 0～1 的取值。

$$x=\frac{\text{压缩器的输入电压}}{\text{压缩器可能的最大输入电压}}$$

$$y=\frac{\text{压缩器的输出电压}}{\text{压缩器可能的最大输出电压}}$$

参考图 6-11 分析量化误差。在每一量化级中，压缩曲线可以近似为一段直线，直线的斜率可写为

$$\frac{\Delta y}{\Delta x}=\frac{\mathrm{d}y}{\mathrm{d}x}=y' \tag{6-22}$$

将式(6-21)的加权变换关系代入，得

$$y'=\frac{\dfrac{\mu}{1+\mu x}}{\ln(1+\mu)} \tag{6-23}$$

且 $\Delta x=\dfrac{\Delta y}{y'}$。

通常我们会取某个量化区间的中点作为该量化区间的输出量化电平，而在此区间内会取得该区间输出量化电平的样值信号和输出量化电平的最大差值为$\dfrac{\Delta x}{2}$，因此量化误差为

$$\frac{\Delta x}{2}=\frac{\Delta y}{2y'}=\frac{\Delta y}{2}\,\frac{(1+\mu x)\ln(1+\mu)}{\mu} \tag{6-24}$$

当 $\mu>0$ 时，$\dfrac{\Delta y}{2}\Big/\dfrac{\Delta x}{2}$是压缩后量化级精度提高的倍数，即量化信噪比改善的程度，也可以用分贝形式表示

$$Q_{\mathrm{dB}}=20\lg\frac{\Delta y}{\Delta x}=20\lg\frac{\mathrm{d}y}{\mathrm{d}x} \tag{6-25}$$

假设 $\mu=100$，当信号为小信号时，考虑归一化信号 $x\to 0$，则

$$\left(\frac{\mathrm{d}y}{\mathrm{d}x}\right)_{x\to 0}=\frac{\mu}{(1+\mu x)\ln(1+\mu)}\bigg|_{x\to 0}=\frac{100}{4.62}$$

$$Q_{\mathrm{dB}}=20\lg\frac{\Delta y}{\Delta x}=26.7\mathrm{dB}$$

当信号为大信号时，考虑最大为 $x=1$，则

$$\left(\frac{\mathrm{d}y}{\mathrm{d}x}\right)_{x=1}=\frac{\mu}{(1+\mu x)\ln(1+\mu)}=\frac{100}{(1+100)\ln(101)}=\frac{1}{4.67}$$

$$Q_{\mathrm{dB}}=20\lg\left(\frac{\Delta y}{\Delta x}\right)=-13.3\mathrm{dB}$$

$Q_{\mathrm{dB}}>0\mathrm{dB}$ 时，表示量化信噪比有所提高；$Q_{\mathrm{dB}}<0\mathrm{dB}$ 时，表示量化信噪比有所损失；$Q_{\mathrm{dB}}=0\mathrm{dB}$ 时，表示无压缩时量化信噪比既无改善也无损失。可以看出，采用了 μ 率压缩后，对于小信号来说，量化信噪比有所改善，而对大信号而言，量化信噪比反而有所下降。

【思政 6-2】 在实际应用中，输入信号的幅度呈非均匀分布，即小信号出现的概率大，大信号出现的概率小。即便大信号在非均匀量化中量化噪声变大了，但对总的信号量化信噪比的影响不大。所以我们在设计通信系统时需有全局观，抓住事物的主要矛盾，重点考虑如何改善小信号的可靠性。

2. 13 折线 A 律压缩

13 折线 A 律压缩按照式(6-26)所示的加权关系进行对数压缩。

$$
\begin{cases}
y=\dfrac{Ax}{1+\ln A} & 0<x\leqslant\dfrac{1}{A} \\
y=\dfrac{1+\ln Ax}{1+\ln A} & \dfrac{1}{A}<x\leqslant 1
\end{cases}
\tag{6-26}
$$

式中，$A=87.6$。分段时的 x 值与 A 律压缩时实际的 x 值的比较如表 6-1 所示。由表 6-1 可以看出，按折线分段的方式，是将 x 在 0～1 区间分为非均匀的 8 段。首先将 0～1，均分为 2 段，后一段不变，为第 8 段，将 0～1/2 再一分为二，1/4～1/2 为第 7 段，将 0～1/4 继续一分为二，以此类推，直到 1～1/128 的线段成为第 1 段。y 轴则是将 0～1 均匀地分为了 8 小段，这样即可做出由 8 段直线构成的一条折线。可以看出，这 8 条折线的斜率，除第 1 段和第 2 段斜率相同外，其他各段斜率均不相同。表 6-1 中只列出了第 1 象限的情况，第 3 象限的情况与第 1 象限完全相同，其第 1 段和第 2 段的斜率与第 1 象限的第 1 段和第 2 段的斜率一样，因此这 4 段折线构成了一条直线。所以，在正负两个象限中完整压缩曲线共有 13 段折线，故称为 13 折线 A 律压缩特性。

按式(6-26)所计算出的实际的 x 值如表 6-1 中第三行所示，可以看出，实际 x 的计算值与按折线分段的 x 取值非常接近。

表 6-1 13 折线 A 律比较

y	0	$\frac{1}{8}$	$\frac{2}{8}$	$\frac{3}{8}$	$\frac{4}{8}$	$\frac{5}{8}$	$\frac{6}{8}$	$\frac{7}{8}$	1
按折线分段的 x	0	$\frac{1}{128}$	$\frac{1}{64}$	$\frac{1}{32}$	$\frac{1}{16}$	$\frac{1}{8}$	$\frac{1}{4}$	$\frac{1}{2}$	1
实际 x 的计算值	0	$\frac{1}{128}$	$\frac{1}{60.6}$	$\frac{1}{30.6}$	$\frac{1}{15.4}$	$\frac{1}{7.79}$	$\frac{1}{3.93}$	$\frac{1}{1.98}$	1
段落	1	2	3	4	5	6	7	8	
斜率	16	16	8	4	2	1	$\frac{1}{2}$	$\frac{1}{4}$	

相应地，μ 率压缩也是类似的。新构成的折线在第 1 象限的 8 段斜率各不相同，由于第 1 象限和第 3 象限的第 1 段斜率相同，中间两条折线合为 1 条折线，故称为 15 折线 μ 律压缩方式。

一般对语音进行编码时就采用如图 6-12 所示的非均匀分段方式，对小信号，量化间隔取得比较小，则量化信噪比比较大，而对大信号，量化间隔取得较大，则量化信噪比较小。但由于小信号出现概率大，而大信号出现概率小，因此重点考虑小信号即可。

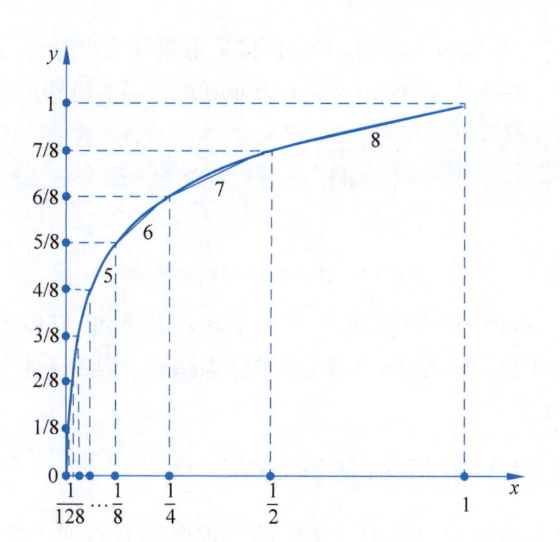

图 6-12 非均匀量化示意图

6.4 脉冲编码调制(PCM)

视频讲解

模拟信源输出的模拟信号经抽样和量化后，可以得到输出电平序列，接下来就是将每个量化电平用编码方式传输。所谓编码，就是将量化后的有限个量化电平值变换成二进制码组的过程，与其相反的过程称为译码。

6.4.1 PCM 的原理

设模拟信号的幅值为±4V，以 r_s 的速率进行抽样，抽样值按 16 个量化级进行均匀量化。量化间隔为 $\Delta v=\dfrac{4-(-4)}{16}=0.5\text{V}$，则各量化区间为

0 ～±0.5　　±0.5 ～±1　　±1 ～±1.5　　±1.5 ～±2

±2 ～±2.5　　±2.5 ～±3　　±3 ～±3.5　　±3.5 ～±4

各量化区间的输出量化电平取量化区间的中点，则量化电平为

±0.25　±0.75　±1.25　±1.75　±2.25　±2.75　±3.25　±3.75

设抽样值为 1.3、2.3、2.7、3.2、1.1、−1.2、−1.6、0.1、−1.2，则按抽样值所归属的量化区间，可以得到这些样值所对应的量化输出电平为

1.25、2.25、2.75、3.25、1.25、−1.25、−1.75、0.25、−1.25

通常将样值所在的量化区间号进行编码如下。

量化区间号：	10	12	13	14	10	5	4	8	5
二进制编码：	1010	1100	1101	1110	1010	0101	0100	1000	0101
四进制编码：	22	30	31	32	22	11	10	20	11

可见，当信号量化完成后，并非直接将量化电平值转换成代码，而是将量化段落的段落号变成适合信道传输的代码。

脉冲编码调制的原理如图 6-13 所示。在发送端，对输入信号 $m(t)$进行抽样、量化和编码，编

码后的 PCM 信号是一个二进制数字序列,可以直接采用基带方式传输,也可以进行载波调制后形成带通信号进行传输。在接收端,PCM 经译码和低通滤波器后得到重建的模拟信号。

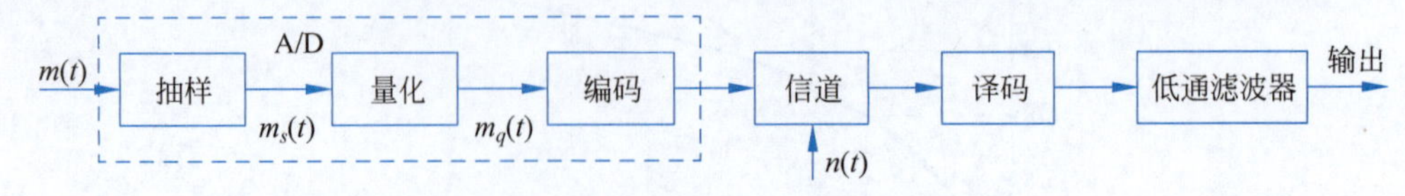

图 6-13　脉冲编码调制的原理

脉冲编码调制不仅应用于通信领域,还广泛应用于计算机、遥控遥测、数字仪表等领域,在这些领域,常将其称为模/数(A/D)变换,属于信源编码。抽样和量化已在前面介绍过,本节主要讨论编码和译码。

6.4.2　PCM 码型选择与参数确定

首先,需要明确编码所使用的码型。常用的二进制码有自然二进制码和折叠二进制码(folded binary code)两种,如表 6-2 所示。将表中的 16 个量化间隔分成正负两部分。0～7 的 8 个量化间隔,对应于负极性的样值脉冲,8～15 的 8 个量化间隔对应于正极性的样值脉冲。显然,自然二进制码是按照二进制数的自然规律排列的,其上、下两部分的码型无任何相似之处。但折叠二进制码除去最高位外,其上半部分和下半部分呈现映像(image)关系,即折叠关系。最高位上半部分全为 1,下半部分全为 0。折叠二进制码的特点是可用最高位表示双极性信号的正、负极性,而用其他位表示电压的绝对值,这样,在用最高位表示极性后,双极性信号可以采用单极性的编码方法进行编码,使得编码过程大为简化。

折叠二进制码的另一个优点是对小信号的抗误码性能较好。例如,如果码组 1111 传输过程中发生误码,变成了 0111,从表 6-2 中可见,如果是自然二进制码,所代表的量化级从 15 变到了 7,误差为 8 量化级;如果是折叠二进制码,则从 15 量化级变为了 0 量化级,误差为 15 量化级。如果码组 1000,传输后变为了 0000,对于自然二进制码来说,误差仍为 8 量化级,但折叠二进制码此时的误差仅为 1 量化级。这说明,对于大信号而言,折叠二进制码的误差较大,而对小信号来说,折叠二进制码的误差较小。实际信号一般是小信号出现的概率大,而大信号出现的概率小,所以,我们在选择码型的时候也同样需要有大局观,要抓住事物的主要矛盾,主要考虑小信号的抗噪性能。因此,综合来看,折叠二进制码的编码相对简单,且对小信号的抗误码性能较好,因此我们选择折叠二进制码作为 PCM 的码型。

表 6-2　常用二进制码

样值脉冲极性	量化级序号	自然二进制码	折叠二进制码
正极性部分	15	1 1 1 1	1 1 1 1
	14	1 1 1 0	1 1 1 0
	13	1 1 0 1	1 1 0 1
	13	1 1 0 0	1 1 0 0
	11	1 0 1 1	1 0 1 1
	10	1 0 1 0	1 0 1 0
	9	1 0 0 1	1 0 0 1
	8	1 0 0 0	1 0 0 0

续表

样值脉冲极性	量化级序号	自然二进制码	折叠二进制码
负极性部分	7	0 1 1 1	0 0 0 0
	6	0 1 1 0	0 0 0 1
	5	0 1 0 1	0 0 1 0
	4	0 1 0 0	0 0 1 1
	3	0 0 1 1	0 1 0 0
	2	0 0 1 0	0 1 0 1
	1	0 0 0 1	0 1 1 1
	0	0 0 0 0	0 1 1 1

接下来确定编码位数 N。编码位数的选择，不仅关系到通信质量，还会影响设备的复杂程度。当输入信号动态范围一定时，量化级数 M 越大，量化间隔 Δv 越小，量化噪声越小，可靠性越好，但此时所需编码位数 N 越多，则有效性会有所下降。一般来说，如果量化级数为 8，则需要 3 位二进制码来表示这 8 个段落；如果量化级数为 16，则需要 4 位二进制码来表示这 16 个段落。但如果量化级数是 10，则仍然需要 4 位二进制码，这时会出现状态的浪费，所以原则上，为了不浪费编码位数，我们通常定义 $M=2^N$，使得所有编码位数均可充分利用，这样可以使有效性和可靠性达到相对最优的平衡。PCM 编码所选用的主要参数为：抽样频率 $f_s=8\text{kHz}$，量化方法采用混合量化方法，码型选择折叠二进制码，量化级数 $M=256$，编码位数 $N=8$。因此一个 PCM 码组为 $C_1C_2C_3C_4C_5C_6C_7C_8$，其中 C_1 为极性码，1 位二进制码表示正、负两种极性状态；$C_2C_3C_4$ 为段落码，3 位二进制码可以表示 8 种状态，也就是说，PCM 码组可以有 8 个段落；$C_5C_6C_7C_8$ 为段内码，4 位二进制码表示 16 种状态，即每个段落内又分成 16 个量化级。

6.4.3 PCM 编码方法

PCM 的 8 位编码按区间可划分为 $M=M_0\ M_1\ M_2=2^1\cdot 2^3\cdot 2^4$。$M_0$ 为极性码，M_1 为段落码，段落区间的划分采用非均匀量化，将 0～1 区间非均匀地分为 8 段，如图 6-14 所示，分段方式与 13 折线的 8 段划分方式相同。将 0～1 一分为二，后一半保持不变，将前一半继续一分为二，按这样的方式每次都将前一半一分为二，这样划分后的 8 段，除了第一段和第二段长度相同以外，后面每段的长度都是前一段的两倍。

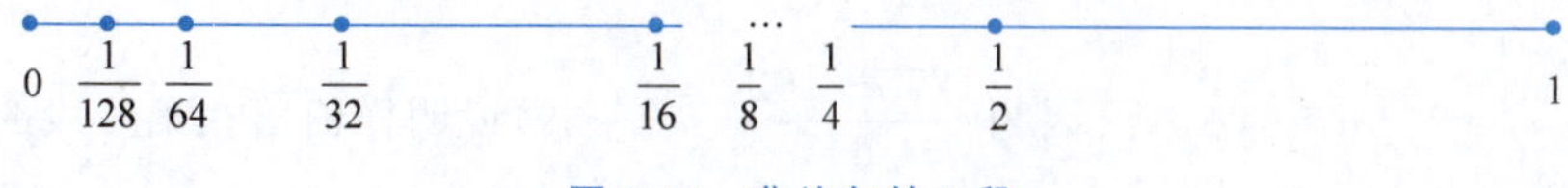

图 6-14 非均匀的 8 段

8 段内又需要进行段内量化级的划分。$M_2=16$，每段分为 16 级。假设第 1 段和第 2 段划分为 16 个量化级后，每个量化级的长度为最小量化区间 Δv，则第 1 段和第 2 段的段内间隔为最小量化区间长度，后面每段的段内间隔均为前段的 2 倍。以最小量化区间来标记每段的起始电平，则每段的起始电平和每段内量化级的间隔可以由表 6-3 确定，将段落号减 1，编制成自然二进制码，即可得到 M_1 所对应的三位段落码。

表 6-3 各段段内量化区间长度与起始电平

段落号	量化区间长度	起始电平(Δv)	段落码($C_2C_3C_4$)
1	$\Delta v_1=\Delta v$	0	000
2	$\Delta v_2=\Delta v$	16	001
3	$\Delta v_3=2\Delta v_2=2\Delta v$	32	010
4	$\Delta v_4=2\Delta v_3=2^2\Delta v=4\Delta v$	64	011
5	$\Delta v_5=2\Delta v_4=2^3\Delta v=8\Delta v$	128	100
6	$\Delta v_6=2\Delta v_5=2^4\Delta v=16\Delta v$	256	101
7	$\Delta v_7=2\Delta v_6=2^5\Delta v=32\Delta v$	512	110
8	$\Delta v_8=2\Delta v_7=2^6\Delta v=64\Delta v$	1024	111

每段内的段内码,按段内量化级编号直接编制成 4 位二进制码即可,如表 6-4 所示。

表 6-4 段内码

段内量化级	段内码 $C_5C_6C_7C_8$	段内量化级	段内码 $C_5C_6C_7C_8$
0	0000	8	1000
1	0001	9	1001
2	0010	10	1010
3	0011	11	1011
4	0100	12	1100
5	0101	13	1101
6	0110	14	1110
7	0111	15	1111

【例 6-3】 已知输入信号的一个抽样值为 +1275 个量化单位(这里的量化单位指输入信号归一化值的 1/2048),采用 13 折线 A 率压缩。求 PCM 编码码组和量化误差。

【解】(1) 确定 C_1。

抽样值为+1275 个量化单位,$+1275\Delta v>0$,则 $C_1=1$。

(2) 确定 $C_2C_3C_4$。

因为第 8 段的起始电平为 1024,由于 $1024<1275<2048$,可以确定该样值位于第 8 段,则 $C_2C_3C_4=1\ 1\ 1$。

(3) 确定 $C_5C_6C_7C_8$。

由于 $\Delta v_8=2^6\Delta v=64\Delta v$,又因为 $\dfrac{1275-1024}{64}=3\cdots59$,说明样值落在第 8 段的第 3 量化级内,所以 $C_5C_6C_7C_8=0\ 0\ 1\ 1$,因此完整码组为:1 1 1 1 0 0 1 1。

(4) 确定量化误差。

因为第 3 量化级的坐标为(1216,1280),所以量化输出电平 $q_i=1216$ 量化单位,则量化误差$=1275-1216=59$ 量化单位。

6.4.4 PCM 逐次比较型编码器

PCM 编码器一般可分为三类:逐次比较型编码器(sequential comparing encoder)、折叠级联型编码器和混合型编码器。在 PCM 通信中比较常用的是逐次比较型编码器。逐次比较型编码器的原理是根据输入样值脉冲信号输出相应的 8 位二进制码。除第一位的极性码外，其他 7 位码都是通过逐次比较确定的。预先规定好一些作为标准的电流(或电压)，即权值电流 I_w，I_w 的个数与编码的位数有关。当样值脉冲 I_s 到来后，用逐步逼近的方法有规律地用各标准(权值)电流 I_w 与样值脉冲 I_s 比较，每比较一次输出一位码，直到 I_w 与 I_s 逼近为止。逐次比较型编码器原理图如图 6-15 所示，由整流器、保持电路、比较判决器和本地译码器等组成。

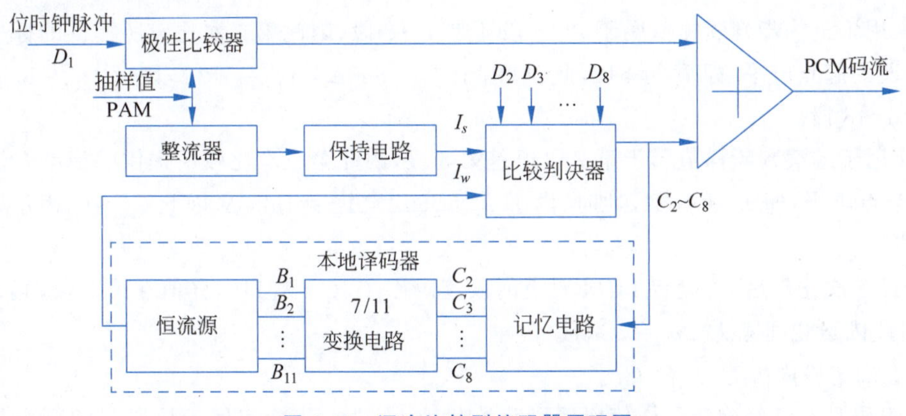

图 6-15　逐次比较型编码器原理图

样值脉冲信号(PAM 信号)首先进入极性比较器，输入的 PAM 信号为双极性信号，样值为正时，输出为 1，样值为负时，输出为 0。然后通过整流器将双极性脉冲变换成单极性脉冲。保持电路的作用是在整个比较过程中保持输入信号的幅度不变。

比较判决器是编码器的核心器件，其作用是通过比较样值电流和标准电流，对输入信号样值实现非线性量化和编码。每比较一次输出一位二进制代码，当 $I_s > I_w$ 时，输出 1 码；反之输出 0 码。对一个输入信号的抽样值需要进行 7 次比较，其中前 3 次的比较结果是段落码，后 4 次的比较结果是段内码。每次所需的标准电流 I_w 均由本地译码器提供。

本地译码器包括记忆电路、7/11 变换电路和恒流源。记忆电路用来寄存二进制代码，除第一次比较外，其余各次比较都要依据前几次比较的结果来确定标准电流 I_w 的值。因此，7 位码组中的前 6 位状态均应由记忆电路寄存下来。

恒流源中有 11 个基本的权值电流支路，每个支路都有一个控制开关。每次应该哪个开关接通形成比较用的标准电流 I_w，由前面的比较结果经变换后得到的控制信号来控制。而比较器只能编 7 位码，反馈到本地译码器的全部码也只有 7 位，因此需要 7/11 变换电路将 7 位非线性码转换成 11 位线性码，其实质就是完成非线性和线性之间的转换。

下面用一个例子来说明逐次比较型编码器的工作原理。

【例 6-4】　已知 A 律 13 折线 PCM 编码器的输入信号取值范围为±1，最小量化间隔为 1 个量化单位(Δ)。试求当输入抽样脉冲幅度 $I_s = 0.42\text{V}$ 时，编码器输出的 PCM 码和量化误差。

【解】　首先将输入信号抽样值 0.42V 化成量化单位，即

$$I_s = \frac{0.42}{1} \times 2048 \approx 860\Delta$$

编码过程如下。

(1) 确定极性码 C_1：由于 I_s 为正，因此 $C_1=1$。

(2) 确定段落码 $C_2C_3C_4$。

C_2 用来表示 I_s 处于 8 个段落中的前 4 段还是后 4 段，因此本地译码电路第一次提供的标准电流是 I_w 为第 5 段的起点电平，即 $I_w=128$，此时，由于 $I_s=860\Delta>I_w=128\Delta$，因此 $C_2=1$，表示样值处于 5～8 段。

C_3 用于进一步判断样值属于 5～6 段还是 7～8 段，因此第二次比较所提供的标准电流为第 7 段的起点电平，即 $I_w=512$，此时，由于 $I_s=860\Delta>I_w=512\Delta$，因此 $C_3=1$，表示样值处于 7～8 段。

C_4 用于继续判断样值属于第 7 段还是第 8 段，因此第三次比较所提供的标准电流为第 8 段的起点电平，即 $I_w=1024$，此时，由于 $I_s=860\Delta<I_w=1024\Delta$，因此 $C_4=0$，表示样值处于第 7 段。

经过三次比较后，可确定 PCM 码组的段落码 $C_2C_3C_4$ 为 110，样值在第 7 段，起始电平为 512，段内量化间隔为 $\Delta v_7=32\Delta v$。

(3) 确定段内码 $C_5C_6C_7C_8$。

段内码是在已经确定了样值所属段落的基础上，进一步确定属于该段落的哪个量化级(量化间隔)。第四次比较需确定 I_s 在第 7 段的前 8 级还是后 8 级，因此本地译码器此时输出的标准电流应为 $I_w=512+8\times32=768\Delta$，此时，由于 $I_s=860\Delta>I_w=768\Delta$，因此，$C_5=1$，$I_s$ 位于后 8 个量化级。

接下来要确定样值在后 8 个量化级中的前 4 级还是后 4 级，因此第五次比较的本地译码输出标准电流应为 $I_w=512+8\times32+4\times32=896\Delta$，此时，由于 $I_s=860\Delta<I_w=896\Delta$，因此 $C_6=0$，I_s 位于 8～11 量化级。

第六次比较需确定样值处于 8～9 级还是 10～11 级，本地译码器输出的标准电流为 $I_w=512+10\times32=832\Delta$，由于 $I_s=860\Delta>I_w=832\Delta$，因此 $C_7=1$，I_s 位于 10～11 量化级。

第七次比较需继续确定样值处于第 10 级还是第 11 级，本地译码器的输出标准电流为第 11 量化级起始电平 $I_w=512+11\times32=864\Delta$，由于 $I_s=860\Delta<I_w=864\Delta$，因此 $C_7=0$，I_s 位于第 10 量化级。

经过以上编码过程，对于模拟抽样值 $I_s=860\Delta$，输出的 PCM 码组为 11101010，表示 I_s 位于第 7 段的序号为 10 的量化间隔中，该码组对应的量化电平为该量化级的起始电平，也称为编码电平，$I_s=832\Delta$，则量化误差为$(860-832)\Delta=28\Delta$。

将例 6-4 中得到的 7 位非线性码(不含极性码)转换成 11 位线性码，可将输出的最终量化电平转换为自然二进制码，$832=2^9+2^8+2^6$，所对应的自然二进制码为 01101000000。

译码是编码的逆过程，其作用是把接收到的 PCM 码组还原为原始样值信号，以便进行后续的 D/A 转换。

例如，假设译码器输入的 PCM 码为 11110011，由例 6-3 可知，该码组表示样值为正，且 I_s 位于第 8 段的序号为 3 的量化间隔内。对应的译码电平应为该量化间隔的中点，以减小最大误码误差，因此译码输出电平为 $I_D=1215+64/2=1248\Delta$，译码的量化误差为 $1275-1248=27\Delta$。

6.4.5 PCM 系统的抗噪性能

PCM 系统中除了有一般系统所具有的信道加性噪声外，还包括量化噪声。由于这两种噪声的产生机理不同，故可认为它们是互相独立的。因此，我们先讨论它们单独存在时的系统性能，然后再分析它们共同存在时的系统性能。

PCM 系统接收端低通滤波器的输出为

$$\hat{m}(t)=m_o(t)+n_q(t)+n_e(t) \tag{6-27}$$

式中，$m_o(t)$为输出端有效信号成分；$n_q(t)$为由量化噪声(quantized noise)引起的输出噪声，其功率用 N_q 表示；$n_e(t)$为由信道加性噪声(additional noise)引起的输出噪声，其功率用 N_e 表示。

系统输出端总的信噪比定义为

$$\frac{S_o}{N_o}=\frac{E[m_o^2(t)]}{E[n_q^2(t)]+E[n_e^2(t)]} \tag{6-28}$$

设输入信号 $m(t)$在区间$[-a,a]$具有均匀分布的概率密度，并对 $m(t)$进行均匀量化，其量化级数为 M，参考例 6-2 的分析，在不考虑信道噪声条件下，由量化噪声引起的输出量化信噪比 S_o/N_q 为

$$\frac{S_o}{N_q}=\frac{E[m_o^2(t)]}{E[n_q^2(t)]}=M^2=2^{2N} \tag{6-29}$$

信道噪声对 PCM 系统性能的影响表现在接收端的判决误码上，由于 PCM 信号中每一码组代表着一定的量化抽样值，所以若出现误码，被恢复的量化抽样值会与发送端原抽样值不同，从而引起误差。

PCM 信号一个抽样值对应一个时隙，一个时隙对应 8bit，8bit 为一个码组，$n(t)$对信号的干扰造成码元错判(bit 错误)。在假设加性噪声为高斯白噪声的情况下，$n(t)$的大小不同将会造成一个码组中出现一位或多位错码的情况，每一码组中出现的误码可以认为是彼此独立的，并设每个码元的误码率皆为 P_e。考虑到实际中 PCM 每个码组中出现多于 1 位误码的概率很低，所以通常只需考虑仅有 1 位误码的情况。

由于码组中各位码的权值不同，因此，误差的大小取决于误码发生在码组的哪一位上，而且与码型有关。以 N 位长的自然二进制码为例，如图 6-16 所示，自最低位到最高位的加权值分别为 2^0、2^1、2^2、2^{i-1}、……、2^{N-1}。

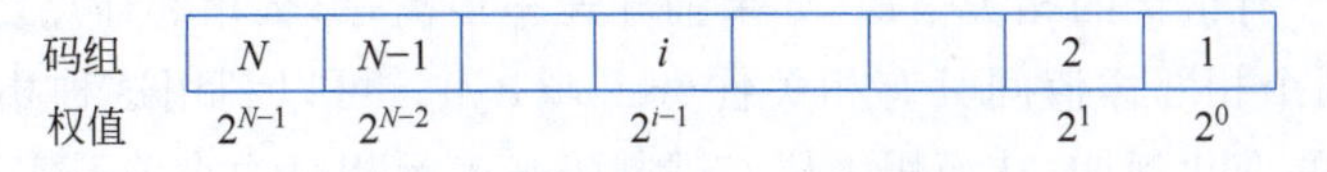

图 6-16 码组构成与各码权值

若量化间隔为 Δv，则发生在第 i 位上的误码所造成的误差为$\pm(2^{i-1}\Delta v)$，其所产生的噪声功率便是$(2^{i-1}\Delta v)^2$。假设每位码元所产生的误码率 P_e 是相同的，所以一个码组中如有一位误码产生的平均功率为

$$N_e=E[n_e^2(t)]=P_e\sum_{i=1}^{N}(2^{i-1}\Delta v)^2=\Delta v^2 P_e\cdot\frac{2^{2N}-1}{3}\approx\Delta v^2 P_e\cdot\frac{2^{2N}}{3} \tag{6-30}$$

已假设信号 $m(t)$在区间$[-a,a]$为均匀分布，由例 6-2 中的分析和式(6-14)可得输出

信号功率为

$$S_o=E[m^2(t)]=\int_{-a}^{a}x^2\cdot\frac{1}{2a}\mathrm{d}x=\frac{\Delta v^2}{12}\cdot M^2=\frac{\Delta v^2}{12}\cdot 2^{2N}$$

仅考虑信道加性噪声时 PCM 系统输出信噪比为

$$\frac{S_o}{N_e}=\frac{1}{4P_e} \tag{6-31}$$

PCM 系统输出端的总信噪比为

$$\frac{S_o}{N_o}=\frac{E[m_o^2(t)]}{E[n_q^2(t)]+E[n_e^2(t)]}=\frac{2^{2N}}{1+4P_e2^{2N}} \tag{6-32}$$

由式(6-32)可知，在接收端输入大信噪比的条件下，即 $4P_e2^{2N}\ll 1$ 时，P_e 很小，可以忽略加性噪声带来的影响，$\frac{S_o}{N_o}\approx 2^{2N}=M^2$；在小信噪比的条件下，即 $4P_e2^{2N}\gg 1$ 时，P_e 较大，加性噪声起主要作用，总信噪比与 P_e 成反比，$\frac{S_0}{N_o}\approx\frac{1}{4P_e}$。

可以看出，在通信系统能够正常工作的情况下(大信噪比)，系统的信噪比主要取决于量化级数。量化级数越多，编码位数越多，则系统可靠性越好。但编码位数过多，则系统有效性会较差。这里再一次证明了系统的有效性和可靠性存在矛盾。

【思政 6-3】 我们在实际进行设计时需辩证分析有效性和可靠性，综合考虑系统要求，做权衡和选择。

6.5 增量调制(ΔM)

增量调制简称 ΔM 或 DM，它是继 PCM 之后出现的又一种模拟信号数字传输的方法。在 PCM 中，信号代码表示样值本身的大小，为减小量化噪声，所需码位数较多，导致编译码设备复杂；而在 ΔM 中，它只用一位编码表示相邻样值的相对大小，从而反映抽样时刻波形的变化趋势，而与样值本身的大小无关。ΔM 与 PCM 编码方式相比具有编译码设备简单、低比特率时的量化信噪比高、抗误码特性好等优点。

6.5.1 ΔM 原理

语音信号属于有记忆的相关信源，如果抽样速率很高，那么相邻样点之间的幅度变化不会很大，即前后两个相邻样值间具有相关性(relativity)。可以利用这种相邻样值的相对大小反映模拟信号的变化规律，从而用 1 位二进制码来表示相对大小关系实现编码，如图 6-17 所示。图中 $m(t)$代表时间连续变化的模拟信号，用一个时间间隔为 Δt、相邻台阶幅度差为 $+\sigma$ 或 $-\sigma$ 的阶梯波形 $m'(t)$来逼近它。这里，Δt 和 σ 分别为增量调制的抽样间隔和量化台阶。只要 Δt 足够小，即抽样速率 $f_s=1/\Delta t$ 足够大，且 σ 足够小，则阶梯波 $m'(t)$可近似代替 $m(t)$。

在每个 Δt 间隔内，$m'(t)$的幅值不变，用 1 码和 0 码分别代表 $m'(t)$上升或下降一个量化阶 σ，则 $m'(t)$可以被一个二进制序列表征。还可用斜变波 $m_1(t)$来近似 $m(t)$。斜变波也只有两种变化：按斜率 $\sigma/\Delta t$ 上升一个量化台阶和按斜率 $-\sigma/\Delta t$ 下降一个量阶。用 1 码

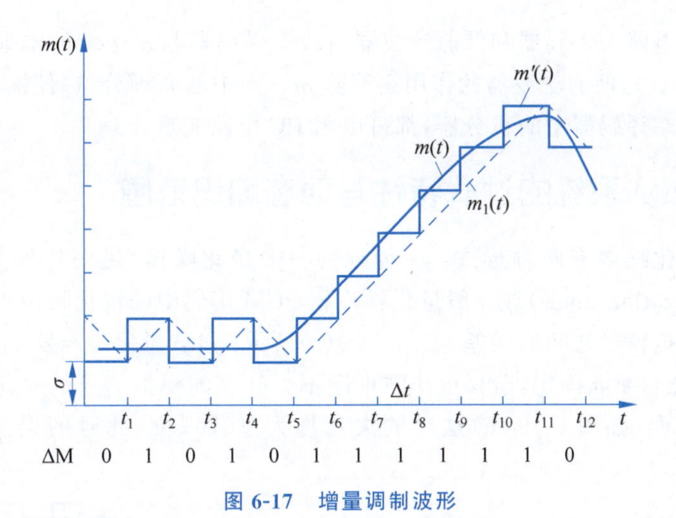

图 6-17　增量调制波形

表示正斜率,用 0 码表示负斜率,同样可以获得二进制序列。因为 $m'(t)$或 $m_1(t)$无限逼近 $m(t)$,因此所对应的二进制序列可用于表征模拟信号 $m(t)$,这就完成了模数转换。所编码形成的二进制序列称为 ΔM 序列,它的每个编码比特表示相邻样值的相对大小(增量)关系。

与编码相对应,译码也有两种形式。一种是收到 1 码上升一个量阶(跳变),收到 0 码则下降一个量阶(跳变),这样把二进制代码经过译码后变为阶梯波 $m'(t)$。另一种是收到 1 码后产生一个正斜率电压,在 Δt 时间内上升一个量阶 σ,收到 0 码后产生一个负斜率电压,在 Δt 时间内下降一个量阶 σ,这样将二进制代码经过译码后变为斜变波 $m_1(t)$。考虑到电路上实现的难易程度,通常采用第二种方法,用一个简单的 RC 积分电路,即可把二进制代码转换成斜变波 $m_1(t)$,再经过低通滤波器平滑后,就可以恢复原始模拟信号。

根据上述增量调制编译码原理,可以得到简单增量调制系统的实现框图如图 6-18 所示。发送端编码器是由相减器、判决器、本地译码器及脉冲发生器(极性变换电路)组成的一个闭环反馈电路。相减器取出差值 $e(t)=m(t)-m_1(t)$,判决器通过对差值 $e(t)$的极性进行识别和判决,在抽样时刻输出增量码 $c(t)$,即如果在给定抽样时刻 t_i 上,$e(t_i)>0$,则判决器输出 1 码;如果 $e(t_i)<0$,则输出 0 码;本地译码器由积分器和脉冲发生器组成,其作用是根据 $c(t)$形成预测信号 $m'(t)$,即 $c(t)$为 1 码时,$m_1(t)$上升一个量阶 σ,$c(t)$为 0 码时,$m_1(t)$下降一个量阶 σ,并送入相减器与 $m(t)$进行下一次的比较。

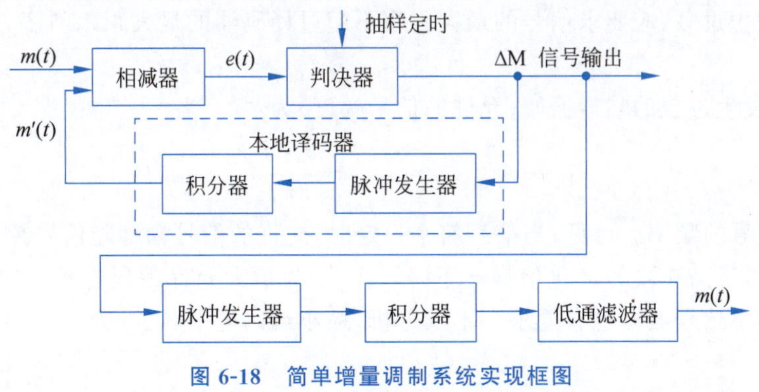

图 6-18　简单增量调制系统实现框图

接收端译码电路由译码器和低通滤波器组成。译码器与发送端的本地译码器相同,用来由 $c(t)$ 恢复 $m(t)$,低通滤波器的作用是滤除 $m_1(t)$ 中的高频分量,使输出波形平滑。本地译码器和接收端译码器中的积分器,都可以用 RC 电路实现。

6.5.2 ΔM 系统的过载特性与动态编码范围

系统中的量化噪声有两种形式:一种称为一般量化噪声,另一种称为过载量化噪声(overload quantization noise)。一般量化噪声和 PCM 编码中的量化噪声类似,是指量化输出信号与原始模拟信号之间的误差,如图 6-19(a)所示;过载量化噪声发生在模拟信号斜率陡变时,由于量化台阶 σ 固定,阶梯电压波形跟不上陡变的模拟信号的变化,形成了很大失真的阶梯电压波形,如图 6-19(b)这样的失真称为过载现象,此时的误差称为过载量化噪声。

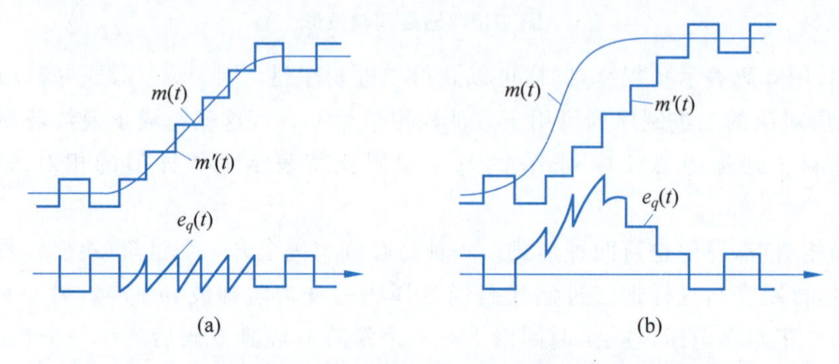

图 6-19 一般量化噪声与过载量化噪声

为了不发生过载,必须增大台阶的斜率以跟上陡峭变化的模拟信号,一个台阶上的最大斜率为 $k=\sigma/\Delta t=\sigma \cdot f_s$,增大 σ 或增大 f_s 都可减小过载量化噪声。但 σ 增大时,会导致一般量化噪声也随之增大,简单增量调制的量阶 σ 是固定的,很难同时满足一般量化噪声和过载量化噪声两方面的要求。但是,提高 f_s 对减小一般量化噪声和过载量化噪声都有利。因此,ΔM 系统中的抽样速率要比 PCM 系统高得多。

【思政 6-4】 我们在分析问题的时候也需要注意多维度全方面分析,以免顾此失彼。

设输入模拟信号为 $m(t)=A\sin\omega_k t$,其斜率为

$$\frac{\mathrm{d}m(t)}{\mathrm{d}t}=A\omega_k\cos\omega_k t$$

为了不发生过载,应要求信号的最大斜率不超过译码器的最大跟踪斜率,即

$$A\omega_k \leqslant \sigma \cdot f_s$$

因此,不发生过载的临界振幅(允许的信号幅度)为

$$A_{\max}=\frac{\sigma \cdot f_s}{\omega_k}=\frac{\sigma \cdot f_s}{2\pi f_k} \tag{6-33}$$

式中,f_k 为信号的频率。可见,当信号斜率一定时,允许的信号幅度随信号频率的增加而减小,这将导致语音高频段的量化信噪比下降。$A_{\max}$ 为最大允许编码电平。同样,对能正常开始编码的最小信号振幅也有要求。不难分析,最小编码电平 $A_{\min}$ 为

$$A_{\min}=\frac{\sigma}{2} \tag{6-34}$$

因此,动态编码范围定义为:最大允许编码电平 $A_{\max}$ 与最小编码电平 $A_{\min}$ 之比,即

$$[D_c]_{\mathrm{dB}}=20\lg\frac{A_{\max}}{A_{\min}} \tag{6-35}$$

式(6-35)定义了编码器能够正常工作的输入信号振幅范围,转换为分贝形式可得

$$[D_c]_{\mathrm{dB}}=20\lg\left[\frac{\sigma\cdot f_s}{2\pi f_k}\Big/\frac{\sigma}{2}\right]=20\lg\left(\frac{f_s}{\pi f_k}\right)$$

通常采用 $f_k=800\mathrm{Hz}$ 为测试标准,所以

$$[D_c]_{\mathrm{dB}}=20\lg\left(\frac{f_s}{800\pi}\right)$$

简单增量调制的动态编码范围较小,在低传码率时,不符合语音信号要求,因此实际中的 ΔM 通常使用它的改进型。

6.5.3 ΔM 系统抗噪性能

在 ΔM 系统中同样存在量化噪声和信道加性噪声的影响,但是一般认为加性噪声很小,不会对传输信号造成误码,对信号的影响可忽略,只分析量化噪声的影响。而且实际应用中一般防止工作到过载区域,因此这里仅考虑一般量化噪声的影响,不考虑过载量化噪声。

若接收端低通滤波器的截止频率为 f_m,对于频率为 f_k 的正弦信号,在临界振幅条件下,系统最大的量化信噪比为

$$\frac{S_o}{N_q}=\frac{3}{8\pi^2}\cdot\frac{f_s^3}{f_k^2 f_m}\approx 0.04\frac{f_s^3}{f_k^2 f_m} \tag{6-36}$$

用分贝表示为

$$\left(\frac{S_o}{N_q}\right)_{\mathrm{dB}}=10\lg\left(0.04\frac{f_s^3}{f_k^2 f_m}\right)=30\lg f_s-20\lg f_k-10\lg f_m-14 \tag{6-37}$$

式(6-37)表明简单 ΔM 的信噪比与抽样速率 f_s 的 3 次方成正比,与信号频率 f_k 的平方成反比,即 f_s **每提高一倍,量化信噪比提高 9dB**,f_k **每提高一倍,量化信噪比下降 6dB**。因此,对于增量调制系统来说,提高抽样频率可有效提高量化信噪比。

6.5.4 PCM 和 ΔM 的性能比较

PCM 和 ΔM 都是模拟信号数字化的基本方法。PCM 是对样值本身进行编码,需要 8 位编码,ΔM 是用 1 位二进制编码对相邻样值相对大小关系进行编码。

1. 抽样速率

PCM 系统中的抽样速率 f_s 是根据抽样定理来确定的。若信号的最高频率为 f_m,则 $f_s\geqslant 2f_m$。ΔM 系统不能根据抽样定理来确定抽样频率,在保证不发生过载的情况下,达到与 PCM 系统相同的信噪比时,ΔM 的抽样速率远远高于奈奎斯特速率。

2. 带宽

ΔM 系统每一次抽样,只传送一位代码,因此 ΔM 系统的数码率为 $f_b=f_s$,要求的最小

带宽为 $B_{\Delta M}=\frac{1}{2}f_s$，在实际应用时 $B_{\Delta M}=f_s$。

而 PCM 系统的数码率为 $f_b=Nf_s$。在同样的语音质量要求下，PCM 系统的数码率为 64kHz，则要求最小信道带宽为 32kHz 。而采用 ΔM 系统时，数码率至少为 100kHz，则最小带宽为 50kHz 。

3. 量化信噪比

在相同的信道带宽（即相同的数码率 f_b）条件下：在低数码率时，ΔM 性能优越；在编码位数多，码率较高时，PCM 性能优越。两种系统输出量化信噪比与 N 的关系如图 6-20 所示。比较两者曲线可看出，若 PCM 系统的编码位数 N 小于 4（即码率较低）时，ΔM 的量化信噪比高于 PCM 系统；而当编码位数较大时，PCM 的量化信噪比较高。

【思政 6-5】 PCM 和增量调制的可靠性比较并不绝对，取决于编码位数，而编码位数又直接影响有效性。这再次反映了有效性和可靠性的矛盾，需辩证分析。

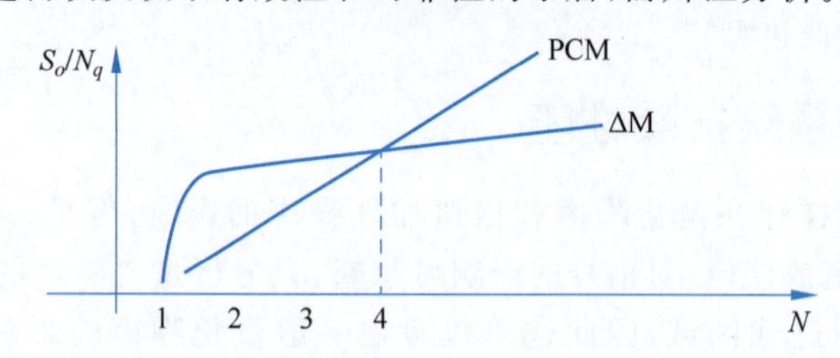

图 6-20　不同 N 值时 PCM 和 ΔM 的性能比较

4. 信道误码的影响

在 ΔM 系统中，每一个误码代表造成一个量阶的误差，它对误码不太敏感，因此对误码率的要求较低。而 PCM 的每一个误码会造成较大的误差，尤其高位码元，因此对误码率的要求较高。

5. 设备复杂度

PCM 系统的特点是多路信号统一编码，一般采用 8 位编码，故编码设备复杂，但质量较好。ΔM 系统的特点是单路信号独用一个编码器，故设备简单。ΔM 系统在单路应用时，不需要收发同步设备，但在多路应用时，由于每路独用一套编译码器，所以路数增多时设备成倍增加。ΔM 一般适用于小容量支线通信，话路上下方便灵活。

综合比较两种系统，PCM 主要用于光纤通信、微波通信等信道噪声较小的通信系统中，ΔM(DM) 主要用于卫星通信、军队专用通信网等信道噪声较大的通信系统中。

6.6 时分复用和多路数字电话系统

6.6.1 时分复用（TDM）的基本原理

多路复用（multiplex）的目的是提高通信容量，使多路信号沿同一信道传输而互不干扰。复用的方式有多种，比较典型的包括频分复用、时分复用和码分复用。第 3 章模拟调制系统中我们已经介绍了频分复用，在数字信号传输中，通常会采用时分复用方式来提高信道的利用率。

所谓时分复用(Time Division Multiplexing,TDM),是指将传输时间划分为若干个互不重叠的时隙,使各路信号在信道上占有不同的时隙,形成一个复用信号在同一信道中同时传输而互不干扰,在接收端再按相同规律将它们分开。如图 6-21 所示,用于时分复用的各路信号的抽样周期 T_s 也称为帧周期(frame period),复用后每路信号的一个样值所占用的时间为路时隙 T_c,又因为每路信号样值用 N 位二进制码表示,则每位二进制码元所占用的时隙为位时隙 T_B。

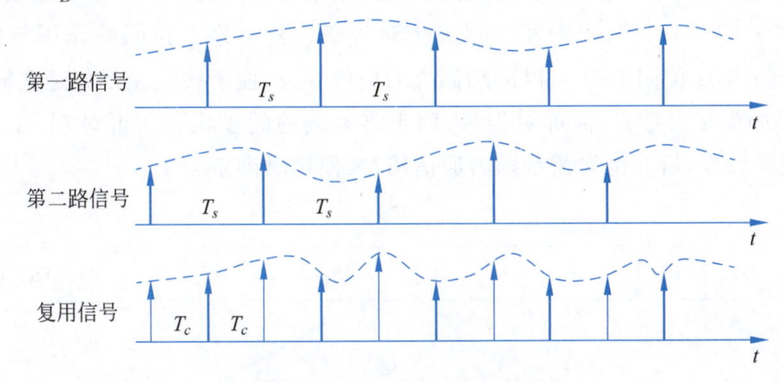

图 6-21 时分复用原理示意

时分复用系统框图如图 6-22 所示。发送端和接收端分别有一个旋转开关,以抽样频率同步旋转。在发送端,开关 K_1 依次对输入信号进行抽样,抽样频率满足抽样定理,开关旋转 1 周得到的多路信号样值合成为 1 帧。各路信号断续发送。在接收端,开关 K_2 与发送端的开关 K_1 同步旋转,则可提取到对应时隙的样值信号。

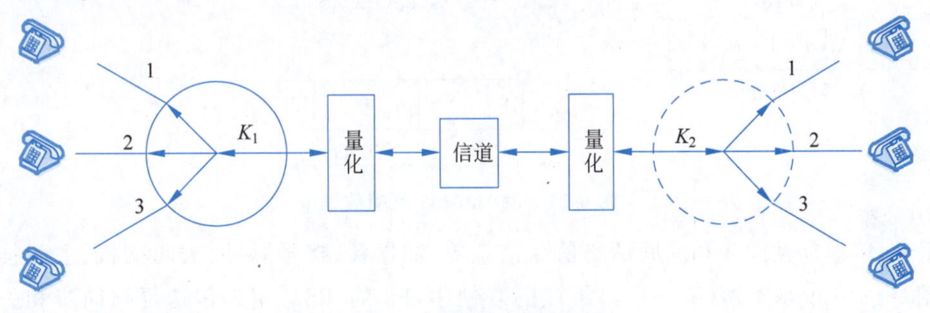

图 6-22 时分复用系统框图

系统中的旋转开关在实际电路中通常用抽样脉冲代替,因此,各路抽样脉冲的频率必须严格相同,且相位也需要有确定的关系,这样可使各路抽样脉冲保持等间隔的距离。与频分复用相比,时分复用的主要优点为便于实现数字通信、易于制造、适合采用集成电路实现和生产成本较低等。

6.6.2 PCM30/32 路时分多路数字电话系统

我国使用的时分多路数字电话系统采用 PCM30/32 路的帧结构,如图 6-23 所示。抽样频率 $f_s=8000\text{Hz}$,因此帧长度 $T_s=1/f_s=125\mu\text{s}$。一帧分为 32 个时隙,每路时隙的时间(路时隙)$T_c=125/32=3.91\mu\text{s}$。各个时隙从 0~31 按顺序编号,分别记作 TS_0,TS_1,TS_2,…,TS_{31}。其中,TS_1~TS_{15} 和 TS_{17}~TS_{31} 这 30 个路时隙用来传送 30 路电话信号的 8 位编

码码组，TS_0 是帧同步时隙，TS_{16} 用于传送话路信令。每个路时隙包含 8 位二进制码，一帧共包含 256 比特，则位时隙 $T_B = T_c/8 = 0.488\mu s$，信息传输速率(数码率)为

$$f_B = 1/T_B = f_s \cdot n \cdot N = 8000 \times 32 \times 8 = 2.048\text{Mb/s} \tag{6-38}$$

式中，f_s 为抽样频率；n 为一帧所含时隙数；N 为一个时隙中所含的码元数。

16 个基本帧又可组成 1 个复帧，TS_0 作为帧同步时隙，在偶数帧中为固定码组“×0011011”，接收端根据此码组实现帧同步。其中第一位码元“×”供国际通信用。奇数帧中的 TS_0 为“$\times 1A_1 11111$”，用于发送帧失步对告码。其中第 1 位码的作用与偶数帧 TS_0 的第一位相同；第 2 位固定为 1，以区别偶帧对应的 0 位，便于接收端区分是偶帧还是奇帧；第 3 位 A_1 是帧失步告警码，简称对告码，用于将本端的同步状况告诉对端，$A_1=0$ 表示同步，$A_1=1$ 表示失步，后 5 位保留给国内通信用，未使用时固定为 1。

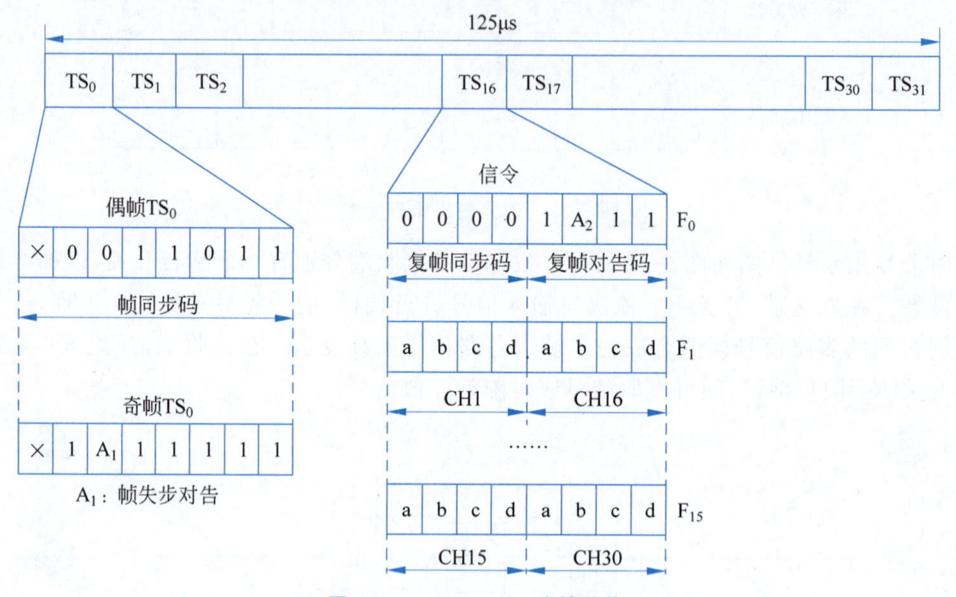

图 6-23 PCM30/32 路帧结构

TS_{16} 传输复帧同步和局间话路信令信息等，如振铃、拨号脉冲、被叫摘机、主叫挂机等信号信息。16 个基本帧($F_0 \sim F_{15}$)组成的复帧中，F_0 的 TS_{16} 用来传送复帧同步和失步告警码，码组为 $00001A_2 11$。前 4 位是复帧同步码，保证收发两端各路信令码在时间上对准，A_2 为复帧失步告警码，$A_2=0$ 表示复帧同步，$A_2=1$ 表示失步，其他位可用于保留传送其他信息，未使用时固定为 1。$F_1 \sim F_{15}$ 的 TS_{16} 用来传送 30 个话路的信令码，每路 4 位，用 abcd 的不同组合表示各种信令状态。

随着通信技术的发展和通信需求的增长，为了提高数字通信容量，通常将 PCM30/32 路时分复用系统集群通过数字复接(multiple connection)的方式，汇合成高次群。一般将 4 个基群复接成二次群，将 4 个二次群复接成三次群，以此类推，将 4 个低次群复接成高次群。复接方法包括按位复接、按码元复接和按帧复接。按位复接是每次复接 1bit，复接后每位码元的宽度为原来的 1/4；按码元复接是每次复接 8bit，循环周期长；按帧复接是每次复接 256bit，利于信息交换，但需大容量存储器。

根据复接时所使用的时钟,又可以分为准同步复接和同步复接。准同步复接是指所有被复接支路信号的时钟由各自系统提供,虽然其标称值相同,但允许出现偏差,所以各个支路的瞬时码速不等。因此,在复接这些异步信号之前,必须对各个支路的信号进行码速调整(即相位调整)使之成为同步信号,再进行复接。同步复接是指被复接的所有支路信号的时钟由总时钟源提供,保证各个支路信号是同步信号。

【思政 6-6】 我国 2002 年 12 月成立了中国通信标准化协会,把通信运营企业、制造企业、研究单位、大学等关心标准的企事业单位组织起来,按照公平、公正、公开的原则制定标准,进行标准的协调、把关,把高技术、高水平、高质量的标准推荐给政府。协会的成立,加快了我国通信行业在不同技术门类上的产业成熟速度,增强了企业技术创新、标准创新的意识,随着我国综合国力和技术水平的进一步提升,更多具有自主知识产权的通信标准被进一步推向世界,支撑了我国的通信产业,也为世界通信事业做出了贡献。

【本章小结】

1. 抽样定理

- 低通信号抽样定理:$f_s \geqslant 2f_m$。
- 带通信号抽样定理:$f_s = 2B\left(1+\frac{k}{n}\right) \approx 2B, f_s = \frac{2}{2m+1}(f_L + f_H)$。

2. 量化

- 量化定义:利用预先规定的有限个电平来表示模拟样值的过程。
- 均匀量化:把输入信号 $m(t)$的值域按等距离分割的量化称为均匀量化,其量化电平取量化区间的中点。
- 非均匀量化:Δv 不为常数,先进行对数压缩。

3. 脉冲编码调制

- 定义:将模拟信号抽样量化,然后使已量化值变为代码。
- PCM 参数:$f_s = 8\text{kHz}$、混合量化方法、二进制折叠码、$M=256$、$N=8$。
- PCM 编码方法:$M = M_0 M_1 M_2 = 2^1 \cdot 2^3 \cdot 2^4$,8 位码共分 3 段,第一位是极性码,接着的 3 位是段落码,非均匀量化,最后 4 位是段内码,均匀量化。
- 抗噪性能:信噪比取决于量化级数,量化级数越大,可靠性越好。

4. 增量调制

- 思路:语音信号属于有记忆的相关信源,即前后两个相邻样值间具有相关性,利用这种相关性实现编码。
- 方法:用 1 位二进制码表示语音信号的相对大小。
- 量化噪声:包括一般量化噪声和过载量化噪声两种。

5. 时分复用系统

- 基本概念:使各路信号在信道上占有不同的时隙,可同时传输而互不干扰。
- 典型系统:PCM30/32 路时分多路数字电话系统。

模拟信号的数字传输思维导图如图 6-24 所示。

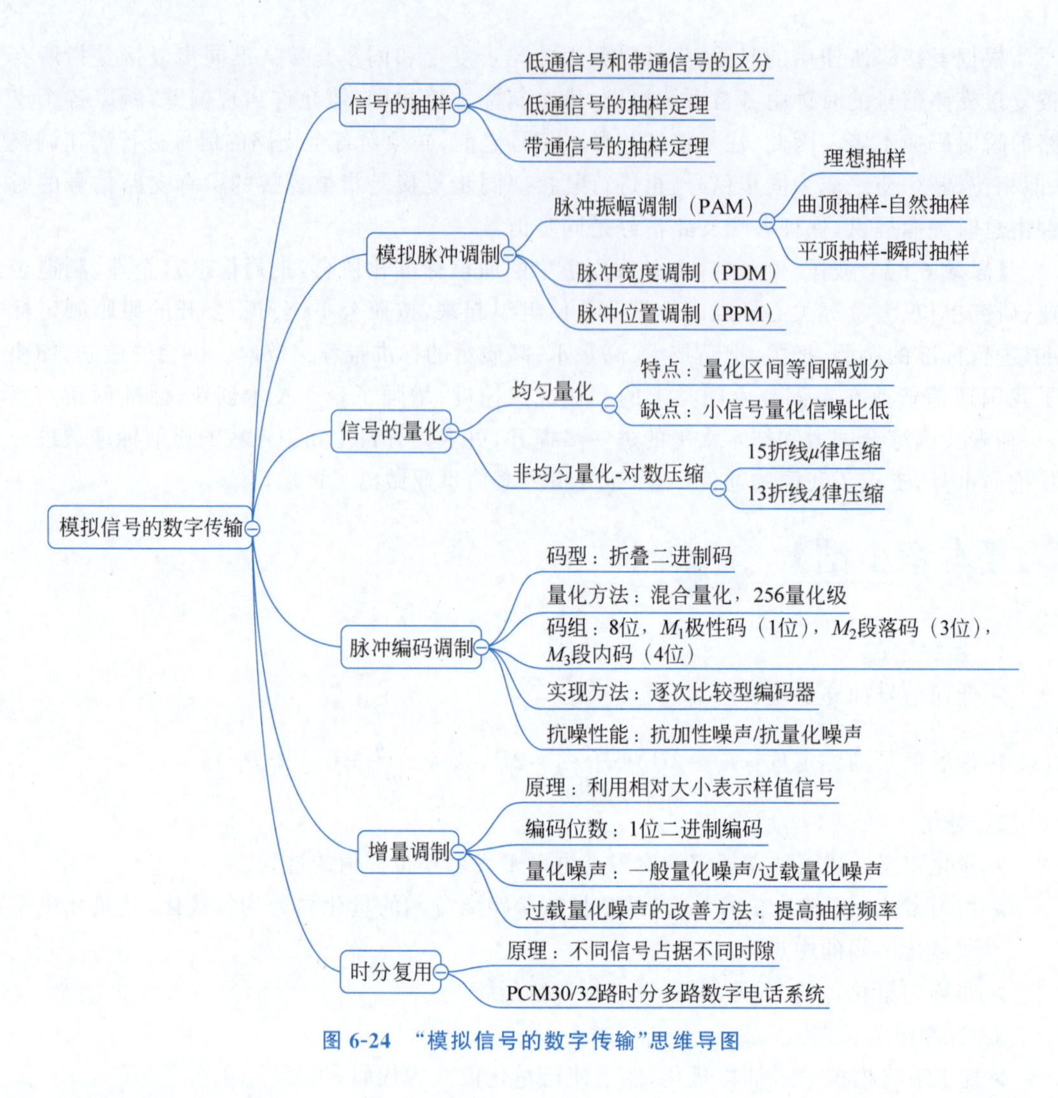

图 6-24 “模拟信号的数字传输”思维导图

思考题

6-1 什么是抽样？模拟信号在抽样后是否就变成了数字信号？

6-2 什么是低通信号的抽样定理？抽样频率在满足低通信号抽样定理的情况下是不是越大越好？

6-3 什么是带通信号？带通信号的抽样定理是如何定义的？

6-4 模拟幅度调制 AM 和脉冲振幅调制 PAM 有什么异同点？

6-5 试比较理想抽样、自然抽样和瞬时抽样的异同点。

6-6 什么是量化？为什么需要进行量化？

6-7 什么是均匀量化？它的主要缺点是什么？

6-8 什么是非均匀量化？采用非均匀量化的目的是什么？

6-9 什么是 A 律压缩？A 代表的意义是什么？它对压缩特性有什么影响？

6-10 什么是 μ 律压缩？μ 一般取值为多少？

6-11 13折线A律压缩和μ律压缩各有什么特点？为什么13折线律中折线段数比15折线律的段数少两段？

6-12 什么是脉冲编码调制？在脉冲编码调制中为什么选用折叠二进码进行编码？

6-13 试简述脉冲编码调制(PCM)系统的抽样频率、选用码型、量化方法、量化级数和编码位数。

6-14 什么是量化信噪比？PCM的量化信噪比和信号带宽有什么关系？

6-15 什么是增量调制？增量调制和脉冲编码调制有什么相同点和不同点？

6-16 增量调制系统输出的信号量噪比与哪些因素有关？增量调制系统的量化噪声有哪些类型？

6-17 什么是过载量化噪声？一般应如何改善过载量化噪声？

6-18 什么是时分复用？它和频分复用有何相同点和不同点？

6-19 PCM30/32路时分多路数字电话系统的帧周期、路时隙和位时隙分别为多少？

习题

6-1 已知一低通信号$m(t)$的频谱$M(f)$为

$$M(f)=\begin{cases}1-\dfrac{|f|}{200}, & |f|<200\text{Hz}\\ 0, & \text{其他}\end{cases}$$

(1) 假设以$f_s=300\text{Hz}$的速率对$m(t)$进行理想抽样，试画出已抽样信号$m_s(t)$的频谱草图；

(2) 若用$f_s=400\text{Hz}$的速率抽样，重做题(1)。

6-2 已知一个基带信号$m(t)=\cos 2\pi t+2\cos 4\pi t$，对它进行理想抽样：

(1) 为了在接收端能无失真地从样值信号$m_s(t)$中恢复原始模拟信号$m(t)$，抽样间隔应如何选择？

(2) 若抽样间隔取为0.2s，试画出样值信号的频谱图。

6-3 一模拟信号最低频率为1000Hz，最高频率为3000Hz，则该信号无频谱重叠的最低采样频率为多少？

6-4 假设某带通信号的中心频率为110MHz，信号带宽为6MHz，对此信号进行带通抽样，则能无失真恢复原始信号的最低抽样频率为多少？

6-5 如果对频率限制在65～90MHz的模拟信号进行抽样，根据带通信号的抽样定理，若要使抽样序列无失真恢复原始信号，则抽样频率取值范围应为多少？

6-6 某模拟信号的频率范围为60～108kHz，则可满足频谱不混叠条件的抽样频率范围为多少？

6-7 假设信号$m(t)=6+A\cos\omega t$，其中$A\leqslant 8\text{V}$。若$m(t)$被均匀量化为30个量化电平，试确定量化间隔Δv及所需的二进制码组的位数N。

6-8 一个μ率压缩系统，$\mu=100$，对信号动态范围为0～10V的信号进行压缩，计算输入为0V，0.1V，1V，2.5V，7.5V和10V时的系统输出。

6-9 采用13折线A律压缩编码，设最小量化间隔为1个量化单位，已知抽样脉冲值为

-615 个量化单位。

(1) 试求此时编码器输出码组,并计算量化误差;

(2) 写出对应于该 7 位码(不包括极性码)的均匀量化 11 位码。

6-10　采用 13 折线 A 律压缩编码电路,设接收端收到的码组为 10100110、最小量化间隔为 1 个量化单位,并已知段内码改用折叠二进制码。

(1) 试问译码器输出为多少个量化单位;

(2) 写出对应于该 7 位码(不包括极性码)的均匀量化 11 位码。

6-11　采用 13 折线 A 律压缩编码,设最小的量化间隔为 1 个量化单位,已知抽样脉冲值为 $+86$ 个量化单位:

(1) 试求此时编码器输出码组,并计算量化误差;

(2) 写出对应于该 7 位码(不包括极性码)的均匀量化 11 位码。

6-12　用 13 折线 A 律压缩编码,设接收到的码组为 01110000、最小量化间隔为 1 个量化单位,并已知段内码改用折叠二进制码:

(1) 试问译码器输出为多少个量化单位;

(2) 写出对应于该 7 位码(不包括极性码)的均匀量化 11 位码。

6-13　对信号 $m(t)=M\sin 2\pi f_0 t$ 进行简单增量调制,若要求台阶 σ 和抽样频率 f_s 的选择,既能保证不过载,又能保证不因信号振幅太小而使增量调制器不能正常编码,试证明此时要求 $f_s>\pi f_0$。

6-14　对 10 路带宽均为 300～3400Hz 的模拟信号进行 PCM 时分复用传输。抽样速率为 8000Hz,抽样后进行 8 级量化,并编为自然二进制码,码元波形是宽度为 τ 的矩形脉冲,且占空比为 1。试求:

(1) 传输此复用信号的信息传输速率;

(2) 传输此时分复用 PCM 信号所需的传输带宽(功率谱第一过零点带宽)和奈奎斯特基带带宽;

(3) 若矩形脉冲的占空比改为 1/2,重做(2)。

6-15　若将 6-15 中的量化级数改为 256 级,重做上题。

6-16　单路语音信号的最高频率为 2kHz,抽样速率为 4kHz,以 PCM 方式传输。设传输信号的波形为矩形脉冲,其宽度为 τ,且占空比为 1。

(1) 抽样后信号按 8 级量化,求 PCM 基带信号第一零点带宽;

(2) 若抽样后信号按 64 级量化,PCM 基带信号第一零点带宽又为多少?

6-17　若对 16 路语音信号(每路信号的最高频率均为 2kHz)进行抽样和时分复用,将所得的脉冲用 PCM 系统传输,重做上题。

6-18　已知语音信号的最高频率 $f_m=2800$Hz,今用 PCM 系统传输,要求信号量化噪声比 S_o/N_q 不低于 20dB。试求此 PCM 系统所需的奈奎斯特基带带宽。

6-19　利用 MATLAB 搭建模拟信号数字化系统的模型,实现系统抽样、量化和编译码功能。

第7章 信道编码

【本章导学】

本章学习目的与要求

- 了解差错控制编码的目的和基本思想
- 掌握常用差错控制编码方法
- 掌握纠错编码的原理
- 熟悉分组码的概念和分组码的参数
- 掌握线性分组码的编码原理
- 掌握循环码的特性和编码方法

本章学习重点

- 差错控制编码的基本思想
- 线性分组码的重要参数
- 循环码的编码方法

思政融入

- 科学思维
- 唯物辩证
- 家国情怀
- 民族自信

7.1 差错控制编码的基本概念

视频讲解

在通信系统中，由于信道传输特性不理想及加性噪声等干扰的影响，所收到的信号不可避免地会发生错码。信道乘性干扰所引起的码间干扰，通常可采用均衡的方式进行纠正，而加性干扰所造成的影响，则需要用本章介绍的差错控制编码来改善。差错控制编码就是为了保证系统的可靠性，克服信道中的噪声与干扰而专门设计的一类差错控制技术和方法，差错控制编码属于信道编码的范畴。

从差错控制的角度来看，信道根据加性干扰引起的错码分布规律不同可分为3类，即随机信道、突发信道和混合信道。在随机信道中，错码的出现是随机的，且错码间是互相统计独立的。例如，由正态分布白噪声引起的错码就具有这样的性质，因此当信道中的加性干扰主要是正态分布白噪声时信道就为随机信道。在突发信道中，错码是成串集中出现的，即在较短时间区间内出现连续大量错码，而在这些短区间之间又存在较长的无错码区间，这种成串出现的错码称为突发错码。当信道中加性干扰主要是这类干扰时，这种信道就称为突发信道。既存在随机错码又存在突发错码，且都不可忽略的信道，称为混合信道。对于不同类型的信道，应采用不同的差错控制技术。

常用的差错控制方法有以下四类。

(1) 检错重发法：在接收端检测出错码时，通知发送端重发信号，直到接收正确为止。此方法只能判断是否有错码，不能判断具体的错码位置，所以只能检错不能纠错，且需要双向通道。

(2) 前向纠错(Forward Error Correction，FEC)法：接收端不仅可以检测出错码，还可以确定错码的位置，并予以纠正。此方法只需要单向通道，无须反复重发延误时间，实时性好，但设备相对复杂。

(3) 反馈校验法：接收端接收到信号后并不做任何的检错和纠错，而是将收到的信号原封不动地发回发送端，由发送端将其与原发信号相比较，如果有错则重发。这种方法的原理和设备都很简单，但需双向通道，且由于每个信码都至少传送 2 次，故传输效率较低。

(4) 检错删除法：在接收端检测出错码时，立即将其删除，不要求重发，这种方法适用于少数特定系统。这类系统中发送码元有大量多余度，删除部分接收码元不影响使用，如遥测系统就属于这类系统。

这 4 类方法可以结合使用，如可以将检错和纠错相结合。当接收端错码较少且可以纠正时，采用前向纠错法，当错码较多，只能检错而无法纠错时采用检错重发法。

由于信息码元是随机序列，接收端无法预知信号状态，因而无法判别接收码是否有错。所以需要在发送端对信息码元序列增加监督码元(supervise code)，也称纠错码。增加了监督码元之后，监督码和信息码之间存在某种逻辑关系，因此接收端可以利用这种逻辑关系发现或纠正存在的错码。

【思政 7-1】 不同的编码方法，检错或纠错能力不同。通常**监督码元越多，检错或纠错能力越强**，可靠性越好，但监督码元是无效信息，监督码元越多，则码组冗余度越大，付出的有效性代价也就越大。这再次验证了通信中有效性和可靠性的矛盾。我们在选择监督码元位数时，需采用辩证思维分析和设计，做出最优选择。

以自动请求重发系统(Automatic Request for Repetition，ARQ)为例简单说明差错控制系统的工作原理，如图 7-1 所示。

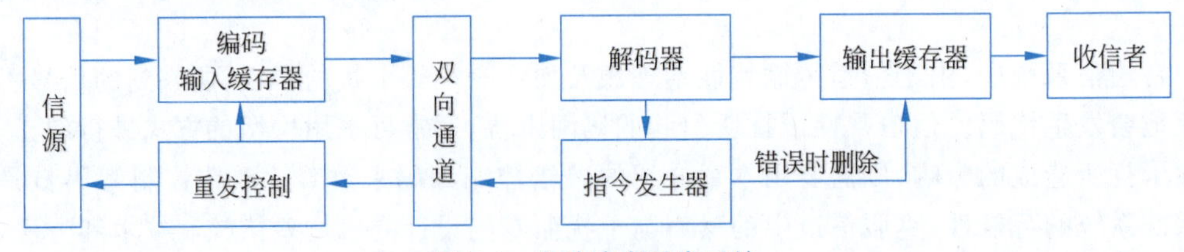

图 7-1 自动请求重发系统

信源发出的信号经差错控制编码附加一定的监督码元，一方面送入双向通道，另一方面复制保存一份，存入输入缓存器。信号经双向信道到达接收端，通过解码器判断监督码元和信息码元是否仍然满足在发送端设定好的约束关系，并将去除监督码元后的信号送入输出缓存器。如果解码器解码时发现约束关系已不满足，则指令发生器一方面向输出缓存器发出指令删除刚刚接收到的信号，另一方面经由双向通道向发送端的重发控制发指令让其重新发送刚才的信号，重发控制从输入缓存器中调出刚才发送的那帧信号，重新发送。如果解码器确定约束关系没有变化，信号传输正确，则输出缓存器直接将信号传至收信者，并通过指令发生器经反向信道发出无须重发的指令，发送端接收到此指令后继续发送后一码组，同时更新输入缓存器中的内容。

ARQ 系统的优点为：①监督码少，仅占总码的 5%～20%，有效性较好；②要求使用的检错码基本与信道的差错统计特性无关，对各种信道有一定的适应能力；③与前向纠错法的编译码器相比，成本及复杂性较低。这种方法的主要缺点是：①需要双向通道发送重发指令，难以用于广播通信系统，且实现重发控制比较复杂；②信道干扰大时系统可能处于重发循环中，因此通信效率较低；③实时性(real-time)较差，不太适合要求严格实时传输的系统。

7.2　差错控制编码的基本原理

视频讲解

将信息码分组，为每组信息码后附加若干监督码元形成的码集合定义为分组码。分组码中的监督码元仅监督本码组中的信息码元。接下来用天气预报的例子来说明分组码的检纠错原理。

假设四种天气“晴、云、雨、阴”可以用 2 位二进制码构成的 4 种二进制组合表示，不加监督码元直接传输时，若其中任一码组在传输中发生错码，接收端又无法发现错码，会误判成另一种错误的信息，如表 7-1 所示。此时我们就需要在信息码后面加监督码元，形成分组码，实现差错控制。

表 7-1　无监督码时天气预报

信　源	发送信息码		接收信息码	判　别
晴	00		01	云
云	01	⇒	10	阴
阴	10		00	晴
雨	11		10	阴

若将表 7-1 中的 4 个码组都附加一位监督码元，使监督码元与信息码元形成偶校验关系，即信息码和监督码形成的总码组中 1 的个数为偶数个，形成的码组集合为“000”(晴)、“011”(云)、“101”(阴)、“110”(雨)。由于错 1 位时，得到的码组没有一个和原始发送的码组相同，如表 7-2 所示，则我们可以很容易判断出接收到的码组出错了。但错 2 位时，如表 7-3 所示，由于得到的码组正好都和原始发送码组相同，无法发现其中的错误，只会以为发送端本来发送的就是这个码组，从而得到错误的判断。因此，定义许用码组和禁用码组的概念。发送端发送的四种通信双方约定的码组(000、011、101、110)称为许用码组，而另外 4 种组合状态则为禁用码组。这样，当接收端接收到禁用码组时则可检测出错码，但无法判断是哪一位码发生了错码，且因为接收到的禁用码组可能是由两种或两种以上不同的许用码组错 1 位得到的，因此只能实现检错，无法纠错。例如，接收端接收到“100”时，“000”(晴)、“101”(阴)、“110”(雨)都可能错 1 位得到该禁用码组，所以无法纠错。而当接收码组错两位时，由于接收到的仍是许用码组，则无法检测出错码。

表 7-2 加 1 位监督码元,错 1 位

信源	发送信息码	监督码		接收码组(错 1 位)	判别
晴	00	0	⇒	001、010、100	错
云	01	1		010、001、111	错
阴	10	1		100、111、001	错
雨	11	0		111、100、010	错

表 7-3 加 1 位监督码元,错 2 位

信源	发送信息码	监督码		接收码组(错 2 位)	判别
晴	00	0	⇒	011、110、101	云、雨、阴
云	01	1		000、101、110	晴、阴、雨
阴	10	1		110、000、011	雨、晴、云
雨	11	0		101、000、011	阴、晴、云

以上加 1 位监督码元的码集合只能检测 1 位错码,无法纠错。为了提高检纠错能力,对已知信息码组加 3 位监督码元形成新的分组码,如表 7-4 所示。由于收到的都是禁用码组,接收端可以检测出发生了错码。仔细观察可看出,4 个许用码组错 1 位得到的接收码组各不相同,因此收到的码组可以准确判断是由哪个许用码组错 1 位得到的,将接收码组纠正为对应许用码组即可实现纠 1 位错码。

表 7-4 加 3 位监督码元,错 1 位

信源	发送信息码	监督码		接收码组(错 1 位)	判别
晴	00	000	⇒	00001、00010、00100、01000、10000	错
云	01	011		01010、01001、01111、00011、11011	错
阴	10	101		10100、10111、10001、11101、00101	错
雨	11	110		11111、11100、11010、10110、01110	错

注意,信道编码可纠错的原理分为两种。一种是考虑二进制非 0 则 1,如果知道错码位置即可直接修正。另一种是不同许用码组发生错码后得到的禁用码组不一样,知道是哪个许用码组发生错码得到的,即可直接修正为对应正确码组。

【思政 7-2】 我们在分析和解决问题的时候不要思维定式,要用科学思维多维度思考。

错 2 位时,得到的接收码组如表 7-5 所示。所接收到的码组均为禁用码组,可以判断出错,但各许用码组错 2 位得到的码组有相同项,无法判断接收到的禁用码组是由哪个许用码组错 2 位得到,因此无法实现纠 2 位错码。

表 7-5 加 3 位监督码元,错 2 位

接收码组(错 2 位)	判别
11000、10100、10010、10001、01100、01010、01001、00110、00101、00011	错
10011、11111、11001、11010、00111、00001、00010、01101、01110、01000	错
01101、00001、00111、00100、11001、11111、11100、10011、10000、10110	错
00110、01010、01100、01111、10010、10100、10111、11000、11011、11101	错

从上面天气预报的例子,我们可以得到分组码的一般概念。如果不要求检错或纠错,可直接用两位信息码组传输 4 种不同的天气消息。为了实现检错和纠错,在表 7-2 中为 2 位信息码元加入了 1 位监督码元,在表 7-4 中,为 2 位信息码元加入了 3 位监督码元,所加的

监督码元称为监督位。这种将信息码分组，为每组信息码附加若干监督码的编码称为分组码(block code)。在分组码中，监督码元仅监督本码组中的码元。

分组码一般用符号(n,k)表示，其中k是码组中信息码元的数目，n是码组的总位数，又称为码组长度(码长)，$r=n-k$为码组中监督码元的数目。分组码的结构如图7-2所示，前k位为信息位，后面附加r个监督位。编码效率为k/n，冗余度为$r/n=(n-k)/n$。例如表7-2中的分组码可写为(3,2)，编码效率为2/3，表7-4中的分组码可写为(5,2)，编码效率为2/5。

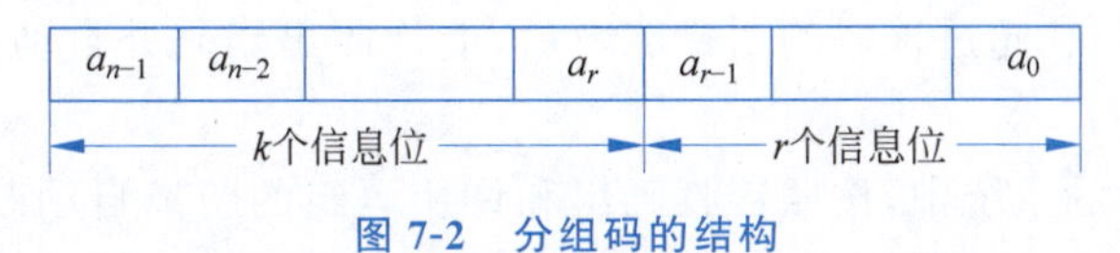

图7-2 分组码的结构

在分组码中，码组中1的数目称为码组重量(code weight)，两个码组对应位上不同的码元个数称为码组间的汉明距离，简称码距。例如110和011之间的码距为2，表7-2中的4个许用码组之间任意两个的距离均为2。我们把某种差错控制编码中各码组之间距离的最小值称为最小码距(d_0)。对于3位码组，可采用一个立方体来说明码距的几何含义。前面说过，3位二进制码共可形成8种不同的码组，可以对应到一个单位立方体的8个顶点，码距则是在该立方体中各顶点之间沿立方体各边行走的几何距离。由图7-3可以看出，4个许用码组之间沿立方体的边行走的距离均为2，即码距为2，最小码距$d_0=2$。

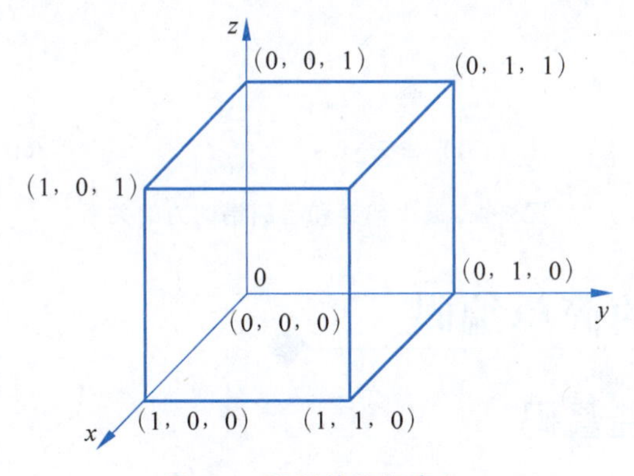

图7-3 码距的几何意义

码组的最小码距的大小直接关系着整个码组的检纠错能力。

(1) 检测e个错码，要求最小码距：

$$d_0 \geqslant e+1 \tag{7-1}$$

式(7-1)可用图7-4(a)证明。码组A发生1位错码所得到的码组可认为是在以A点为圆心，以1为半径的圆上，它们与A的码距为1，以此类推，A发生e位错码所得到的码组全都在以A点为圆心，以e为半径的圆上，若分组码具有检测e位错码的能力，则其他许用码组均不会落在该圆上或圆内，且与该圆至少间隔为1，因此，要检测e位错码，最小码距应该最小为$e+1$；或者也可以认为，若一个码集合的最小码距为d_0，则最多能检测d_0-1个错码。

(2) 纠正t个错码，要求最小码距：

$$d_0 \geqslant 2t+1 \tag{7-2}$$

式(7-2)可用图7-4(b)说明。如果码组能纠正t个错码，则各许用码组错t位所得到的码组各不相同，才能明确某个错码是由哪个原始码错 t 位得到的，从而才可以将码组纠正回原码组。因此要求许用码组 A 和许用码组 B 错 t 位所得到的圆不可以有交点，至少间隔 1，所以要想纠正 t 个错码，最小码距必须不小于 $2t+1$。

(3) 纠正 t 个错码、同时检测 e 个错码，要求最小码距：

$$d_0 \geqslant e+t+1 \quad (e>t) \tag{7-3}$$

纠正 t 个错码，同时检测 e 个错码考虑的是纠检结合的情况。某些情况下，要求对出现较频繁但错码数很少的码组，采用前向纠错的方式，以节省反馈重发时间；同时又希望对一些错码数较多的码组，在超过该码的纠错能力后，能检测出错码并自动请求重发，这就是纠检结合的方式。

在这种纠检结合的系统中，按照接收码组和许用码组的距离自动改变工作方式。若码距在纠错能力 t 范围内，则按纠错工作方式工作，当码组出现大于 t 个错码而小于 e 个错码时，则按检错方式工作。如图 7-4(c)所示，当 A 发生 t 个错码，B 发生 e 个错码时，既要纠正 A 的错，又要检测 B 的错，得保证 B 错 e 个错码所对应的圆和 A 错 t 个错码所对应的圆无交点，且至少间隔为 1，以避免错 e 个码的点落在纠错圆上而被错误地“纠正”，因此最小码距至少为 $e+t+1$。

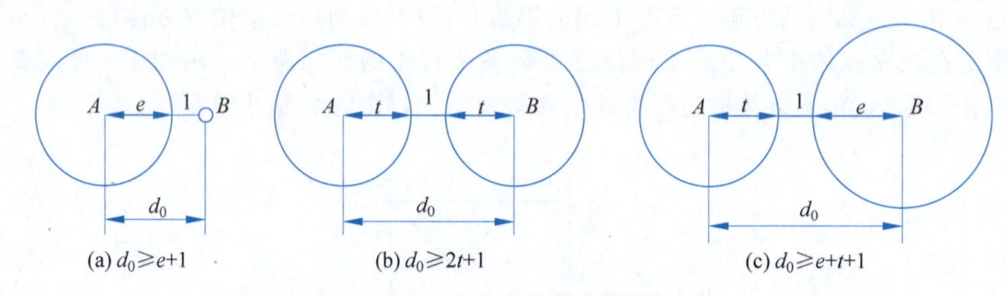

(a) $d_0 \geqslant e+1$　(b) $d_0 \geqslant 2t+1$　(c) $d_0 \geqslant e+t+1$

图 7-4　最小码距和检纠错能力的关系

视频讲解

7.3　常用的简单编码

7.3.1　奇偶监督码

1. 一维奇偶监督码

奇偶监督(parity check)码是一种最简单、最基本的检错码，又称奇偶校验码，包括奇监督码和偶监督码两种。编码方法是先将信息码元分组，在每组最后加一个监督码，使码组中 1 的数目为奇数或偶数，为奇数时称为奇校验码，为偶数时称为偶校验码，统称奇偶校验码。

假设码组长度为 n，表示为 $a_{n-1}a_{n-2}a_{n-3}\cdots a_0$，其中前 $n-1$ 位为信息位，a_0 为监督位，则在奇校验时有

$$a_{n-1} \oplus a_{n-2} \oplus \cdots \oplus a_0 = 1 \tag{7-4}$$

在偶校验时有

$$a_{n-1} \oplus a_{n-2} \oplus \cdots \oplus a_0 = 0 \tag{7-5}$$

可以看出，这样只有一位监督码元的一维奇偶监督码只能检测出奇数个错码，当出现偶数个错码时，码组的奇偶特性不变，因此一维奇偶监督码无法检测出偶数个错码。并且因为该码组只能检测错码，无法确定错码具体位置或由哪个原始许用码组发生错码得到，因此只

能检错无法纠错。一维奇偶监督码检错能力不高，但编码方法简单且实用性强，所以在很多计算机数据传输系统和其他编码标准中都有使用。

2. 二维奇偶监督码

二维奇偶监督码又称方阵码，它是先将许用码组写成一行(包括信息码和1位监督码)，设共有 m 行，再按列的方向增加第二维监督位，构成监督码行，如图7-5所示。第 $m+1$ 行为按列增加的监督码行。

$$
\begin{matrix}
a_{n-1}^1 & a_{n-2}^1 & \cdots\cdots & a_1^1 & a_0^1 \\
a_{n-1}^2 & a_{n-2}^2 & \cdots\cdots & a_1^2 & a_0^2 \\
\vdots & & & & \\
a_{n-1}^m & a_{n-2}^m & \cdots\cdots & a_1^m & a_0^m \\
c_{n-1} & c_{n-2} & \cdots\cdots & c_1 & c_0
\end{matrix}
$$

图7-5 二维奇偶监督码

二维奇偶监督码不仅能检测出所有行和列中的奇数个错码，当码组仅在一行中存在奇数个错码时，还可以结合按列监督关系确定错码位置，从而实现纠错。

方阵码由于行列都满足奇偶监督特性，故可以检测部分偶数个错码，如 a_{n-1}^1 和 a_1^1 发生错码，按行无法检测出有错，而按列可检测。但对构成矩形四角的错码及对应行和列都是偶数个错码的情况，则按行和按列均无法检错。

二维奇偶监督码适用于检测突发错码。由于突发错码经常成串集中出现，随后有一段较长的无错区间，因此在某一行出现多个奇数或偶数个错码的机会较多，而采用行和列共同校验的方阵码正适合检测这类错码。前述的一维奇偶监督码则更适合检测随机错码。

7.3.2 正反码

正反码(positive and inverse code)是一种简单的能纠正错码的差错控制编码方法，这种编码的信息码位数与监督码位数相同，当信息位中有奇数个1时，监督位是信息位的重复，当信息位中有偶数个1时，监督位是信息位的反码。例如，若信息码为11001，则正反码为1100111001，若信息码为10001，则正反码为1000101110。

接收端的译码方法如下：

(1) 将接收码组中信息码和监督码对应按位模2加，得到合成码组。

(2) 根据接收码组中信息码含1的奇偶情况，由合成码组生成校验码组。1为奇数时，校验码等于合成码，1为偶数时，校验码等于合成码的反码。

(3) 根据校验码的组成，按照表7-6判断错码情况，并进行检错与纠错。

表7-6 正反码译码表

序　　号	校验码组成	错 码 情 况
1	全“0”	无错码
2	4个“1”，1个“0”	信息码中有1位错码，对应校验码中“0”的位置
3	4个“0”，1个“1”	监督码中有1位错码，对应校验码中“1”的位置
4	其他组成	错码多于1个

例如，发送码组为1100111001，当接收码组无错时，则合成码组为 $11001 \oplus 11001 = 00000$。由于接收码组信息位中有奇数个1，因此校验码组等于合成码组，即00000，按表7-6判决可得接收码组无错。若传输中发生了差错，接收到的码组为1000111001，此时合成码组为 $10001 \oplus 11001 = 01000$，由于接收码组信息位中1的个数为偶数个，因此校验码组等于合成码组的反码，即10111，按表7-6可得此时为第2种情况，信息码中错1位，且对应位置在校验码对应0的位置，即信息码第2位错。

正反码可以纠正 1 位错码,检测 2 位或 2 位以上的错码,但编码效率低,只有 50%。

7.3.3 恒比码

恒比码中,每个码组均有数目相同的 0 和 1,由于 1 和 0 的数目之比保持恒定,因此称为恒比码。恒比码在译码检测时,只需计算接收码组中 1 的数目是否正确,即可知道是否存在错码。

恒比码的主要优点是简单,且检错能力较强,适用于传输电传机或其他键盘设备产生的字母和符号。对于信源的二进制随机数字序列,这种码就不适用了。

目前我国电传通信中普遍采用 3∶2 码,该码组共有 $C_5^3=10$ 个许用码组,用来传送 10 个阿拉伯数字,如表 7-7 所示。这种码又称为 5 中取 3 数字保护码。因为每个汉字是以 4 位十进制数来代表的,所以提高十进制数字传输的可靠性,就等于提高汉字传输的可靠性。实践证明,采用这种码后,我国汉字电报的差错率大为降低。

表 7-7　3∶2 数字保护码

数字	0	1	2	3	4	5	6	7	8	9
码字	01101	01011	11001	10110	11010	00111	10101	11100	01110	10011

目前国际上通用的 ARQ 电报通信系统采用 3∶4 码,即 7 中取 3 码,这种码有 $C_7^3=35$ 个许用码组,93 个禁用码组,35 个许用码组可用来表示不同的字母和符号。实践证明,采用这种码组后,国际电报通信的误码率保持在 10^{-6} 以下。

7.4 线性分组码

从前面所学的简单编码可以看出,各种差错控制编码方法的原理各不相同,其中奇偶监督码的编码原理是利用代数关系产生监督位,我们通常把这种建立在代数学基础上的编码称为代数码。在代数码中常用的是线性分组码,在线性分组码中,信息码元和监督码元的关系是由线性方程组约束的,即监督码元是由信息码元经线性组合产生的。

7.3.2 节的正反码,为了纠正 1 位错码,其监督码位数与信息码位数一样多,编码效率只有 50%。那么能否减少监督码位数但保证纠错能力不变?如何实现纠错?由此引入了汉明码,汉明码是一种能纠正 1 位错码且编码效率较高的线性分组码。我们将以汉明码为例引入线性分组码的一般原理。

视频讲解

7.4.1 汉明码的编码原理

我们首先回顾所学的一维偶数监督码。由于使用了一位监督码元 a_0,构成了式(7-5)所表示的一个约束关系式,我们把它称为监督方程(supervise equation)。在接收端进行译码时,实际就是计算

$$S=a_{n-1}\oplus a_{n-2}\oplus\cdots\oplus a_0 \tag{7-6}$$

若 $S=0$,则认为无错,若 $S=1$,则认为有错。这里,我们把式(7-6)称为监督关系式,S 称为校正子。1 个监督关系式对应 1 个校正子,1 个校正子由于只有两种状态,因此只能用于表示有错和无错,而不能明确错码位置从而进行纠正。如果增加 1 位监督位,则 2 位监督

码对应 2 个监督方程，对应 2 个校正子，2 个校正子可以表示 4 种状态。以此类推，若增加监督码元，建议增加监督方程和校正子，这样就能形成逻辑组合，当逻辑状态数多到可以描述所有错码位置时，即可实现纠错。

考虑码组中只出现 1 位错码的情况。分组码(n,k)只可能出现 n 个 1 位错码事件，若某种逻辑组合具有 n 个状态，就能利用这种逻辑组合描述 1 位错码事件并予以纠正。另外还需要 1 种状态表征无错情况，因此分组码(n,k)共需要 $n+1$ 种状态。监督码元位数 $r=n-k$，则监督方程有 r 个，可以描述的状态有 2^r 个，为了纠错，要求

$$2^r \geqslant n+1 \quad 或 \quad 2^r \geqslant k+r+1 \tag{7-7}$$

接下来用一个例子来说明如何构造这种线性分组码。

一个(7,4)分组码，监督位 $r=3$，为了纠正 1 位错码，需满足式(7-7)的要求，$2^3=8=n+1$。3 位监督码元可得到 3 个监督方程，构成 3 个校正子。将 3 个校正子的 8 种组合状态与 7 位码组中错 1 位码的位置及无错状态一一对应起来，就可构成如表 7-8 所示的监督关系表。当然，大家也可以建立其他关系的监督关系表，不影响讨论的一般性。

表 7-8 监督关系表

$S_1S_2S_3$	判　别	$S_1S_2S_3$	错码位置
000	无错	110	a_3 错
001	a_0 错	011	a_4 错
010	a_1 错	111	a_5 错
100	a_2 错	101	a_6 错

由表中的规定可以看出，仅当 1 位错码的位置在 a_2、a_3、a_5、a_6 时，校正子 S_1 为 1，否则 S_1 为 0。这样就可以得到 a_2、a_3、a_5、a_6 构成的监督关系

$$S_1=a_6 \oplus a_5 \oplus a_3 \oplus a_2 \tag{7-8}$$

同样的方式观察 S_2 和 S_3 与码元的对应关系，可以构建出对应的监督关系

$$S_2=a_5 \oplus a_4 \oplus a_3 \oplus a_1 \tag{7-9}$$

$$S_3=a_6 \oplus a_5 \oplus a_4 \oplus a_0 \tag{7-10}$$

在发送端编码时，信息码元 a_6、a_5、a_4 和 a_3 的值取决于输入信号，因此它们是随机的，监督码元 a_2、a_1 和 a_0 则应根据信息位的取值按监督关系来确定，即监督码元应使式(7-8)～式(7-10)中的 S_1、S_2 和 S_3 的值均为 0(表示编成的码组中无错码)，则可得到监督方程组如下：

$$\begin{cases} a_6 \oplus a_5 \oplus a_3 \oplus a_2=0 \\ a_5 \oplus a_4 \oplus a_3 \oplus a_1=0 \\ a_6 \oplus a_5 \oplus a_4 \oplus a_0=0 \end{cases} \tag{7-11}$$

将式(7-11)进行移位运算(注意模 2 加运算在等式左右进行移动仍为"⊕")，即可得到编码方程如下：

$$\begin{cases} a_2=a_6 \oplus a_5 \oplus a_3 \\ a_1=a_5 \oplus a_4 \oplus a_3 \\ a_0=a_6 \oplus a_5 \oplus a_4 \end{cases} \tag{7-12}$$

这样，当信息码元确定后，就可以按式(7-12)得到各组信息码元对应的监督码元，形成码组集合，如表 7-9 所示。

表 7-9 汉明码码组集合

信息位 $a_6a_5a_4a_3$	监督位 $a_2a_1a_0$	信息位 $a_6a_5a_4a_3$	监督位 $a_2a_1a_0$
0000	000	1000	101
0001	110	1001	011
0010	011	1010	110
0011	101	1011	000
0100	111	1100	010
0101	001	1101	100
0110	100	1110	001
0111	010	1111	111

按照上述方法构造的码为汉明码,表 7-9 所列出的汉明码最小码距 $d_0=3$,则这种码可以纠正 1 位错码或检测 2 位错码。编码效率 $k/n=(n-r)/n=1-r/n$,因此当 n 很大和 r 很小时,汉明码的编码效率较高。

7.4.2 一般线性分组码的编码原理(矩阵方程)

将式(7-11)所示的监督方程改写为矩阵形式,可得到矩阵方程如下:

$$\begin{bmatrix} 1101 & 100 \\ 0111 & 010 \\ 1110 & 001 \end{bmatrix} \cdot \begin{bmatrix} a_6 \\ a_5 \\ a_4 \\ a_3 \\ a_2 \\ a_1 \\ a_0 \end{bmatrix} = \begin{bmatrix} 0 \\ 0 \\ 0 \end{bmatrix} \tag{7-13}$$

式(7-13)可以简单记为

$$\boldsymbol{H} \cdot \boldsymbol{A}^{\mathrm{T}} = 0 \tag{7-14}$$

式中,$\boldsymbol{H}=\begin{bmatrix} 1101100 \\ 0111010 \\ 1110001 \end{bmatrix}$为监督矩阵;$\boldsymbol{A}=[a_6a_5a_4a_3a_2a_1a_0]$为码组向量。

当监督矩阵给定时,编码时监督码元和信息码元的关系就可以完全确定了。可以看出,$\boldsymbol{H}$ 的行数是监督关系式的数目,等于监督码元的位数 r。$\boldsymbol{H}$ 每行中 1 的位置表示相应码元之间存在的监督关系。例如,$\boldsymbol{H}$ 第一行 1101100 表示监督位 a_2 由 $a_6a_5a_3$ 的模 2 和决定。$\boldsymbol{H}$ 可以分成两部分,即

$$\boldsymbol{H} = \begin{bmatrix} 1101 & 100 \\ 0111 & 010 \\ 1110 & 001 \end{bmatrix} = [\boldsymbol{P} \quad \boldsymbol{I}_r] \tag{7-15}$$

式中,$\boldsymbol{P}$ 为 $r\times k$ 阶矩阵;$\boldsymbol{I}_r$ 为 $r\times r$ 阶单位阵,当 $\boldsymbol{H}=[\boldsymbol{P} \quad \boldsymbol{I}_r]$,含 r 阶单位阵时,称其为典型监督矩阵。监督矩阵 $\boldsymbol{H}$ 的各行应该是线性无关(linearly independent)的。

根据监督方程确定了如式(7-12)所示的编码方程后,同样可将它转换为矩阵形式,即

$$\begin{bmatrix} a_2 \\ a_1 \\ a_0 \end{bmatrix} = \begin{bmatrix} 1101 \\ 0111 \\ 1110 \end{bmatrix} \begin{bmatrix} a_6 \\ a_5 \\ a_4 \\ a_3 \end{bmatrix} = \boldsymbol{P} \cdot \begin{bmatrix} a_6 \\ a_5 \\ a_4 \\ a_3 \end{bmatrix} \tag{7-16}$$

两边同时取转置，可得

$$[a_2 a_1 a_0] = [a_6 a_5 a_4 a_3] \begin{bmatrix} 111 \\ 110 \\ 101 \\ 011 \end{bmatrix} = [a_6 a_5 a_4 a_3] \boldsymbol{P}^{\mathrm{T}} = [a_6 a_5 a_4 a_3] \boldsymbol{Q} \tag{7-17}$$

式中，$\boldsymbol{Q}$ 为一个 $k \times r$ 阶矩阵，是 $\boldsymbol{P}$ 的转置。

$$\boldsymbol{Q} = \boldsymbol{P}^{\mathrm{T}} \tag{7-18}$$

可以看出，当信息位确定后，则可根据式(7-17)确定监督位。在 $\boldsymbol{Q}$ 的左边加上一个 $k \times k$ 阶的单位阵，就构成了生成矩阵 $\boldsymbol{G}$。

$$\boldsymbol{G} = [\boldsymbol{I}_k \quad \boldsymbol{Q}] = [\boldsymbol{I}_k \quad \boldsymbol{P}^{\mathrm{T}}] = \begin{bmatrix} 1000 & 101 \\ 0100 & 111 \\ 0010 & 011 \\ 0001 & 110 \end{bmatrix} \tag{7-19}$$

生成矩阵中的每一行均为一个码组，且线性无关。当 $\boldsymbol{G} = [\boldsymbol{I}_k \quad \boldsymbol{Q}]$，含 k 阶单位阵时，$\boldsymbol{G}$ 称为典型生成矩阵。

由生成矩阵可以产生整个码组，即

$$\boldsymbol{A} = [a_6 a_5 a_4 a_3 a_2 a_1 a_0] = [a_6 a_5 a_4 a_3] \cdot \boldsymbol{G} \tag{7-20}$$

因此，如果码组的生成矩阵 $\boldsymbol{G}$ 确定了，则编码就完全确定了。由典型生成矩阵得出的码组 $\boldsymbol{A}$ 中，信息位的位置不变，监督位附加于其后，这种由典型生成矩阵编码得到的码称为系统码(systematic code)。

比较式(7-15)和式(7-19)可以看出，典型监督矩阵 $\boldsymbol{H}$ 和典型生成矩阵 $\boldsymbol{G}$ 由式(7-18)关联，但需要注意的是，只有当 $\boldsymbol{H}$ 和 $\boldsymbol{G}$ 都为典型矩阵时才存在这样的联系。典型监督矩阵和典型生成矩阵中 $\boldsymbol{P}$ 和 $\boldsymbol{Q}$ 的关系是求解两个矩阵的关键点。

【思政 7-3】 我们在分析问题和解决问题的时候应注意全面分析事物的内在联系，以便探索其规律。

7.4.3　线性分组码的数学描述

假设发送码组为 $\boldsymbol{A}$，接收码组为 $\boldsymbol{B}$，则它们的差被称为错码图样，即

$$\boldsymbol{E} = \boldsymbol{B} - \boldsymbol{A}\text{(模 2 运算)} \tag{7-21}$$

在接收端做译码运算时，实际是计算校正子 $\boldsymbol{S} = \boldsymbol{B}\boldsymbol{H}^{\mathrm{T}}$，当 $\boldsymbol{B}\boldsymbol{H}^{\mathrm{T}} = 0$ 时，无错，$\boldsymbol{B}\boldsymbol{H}^{\mathrm{T}} = 1$ 时，有错。又由式(7-21)可得，$\boldsymbol{B} = \boldsymbol{A} + \boldsymbol{E}$，因此

$$\boldsymbol{S} = \boldsymbol{B}\boldsymbol{H}^{\mathrm{T}} = (\boldsymbol{A} + \boldsymbol{E})\boldsymbol{H}^{\mathrm{T}} = \boldsymbol{A}\boldsymbol{H}^{\mathrm{T}} + \boldsymbol{E}\boldsymbol{H}^{\mathrm{T}} \tag{7-22}$$

由于线性分组码在发送端都满足 $\boldsymbol{A}\boldsymbol{H}^{\mathrm{T}} = 0$，则式(7-22)可改写为

$$\boldsymbol{S} = \boldsymbol{E}\boldsymbol{H}^{\mathrm{T}} \tag{7-23}$$

式(7-23)说明校正子 $\boldsymbol{S}$ 与错码图样 $\boldsymbol{E}$ 间有确定的线性关系。如果 $\boldsymbol{E}$ 的数目有限，能与

$\boldsymbol{S}$ 一一对应,则 $\boldsymbol{S}$ 就能描述错码的位置,即具有纠错能力。

例如,(7,4)汉明码,监督关系如表 7-8 所示,若发送码组 $\boldsymbol{A}=[1100010]$,接收码组为 $\boldsymbol{B}=[1000010]$,译码时使用式(7-15)的监督矩阵进行译码计算

$$\boldsymbol{S}=\boldsymbol{B}\boldsymbol{H}^{\mathrm{T}}=[1000010]\begin{bmatrix}101\\111\\011\\110\\100\\010\\001\end{bmatrix}=[111] \tag{7-24}$$

对照表 7-8 查表可得,接收码组中 a_5 错。

同样,从错码图样分析,错码图样 $\boldsymbol{E}=\boldsymbol{B}-\boldsymbol{A}=[0100000]$,表明只有 1 位错码对应 a_5 的位置,$\boldsymbol{S}=\boldsymbol{E}\boldsymbol{H}^{\mathrm{T}}=[111]$,查表 7-8 可得接收码组中 a_5 错。

线性分组码还具有封闭性。所谓封闭性,是指线性码中任意两个码组之和仍为这种码中的一个码组。假设 $\boldsymbol{A}_1$ 和 $\boldsymbol{A}_2$ 是线性码中的两个码组,则有 $\boldsymbol{A}_1\boldsymbol{H}^{\mathrm{T}}=0$ 和 $\boldsymbol{A}_2\boldsymbol{H}^{\mathrm{T}}=0$,将两式相加,可得 $\boldsymbol{A}_1\boldsymbol{H}^{\mathrm{T}}+\boldsymbol{A}_2\boldsymbol{H}^{\mathrm{T}}=(\boldsymbol{A}_1+\boldsymbol{A}_2)\boldsymbol{H}^{\mathrm{T}}=0$,因此$(\boldsymbol{A}_1+\boldsymbol{A}_2)$也是一个许用码组。由于线性分组码具有封闭性,因此两个码组之间的距离必定是另一码组的重量。除 0 码组之外,码组的最小重量是码集合的最小距离。

7.5 循环码

循环码(cyclic code)是线性分组码的一个重要子集,有许多特殊的代数性质。这些性质有助于按所要求的纠错能力系统地构造这类码,且容易实现。循环码的重要特性是码组的循环移位特性,即循环码中的任一许用码组经过循环移位后,所得码组仍为许用码组。循环码性能较好,有较强的检错和纠错能力。

7.5.1 码多项式

为了便于计算,通常将码组用代数多项式表示,这种以码组中各码元为系数的多项式称为码多项式(code polynomial)。对于码组$(a_{n-1}a_{n-2}\cdots a_1a_0)$,可以将它的码多项式表示为

$$T(x)=a_{n-1}x^{n-1}+a_{n-2}x^{n-2}+\cdots+a_1x+a_0 \tag{7-25}$$

对于二进制码组来说,多项式的系数为 0 或 1,x 仅为码元位置的标记。例如,一个(7,4)循环码,其码多项式可写为 $T(x)=a_6x^6+a_5x^5+a_4x^4+a_3x^3+a_2x^2+a_1x+a_0$。码组(1100101)的码多项式可表示为 $T(x)=x^6+x^5+x^2+1$。

在整数运算中,有模 n 运算,具体运算方式是将某整数除以 n 取余数作为模 n 运算的结果。例如整数 6,模 2 运算结果为 0,模 4 运算结果为 2,模 5 运算结果为 1。码多项式的按模运算也是类似的。若任意多项式 $F(x)$被一 n 次多项式 $N(x)$除,得到商式 $Q(x)$和一个幂次小于 n 的余式 $R(x)$,即

$$\frac{F(x)}{N(x)}=Q(x)+\frac{R(x)}{N(x)} \tag{7-26}$$

则有

$$F(x) \equiv R(x)(\text{模}\ N(x)) \tag{7-27}$$

注意，在多项式取模 $N(x)$ 的运算过程中，其系数按模 2 加运算（系数为二进制，只能取 0 或 1，系数的相减均为模 2 加）。

例如，求 x^4+x^2+1 取模 x^3+1，可用多项式长除法计算，即

$$\begin{array}{r l} & \quad x \\ x^3+1 \,\big) & \overline{x^4+x^2+1} \\ & \underline{x^4+x\quad\;\;} \\ & \quad\; x^2+x+1 \end{array}$$

记为：$x^4+x^2+1 \equiv x^2+x+1(\text{模}(x^3+1))$。

7.5.2 循环码的特性

循环码集合中任意一个码组，左移或右移一位得到的新码组必是该码集合中的另一码组，因此循环码组具有这样一个特性：若 $T(x)$ 为一个长为 n 的许用码组，则 $x^iT(x)$ 按模 x^n+1 运算后的余式 $T'(x)$ 仍为许用码组。该特性可证明如下。

假设 $x^i \cdot T(x) \equiv T'(x)(\text{模}\ x^n+1)$，由于 $T(x)=a_{n-1}x^{n-1}+a_{n-2}x^{n-2}+\cdots+a_1x+a_0$，则

$$x^iT(x)=a_{n-1}x^{n-1+i}+\cdots+a_{n-1-i}x^{n-1}+\cdots+a_0x^i$$

$$[x^iT(x_i)]_{\text{Mod}(x^n+1)} \equiv a_{n-1-i}x^{n-1}+a_{n-2-i}x^{n-2}+\cdots+a_0x^i+a_{n-1}x^{i-1}+\cdots+a_{n-1}$$

$$T'(x)=a_{n-1-i}x^{n-1}+a_{n-2-i}x^{n-2}+\cdots+a_0x^i+a_{n-1}x^{i-1}+\cdots+a_{n-1}$$

可以看出，$T'(x)$ 的系数是 $T(x)$ 中系数向左循环移位 i 次的结果。由于 $T(x)$ 是循环码的一个码组，根据循环码的循环移位特性，$T(x)$ 循环移位所得到的 $T'(x)$ 也是该码集合中的许用码组。

【例 7-1】 已知(7,3)循环码，码组为(1100101)，求码多项式 $T(x)$，并试验证 $x^3T(x)$ 按模 x^7+1 运算后的余式仍是一个许用码组。

【解】 由 $T(x)=a_{n-1}x^{n-1}+a_{n-2}x^{n-2}+\cdots+a_1x+a_0$，可以写出码组(1100101)的码多项式为

$$T(x)=x^6+x^5+x^2+1$$

$$x^3T(x)=x^9+x^8+x^5+x^3$$

取模 x^7+1 运算，通过长除法可得

$$x^3T(x) \equiv x^5+x^3+x^2+x$$

$$\begin{array}{r l} & \qquad\qquad\quad x^2+x \\ x^7+1 \,\big) & \overline{x^9+x^8+x^5+x^3} \\ & \underline{x^9+x^2\qquad\qquad} \\ & \quad x^8+x^5+x^3+x^2 \\ & \quad \underline{x^8+x\qquad\qquad} \\ & \qquad x^5+x^3+x^2+x \end{array}$$

可以看出,余式对应码组为(0101110)是 $T(x)$码组左移 3 位得到的,仍是许用码组。

7.5.3 循环码的编码方法

循环码是线性分组码的成员,除了满足所有线性分组码的特性外,还满足循环移位特性。由式(7-20)可知,如果可以确定编码矩阵方程,构造生成矩阵,即可通过式(7-20)完成循环码的编码,得到整个码组集合。$\boldsymbol{G}$ 是 $k\times r$ 阶矩阵,与线性分组码的生成矩阵相同,循环码的生成矩阵的每一行也都是一个码组(码多项式),且线性无关。因此若能找到 k 个线性无关的码多项式就能建立起生成矩阵方程 $\boldsymbol{G}(x)$,从而得到生成矩阵 $\boldsymbol{G}$。

一个(n,k)循环码有 2^k 个不同的码组,如果用 $g(x)$表示信息位对应幂次最小(即前 $k-1$ 位都为 0)的码组,则 $g(x),xg(x),x^2g(x),\cdots,x^{k-1}g(x)$均为循环码的码组,且线性无关,因此可以用它们来构造循环码的生成多项式。

循环码(n,k)的形成方法是在信息码后加监督码且保持移位循环的特性。除全零码组外,权值最小的信息码组为 0 0 ... 0 0 1,且监督位 a_0不可能为零,否则循环数次后会出现码组前 k 位均为零、而监督位不为零的情况,这不符合监督码的定义。信息码组 0 0 ... 0 0 1 对应的码多项式必为 $n-k$ 次幂,且常数项不为零,因此 $g(x)$是一个常数项不为零的 $n-k$ 次多项式,且具有唯一性。这个幂次最低且唯一的 $n-k$ 次多项式 $g(x)$也被称为循环码的生成多项式。与 $g(x)$线性无关的 $\boldsymbol{k-1}$ 个码多项式为 $xg(x),x^2g(x),\cdots,x^{k-1}g(x)$,可组成生成矩阵方程 $\boldsymbol{G}(x)$,$\boldsymbol{G}(x)$的系数矩阵(matrix)即为循环码的生成矩阵 $\boldsymbol{G}$。

$$\boldsymbol{G}(x)=\begin{bmatrix} x^{k-1}\cdot g(x) \\ x^{k-2}\cdot g(x) \\ \vdots \\ x\cdot g(x) \\ g(x) \end{bmatrix} \tag{7-28}$$

构建循环码生成矩阵的关键在于寻找其码生成多项式 $g(x)$。由于 $g(x)$是幂次最低的码多项式,对于(n,k)循环码,任意一个码多项式 $T(x)$都是 $g(x)$的倍数,则可写为

$$T(x)=h(x)\cdot g(x) \tag{7-29}$$

根据 7.5.2 节所学习到的循环码特性——$x^iT(x)$按模 x^n+1 运算后的余式 $T'(x)$仍为许用码组,则

$$\frac{x^kg(x)}{x^n+1}=Q(x)+\frac{R(x)}{x^n+1} \tag{7-30}$$

式(7-30)中的余式 $R(x)$仍为许用码组,可用式(7-29)代替,且由于 $g(x)$是个 $n-k$ 次码多项式,等式左边的分子分母幂次相同均为 x^n,则商式 $\boldsymbol{Q}(x)=1$,因此式(7-30)变换为

$$\frac{x^kg(x)}{x^n+1}=1+\frac{T(x)}{x^n+1} \tag{7-31}$$

等式两边都乘以 x^n+1,则有

$$x^kg(x)=x^n+1+T(x) \tag{7-32}$$

式(7-32)中的"+"都是模 2 加,在等式左右移位不改变符号,因此式(7-32)可改写为

$$x^n+1=x^k g(x)+T(x) \tag{7-33}$$

将式(7-29)代入式(7-33),则

$$x^n+1=x^k g(x)+T(x)=x^k g(x)+h(x)\cdot g(x)=[x^k+h(x)]g(x) \tag{7-34}$$

由此我们可以看出,(n,k)循环码的生成多项式$g(x)$是x^n+1的一个$n-k$次因子。我们也可以利用这个结论来求解循环码的生成多项式,从而进一步求得生成矩阵。循环码的生成矩阵和监督矩阵也同样满足:

$$\boldsymbol{G}=[\boldsymbol{I}_k \quad \boldsymbol{Q}]=[\boldsymbol{I}_k \quad \boldsymbol{P}^{\mathrm{T}}] \tag{7-35}$$

$$\boldsymbol{H}=[\boldsymbol{P} \quad \boldsymbol{I}_r] \tag{7-36}$$

下面用一个例子来说明循环码的编码方法。

【例 7-2】 已知(7,3)循环码,求码组集合及监督矩阵$\boldsymbol{H}$。

【解】 由于$n=7$,对x^7+1做因式分解可得

$$x^7+1=(x+1)(x^3+x^2+1)(x^3+x+1) \tag{7-37}$$

可以看出式(7-37)中可以产生两个幂次为$n-k$的因子,因此码生成多项式为

$$g_1(x)=(x+1)(x^3+x^2+1)=x^4+x^2+x+1$$

$$g_2(x)=(x+1)(x^3+x+1)=x^4+x^3+x^2+1$$

选择幂次较低的$g_1(x)$作为生成多项式,则

$$\boldsymbol{G}(x)=\begin{bmatrix} x^{k-1}\cdot g(x) \\ x^{k-2}\cdot g(x) \\ \vdots \\ x\cdot g(x) \\ g(x) \end{bmatrix}=\begin{pmatrix} x^6+x^4+x^3+x^2 \\ x^5+x^3+x^2+x \\ x^4+x^2+x+1 \end{pmatrix} \tag{7-38}$$

$$\boldsymbol{G}=\begin{bmatrix} 101 & 1100 \\ 010 & 1110 \\ 001 & 0111 \end{bmatrix}$$

因此,循环码的码组为

$$\boldsymbol{A}=(a_6a_5a_4a_3a_2a_1a_0)=(a_6a_5a_4)\cdot\boldsymbol{G}=(a_6a_5a_4)\begin{bmatrix} 101 & 1100 \\ 010 & 1110 \\ 001 & 0111 \end{bmatrix} \tag{7-39}$$

由式(7-39)可得到该循环组的码组集合,如表7-10所示。

表 7-10　循环组的码组集合

信息码 $a_6a_5a_4$	码组 $a_6a_5a_4a_3a_2a_1a_0$
000	000 0000
001	001 0111
010	010 1110
011	011 1001
100	101 1100
101	100 1011

续表

信息码 $a_6a_5a_4$	码组 $a_6a_5a_4a_3a_2a_1a_0$
110	111 0010
111	110 0101

从表 7-10 中可以看出，由于产生码组的生成矩阵不是一个典型生成矩阵，所以得到的码组集合不满足系统码的特性，后 4 个码组的信息位与原始信息位相比均发生了变化。同时由于生成矩阵不是典型生成矩阵，因此无法直接用式(7-35)和式(7-36)的关系求解监督矩阵，而是需先对生成矩阵 $\boldsymbol{G}$ 做初等行变换，将其变换称为典型生成矩阵。

$$\boldsymbol{G}=\begin{bmatrix}101 & 1100\\010 & 1110\\001 & 0111\end{bmatrix}=\begin{bmatrix}100 & 1011\\010 & 1110\\001 & 0111\end{bmatrix}$$

然后根据 $\boldsymbol{P}$ 和 $\boldsymbol{Q}$ 的转置关系，可得

$$\boldsymbol{H}=\begin{bmatrix}110 & 1000\\011 & 0100\\111 & 0010\\101 & 0001\end{bmatrix}$$

由监督矩阵可写出监督方程为

$$a_6\oplus a_5\oplus a_3=0$$
$$a_5\oplus a_4\oplus a_2=0$$
$$a_6\oplus a_5\oplus a_4\oplus a_1=0$$
$$a_6\oplus a_4\oplus a_0=0$$

7.6 5G 中的信道编码方法

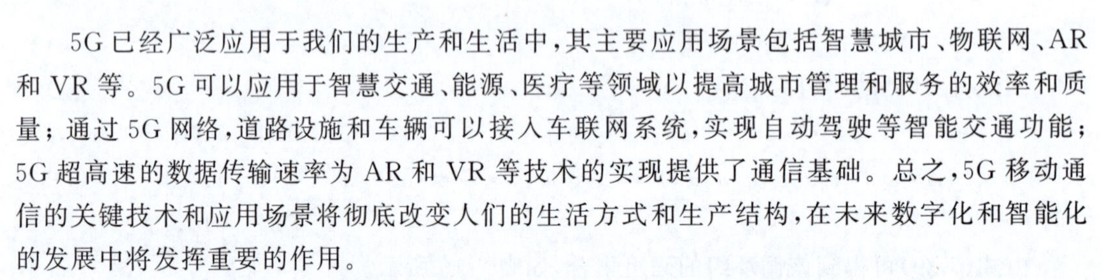

5G 已经广泛应用于我们的生产和生活中，其主要应用场景包括智慧城市、物联网、AR 和 VR 等。5G 可以应用于智慧交通、能源、医疗等领域以提高城市管理和服务的效率和质量；通过 5G 网络，道路设施和车辆可以接入车联网系统，实现自动驾驶等智能交通功能；5G 超高速的数据传输速率为 AR 和 VR 等技术的实现提供了通信基础。总之，5G 移动通信的关键技术和应用场景将彻底改变人们的生活方式和生产结构，在未来数字化和智能化的发展中将发挥重要的作用。

信道编码技术作为 5G 通信的关键技术，在以下几方面应满足 5G 的要求。

(1) 5G 对硬件资源和译码器所需的能量效率要求高，信道编码技术需要设计高度优化的算法和结构，以确保在有限的硬件资源和能量消耗下实现高效的编解码性能。

(2) 5G 对误块率、吞吐量和译码时延等方面有明确的要求，信道编码方案必须能够有效降低误块率，提高数据传输的吞吐量，并在有限的时间内完成译码操作，以满足实时通信和高速数据传输的需求。

(3) 5G 的信道编码方案还需要支持增量冗余混合自动重传请求(IR-HARQ)机制，支持灵活的码块长度和码率要求，以适应各种通信环境。

在满足良好性能的前提下，信道编码方案还需要保证编译码的可靠性，并尽量降低复杂度。为了满足增强型移动宽带（eMBB）、大规模物联网（Massive IoT，mIoT）和超可靠低延迟通信（URLLC）等应用场景的通信要求，国际移动通信标准化组织第三代合作伙伴（3GPP）在5G（NR）规范中引入了极化（Polar）码和低密度奇偶校验（LDPC）码的信道编码方式，以替代LTE技术中使用的卷积码和Turbo码。

LDPC码作为线性分组码，其校验矩阵具有稀疏性的特点，在性能方面可以逼近香农极限，拥有非常强大的纠错能力，已被选为5G eMMB场景数据信道的编码方式。在5G标准的eMBB场景下，使用二元准循环单边LDPC码作为数据传输部分的编码方式。5G LDPC码除了性能表现接近香农极限外，在译码并行度和构造灵活性方面也具有优势，适合用于编译码器的硬件实现中。

【思政7-4】 Polar码是编码界新星，是土耳其毕尔肯大学Erdal Arikan教授于2008年首次提出的，是学术界研究热点之一。包括华为在内的多家公司对Polar码的潜力有共识，投入了大量研发力量对其在5G方面的应用进行深入研究、评估和优化，以期在传输性能上取得突破。2016年，我国主导推动的Polar码被3GPP采纳为5G eMBB控制信道标准方案，是我国在5G移动通信技术研究和标准化上的重要进展。

【本章小结】

1. 差错控制编码的基本概念

- 目的：抗加性干扰。
- 基本思想：在信息码元中加入监督码元，使之与信息码元满足某种逻辑关系，在接收端利用这种逻辑关系发现或纠正存在的错码。
- 常用方法：检错重发法、前向纠错方法、反馈校验法、检错删除法。

2. 纠错编码的原理

- 分组码定义：将信息码分组，在每组信息码后附加若干监督码元形成的码集合。
- 分组码参数：符号(n,k)，码重，码距，最小码距。
- 最小码距和纠检错能力的关系。

3. 线性分组码

- 确定监督码元位数。
- 确定监督关系表。
- 写监督方程。
- 写编码方程。
- 写所有许用码组的集合。

4. 循环码

- 确定生成多项式。
- 由生成多项式写生成矩阵。
- 写码组集合。
- 生成矩阵转换成典型生成矩阵，写监督矩阵。

信道编码的思维导图如图7-6所示。

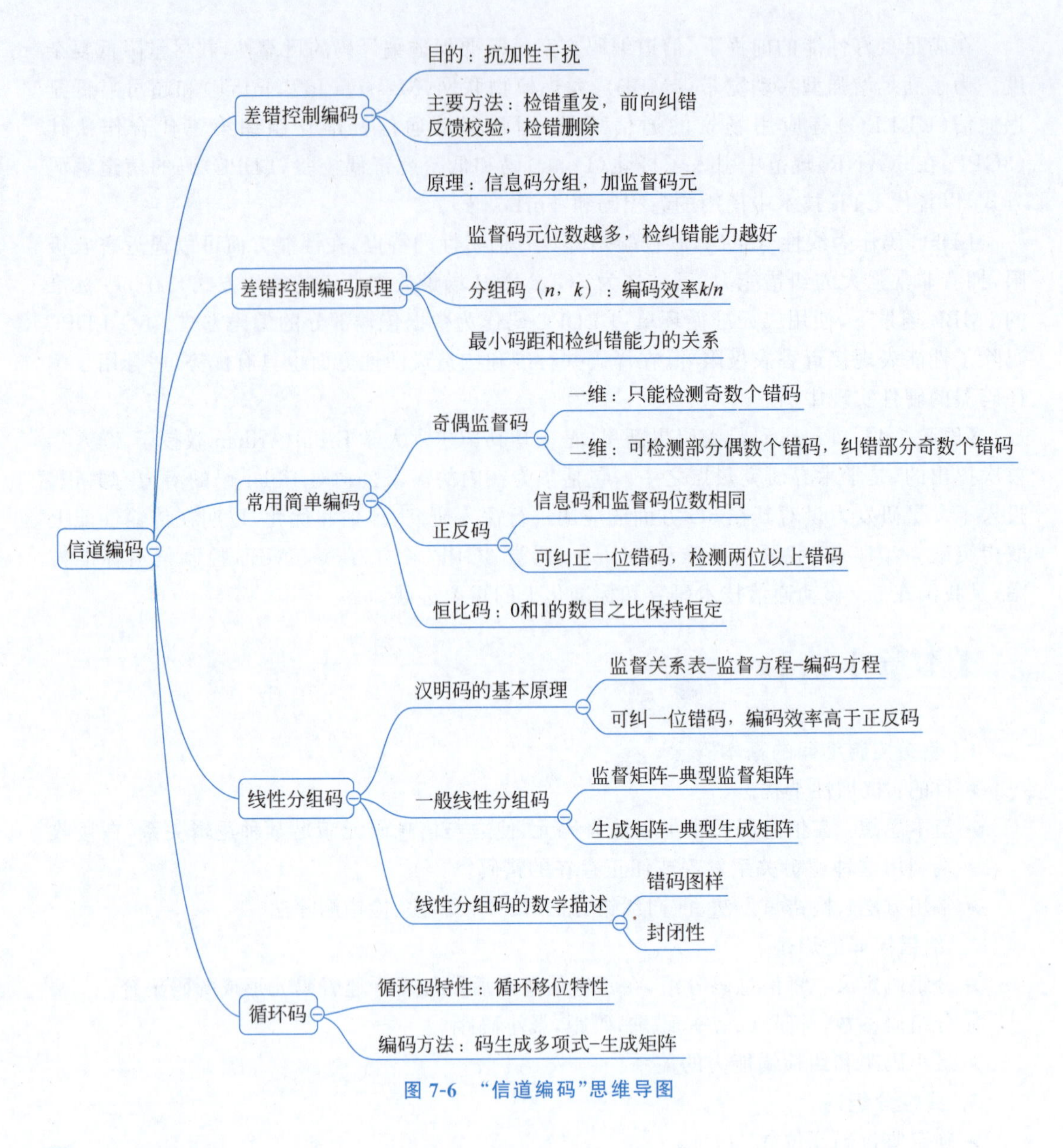

图 7-6 “信道编码”思维导图

思考题

7-1 在通信系统中，采用差错控制的目的是什么？

7-2 什么是随机信道？什么是突发信道？什么是混合信道？

7-3 常用的差错控制方法有哪些？它们各自有什么特点？

7-4 信道编码的基本原理是什么？纠错码能实现检错和纠错的原因是什么？

7-5 ARQ 系统属于哪一类差错控制方法？请简述该系统的工作原理和主要优缺点。

7-6 什么是分组码？其结构特点如何？

7-7 (n,k)分组码的编码效率和冗余度分别为多少？

7-8 分组码的最小码距和该码组的检纠错能力有何关系？

7-9 什么是奇偶监督码？其检错能力如何？

7-10 什么是方阵码？它的检纠错能力如何？

7-11 什么是正反码？它的检纠错能力如何？

7-12 汉明码具有什么特点？

7-13 什么是线性码？它有哪些重要性质？

7-14 线性分组码的典型监督矩阵和典型生成矩阵分别具有什么特点？

7-15 什么是循环码？循环码的特点是什么？其生成多项如何确定？

7-16 循环码是如何实现编码的？

7-17 线性分组码的生成矩阵和监督矩阵有什么关系？

7-18 什么是系统码？系统码具有什么特点？

7-19 5G 的信道编码方案有哪些？我国对此有何贡献？简要说明我国的信道编码方案。

习题

7-1 已知三个码组为(001010)、(101101)和(010001)，若用于检错，能检几位错码？若用于纠错，能纠几位错码？若同时用于检错和纠错，能检测几位错码？纠正几位错码？

7-2 已知码集合中有 8 个码组分别为(000000)、(001110)、(010101)、(011011)、(100011)、(101101)、(110110)、(111000)，求该码组集合的最小码距，该码组集合若用于检错，能检几位错码？若用于纠错，能纠几位错码？若同时用于检错和纠错，能检几位错码？纠几位错码？

7-3 已知两组码为(0000)、(1111)。若该码集合用于检错，能检几位错码？若用于纠错，能纠几位错码？若同时用于纠错与检错，能纠几位错码？检几位错码？

7-4 若方阵码中的码元错误如图 7-7 所示，试问如何实现这些错码的检错和纠错？

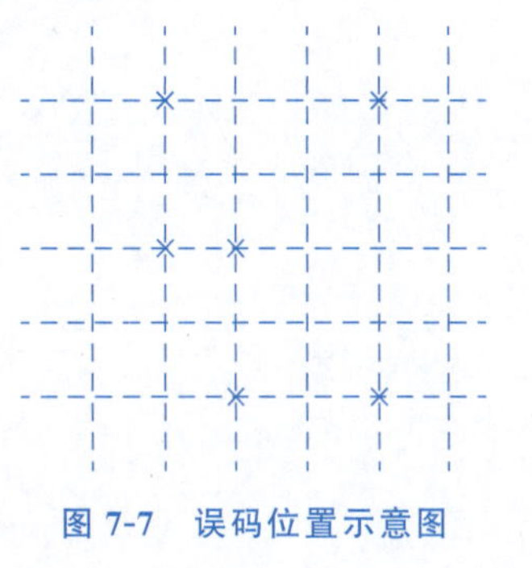

图 7-7 误码位置示意图

7-5 一码长 $n=15$ 的汉明码，监督位 r 应为多少？编码效率为多少？试写出监督码元与信息码元之间的关系。

7-6 已知某线性码监督矩阵为

$$
\boldsymbol{H}=\begin{bmatrix}1110100\\1101010\\1011001\end{bmatrix}
$$

试写出编码方程，并列出所有许用码组。

7-7 已知(7,3)码的监督方程为

$$
\begin{aligned}
a_6 \oplus a_3 \oplus a_2 \oplus a_1 &= 0 \\
a_5 \oplus a_2 \oplus a_1 \oplus a_0 &= 0 \\
a_6 \oplus a_5 \oplus a_1 &= 0 \\
a_5 \oplus a_4 \oplus a_0 &= 0
\end{aligned}
$$

试写出监督矩阵、生成矩阵和所有许用码组，并讨论其检纠错能力如何。

7-8　若一个(7,3)码的生成矩阵为

$$\boldsymbol{G}=\begin{bmatrix}1001110\\0100111\\0011101\end{bmatrix}$$

试列出所有许用码组,并求监督矩阵。

7-9　已知(7,4)循环码的全部码组为

0000000	1000101
0001011	1001110
0010110	1010011
0011101	1011000
0100111	1100010
0101100	1101001
0110001	1110100
0111010	1111111

试写出该循环码的生成多项式 $g(x)$、生成矩阵和监督矩阵。

7-10　已知(15,11)汉明码的生成多项式为

$$g(x)=x^4+x^3+1$$

试求其生成矩阵和监督矩阵。

7-11　已知 $x^{15}+1=(x+1)(x^4+x+1)(x^4+x^3+1)(x^4+x^3+x^2+x+1)(x^2+x+1)$,试问由它共可构成多少种码长为15的循环码?列出它们的生成多项式。

7-12　试求(15,5)循环码的生成多项式,并求出该码的生成矩阵和监督矩阵。

第8章　同步原理

【本章导学】

本章学习目的与要求

- 了解同步的基本概念和常用同步方法
- 掌握载波同步方法
- 掌握位同步方法
- 掌握帧同步方法

本章学习重点

- 常用同步方法分类
- 同相正交环法
- 闭环码元同步法
- 集中插入法

思政融入

- 民族自信　　- 科学精神　　- 科学态度　　- 工匠精神

8.1　引言

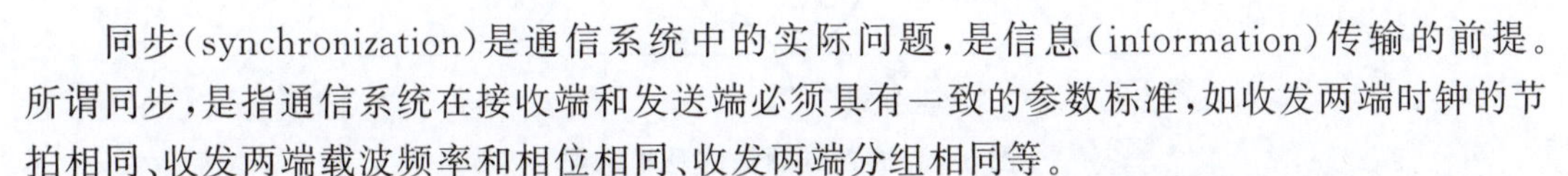

同步(synchronization)是通信系统中的实际问题,是信息(information)传输的前提。所谓同步,是指通信系统在接收端和发送端必须具有一致的参数标准,如收发两端时钟的节拍相同、收发两端载波频率和相位相同、收发两端分组相同等。

对模拟系统来说,采用相干解调时,接收端需要一个与发送端调制时所采用的载波完全同频同相的相干载波,这个载波获取就称为载波同步(carrier synchronization)。

对数字通信系统而言,除了调制系统在相干解调时可能存在载波同步外,还有位同步。在接收端产生与接收码元的重复频率和相位一致的定时脉冲序列的过程称为码元同步或位同步(bit synchronization)。位同步提供的定时脉冲序列主要用于数字通信系统的抽样判决、差分编译码、PCM编译码。而帧同步(也叫群同步,group synchronization)则是在发送端插入每帧的起止标记,到接收端检测并获取帧的起止标记,以便对接收的数字序列进行正确的分组。网同步(network synchronization)则是使通信网中各站点时钟之间保持同步。

同步获取方法主要包括两种,一种是外同步法,也称为插入导频法,是在发送端发送数据信号的同时,在合适的频率或时间位置上插入导频信号,在接收端提取出导频信号得到相干载波;另一种是自同步法,也称为直接法,直接法不需要专门发送导频信号,而是接收端直接从接收到的数字信号中提取相干载波。

同步是通信系统正常工作的前提,同步的性能降低会直接导致通信系统的性能降低,甚至无法正常工作,特别是数字通信系统,位同步是必不可少的。

【思政 8-1】 北斗卫星授时是一种基于北斗卫星导航系统的时间同步服务,它采用我国北斗卫星导航系统提供的广域覆盖服务和高精度原子钟等时间源,能够提供高精度、可靠的时间同步服务。北斗卫星授时在各种应用场景中都有重要的作用,特别是在通信领域,高精度、可靠的时间同步对系统性能至关重要。同时,北斗卫星授时还可以为通信系统提供可信的时间戳,用于网络安全和故障处理。我国北斗三号系统所产生的时间基准可达到 300 万年误差 1s,准确度提升了 10 倍,在卫星导航领域达到了国际先进水平。

8.2 载波同步

当通信系统采用同步解调或相干检测时,接收端需要提供一个与发射端调制载波同频同相的相干载波。这个相干载波的获取就称为载波提取,或称为载波同步。载波同步是实现相干解调的前提条件。

8.2.1 插入导频法

导频信号是含有载波信息的单频正弦信号,可在与发送信号相正交的位置插入导频,使之与发送信号一并发送。因为有效信号和导频信号相互正交,因此插入的导频不会对有用信号产生干扰。插入导频法主要应用于信号本身不含载波分量的通信系统,如 DSB、SSB、VSB、2PSK 等。插入导频法的基本原理如图 8-1 所示,插入导频法的发送端和接收端原理框图如图 8-2 所示。

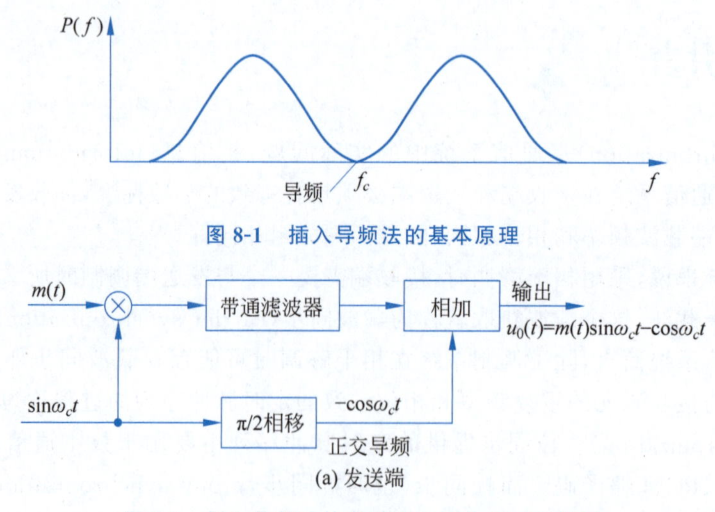

图 8-1 插入导频法的基本原理

图 8-2 插入导频法的发送端和接收端原理框图

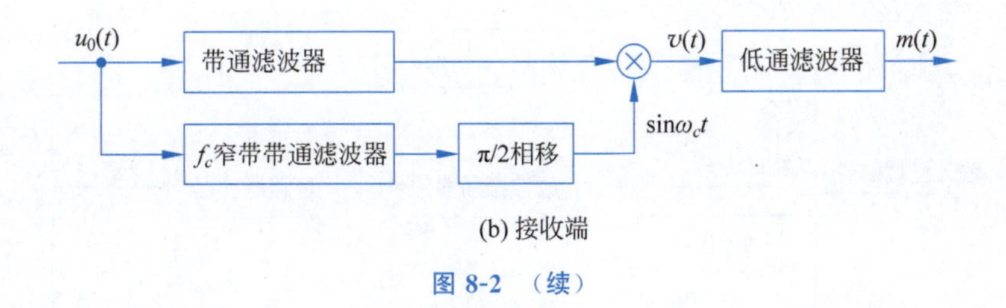

图 8-2 （续）

8.2.2 直接法

直接法也称自同步法。有些信号，如 DSB-SC、PSK 等，它们虽然本身不直接含有载波分量，但经过某种非线性变换后，就具有了载波的谐波分量，因此可从中提取出载波分量来。

1. 平方变换法和平方环法

DSB 已调信号 $s(t)=m(t)\cos\omega_c t$，在接收端将该信号进行平方变换，即经过一个平方律部件后即可得到

$$e(t)=m^2(t)\cos^2\omega_c t=\frac{m^2(t)}{2}+\frac{1}{2}m^2(t)\cos 2\omega_c t \tag{8-1}$$

式(8-1)的第二项包含载波的倍频 $2\omega_c$ 的分量，可采用一个窄带带通滤波器将 $2\omega_c$ 频率分量滤出，再进行二分频，就可获得所需的相干载波，如图 8-3 所示。

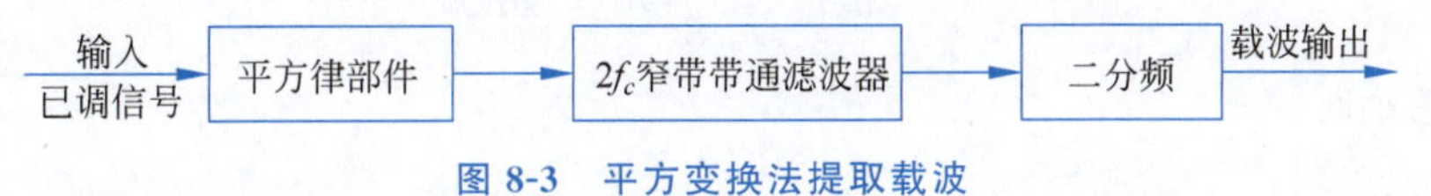

图 8-3 平方变换法提取载波

为了改善平方变换法的性能，有效处理混入的加性高斯白噪声，窄带带通滤波器常用锁相环代替，构成平方环法，如图 8-4 所示。由于锁相环具有良好的跟踪、窄带滤波和记忆功能，故平方环法比一般的平方变换法具有更好的性能。

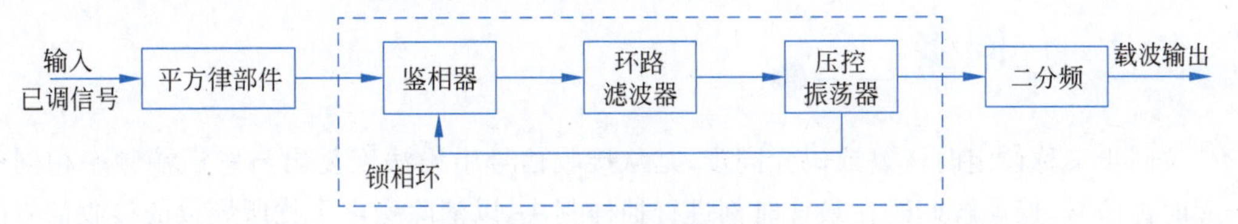

图 8-4 平方环法提取载波

2. 同相正交环法

同相正交环法又叫科斯塔斯(Costas)环，如图 8-5 所示。压控振荡器(VCO)提供两路相互正交的载波，与输入接收信号分别在同相和正交两个鉴相器中进行鉴相，经低通滤波器之后的输出均含调制信号，两者相乘后可以消除调制信号的影响，经环路滤波器得到仅与相位偏差有关的控制电压，从而准确地对压控振荡器进行调整，使之输出与发送端同频同相的相干载波。

设输入的抑制载波双边带信号为 $m(t)\cos\omega_c t$，压控振荡器和输入已调信号载波之间的微小相位偏差为 θ，并假定环路锁定，则

$$v_c=m(t)\cos\omega_c t\cos(\omega_c t+\theta)=\frac{1}{2}m(t)[\cos\theta+\cos(2\omega_c t+\theta)]$$

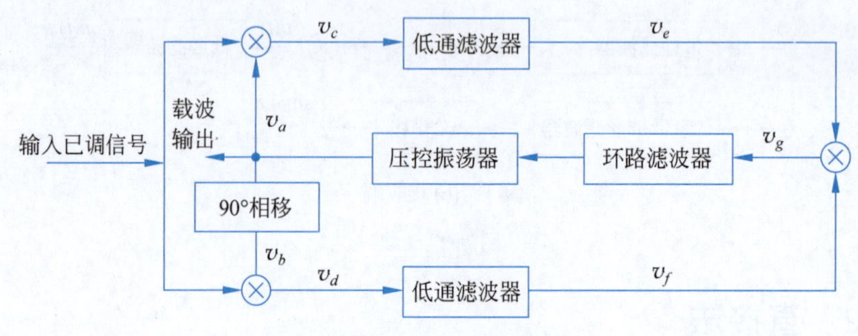

图 8-5　Costas 环法提取载波

$$v_d = m(t)\cos\omega_c t\sin(\omega_c t+\theta) = \frac{1}{2}m(t)[\sin\theta + \sin(2\omega_c t+\theta)]$$

经过低通滤波器后，分别得到

$$v_e = \frac{1}{2}m(t)\cos\theta$$

$$v_f = \frac{1}{2}m(t)\sin\theta$$

则可得

$$v_g = v_e v_f = \frac{1}{8}m^2(t)\sin2\theta$$

当 θ 很小时

$$v_g \approx \frac{1}{4}m^2(t)\theta \tag{8-2}$$

v_g 的大小与相位误差 θ 成正比，用 v_g 去调整压控振荡器输出信号的相位，最终使稳态相位误差减小到很小，无限逼近于 0，则此时压控振荡器的输出 v_a 即为提取到的相干载波。

视频讲解

8.3　位同步

位同步又称位定时恢复或码元同步，是从接收信号中设法恢复出与发送端频率相同的码元时钟信号，保证解调时在最佳时刻进行抽样判决，以消除噪声干扰所导致的接收信号的失真，使接收端能以较低的错误概率恢复出被传输的数字信息。位同步是正确取样判决的基础，所提取的位同步信息是频率等于码速率的定时脉冲，相位则由判决时信号波形决定，可能在码元中间，也可能在码元终止时刻或其他时刻。位同步实现方法包括插入导频法(外同步)和直接法(自同步)两种。

8.3.1　插入导频法

在基带信号功率谱的零点处插入频率为码元速率 $1/T$ 或 $1/T$ 倍数的位定时导频信号，如图 8-6 所示。其中，图 8-6(a)为常见的双极性不归零基带信号的功率谱，插入导频的位置是 $1/T_s$ 处；图 8-6(b)表示经某种相关变换的基带信号，其谱的第一个零点为 $1/2T_s$，插入导频应在 $1/2T_s$ 处。

在接收端，对图 8-6(a)的情况，经中心频率为 $1/T$ 的窄带滤波器，即可从解调后的基带信号中提取出位同步所需的信号；对图 8-6(b)的情况，窄带滤波器的中心频率应为 $1/2T$，所提取的导频需经倍频后得到所需的位同步脉冲信号。

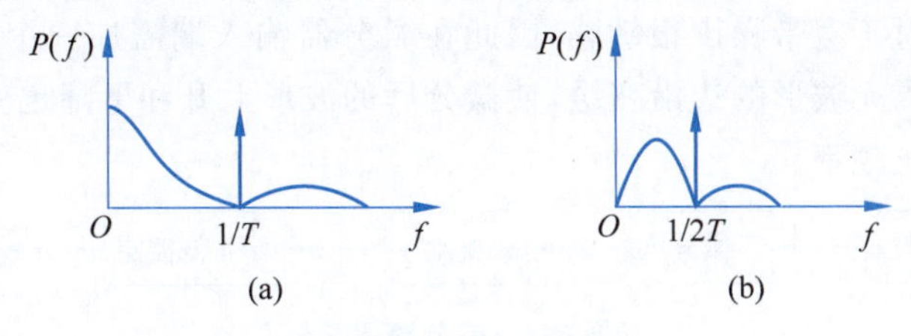

图 8-6 插入导频法频谱图

8.3.2 直接法

直接法是不专门发送导频信号，而直接从所接收到的数字信号中提取位同步的方法。如果数字基带信号中确实含有位同步信息，即信号功率谱中含有位同步离散谱，就可以直接用基本锁相环提取出位同步信号，供抽样判决使用。但如果数字基带信号功率谱中并不含有位同步离散谱，则需采用滤波法或数字锁相法提取位同步信号。

1. 开环码元同步法

开环码元同步法也称为非线性变换法。双极性信号和单极性非归零信号，当 0 和 1 等概时，都没有在 f_s 或 $2f_s$ 位置上的离散谱，因此不能直接滤出 $f_s=1/T_s$ 的位同步信号分量。但是，若对该信号进行某种变换，它的功率谱即可含有 $f_s=1/T_s$ 的分量，这时用窄带滤波器滤出该分量，再经移相调整后即可得到位定时脉冲。图 8-7 和图 8-8 给出了延迟相乘法和微分整流法两种具体方案。

图 8-7(a)的延迟相乘法是用延迟相乘的方法做线性变换，相乘器输入和输出波形如图 8-7(b)所示。由图可以看出，延迟相乘后码元波形的后一半永远是正值，前一半则是当输入状态有改变时为负值。因此，变换后的码元序列的频谱中就产生了码元速率的分量。延迟时间等于码元时间的一半时，码元速率分量最强。

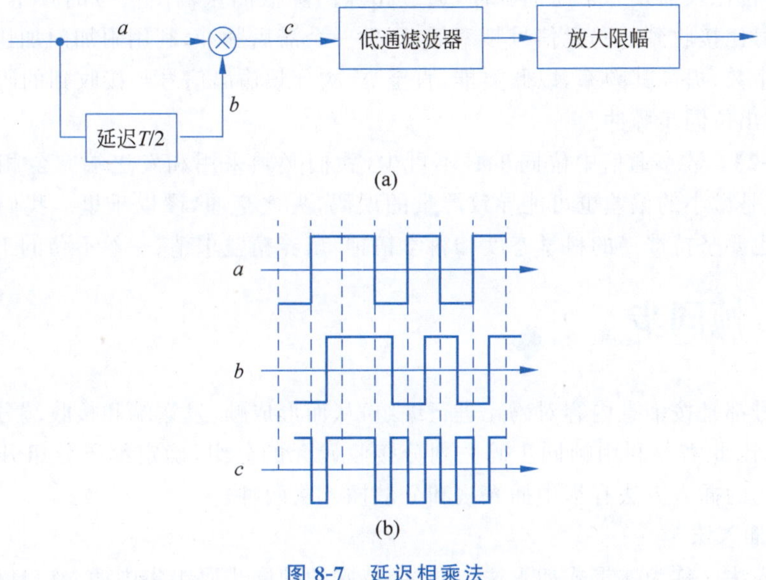

图 8-7 延迟相乘法

图8-8所示的微分整流法是用微分电路去检测矩形码元脉冲的边沿。微分电路的输出是正、负窄脉冲,它经过整流后得到正脉冲序列。此序列的功率谱中就包含了码元速率的分量。因为微分电路对于宽带噪声很敏感,因此在微分器输入端需加一个低通滤波器。但低通滤波器可能导致码元波形的边沿变缓,使微分后的波形上升和下降也变慢,因此要合理选择低通滤波器的截止频率。

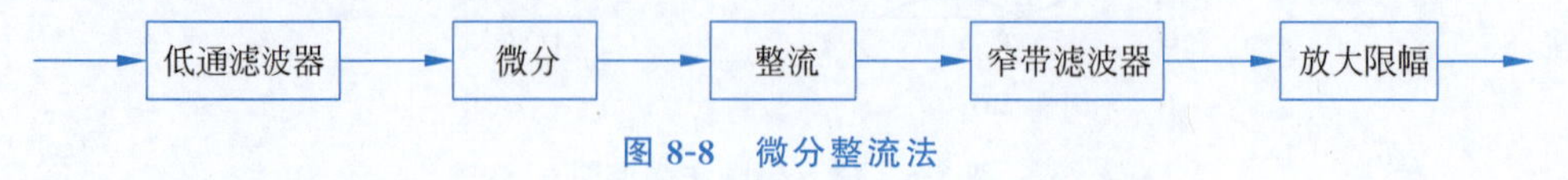

图 8-8 微分整流法

2. 闭环码元同步法

闭环码元同步法是将接收信号和本地产生的位定时信号相比较,使本地产生的位定时信号逼近所接收到的码元信号,从而保持同步,这种方法与载波同步中的锁相法类似,因此也称数字锁相法,如图8-9所示。

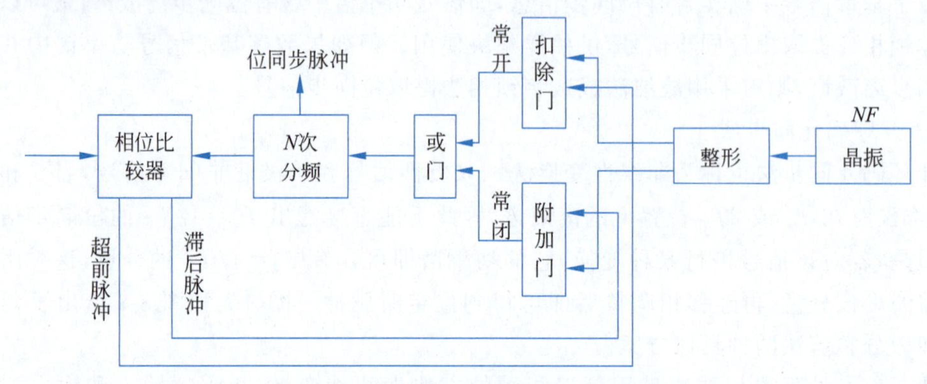

图 8-9 数字锁相法提取位同步信号

本地利用 NF 的晶振产生频率为 NF 的信号,整形后通过门电路到达 N 次分频处,分频得到频率为 F 的信号,与输出码元频率相比较。如果分频输出信号比接收到的码元信号频率高,则相位比较器发一个超前脉冲,通过扣除门降低晶振输出信号的频率。反之,如果分频输出信号比接收到的码元信号频率低,则发一个滞后脉冲,利用附加门加快其单位时间传输的脉冲个数,提高其频率,以此类推,直至 N 次分频输出信号与接收到的码元信号频率相同,即可输出位同步脉冲。

【思政 8-2】 数字通信中位同步必不可少,我们必须采用和发送端完全相同的节拍接收信息,即使是微小的偏差也可能导致严重的误码,失之毫厘,谬以千里。我们在通信系统设计过程中也要坚持严谨的科学态度和科学精神,培养精益求精、一丝不苟的工匠精神。

视频讲解

8.4 帧同步

基带信号都是按消息内容对码元进行编组,从而形成帧,发送端和接收端分组编码的规律必须一致,因此需要利用帧同步码去划分接收码元的分组,确定编码分组开始和结束时刻。帧同步码的插入方法有集中插入法和分散插入法两种。

1. 集中插入法

集中插入法又称为连贯式插入法,是采用特殊的帧同步码组集中插入信息码组的前面,如图 8-10 所示。

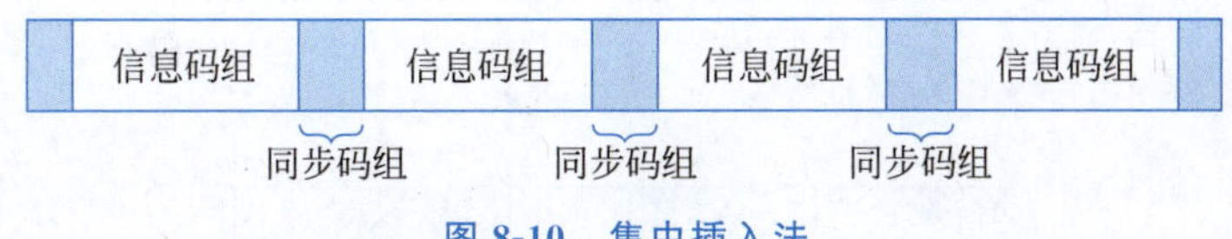

图 8-10　集中插入法

这里的帧同步码组是一组符合特殊规律的码元，它出现在信息码序列中的概率非常小，且自相关函数具有尖锐的单峰，方便接收端检测或识别出帧标记。接收端一旦检测到这个特定的帧同步码组，即可知道分组的开始位置。这种方法适用于要求快速建立同步的场合，或间断传输信息且每次传输时间很短的场合。检测到此码组时，可用锁相环保持一定的时间同步。集中插入法常用的帧同步码组为巴克码组，如表 8-1 所示。各码组的反码和反序码也是巴克码组。接收端的帧同步码识别器完整检测到帧同步码组时会输出一个窄脉冲，其他时刻输出为 0，直到再次完整检测到帧同步码组时会再次输出窄脉冲。两个窄脉冲之间的长度即为一帧的长度，如图 8-11 所示。

表 8-1　巴克码组

n	巴克码组
2	++
3	++−
4	+++−；++−+
5	+++−+
7	+++−−+−
11	+++−−−+−−+−
13	+++++−−++−+−+

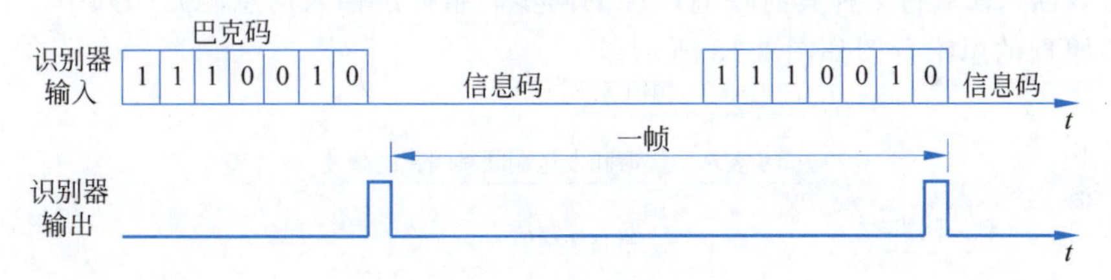

图 8-11　帧同步识别

2. 分散插入法

分散插入法是将某种具有短周期性的同步码组分散插入信息码元序列中。在每组信息码元前面插入一个(或很少几个)帧同步码元即可，如图 8-12 所示。这种方法需要在接收端利用较长时间接收若干组信息码元后，根据帧同步码组的周期特性，从长的接收码元序列中找到帧同步码元的位置，从而确定信息码元的分组。其优点是对信息码元序列的连贯性影响较小，不会使信息码组之间的分离过大，但需要较长的同步建立时间，因此比较适用于连续传输信息系统，如数字电话系统。数字电话系统中常采用“10”交替码，即在图 8-12 中的同步码元位置上轮流发送二进制数字 1 和 0，这种有规律的周期性出现的“10”交替码，在信息码元序列中出现的概率很小，因此在接收端按其出现的周期搜索若干个周期，即可将同步码的位置检测出来。

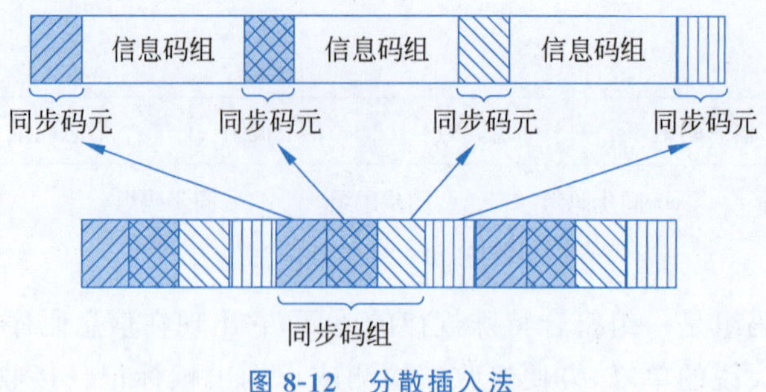

图 8-12 分散插入法

【本章小结】

1. 同步的基本概念

➢ 同步：通信系统中的实际问题，信息(information)传输的前提。

➢ 分类：载波同步、位同步、帧同步、网同步。

2. 载波同步方法

➢ 插入法：在与发送信号相正交的位置插入导频。

➢ 直接法：平方变换法和平方环法，同相正交环法。

3. 位同步方法

➢ 插入导频法。

➢ 直接法：开环码元同步法，闭环码元同步法。

4. 帧同步方法

➢ 集中插入法：又称为连贯式插入法，是采用特殊的帧同步码组集中插入信息码组的前面。

➢ 分散插入法：将某种具有短周期性的同步码组分散插入信息码元序列中。

同步原理的思维导图如图 8-13 所示。

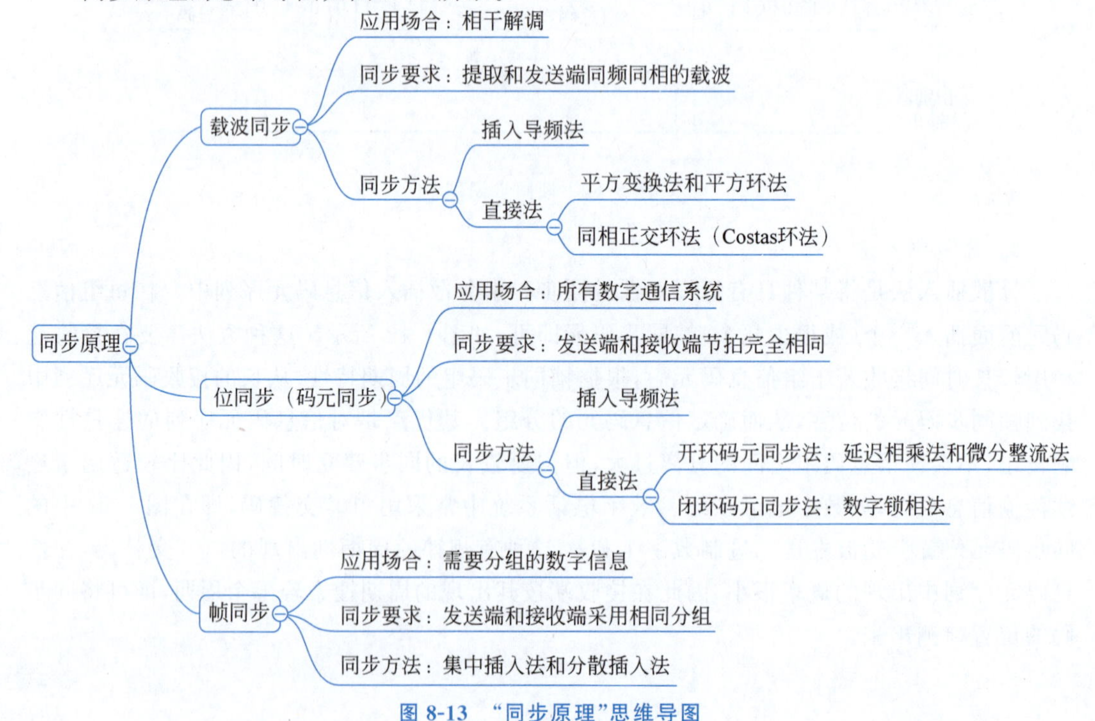

图 8-13 “同步原理”思维导图

思考题

8-1　什么是载波同步？什么情况下需要解决载波同步问题？

8-2　插入导频法实现载波同步主要适用于哪些系统？该方法有什么优缺点？

8-3　能否从无离散载波分量的信号中提取出载波同步信号？应如何提取？

8-4　采用非相干解调的数字通信系统是否必须有载波同步和码元同步？试讨论之。

8-5　请简述闭环码元同步法的基本工作原理，并讨论其优缺点。

8-6　什么是帧同步？帧同步的主要方法有哪几种？

8-7　帧同步中的集中插入法和分散插入法各有何优缺点？

8-8　帧同步码组需要具有什么特点？常用的帧同步码组是什么码？

习题

8-1　若图 8-2 所示的插入导频法发送端方框图中，$\sin\omega_c t$ 不经 90°相移，直接与已调信号相加输出，试证明接收端的解调输出中含有直流分量。

8-2　已知单边带信号 $s(t)=m(t)\cos\omega_c t+\hat{m}(t)\sin\omega_c t$，试讨论它是否可以用图 8-4 所示的平方环法提取载波。

8-3　试画出 2PSK 相干解调系统的位同步提取原理框图，并简述工作过程。

8-4　设有如图 8-14 所示的基带信号，经过一带限滤波器后会变成带限信号，试画出从带限基带信号中提取位同步信号的原理框图和波形。

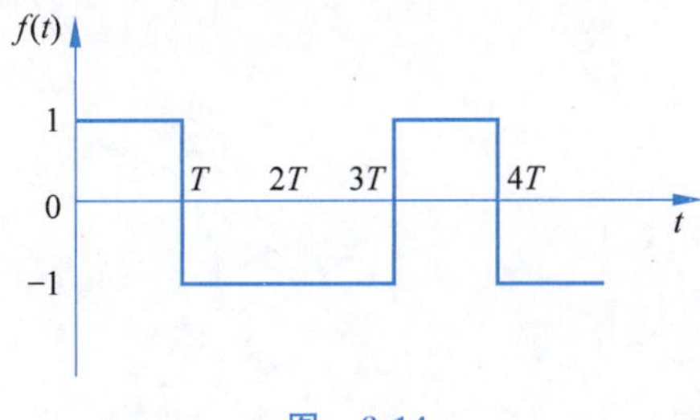

图　8-14

8-5　设某数字传输系统中的帧同步码采用码长为 7 的巴克码(1110010)，采用集中插入法。

(1) 试画出帧同步码识别器的原理框图。

(2) 若输入二进制序列为 01011100111100100，试画出帧同步码识别器的输出波形。

参考文献

[1] 樊昌信，曹丽娜. 通信原理[M]. 7版. 北京：国防工业出版社，2023.
[2] 马东堂，赵海涛，张晓瀛，等. 通信原理[M]. 北京：高等教育出版社，2018.
[3] 陈树新，尹玉富，石磊. 通信原理[M]. 北京：清华大学出版社，2020.
[4] 李学华，吴韶波，杨玮，等. 通信原理简明教程[M]. 4版. 北京：清华大学出版社，2020.
[5] 孙学宏，车进，汪西原. 现代通信原理[M]. 北京：清华大学出版社，2020.
[6] 赵恒凯，邹雪妹，余小清，等. 现代通信原理[M]. 2版. 北京：清华大学出版社，2021.
[7] 隋晓红，张小清，白玉，等. 通信原理[M]. 北京：机械工业出版社，2022.
[8] 翟维. 现代通信原理与技术[M]. 西安：西北工业大学出版社，2020.